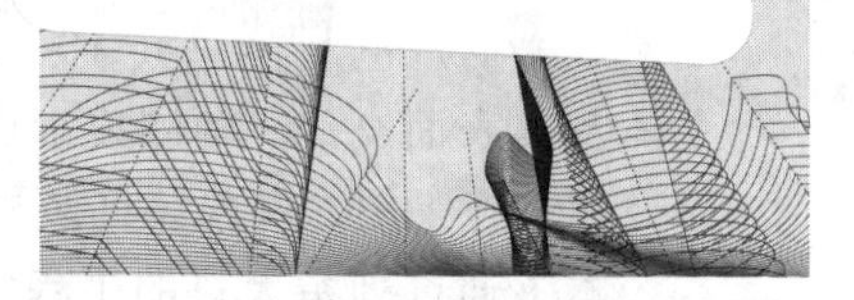

高 等 学 校 教 材

化学工业出版社“十四五”普通高等教育规划教材

建筑制图

邵文明　纪　花　主编

高　扬　刘玉杰　副主编

于春艳　主审

化学工业出版社

·北京·

内容简介

《建筑制图》是根据教育部高等学校工程图学教学指导委员会指定的《普通高等学校工程图学课程教学基本要求》、全新国家标准和规范，在总结多年来教学和教改实践经验的基础上编写而成的。全书共10章，主要内容包括制图的基本知识，点、直线和平面的投影，立体及其表面交线，轴测投影图，组合体及构型设计，工程形体的表达方法，阴影、透视投影，建筑施工图，室内装饰装修施工图，给水排水工程图。本书附有《建筑制图习题集》。

本书通过列举大量的工程实例图并辅以简洁、明晰的解读，力图使读者能在较短的时间内掌握绘图和识图的基本知识和技能。在编写中贯彻以图为主、以文为辅，用语简洁、精练、通俗易懂的编写思路。

本书可作为高等学校工科应用型本科建筑学、城乡规划、室内设计、给水排水及相关各专业制图课程的教材，也可供其他类型院校相关专业师生、工程技术人员及自学者参考。

图书在版编目（CIP）数据

建筑制图 / 邵文明，纪花主编. -- 北京 : 化学工业出版社，2024. 9. --（高等学校教材）. -- ISBN 978-7-122-45926-8

Ⅰ. TU204

中国国家版本馆CIP数据核字第2024PG9082号

责任编辑：满悦芝　　　　文字编辑：王　琪
责任校对：田睿涵　　　　装帧设计：张　辉

出版发行：化学工业出版社
（北京市东城区青年湖南街13号　邮政编码100011）
印　　装：大厂回族自治县聚鑫印刷有限责任公司
787mm×1092mm　1/16　印张16½　字数410千字
2024年10月北京第1版第1次印刷

购书咨询：010-64518888　　　　售后服务：010-64518899
网　　址：http://www.cip.com.cn
凡购买本书，如有缺损质量问题，本社销售中心负责调换。

定　　价：58.00元

前言

为贯彻落实教育部《关于进一步加强高等学校本科教学工作的若干意见》以及高等学校工科制图课程教学指导委员会制定的制图课程教学基本要求，为适应现代建筑工程的发展，从培养应用型人才这一总目标出发，我们在认真总结多年来工程图学教学和教改的实践经验，广泛吸取各兄弟院校同类教材精华的基础上编写了这部教材。

本教材突出应用性，紧密结合各高校应用型人才培养工作的需要，在保证教学质量的前提下，力求提高教材的科学性、实践性、先进性和实用性。本书有以下主要特点：

1. 注重综合性。本书共 10 章，包括画法几何、阴影、透视投影、建筑施工图、室内装饰装修施工图、给水排水工程图等，画法几何是各专业学习的基础，随后的章节可供不同的专业选用。

2. 注重先进性。本书所有标准全部采用国家颁布的新标准，充分体现工程图学学科的发展。

3. 体系结构新颖。本书调整了传统的结构体系，在一开始就建立三面投影图的概念，并将轴测图一章放在组合体视图前面讲，这样既符合教学规律，又可提高教学效果，同时本书以立体表达方式为主干，将传统的点、线、面融入立体的投影中，提高学生的三维空间分析能力。

4. 图例典型、丰富。教材选用了大量著名建筑和富有时代感的工程实例，并配置了许多三维立体图，使理论分析与教学更加贴近工程应用和生产实际。

5. 加强构型设计。本书介绍了构型设计的基本理论和方法，有助于拓展和提高学生的空间思维和创新思维能力，为工程设计奠定了良好的基础。

6. 增强了徒手绘图的训练。徒手绘图是进行现代工程技术设计尤其是创意设计的一种必需的能力，与本书配套的习题集加重了徒手绘图的练习。

7. 加强实践环节训练。与本书配套的《建筑制图习题集》（纪花主编）题型多，类型丰富，从多视角分析或论述所需要表达的内容。

本教材由邵文明、纪花任主编，高扬、刘玉杰任副主编。具体编写分工如下：第 1 章由吕苏华编写；第 2 章由高扬编写；第 3 章由刘玉杰编写；第 4 章由陈光编写；绪论和第 5、6、10 章由纪花编写；第 7、8、9 章由邵文明编写。

本教材由于春艳教授主审，审稿人对本教材初稿进行了详尽的审阅和修改，提出许多宝贵意见，在此表示衷心感谢。

本书在编写过程中得到长春工程学院老师们的诸多帮助和大力支持，在此表示诚挚的谢意。限于水平，书中疏漏在所难免，恳请读者批评指正。

编者

2024 年 6 月

目录

绪 论

0.1 本课程的性质和任务

图形和语言、文字一样，是承载信息进行交流的重要媒介。在工程界为准确表达一个物体的形状，主要用的工具就是图形。

在各种工程（如房屋、路桥、水利、机械等）中，从表达设计思想、施工方案以及施工过程中技术人员的交流沟通到方案的修改、后期的维护，都是以图样为依据的，通常我们把工程上使用的图样称为工程图样。工程图样是按照国家或部门有关标准的统一规定而绘制的，不会读图，就无法理解别人的设计意图；不会画图，就无法表达自己的设计构思，工程图样被喻为“工程界的技术语言”。因此，为了培养获得工程师初步训练的高级工程技术应用型人才，在高等学校建筑学、城乡规划、给水排水、环境艺术设计等各工科专业的教学计划中，都开设了“建筑制图”这门实践性较强的专业技术基础课。

本课程研究解决空间几何问题以及绘制和阅读建筑工程图样的理论和方法。其主要任务如下：

① 学习投影法（主要是正投影法）的基本理论及其应用。

② 培养尺规绘图、徒手绘图和阅读本专业工程图样的基本能力。

③ 培养对空间逻辑思维能力和创造性构型设计能力。

④ 培养工程意识，贯彻、执行国家制图标准和有关规定。

⑤ 培养认真负责的工作态度和严谨治学的工作作风。

0.2 本课程的内容和要求

本课程包括画法几何、制图基础、阴影透视和专业图四部分，具体内容和要求如下：

① 画法几何　画法几何部分主要学习投影法，掌握表达空间几何形体（点、线、面、体）和图解空间几何问题的基本理论和方法。要求深刻领会基本概念，掌握基本理论，借助

直观手段，逐步养成空间思维的习惯。

② 制图基础　制图基础部分主要学习绘图工具和仪器的使用方法、国家标准中有关土木工程制图的基本规定、工程形体投影图的画法、读法和尺寸标注。要求自觉培养正确使用绘图工具和仪器的习惯、严格遵守国家颁布的制图标准，逐步培养工程意识，尺规绘图、徒手绘图的能力，以及图形表达和构型设计的能力。

③ 阴影透视　用正投影法绘制建筑物阴影的基本原理；用中心投影法绘制建筑物透视图的基本理论，能进行建筑阴影和透视图的绘制。

④ 专业图　专业图部分主要学习有关专业图（房屋工程图）的内容和图示特点，以及有关专业制图标准的规定。要求通过本内容的学习，初步掌握绘制和阅读专业图样的方法，不断提高绘图效率，为后续课程的学习打下良好的基础。

0.3　本课程的学习方法

建筑制图是一门实践性很强的技术基础课。本课程自始至终研究的是空间几何元素及形体与其投影之间的对应关系，绘图和读图是反映这一对应关系的具体形式，因此在学习过程中，应注意如下几点：

① 应掌握基本概念、基本理论和基本方法，由浅入深地进行绘图和读图的实践，多画、多读、多想，不断地由物到图、由图想物，逐步提高空间逻辑思维能力和形象思维能力。

② 因本课程的实践性极强，所以在学习过程中必须认真地完成一定数量的习题和作业，才能学会和掌握运用理论去分析和解决实际问题的正确方法和步骤，才能掌握尺规绘图和徒手绘图的正确方法、步骤和操作技能。

③ 在学习过程中，应树立“严格遵守标准”的观念，养成正确使用绘图工具和仪器准确作图的习惯，不断提高绘图效率。

④ 工程图样是重要的技术文件，是施工和建造的依据，不能有丝毫的差错。图中多画或少画一条线，写错或遗漏一个数字，都会给生产带来不应有的损失。因此作图时要具备高度的责任心，养成实事求是的科学态度和一丝不苟的工作作风。

第1章 制图的基本知识

工程图样是工程界的共同语言，为了使工程图样达到基本统一，便于生产和管理，进行技术交流，绘制的工程图样必须遵守统一的规定，由国家有关部门制定和颁布实施的这些统一的规定就称为国家标准（简称“国标”，代号“GB”）。

目前，国内执行的制图标准有普遍适用于工程界各种专业技术图样的《技术制图》标准、《总图制图标准》(GB/T 50103—2010)、《建筑制图标准》(GB/T 50104—2010)、《房屋建筑制图统一标准》(GB/T 50001—2017)、《房屋建筑室内装饰装修制图标准》(JGJ/T 244—2011)、《建筑给水排水制图标准》(GB/T 50106—2010) 等。在绘制工程图样时，必须严格遵守和认真贯彻国家标准。

1.1 制图标准

1.1.1 图纸幅面和格式

(1) 图纸幅面

图纸幅面是指图纸本身的大小规格，图框是图纸上限定绘图范围的边线。图纸基本幅面和图框尺寸如表 1-1 所示。同一项工程的图纸，不宜多于两种幅面。必要时可按规定加长幅面，短边一般不应加长，长边可加长，但加长的尺寸应符合国家标准的规定。

表 1-1 图纸基本幅面和图框尺寸 单位：mm

幅面代号	A0	A1	A2	A3	A4
$b \times l$	841×1189	594×841	420×594	297×420	210×297
c	10			5	
a	25				

(2) 格式

图纸以短边作为垂直边称为横式，以短边作为水平边称为立式。一般 A0～A3 图纸宜采用横式，必要时也可采用立式，如图 1-1 所示。

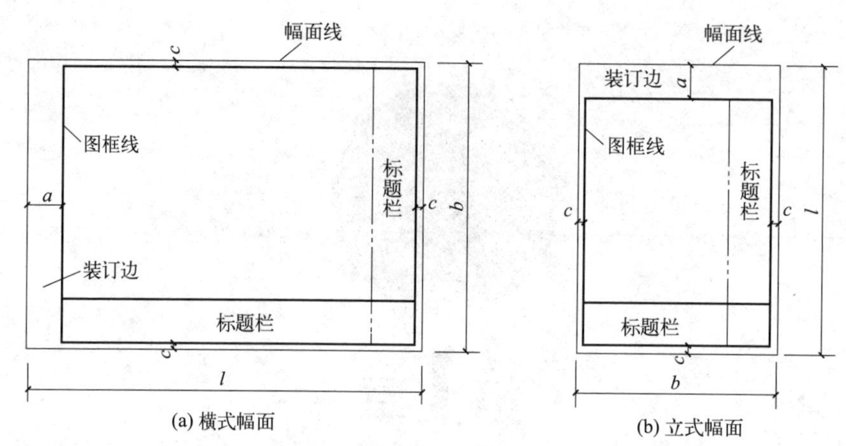

图 1-1　图纸幅面和图框格式

（3）标题栏

标题栏绘制在图框的下方或右侧，用于填写工程名称、图名、设计单位、注册师姓名、日期等，简称图标。在学习阶段，标题栏可采用简化的格式，如图 1-2 所示。

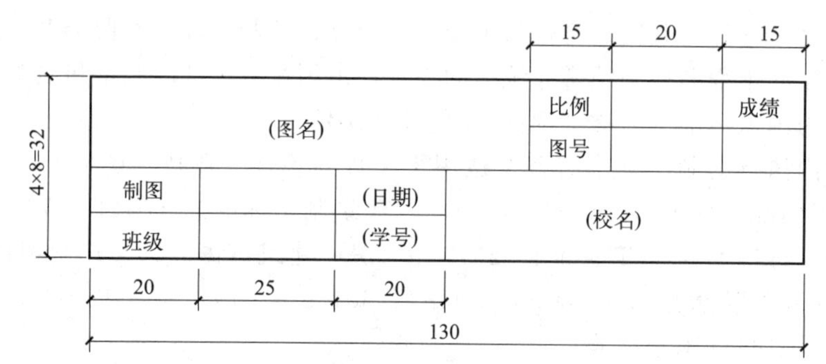

注：1. 图中尺寸单位为mm。
2. 标题栏内的字号：图名用10号或7号字，校名用7号字，其余用5号字（见字体部分）。

图 1-2　学校用标题栏格式

1.1.2　图线

图纸上的图形由各种图线绘成。各种不同粗细、类型的图线表示不同的意义和用途。

（1）线宽

图线有粗、中粗、中、细之分，其宽度比率为 4∶3∶2∶1。绘图时，图线宽度 b 应根据图样的复杂程度与比例大小，宜在下列数系中选取：0.13mm、0.18mm、0.25mm、0.35mm、0.5mm、0.7mm、1.0mm、1.4mm。粗线宽度优先采用 1.0mm、0.7mm、0.5mm。在同一张图纸上，同类图线的宽度应一致。

图框和标题栏的线宽如表 1-2 所示。

表 1-2　图框和标题栏的线宽

幅面代号	图框线	标题栏外框线	标题栏分格线
A0、A1	b	$0.5b$	$0.25b$
A2、A3、A4	b	$0.7b$	$0.35b$

(2) 线型

《技术制图　图线》(GB/T 17450—1998) 中规定了15种基本线型，供工程各专业选用。表1-3列出了常用图线的一般用途，具体用途见各专业图。

表1-3　图线

名称	线型	线宽	一般用途
粗实线		b	主要可见轮廓线、图名下方横线、图框线
中粗实线		$0.7b$	可见轮廓线
中实线		$0.5b$	可见轮廓线、变更云线
细实线		$0.25b$	尺寸线、尺寸界线、引出线、剖面线、图例线、较小图形的中心线等
虚线	≈1　3～6	$0.5b$	不可见轮廓线
细点画线	≈3　10～30	$0.25b$	轴线、中心线、对称线、分水线
双点画线	≈5　10～30	$0.25b$	假想轮廓线、成型前原始轮廓线
折断线	3～5　6～10	$0.25b$	断开界线
波浪线		$0.25b$	断开界线

注：在本书中仍按习惯将单点长画线和双点长画线分别称为点画线和双点画线。

(3) 图线画法

在图纸上的图线，应做到清晰整齐、均匀一致、粗细分明、交接正确。如图1-3所示，具体画图时应注意：

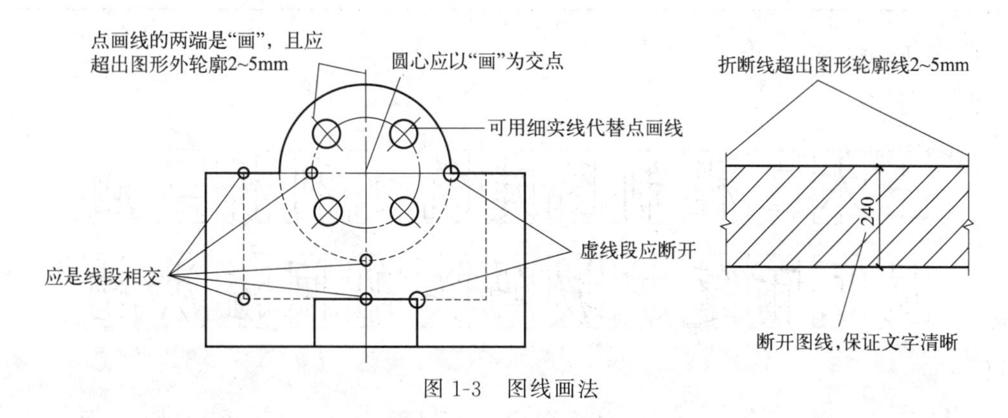

图1-3　图线画法

① 虚线、点画线、双点画线的线段长度和间隔，宜各自相等。

② 各种图线彼此相交处，都应以“画（线段）”相交，而不应是“间隔”或“点”；当虚线在实线的延长线上时，两者不得相接，交接处应留有空隙。

③ 在较小图形中绘制点画线或双点画线有困难时，可用细实线代替。

④ 点画线、折断线的两端应超出图形轮廓线 2～5mm。

⑤ 当相同线宽的不同线型的图线重合时，应按实线、虚线、点画线的次序绘制。

⑥ 图线不得与文字、数字或符号重叠、混淆，不可避免时，应断开图线以保证文字等的清晰。

1.1.3 字体

图样中书写的文字、数字、字母和符号应做到字体端正、笔画清晰、排列整齐、间隔均匀；标点符号应清楚正确。

字体的大小用字号来表示，字号就是字体的高度。制图标准规定，图样中的字号分为：2.5mm、3.5mm、5mm、7mm、10mm、14mm、20mm。

（1）汉字

图样及说明中的汉字，应采用国家正式公布的简化汉字，宜采用长仿宋体（也称为工程字）或黑体，其高度不应小于 3.5mm。长仿宋体字的高宽比约为 1∶0.7，见表 1-4；黑体字的宽度与高度应相同。

表 1-4 长仿宋体字高宽关系 单位：mm

字高	20	14	10	7	5	3.5
字宽	14	10	7	5	3.5	2.5

长仿宋体字的书写要领是横平竖直、注意起落、结构均匀、填满方格，其基本笔画横、竖、撇、捺、挑、点、钩、折的书写见表 1-5。

表 1-5 长仿宋体字基本笔画示例

名称	横	竖	撇	捺	挑	点	钩	折
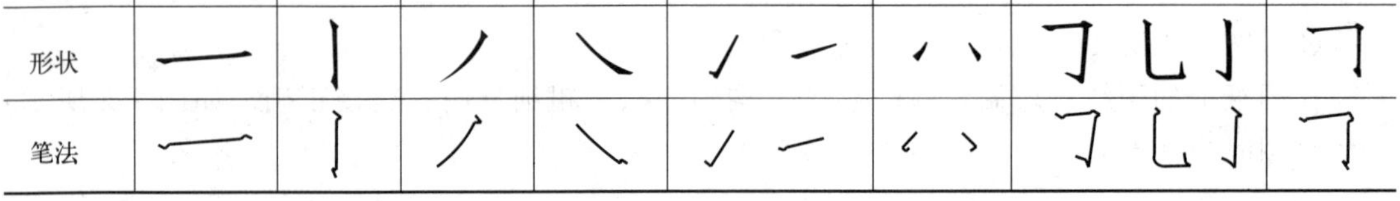 形状								
笔法								

汉字示例如下。

10 号字：

土木工程制图建筑水利桥梁涵

屋顶雨篷护坡码头船闸溢洪槽

7 号字：

东西南北方向平面立剖纵断面视详说明

钢筋混凝砂浆岩石油毡沥青廊墩翼墙坝

（2）字母和数字

图样及说明中的拉丁字母、阿拉伯数字与罗马数字，宜采用单线简体或ROMAN字体。字母和数字可写成直体和斜体，斜体字字头向右倾斜，与水平线成75°，与汉字写在一起时，宜写成直体。字母和数字的字高应不小于2.5mm。如图1-4所示为字母和数字示例。

1 2 3 4 5 6 7 8 9 0

(a) 阿拉伯数字

A B C D E F G H I J K L M

(b) 大写拉丁字母

a b c d e f g h i j k l m

(c) 小写拉丁字母

α β γ δ ε ζ η θ ι κ λ μ

(d) 小写希腊字母

Ⅰ Ⅱ Ⅲ Ⅳ Ⅴ Ⅵ Ⅶ Ⅷ Ⅸ Ⅹ

(e) 罗马数字

图1-4　字母和数字示例

1.1.4　比例

图样的比例是指图形与实物相应要素的线性尺寸之比。比例应用符号“：”表示，如1：1、1：500、2：1等。绘图所用比例，应根据图样的用途与被绘对象的复杂程度，从表1-6中选用，并优先选用表中的常用比例。

表1-6　比例

常用比例	1：1、1：2、1：5、1：10、1：20、1：50、1：100、1：150、1：200、1：500、1：1000、1：2000、1：5000、1：10000、1：20000、1：50000、1：100000、1：200000
可用比例	1：3、1：4、1：6、1：15、1：25、1：30、1：40、1：60、1：80、1：250、1：300、1：400、1：600

比例宜注写在图名的右侧，字的基准线应取平，比例的字高宜比图名的字高小一号或二号，如平面图 1:100。

1.1.5　尺寸标注

图形只能表达形体的形状，而形体各部分的大小和相对位置则必须依据图样上标注的尺寸来确定。尺寸是施工的重要依据，必须正确、完整、清晰。

（1）尺寸的组成

一个完整的尺寸由尺寸界线、尺寸线、尺寸起止符号和尺寸数字组成，如图1-5所示。

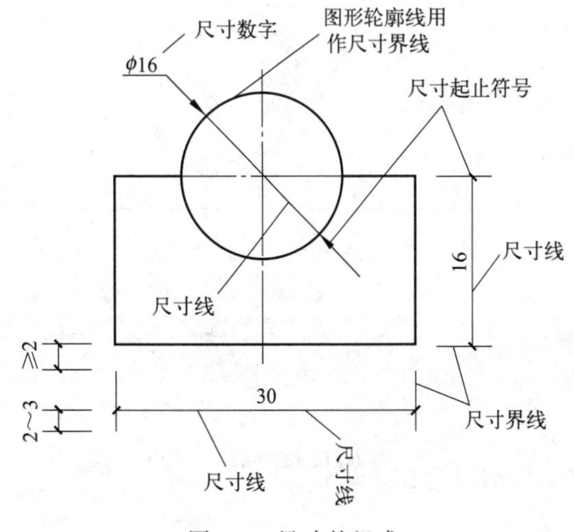

图1-5　尺寸的组成

① 尺寸线　表示尺寸度量的方向。如图1-5所示，尺寸线应用细实线单独绘制，应与被注长度平行。图样本身的任何图线均不得用作尺寸线。

② 尺寸界线　表示尺寸度量的范围。如图 1-5 所示，尺寸界线应用细实线绘制，一般与被注长度垂直，其一端应离开图样轮廓线不小于 2mm，另一端宜超出尺寸线 2～3mm。必要时，图样轮廓线、轴线或对称中心线可用作尺寸界线。

③ 尺寸起止符号　表示尺寸的起、止位置。如图 1-6 所示，尺寸起止符号有两种常用形式：斜短线和箭头。斜短线的倾斜方向应与尺寸界线成顺时针 45°角，长度宜为 2～3mm，建筑工程图采用中粗斜短线，半径、直径、角度、弧长的尺寸起止符号宜用箭头表示，箭头应与尺寸界线接触，不得超出，也不得分开。在没有足够位置时，尺寸起止符号可用小圆点代替。

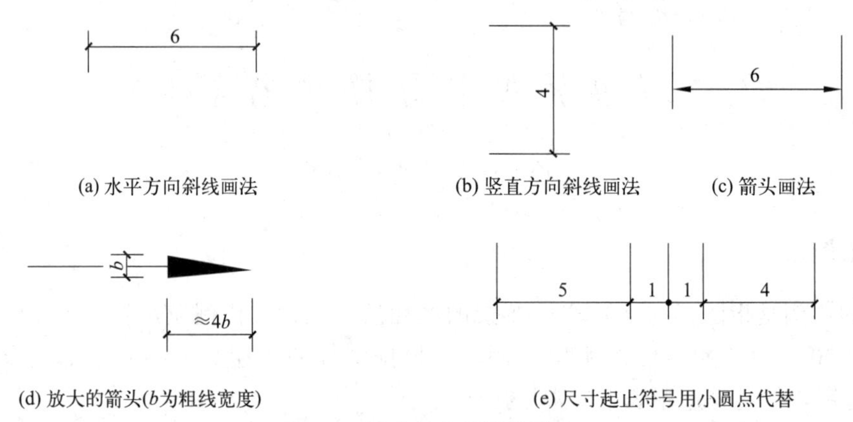

(a) 水平方向斜线画法　(b) 竖直方向斜线画法　(c) 箭头画法

(d) 放大的箭头(*b*为粗线宽度)　(e) 尺寸起止符号用小圆点代替

图 1-6　尺寸起止符号的画法

④ 尺寸数字　表示被注长度的实际大小，与画图采用的比例、图形的大小及准确度无关。当尺寸以 mm 为单位时，一律不需注明。尺寸数字一般采用 3.5 号或 2.5 号字，且全图应保持一致。

线性尺寸的尺寸数字应按图 1-7(a) 所示的方向注写，即水平方向的尺寸数字写在尺寸线上方中部，字头朝上；竖直方向的尺寸数字写在尺寸线左方，字头朝左；倾斜方向的尺寸数字顺尺寸线注写，字头趋向上。尽量避免在图中 30°阴影范围内注写尺寸，无法避免时，可按图 1-7(b) 所示的形式注写。

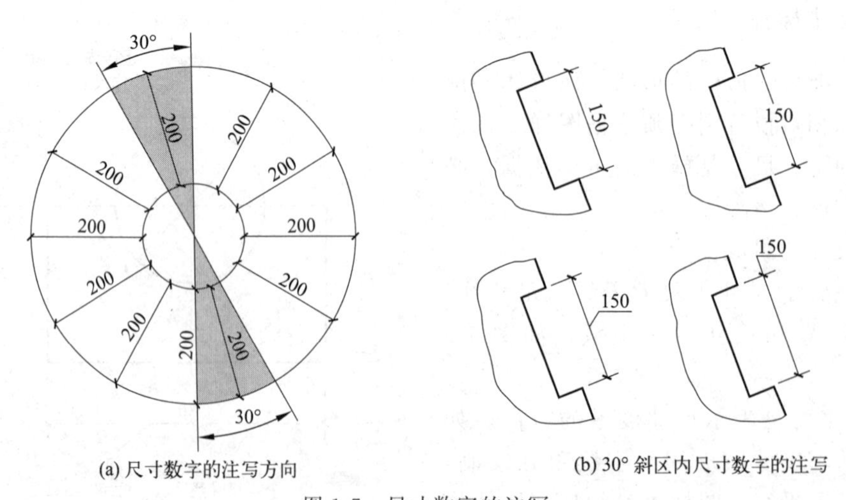

(a) 尺寸数字的注写方向　(b) 30° 斜区内尺寸数字的注写

图 1-7　尺寸数字的注写

（2）尺寸的排列与布置

如图1-8所示，画在图样外围的尺寸线，与图样最外轮廓线的距离不宜小于10mm；标注相互平行的尺寸时，应使小尺寸在里，大尺寸在外，且两平行排列的尺寸线之间的距离宜为7～10mm，并保持一致；若尺寸界线较密，以致注写尺寸数字的空隙不够时，最外边的尺寸数字可写在尺寸界线外侧，中间相邻的可上下错开或用引出线引出注写。

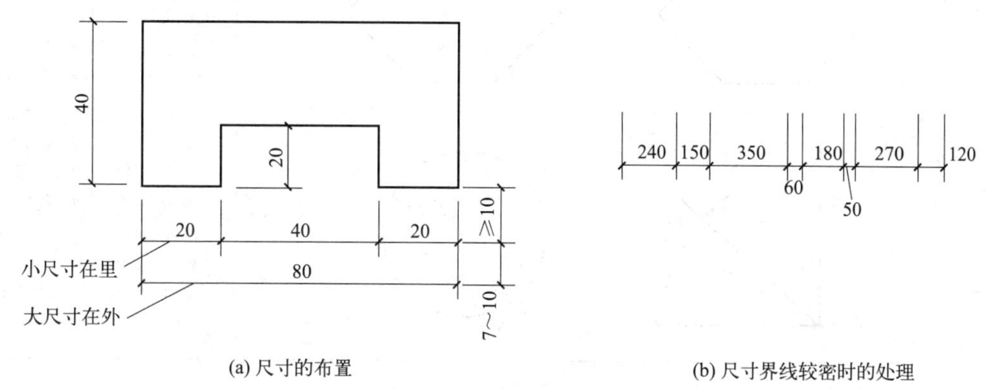

(a) 尺寸的布置　　(b) 尺寸界线较密时的处理

图1-8　尺寸的排列与布置

（3）尺寸标注示例

常见的尺寸标注形式见表1-7。

表1-7　常见的尺寸标注形式

标注内容	注法示例	说明
直径	φ120　φ120　φ120 φ100　φ100　φ60　φ5	圆及大于半圆的圆弧，应标注直径，并在直径数字前加注直径符号“φ”。在圆内标注的尺寸线应为通过圆心的倾斜直径（但不能与中心线重合），两端画成箭头指至圆弧
半径	R60　R60　R60 R40　R200　R200	半圆及小于半圆的圆弧，应标注半径，并在半径数字前加注半径符号“R”。尺寸线应通过圆心，另一端画成箭头指至圆弧。圆弧半径较大或在图纸范围内无法标出其圆心位置时，可按最后一种方法标注

续表

标注内容	注法示例	说明
弦长 弧长	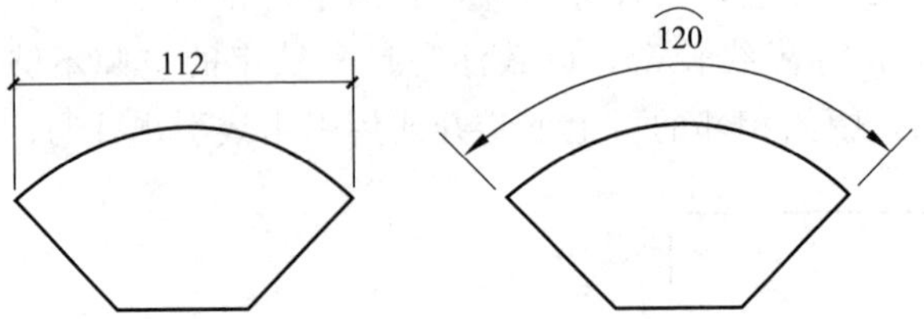 112　120	标注弦长尺寸的尺寸线为平行于该圆弧弦的细直线，起止符号画成斜短线。 标注弧长尺寸的尺寸线为圆弧，起止符号画成箭头，弧长数字上方加注圆弧符号“⌒”
角度 球径	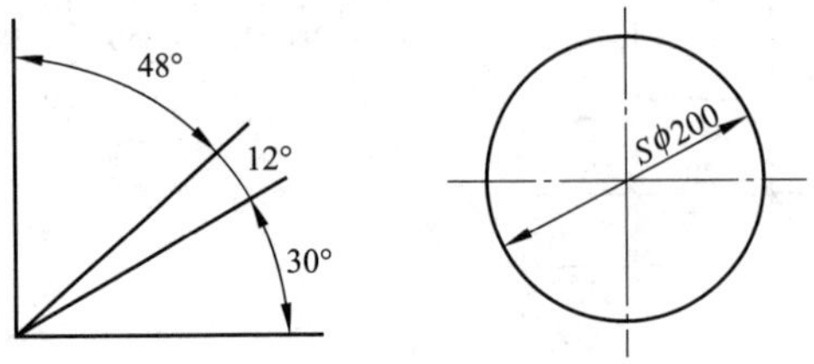 48°　12°　30°　Sϕ200	角度的尺寸线画成圆弧，圆心应是角的顶点，起止符号画成箭头，角度数字应沿尺寸线方向水平注写。 标注球的直径或半径时，应在符号“ϕ”或“R”前加注符号“S”
坡度	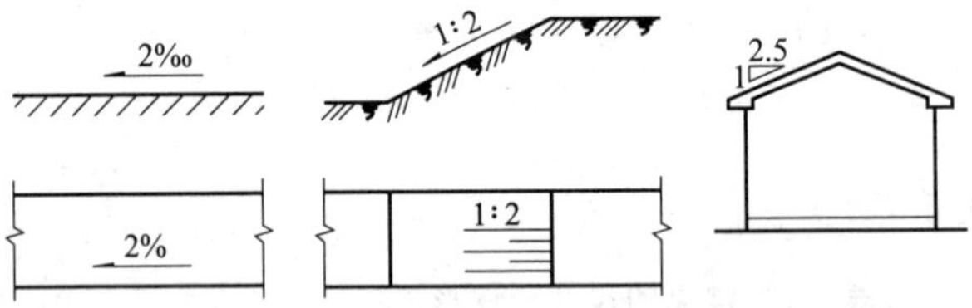 2‰　1∶2　2.5　1　2%　1∶2	坡度的标注可采用 1∶n 的比例形式；当坡度较缓时，可用百分数或千分数、小数表示。可用指向下坡方向的单面箭头指明坡度方向。也可用直角三角形形式标注

1.1.6 建筑材料图例

工程中所使用的建筑材料是多种多样的。为了在图上明显地把它们表现出来，在构件的断面区域（详见第 6 章）应画上相应的建筑材料图例。常用建筑材料图例见表 1-8。

表 1-8 常用建筑材料图例

名称	图例	说明	名称	图例	说明
自然土壤		徒手绘制	耐火砖	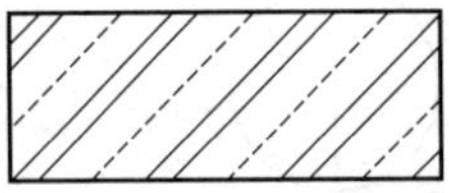	斜线为 45°细实线，用尺画
夯实土壤		斜线为 45°细实线，用尺画	空心砖	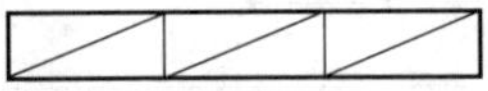	指非承重砖砌体
砂、灰土		靠近轮廓线绘制较密不均匀的点	饰面砖		包括铺地砖、马赛克、陶瓷锦砖、人造大理石等
普通砖	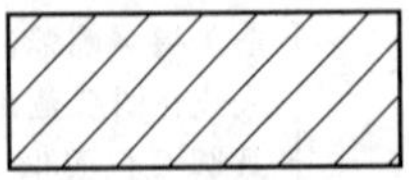	包括实心砖、多孔砖、砌块等砌体。斜线为 45°细实线，用尺画	金属	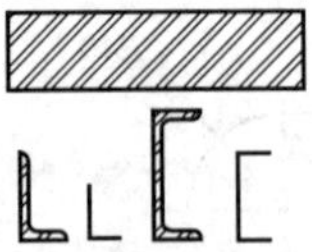	包括各种金属。斜线为 45°细实线，用尺画

续表

名称	图例	说明	名称	图例	说明
混凝土		石子为封闭三角形。断面较小时可涂黑	多孔材料		包括水泥珍珠岩、泡沫混凝土、蛭石制品等。斜线为45°细实线，用尺画
钢筋混凝土		斜线为45°细实线，用尺画	木材		上图为横断面，左上图为垫木、木砖或木龙骨；下图为纵断面
岩基		徒手绘制	干砌块石		石缝要错开，空隙不涂黑
玻璃 透明材料		包括平板玻璃、钢化玻璃、夹层玻璃等各种玻璃	浆砌块石		石块之间空隙要涂黑
防水材料		构造层次多或比例较大时采用上面图例	纤维材料		包括矿棉、岩棉、麻丝、纤维板等

1.2 常用绘图工具及其使用

绘制图样按所使用的工具不同，可分为尺规绘图、徒手绘图和计算机绘图。尺规绘图是借助丁字尺、三角板、圆规、铅笔等绘图工具和仪器在图板上进行手工操作的一种绘图方法。虽然目前工程图样已使用计算机绘制，但尺规绘图既是工程技术人员的必备基本技能，又是学习和巩固图学理论知识不可缺少的方法，必须熟练掌握。正确使用绘图工具和仪器不仅能保证绘图质量、提高绘图速度，而且能为计算机绘图奠定基础。以下简要介绍常用绘图工具和仪器的使用方法。

1.2.1 图板和丁字尺

(1) 图板

用于铺放、固定图纸。板面应平整光洁，左边是丁字尺的导边，需平、直、硬。

(2) 丁字尺

用于画水平线。它由相互垂直的尺头和尺身组成，尺身带有刻度的一边为工作边。作图时，用左手将尺头内侧紧靠图板导边，上下移动，自左至右画出不同位置的水平线。其用法如图1-9所示，需注意的是，不能用尺身的下边画线，也不能调头靠在图板的其他边缘画线。

1.2.2 三角板

一副三角板有45°和30°-60°两块，主要与丁字尺配合画竖直线及15°倍角的斜线，如图1-9(b)、图1-10所示。

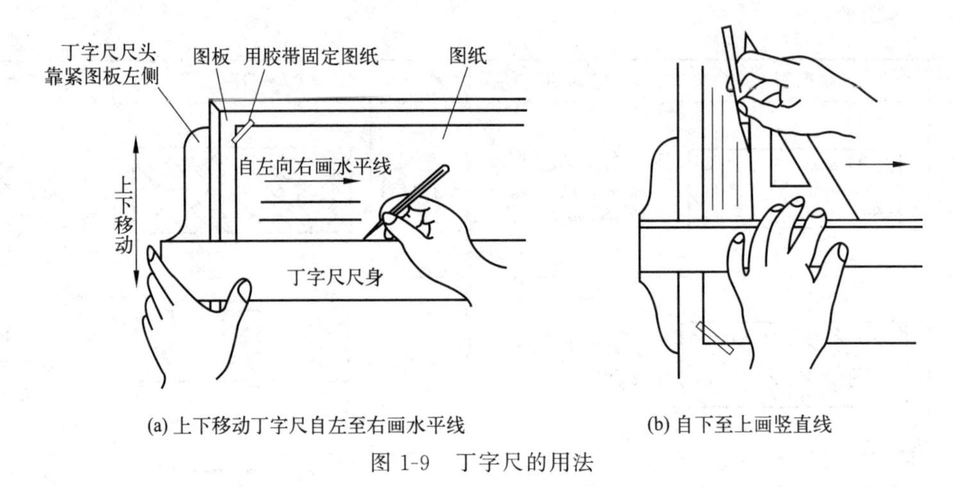

(a) 上下移动丁字尺自左至右画水平线　　(b) 自下至上画竖直线

图 1-9　丁字尺的用法

图 1-10　三角板与丁字尺配合画 15°倍角线

1.2.3　圆规和分规

（1）圆规

用于画圆和圆弧。使用时，应先调整针脚，使针尖（用有台肩的一端）略长于铅芯，按顺时针方向旋转，略向前倾斜，用力均匀地一笔画出圆或圆弧。画大圆弧时，可加上延伸杆，如图 1-11 所示。

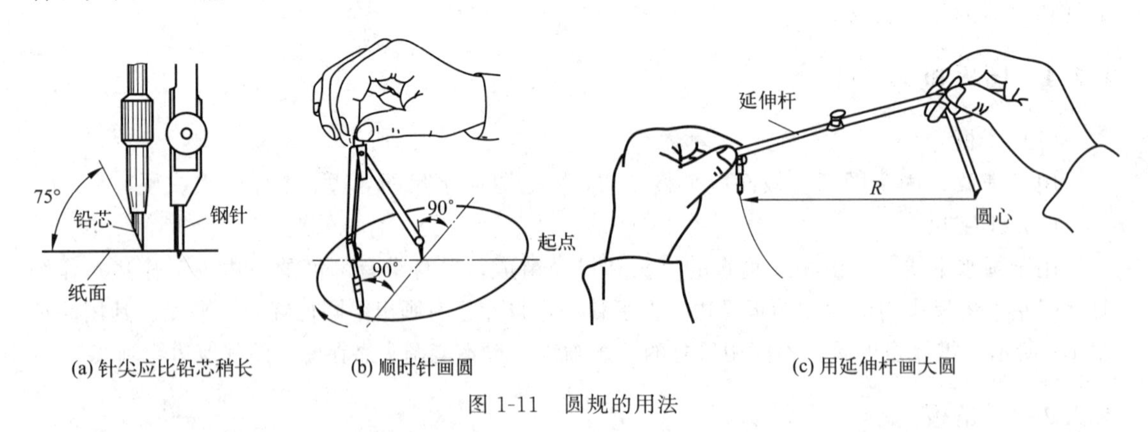

(a) 针尖应比铅芯稍长　　(b) 顺时针画圆　　(c) 用延伸杆画大圆

图 1-11　圆规的用法

（2）分规

用于量取尺寸和等分线段。为了准确地度量尺寸，分规的两针尖应调整到平齐。采用试分法等分直线段或圆弧时，分规的用法如图 1-12 所示。

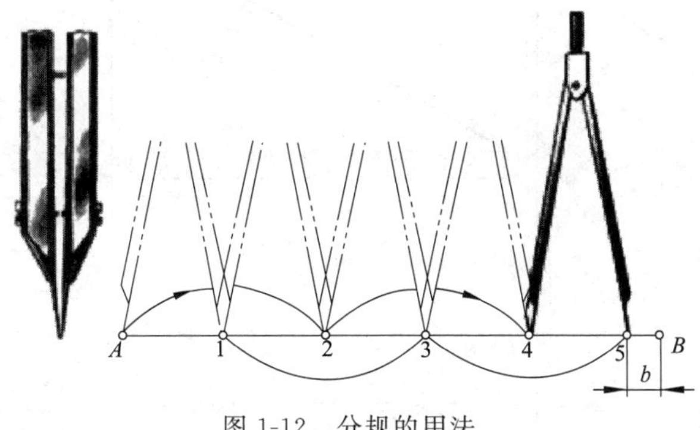

图 1-12　分规的用法

1.2.4　铅笔

制图用的铅笔有普通木制铅笔和自动铅笔两种。铅笔铅芯的软硬用字母“B”（软）及“H”（硬）表示，B 前数字越大，表示铅芯越软，画出的线条越黑；H 前数字越大，表示铅芯越硬，画出的线条越淡；HB 表示铅芯软硬适中。建议绘图时准备以下几种铅笔：B 或 HB——用于描黑粗实线；HB 或 H——用于绘制细实线、虚线、箭头和写字；2H 或 3H——用于画底稿和细线用。

铅芯安装在圆规上使用时，其铅芯比画直线的铅芯软一号，画底稿和描细线圆用 H 或 HB 铅芯，描黑粗实线圆和圆弧用 2B 或 B 铅芯。

削铅笔时，应从没有标号的一端削起，以保留铅芯硬度的标号。铅笔常用的削制形状有圆锥形和矩形，圆锥形用于画细线和写字，矩形用于画粗实线，如图 1-13 所示。

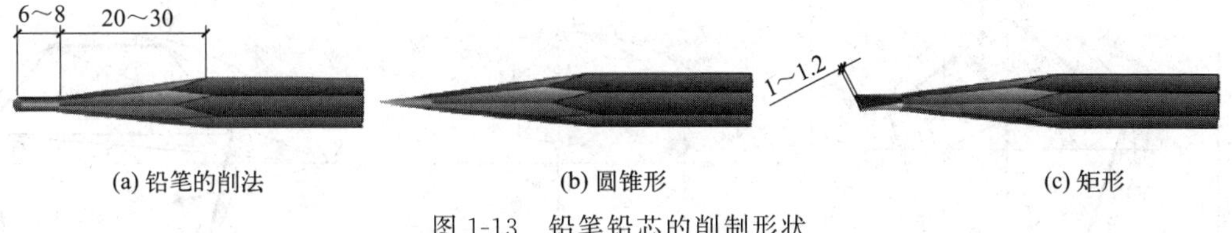

(a) 铅笔的削法　(b) 圆锥形　(c) 矩形

图 1-13　铅笔铅芯的削制形状

除了上述工具之外，绘图时还需准备削铅笔用的刀片、磨铅芯用的细砂纸、擦图用的橡皮、固定图纸用的透明胶带、扫除橡皮屑用的软毛刷、包含常用符号的模板及擦图片、比例尺等。

1.3　平面图形的画法

1.3.1　几何作图

工程图样中的图形，都是由直线、圆和其他曲线所组成的几何图形。因此熟练掌握几何图形的作图方法，是提高绘图速度和保证图面质量的基本技能之一。

（1）等分

等分线段、矩形和圆周的画法见表 1-9。

表 1-9　等分线段、矩形和圆周的画法

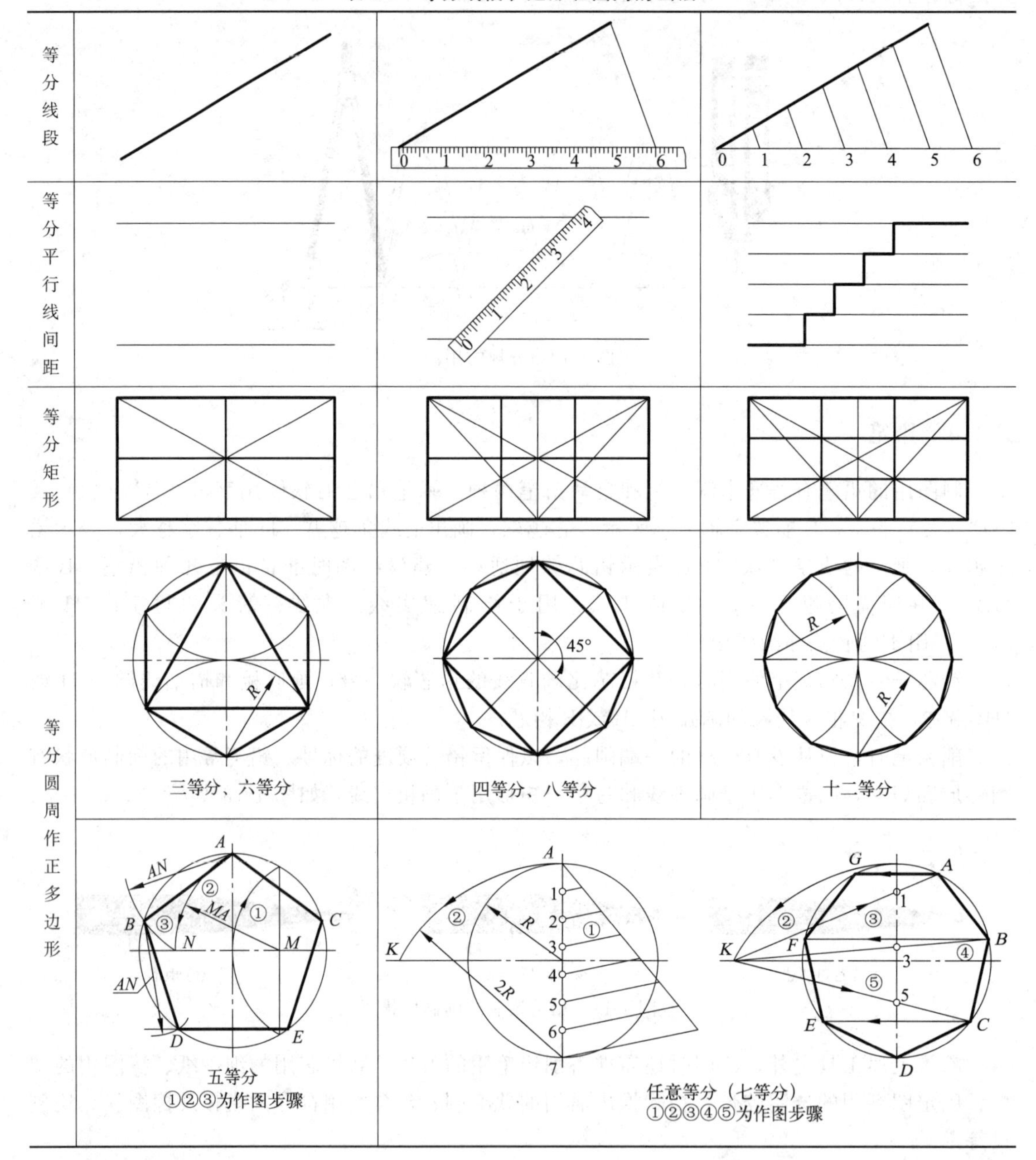

（2）椭圆的画法

椭圆的画法有四心圆法、同心圆法等，作图过程如图 1-14 所示。

（3）圆弧连接

用已知半径的圆弧光滑连接两已知线段（直线或圆弧）的作图问题称为圆弧连接。光滑连接是指连接圆弧应与已知直线或圆弧相切，因此，作图的关键是要准确地求出连接圆弧的圆心和连接点（切点）。圆弧连接的基本作图原理如下：

① 作半径为 R 的圆与已知直线 AB 相切，其圆心的轨迹是与 AB 直线相距 R 的一条平行线。切点 T 是自圆心向直线 AB 所作垂线的垂足，如图 1-15(a) 所示。

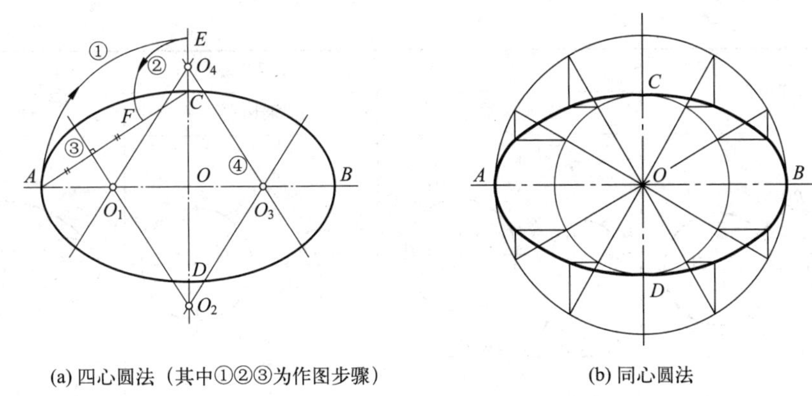

(a) 四心圆法（其中①②③为作图步骤）　　(b) 同心圆法

图 1-14　椭圆的画法

② 作半径为 R 的圆与半径为 R_1 已知圆弧 AB 相切，其圆心的轨迹是已知圆弧的同心弧。外切时，其半径为两半径之和，即 $L=R_1+R$，切点 T 是两圆的连心线与圆弧的交点；内切时，其半径为两半径之差，$L=R_1-R$，切点 T 是两圆的连心线的延长线与圆弧的交点，如图 1-15(b)、(c) 所示。

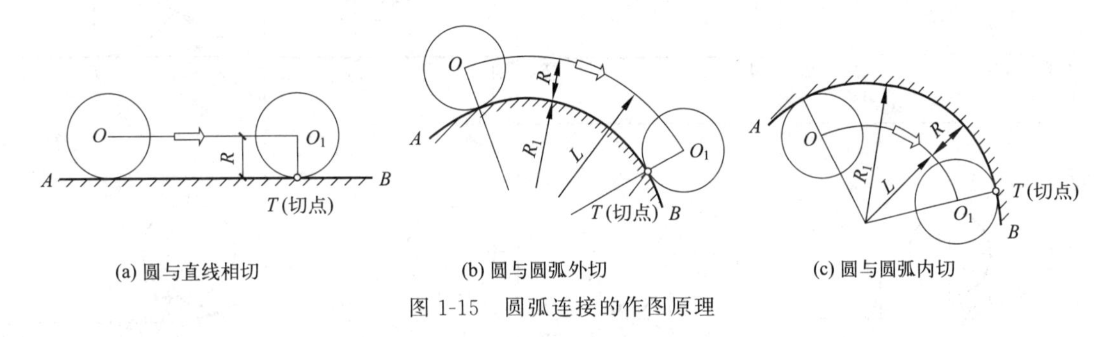

(a) 圆与直线相切　　(b) 圆与圆弧外切　　(c) 圆与圆弧内切

图 1-15　圆弧连接的作图原理

表 1-10 列出了几种圆弧连接的作图方法和步骤。

表 1-10　圆弧连接的画法

种类	已知条件	作图步骤		
		求连接圆心	求切点	画连接圆弧
圆弧连接两直线				
圆弧外连接两圆弧				

续表

种类	已知条件	作图步骤		
		求连接圆心	求切点	画连接圆弧
圆弧内连接两圆弧	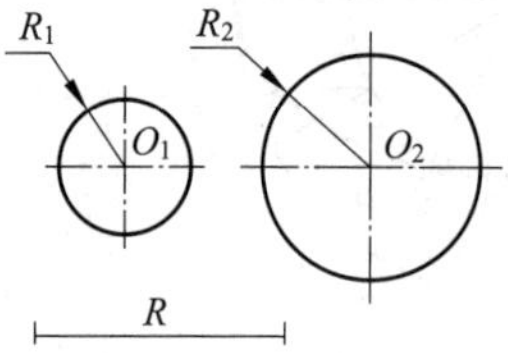	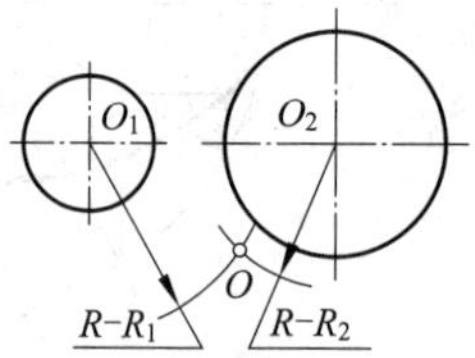	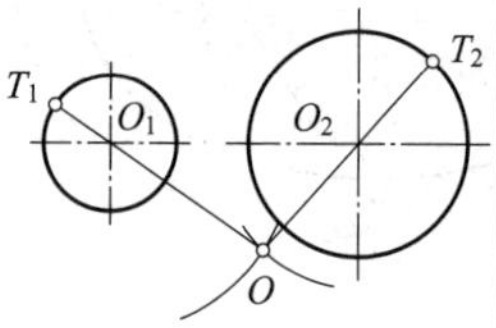	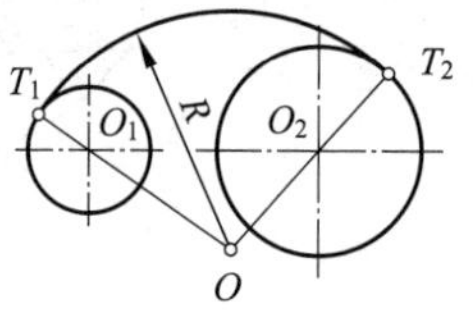
圆弧内连接直线和圆弧	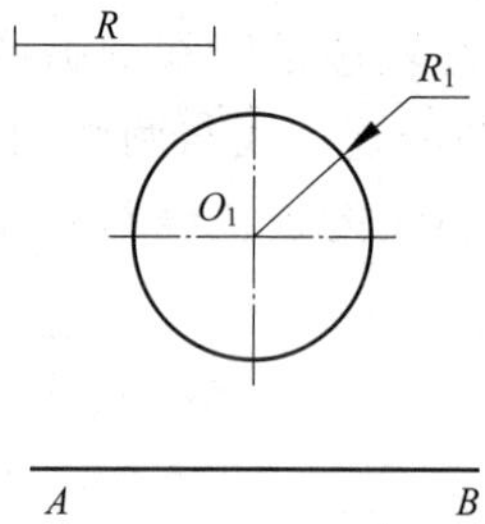	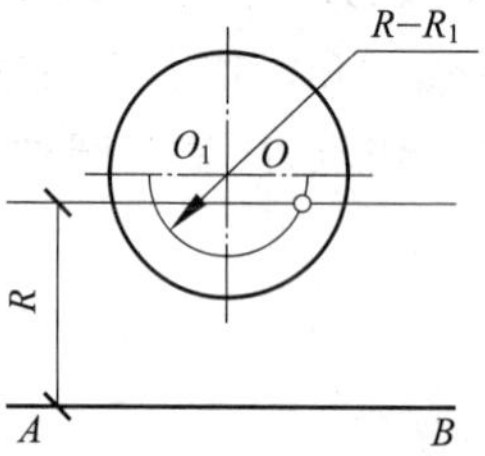	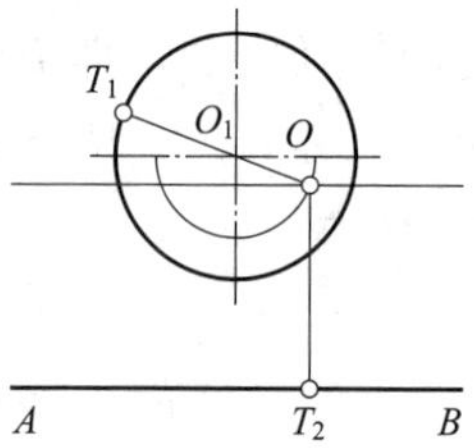	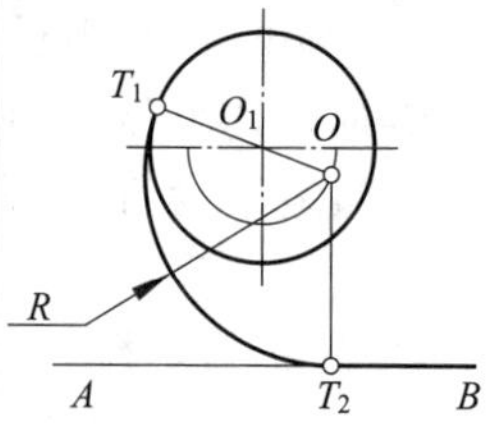
圆弧分别内外连接两圆弧	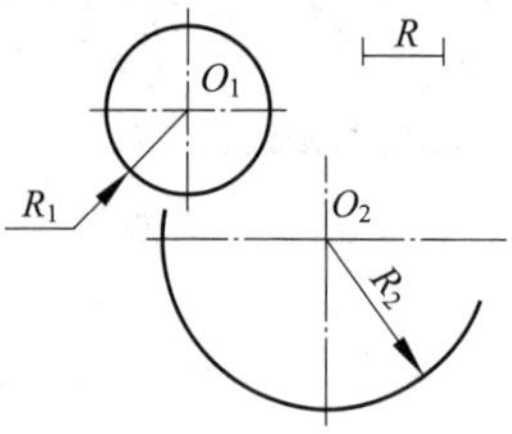	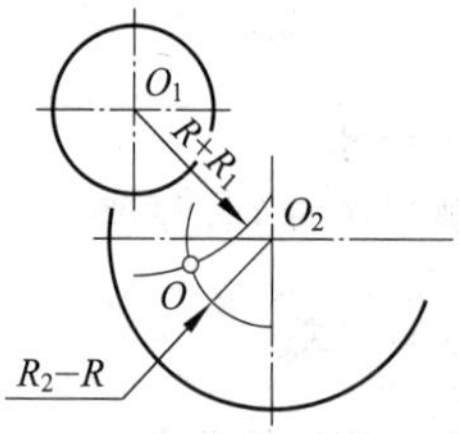	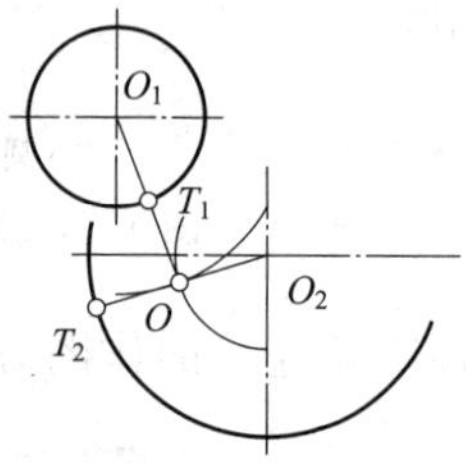	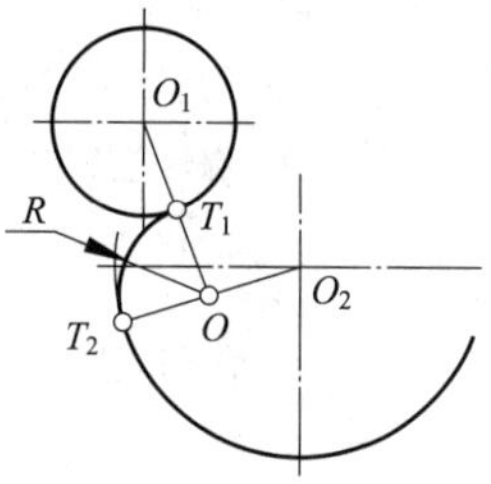

1.3.2　平面图形的分析与画法

平面图形都是根据图形所注的尺寸，按一定比例绘制出来的。因此，为了正确绘制平面图形，必须对平面图形进行尺寸分析和线段分析，从而确定平面图形的绘图步骤。现以图 1-16 所示扶手为例予以说明。

（1）平面图形的尺寸分析

① 定形尺寸　用来确定平面图形各部分形状大小的尺寸，如直线的长度、角度的大小、圆及圆弧的直径或半径等称为定形尺寸。图 1-16 中的 $R98$、$R16$、6 均为定形尺寸。

② 定位尺寸　用来确定平面图形各部分之间相对位置的尺寸称为定位尺寸。图 1-16 中的 80、76、100 均为定位尺寸。

③ 尺寸基准　标注定位尺寸的起点称为尺寸基准。平面图形的水平、垂直两个方向都应有一个尺寸基准，通常以图形的对称线、较大圆的中心线、较长的直轮廓边线作为尺寸基准。图 1-16 是以竖直对称线、图形的底边分别为水平方向、垂直方向的尺寸基准。

(a) 楼梯扶手示例

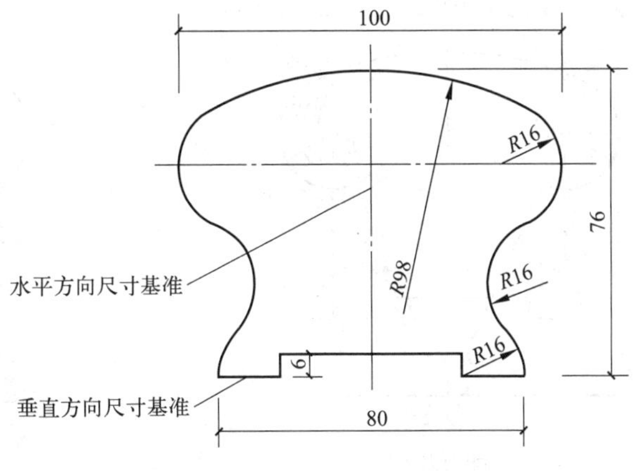

(b) 扶手断面轮廓图形

图 1-16 平面图形的尺寸分析

（2）平面图形的线段分析

平面图形的线段，通常根据其尺寸的完整与否，可分为以下三类：

① 已知线段 定形尺寸和定位尺寸齐全的线段，即根据给出的尺寸可以直接画出的线段称为已知线段。如图 1-16 中 $R98$ 的圆弧，作图时只要在图形对称线上定出圆心，即可绘制出该圆弧。又如图 1-16 中下部分的 $R16$ 圆弧，也是已知线段。

② 中间线段 已知定形尺寸和一个方向定位尺寸的线段，或只有定位尺寸，无定形尺寸的线段称为中间线段。如图 1-16 上方 $R16$ 的圆弧，只有一个水平方向 100 的定位尺寸，另一个方向的定位尺寸需根据其与 $R98$ 的圆弧相内切来确定。

③ 连接线段 只有定形尺寸，两个方向定位尺寸均未给出的线段称为连接线段。如图 1-16 中间部分 $R16$ 的圆弧，其圆心的位置需根据其与两个 $R16$ 的圆弧均相外切来确定。

由以上分析可知，对于一个有圆弧连接的图形，其画图顺序为：基准线—已知线段—中间线段—连接线段，如图 1-17(a)、(b)、(c)、(d) 所示。

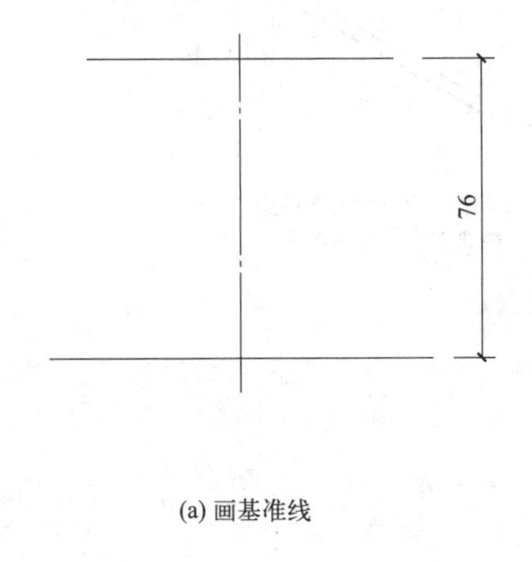

(a) 画基准线

(b) 画已知线段

图 1-17

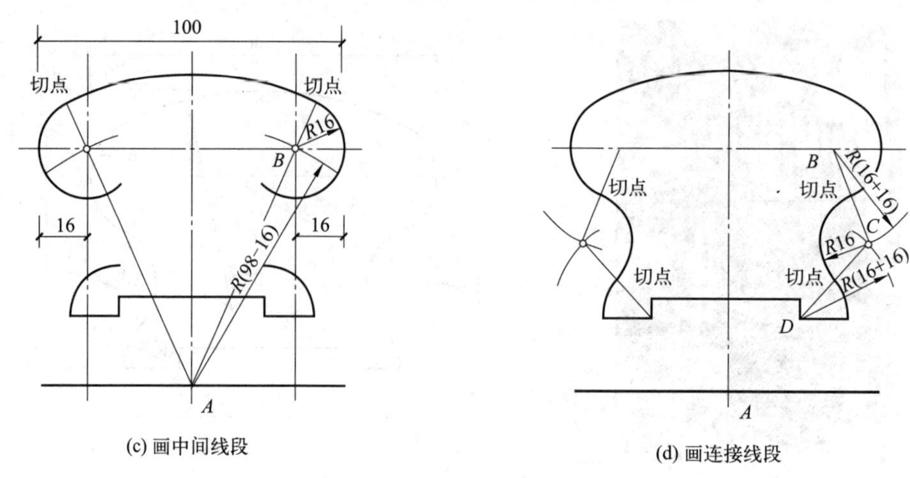

图 1-17 平面图形的画图顺序

1.4 绘图的一般方法和步骤

1.4.1 尺规绘图

（1）准备工作

准备绘图工具和仪器，首先将铅笔及圆规上铅芯按线型削好，然后将丁字尺、图板、三角板等擦干净。根据图形的复杂程度，确定绘图比例及图纸幅面大小，将选好的图纸按图 1-18 所示铺在图板的左下方。固定图纸时，应使图纸的上、下边与丁字尺的尺身平行，图纸与图板边应留有适当空隙，然后用透明胶带固定。

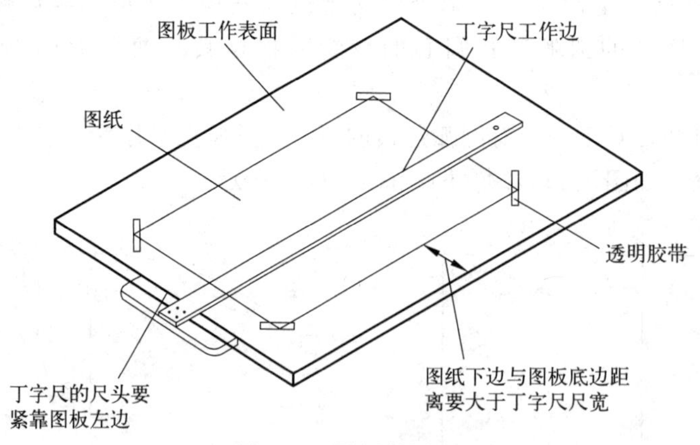

图 1-18 图纸的固定

（2）画底稿

① 画图框和标题栏。

② 确定比例，布置图形，使图形在图纸上的位置大小适中，各图形间应留有适当空隙及标注尺寸的位置。

③ 先画图形的基准线、对称线、中心线及主要轮廓线，然后按照由整体到局部、先大

后小、先实后虚（挖去的孔、槽等）、先外（轮廓）后内（细部）、先下后上、先曲后直的顺序画出其他所有图线。

用H以上较硬的铅笔如3H、2H等画底稿，要求轻、细、准、洁。“轻”指画线要轻，能分辨即可，擦去后应不留痕迹；“细”指画出的线条要细，区分线型类别，但不分粗细；“准”指图线位置、尺寸要准确；“洁”指图面应保持整洁，对绘制底稿图中出现的错误，不要急于擦除，待底稿完成后一并擦除。值得一提的是，为提高绘图速度和加深后的图面质量，可用极淡的细实线代替点画线和虚线。

（3）加深

在加深前必须仔细校核底稿，并进行修正，直至确认无误。图线加深应做到线型正确、粗细分明、连接光滑、接头准确、图面整洁。

用HB或B的铅笔进行加深，加深的顺序一般是先粗后细、先曲后直、先图形后尺寸、先图线后符号和文字，自上而下、由左至右进行，提倡细线一次画成。

（4）标注尺寸、注写文字

图形完成后，遵照制图国家标准标注尺寸、书写图名、标出各种符号、注写文字说明，填写标题栏，完成图样。

1.4.2　徒手绘图

徒手绘图是不用绘图仪器，凭目测比例徒手画出的图样，这种图样称为草图或徒手图。这种图主要用于现场测绘、设计方案讨论、技术交流、构思创作，是工程技术人员必备的基本技能之一。

徒手绘图的基本要求是快、准、好。即画图速度要快，目测比例要准，图线要清晰，图面质量要好。徒手绘图最好用较软的铅笔，如HB、B、2B，笔杆要长，笔尖要圆，不要太尖锐。

（1）直线的画法

画直线时，眼睛看着图线的终点，由左向右画水平线，由上向下画铅垂线，如图1-19所示。短线常用手腕运笔，画长线则以手臂动作，且肘部不宜接触纸面，否则不易画直，当直线较长时，也可用目测在直线中间定出几个点，然后分几段画出。画长斜线时，也可将图纸旋转一适当角度，使它转成水平线来画。

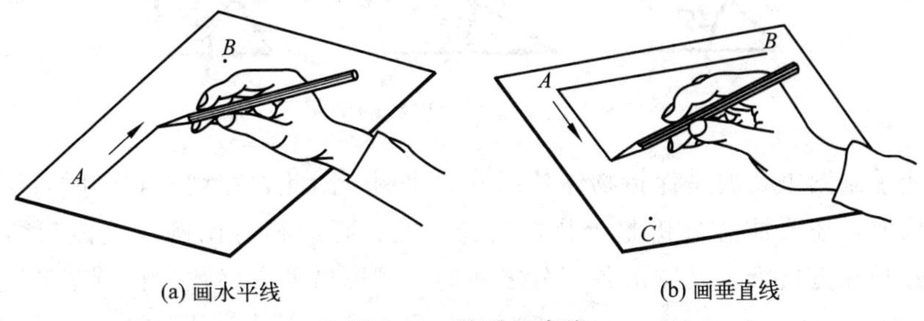

(a) 画水平线　　(b) 画垂直线

图1-19　徒手画直线

（2）圆的画法

画小圆时，应先定出圆心及画中心线，并在中心线上按半径目测定出四点，然后徒手连成圆，如图1-20(a) 所示。画较大圆时，可过圆心增画两条45°斜线，在斜线上再定四个等半径点，然后过这八点画圆，如图 1-20(b) 所示。画更大的圆，可先画出圆的外切正方形，并将任一对角线的一半三等分，在 2/3 点处定出圆周上另外四点，将这八点连成圆，如图 1-20(c) 所示。

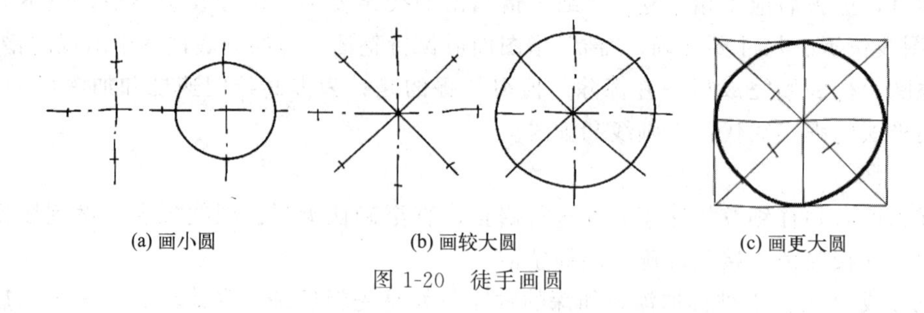

(a) 画小圆　　(b) 画较大圆　　(c) 画更大圆

图 1-20　徒手画圆

(3) 椭圆的画法

如图 1-21 所示，先画出椭圆的长短轴，并用目测定出其端点的位置，过这四点画一矩形或外切平行四边形，根据椭圆轴对称和中心对称的特点，以顶点为基础就势光滑地画出，同时控制不在顶点处出现尖点。

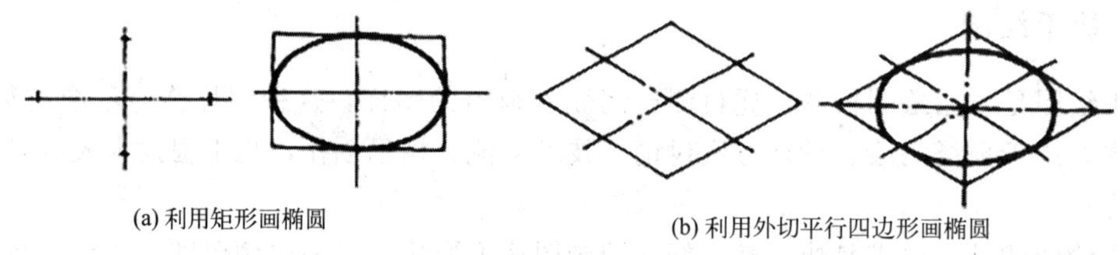

(a) 利用矩形画椭圆　　(b) 利用外切平行四边形画椭圆

图 1-21　徒手画椭圆

(4) 常见角度的画法

画线时，对于一些特殊角，可根据两直角边的近似比例关系，先定出两个端点，然后画线，如图 1-22 所示。

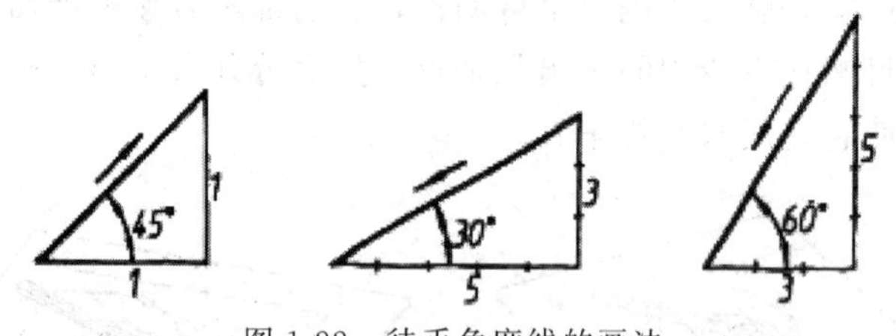

图 1-22　徒手角度线的画法

总之，徒手画图重要的是保持物体各部分的比例。因此，在观察物体时，不但要研究物体的形状及构成，还要注意分析整个物体的长、宽、高的相对比例及整体与细部的相对比例。草图最好画在方格纸上，图形各部分之间的比例可借助方格数的比例来解决。

第2章 点、直线和平面的投影

2.1 投影的基本知识

2.1.1 投影的形成和分类

（1）投影的形成

日常生活中，当物体受到光线照射时，会在地面、墙面或其他物体表面上产生影子，这些影子在一定程度上反映了物体的外形轮廓，如图 2-1(a) 所示。科学家把这种自然现象经过科学的抽象和概括，应用到画图、看图上，形成了工程上所用的投影法。

假设光线能够穿透物体，把物体上的各个顶点和各条边线都在承影面上透落它们的影，那么由这些点、线的影所组成的“线框图”称为物体的投影，如图 2-1(b) 所示。此时光源称为投射中心 S，物体称为形体（只研究其形状、大小、位置，而不考虑它的颜色、重量等物理性质），投射中心与形体上各点的连线（SA、SB、SC、SD）称为投射线，承接影子的平面称为投影面。

投射线通过形体向选定的面投射，并在该面上得到图形的方法称为投影法。投影法是工程图样中把空间三维形体转化为二维平面图形的基本方法。要产生投影必须具备三要素：投射线、形体和投影面。

（2）投影的分类

投影法分为两大类：中心投影法和平行投影法。

① 中心投影法　投射中心 S 距投影面有限远，所有的投射线都汇交于一点，这种方法产生的投影称为中心投影，如图 2-2(a) 所示。中心投影的大小会随投射中心或形体与投影面的距离变化而变化，不能反映空间形体的真实大小。

② 平行投影法　投射中心 S 距投影面无限远，所有的投射线可视为相互平行，由此产生的投影称为平行投影。平行投影的投射线相互平行，所得投影的大小与形体离投影面的距离无关。

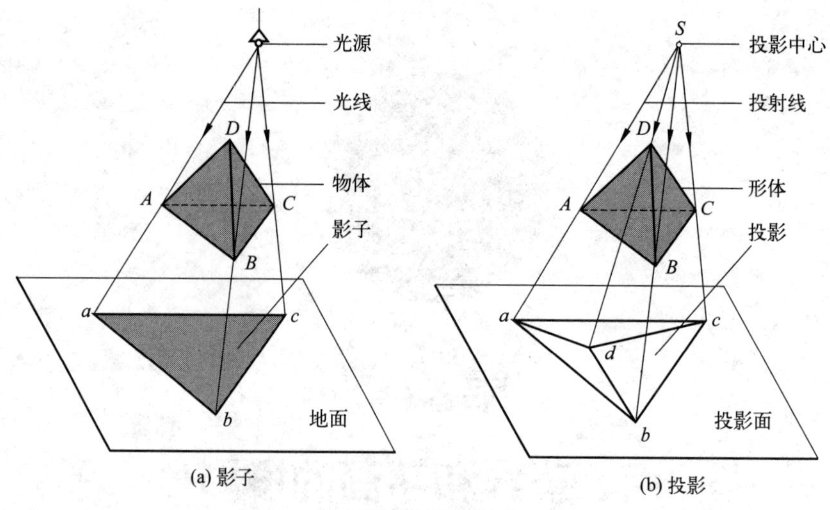

图 2-1　投影的形成

根据投射线与投影面是否垂直，平行投影又分为斜投影和正投影两种。投射线与投影面倾斜时的投影称为斜投影，如图 2-2(b) 所示；投射线与投影面垂直时的投影称为正投影，如图 2-2(c) 所示，得到这种投影图的方法称为正投影法。

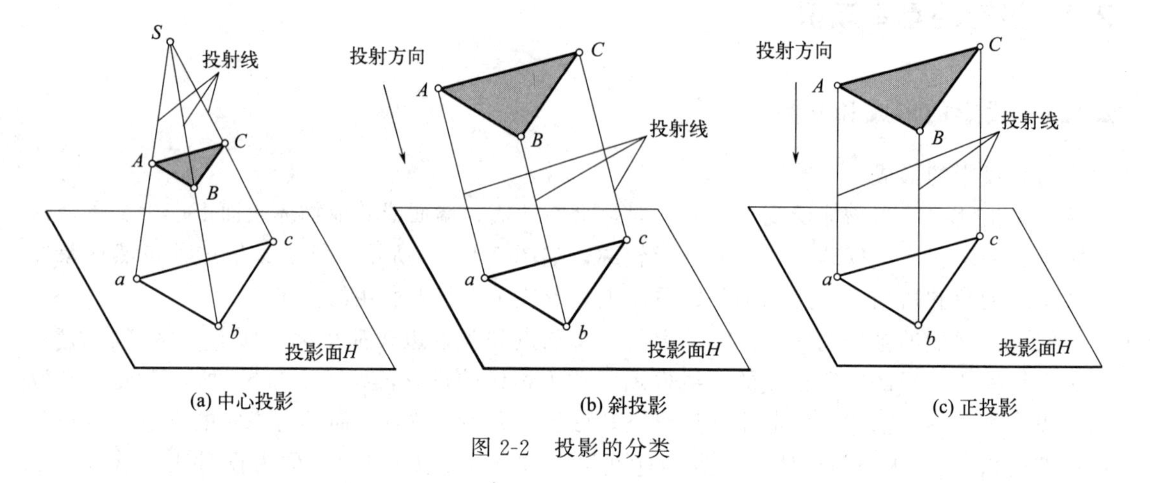

图 2-2　投影的分类

2.1.2　工程上常用的投影图

为了满足工程设计中形体表达的需要，往往需要采用不同的投影图。常用的投影图有四种。

(1) 多面正投影图

多面正投影图是用正投影法把形体向两个或两个以上互相垂直的投影面上分别进行投影，再按一定的方法将其展开到一个平面上，所得到的投影图，如图 2-3(a) 所示。这种图的优点是能准确地反映物体的形状和大小，度量性好，作图简便，在工程上广泛采用；缺点是直观性较差，需要经过一定的读图训练才能看懂。

(2) 轴测投影图

轴测投影图是按平行投影法绘制的物体在一个投影面上的投影，简称轴测图，如图 2-3(b) 所示。这种图的优点是立体感强，直观性好，在一定条件下可直接度量；缺点是作图较麻烦，在工程中常用作辅助图样，如用于设计构思与读图、管道设计系统图等。

（3）透视投影图

透视投影图是按中心投影法绘制的物体的单面投影图，简称透视图，如图 2-3(c) 所示。这种图的优点是形象逼真，符合人的视觉效果，直观性强；缺点是作图繁杂，度量性差，一般用于房屋、桥梁等的外貌，室内装修与布置的效果图等。

（4）标高投影图

标高投影图是用正投影法将物体表面的一系列等高线投射到水平的投影面上，并在其上标注各等高线的高程数值的单面正投影图，如图 2-3(d) 所示。标高投影图的缺点是立体感差，其优点是在一个投影面上能表达不同高度的形状，所以常用来表达复杂的曲面和地形面。

由于正投影图被广泛地用来绘制工程图样，所以正投影法是本书讲授的主要内容。以后所说的投影，如无特殊说明均指正投影。

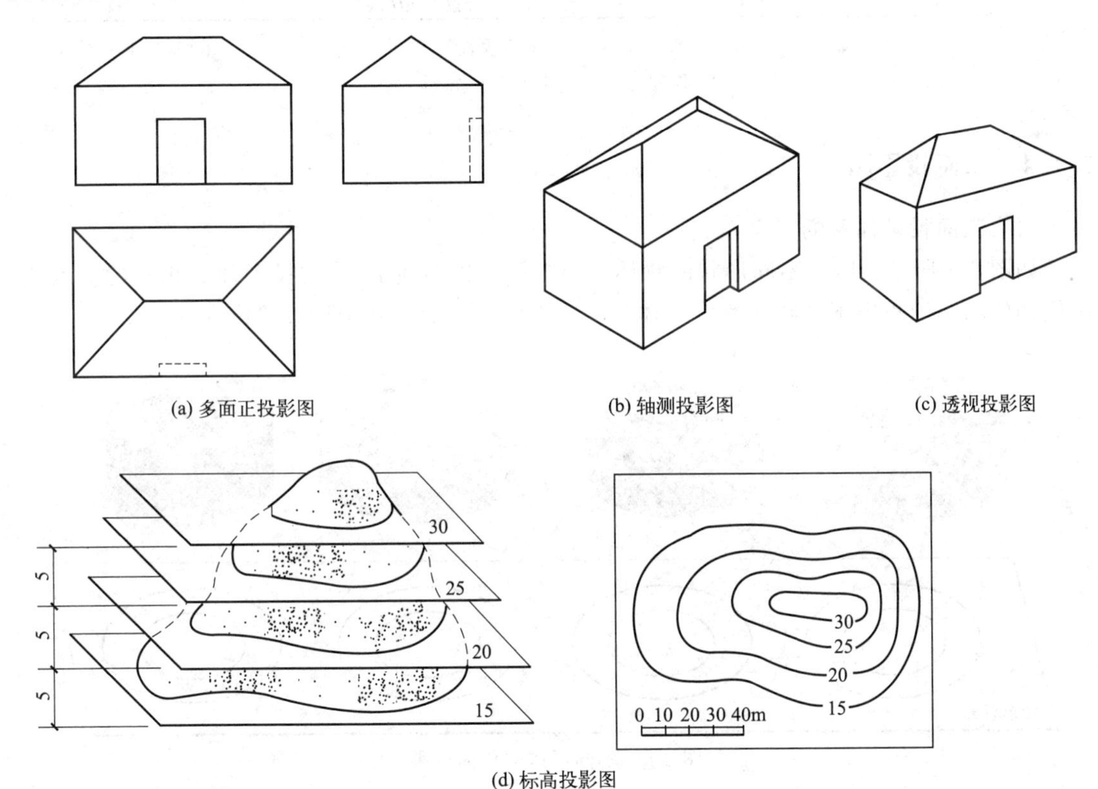

图 2-3　工程上常用的投影图

2.1.3　正投影的基本特性

（1）显实性

当直线或平面平行于投影面时，直线的投影反映实长，平面的投影反映实形，如图 2-4(a) 所示。

（2）积聚性

当直线或平面垂直于投影面时，直线的投影积聚为一点，平面的投影积聚为一直线，如

图 2-4(b) 所示。

(3) 类似性

当直线或平面倾斜于投影面时，直线的投影仍为直线，但短于原直线的实长；平面的投影是与原平面图形边数相同、曲直不变、凹凸不变，但面积变小的类似形，如图 2-4(c) 所示。

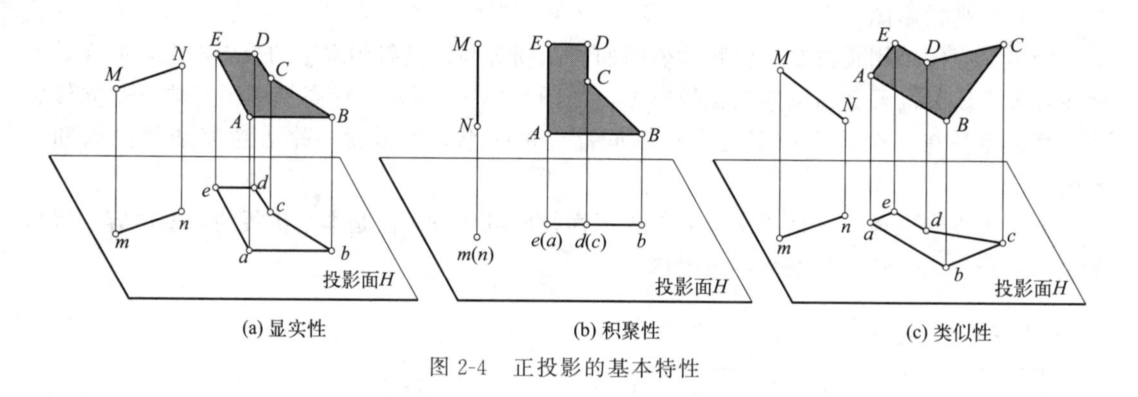

图 2-4　正投影的基本特性

2.1.4　三面投影图

(1) 三面投影体系的建立

如图 2-5 所示为四个不同形状的物体，但在同一投影面 H 上的投影却是相同的。因此，仅凭物体的单面投影不能唯一确定物体的空间形状，为此，必须增加投影面的数量。

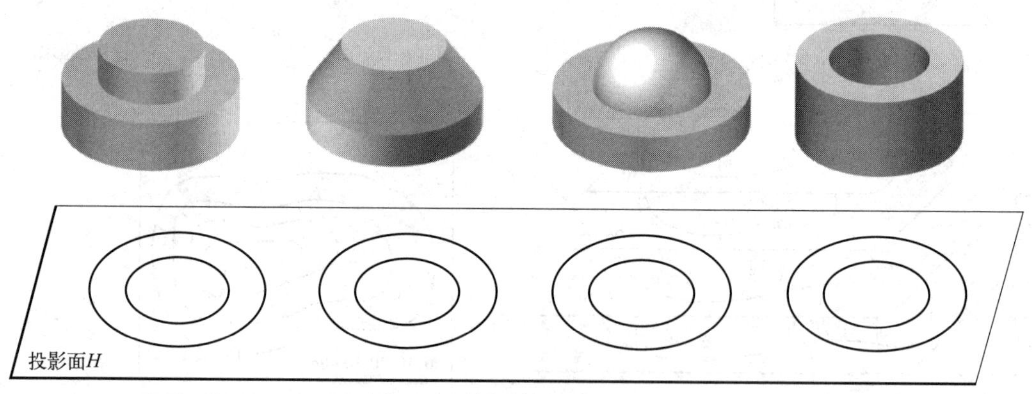

图 2-5　不同形体的单面投影

工程上通常采用物体在三面投影体系的投影来表达物体的形状，即在空间建立互相垂直的三个投影面：水平投影面 H（简称水平面或 H 面）、正立投影面 V（简称正面或 V 面）、侧立投影面 W（简称侧面或 W 面），如图 2-6 所示。投影面之间的交线称为投影轴：V、H 面交线为 X 轴；H、W 面交线为 Y 轴；V、W 面交线为 Z 轴。三投影轴也相互垂直，并汇交于原点 O。

V、H、W 三个面把空间分成八个区域，称为八个分角，按图示顺序编号为Ⅰ、Ⅱ、Ⅲ……Ⅷ，编号为Ⅰ的区域称为第一分角，编号为Ⅲ的区域称为第三分角。《技术制图　图样画法　视图》(GB/T 17451—1998) 规定，工程图样优先采用第一角画法，有些国家的工程图样采用的是第三角画法。

(2) 三面投影图的形成

将形体置于第一分角中，然后分别向V、H、W三个投影面进行投射，得到三面投影图，如图2-7所示。国家标准规定，形体的可见轮廓线用粗实线表示，不可见轮廓线用虚线表示，中心线、对称线和轴线用细点画线表示。

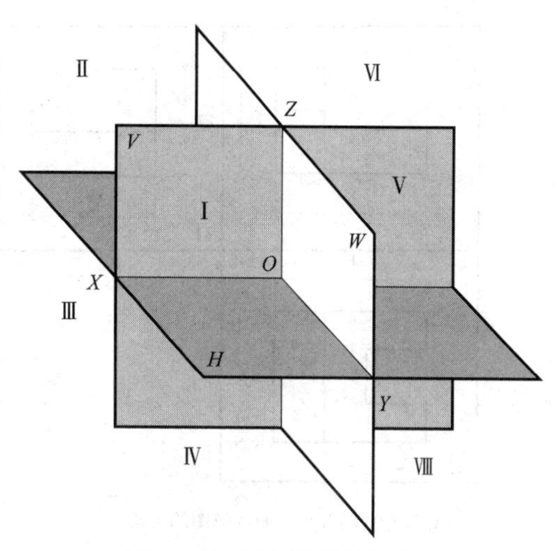

图2-6　三面投影体系与分角

由前向后投射，形体在正面上的投影，称为正面投影或V投影；由上向下投射，形体在水平面上的投影，称为水平投影或H投影；由左向右投射，形体在侧面上的投影，称为侧面投影或W投影。

(3) 三面投影图的展开

为了便于绘图和表达，需要把空间三个投影面展开在一个平面上。如图2-8所示，按制图国家标准规定，展开时保持V面不动，H面绕OX轴向下旋转90°，W面绕OZ轴向右旋转90°，与V面处于同一平面上。此时，OY轴分为两条，随H面旋转的一条标以OY_H，随W面旋转的一条标以OY_W，如图2-9(a)所示。

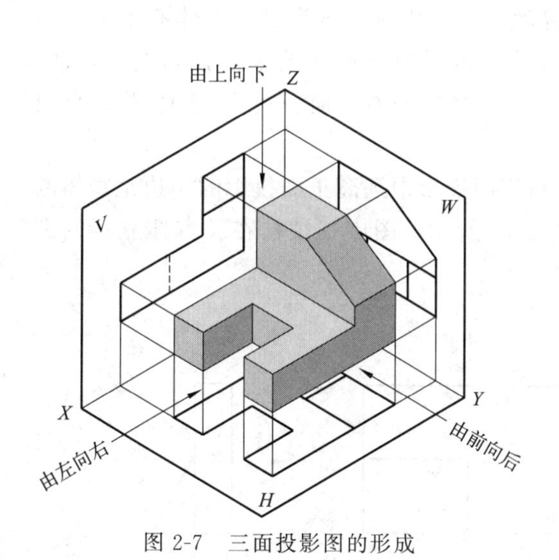

图2-7　三面投影图的形成

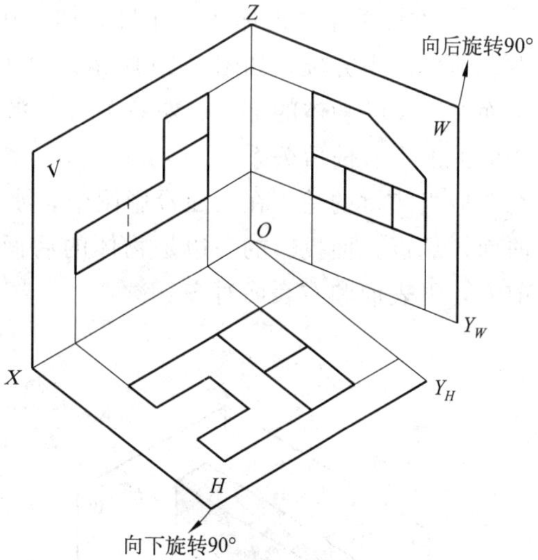

图2-8　三面投影图的展开过程

投影面展开后，正面投影在左上方，水平投影在正面投影的正下方，侧面投影在正面投影的正右方。由于形体投影图的形状、大小与投影面边框、投影轴无关，故实际作图时，只需画出形体的三个投影而不画投影面边框线和投影轴，如图2-9(b)所示。

(4) 三面投影图的特性

① 投影关系　在三面投影体系中，形体的OX轴向尺寸称为长，OY轴向尺寸称为宽，OZ轴向尺寸称为高，如图2-9(a)所示。三面投影图共同表达同一形体，且在作各投影时，形体与各投影面的相对位置保持不变，因此三面投影之间必然保持下列关系：正面投影与水

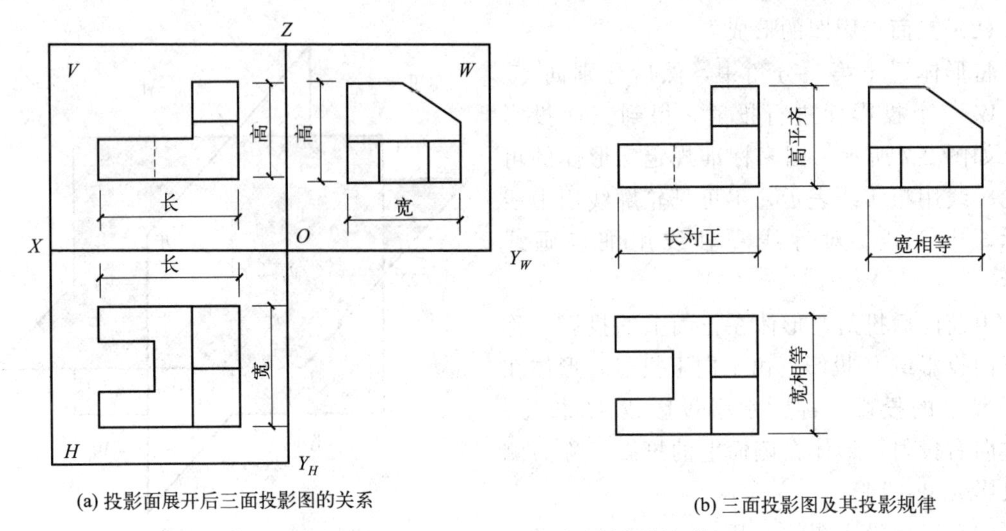

(a) 投影面展开后三面投影图的关系

(b) 三面投影图及其投影规律

图 2-9 三面投影图的关系及其投影规律

平投影长度相等且对正；正面投影与侧面投影高度相等且平齐；水平投影与侧面投影宽度相等。

上述投影关系称为三面投影图的投影规律，亦称“三等规律”，简述为“长对正、高平齐、宽相等”。这一投影关系不仅适用于物体总的轮廓，也适用于物体的任一局部，是画图和读图的依据。

② 方位关系 形体在三面投影体系中的位置确定后，相对于观察者，形体有上下、左右、前后六个方位，如图 2-10 所示。这六个方位关系也反映在形体的三面投影图中，即：正面投影反映物体的上下、左右关系；水平投影反映物体的左右、前后关系；侧面投影反映物体的上下、前后关系。

应当注意的是，在三面投影图中，水平投影和侧面投影中远离正面投影的一边是物体的前面，靠近正面投影的一边是物体的后面。如图 2-10 所示，图中三棱柱在长方体立板的右前方，下表面和右表面对齐。

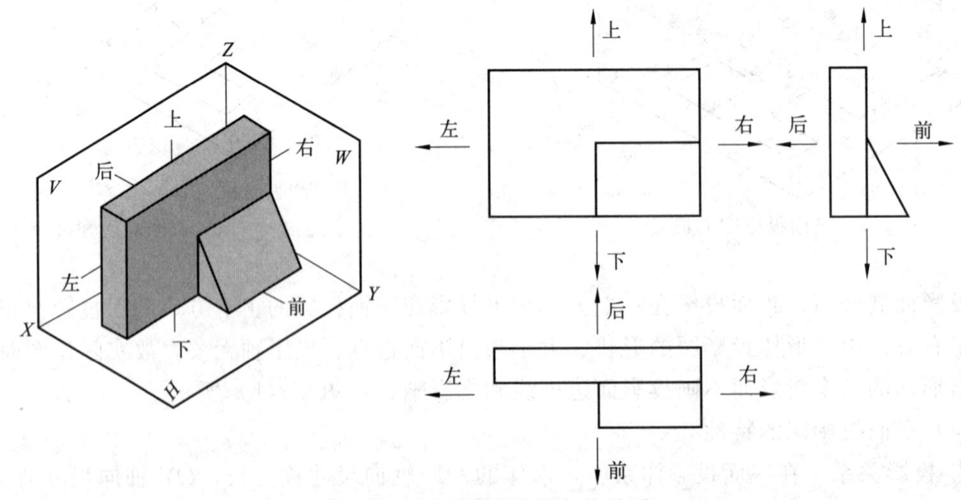

图 2-10 三面投影图的方位关系

2.2 点的投影

点、线、面是构成工程形体最基本的几何元素，如图2-11所示的金字塔可以抽象成四棱锥，而四棱锥是由四个侧棱面所围成，各侧棱面相交于四条侧棱线，各侧棱线相交于五个顶点（A、B、C、D、E）。因此研究点、线、面的投影规律，有助于提高对形体投影的分析能力。

(a) 金字塔

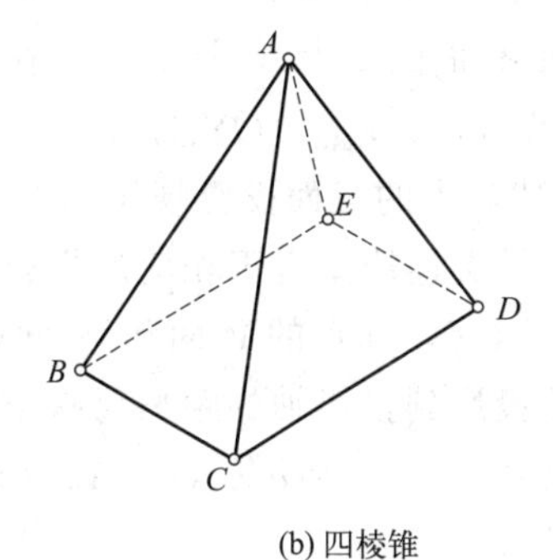

(b) 四棱锥

图2-11　工程形体

2.2.1 点的投影及其投影规律

（1）点的三面投影

将图2-11(b)中的空间点A放置在三面投影体系中，分别向H、V、W三投影面作投射线，其垂足a、a'、a''即为点A在H面、V面、W面上的投影，如图2-12(a)所示。

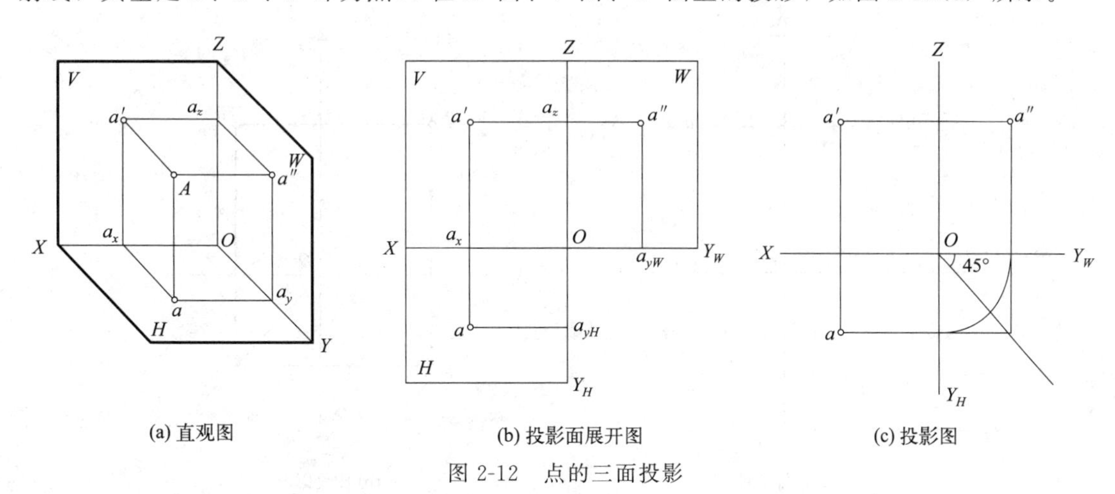

(a) 直观图　　(b) 投影面展开图　　(c) 投影图

图2-12　点的三面投影

规定如下：

① 空间点—用大写字母，如A、B……表示。

② H面投影—用相应的小写字母，如a、b……表示。

③ V面投影—用相应的小写字母右上角加一撇，如a'、b'……表示。

④ W面投影—用相应的小写字母右上角加两撇，如a''、b''……表示。

按前述规定将三面投影体系展开，得到点 A 的三面投影图，如图 2-12(b) 所示。在点的投影图中一般只画出投影轴，不画投影面的边框线，如图 2-12(c) 所示。

(2) 点的投影规律

从图 2-12 (a) 可看出，因 $Aa \perp H$ 面，$Aa' \perp V$ 面，故平面 $Aa\,a_x\,a' \perp H$ 面，又 $\perp V$ 面，则 $OX \perp a'a_x$、$OX \perp aa_x$。当投影体系按规定展开后，$a'a$ 成为一条垂直于 OX 轴的直线，即 $a'a \perp OX$。同理可知，$a'a'' \perp OZ$。

从图 2-12(a) 还可看出，过空间点 A 的两条投射线 Aa 和 Aa' 构成矩形平面 Aaa_xa'，必有空间点 A 到 H 面的距离 $Aa = a'a_x$，空间点 A 到 V 面的距离 $Aa' = aa_x$。同理可得，空间点 A 到 W 面的距离 $Aa'' = aa_y$，在投影面展开后，a_y 被分为 a_{yH} 和 a_{yW} 两部分，所以有 $aa_{yH} \perp OY_H$，$a''a_{yW} \perp OY_W$。

综上所述，点的三面投影规律如下：

① 点的投影连线垂直于相应的投影轴　$a'a \perp OX$，即点的 V 面和 H 面投影连线垂直于 X 轴；$a'a'' \perp OZ$，即点的 V 面和 W 面投影连线垂直于 Z 轴；$aa_{yH} \perp OY_H$，$a''a_{yW} \perp OY_W$。

② 点的投影到投影轴的距离反映空间点到相应投影面的距离　$aa_x = a''a_z = Aa'$（点 A 到 V 面的距离）；$a'a_x = a''a_{yW} = Aa$（点 A 到 H 面的距离）；$a'a_z = aa_{yH} = Aa''$（点 A 到 W 面的距离）。

实际上，上述点的投影规律为形体的投影规律“长对正、高平齐、宽相等”提供了理论依据。

作图时，为了保证 $aa_x = a''a_z$，常用过原点 O 的 45°辅助线或 1/4 圆弧把点的 H 面与 W 面投影联系起来，如图 2-12 (c) 所示。

【例 2-1】 如图 2-13(a) 所示，已知点 A 的正面投影 a' 和侧面投影 a''，求作该点的水平投影 a。

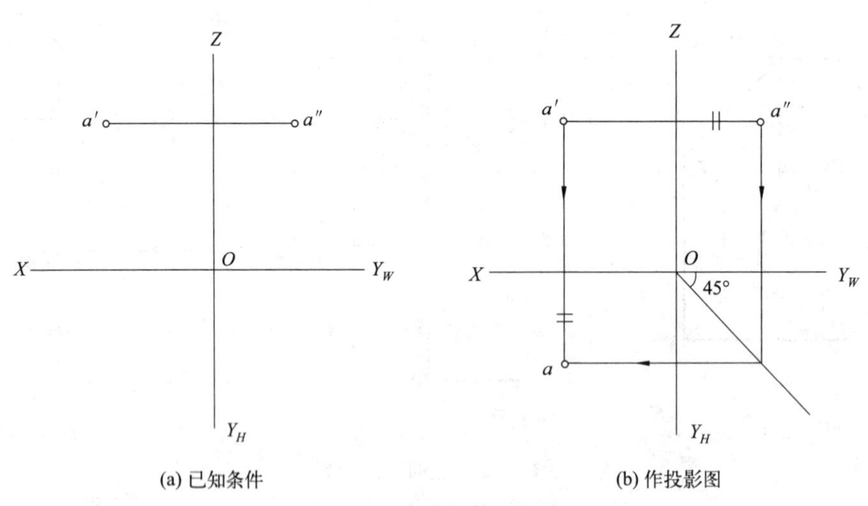

(a) 已知条件　　(b) 作投影图

图 2-13　求点的第三投影

分析　由点的投影规律可知，$a'a \perp OX$，过 a' 作 OX 轴的垂线，所求 a 必在该垂线上，再由 $aa_x = a''a_z$ 确定 a 的位置。

作图

(1) 自点 O 作 45°辅助线。

（2）自 a' 向下作 OX 轴的垂线，自 a'' 向下作 OY_W 轴的竖直线与45°辅助线交于一点，再过该点向左引 OY_H 轴的垂线，与过 a' 的竖直线相交于一点，该点即为点 A 的水平投影 a，如图2-13(b)所示。

2.2.2 点的投影与坐标

（1）投影与坐标

空间点的位置除了用投影表示外，还可以用坐标来表示。如图2-14所示，互相垂直的三个投影轴构成一个空间直角坐标系，空间点 A 的位置就可以用坐标值 $A(x,y,z)$ 来表示。点的投影与坐标的关系如下：

① 空间点 A 到 W 面的距离 $Aa''=a_xO=a'a_z=aa_y=x$ 坐标。

② 空间点 A 到 V 面的距离 $Aa'=a_yO=aa_x=a''a_z=y$ 坐标。

③ 空间点 A 到 H 面的距离 $Aa=a_zO=a'a_x=a''a_y=z$ 坐标。

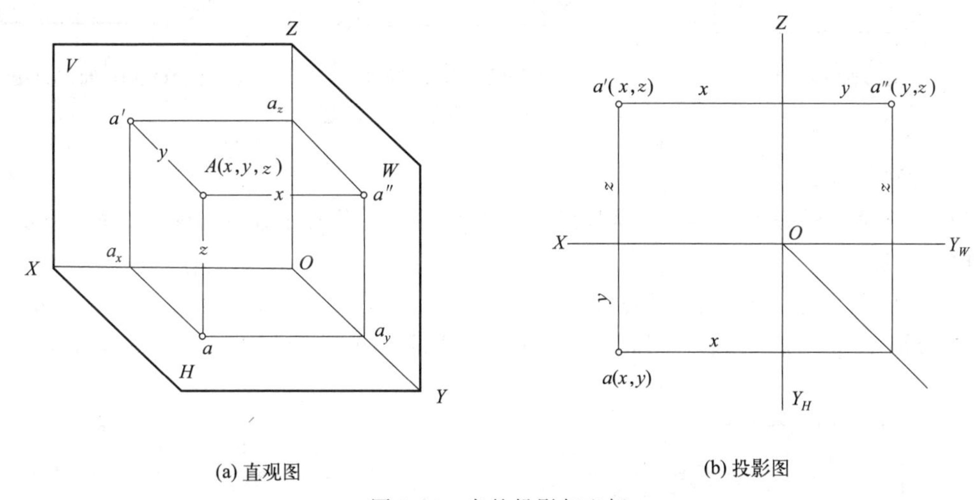

(a) 直观图　　(b) 投影图

图2-14　点的投影与坐标

由此可见，已知点的三面投影，可以量出该点的三个坐标，反之，若已知点的坐标，也可以作出该点的三面投影。

【例2-2】 已知空间点 B 的坐标为（15,8,10），求作点 B 的三面投影和直观图。

分析与作图 先作投影图：

（1）画投影轴，并自原点 O 作45°辅助线，如图2-15(a)所示。

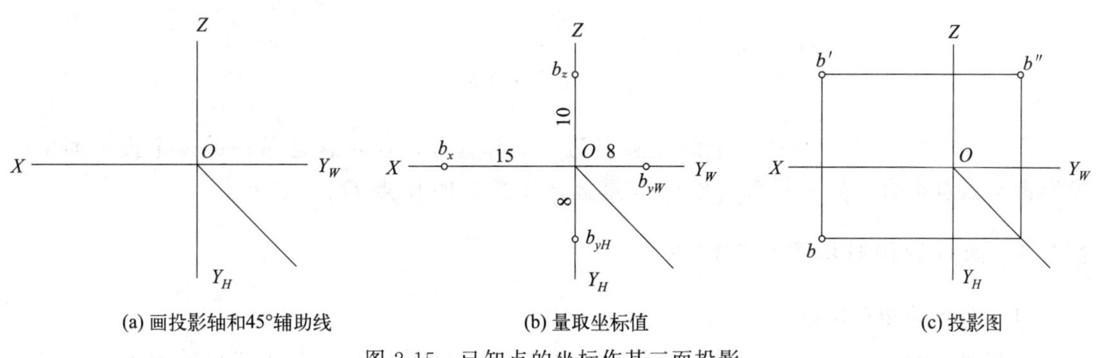

(a) 画投影轴和45°辅助线　　(b) 量取坐标值　　(c) 投影图

图2-15　已知点的坐标作其三面投影

(2) 自原点 O 起，分别在 X、Y、Z 轴上量取坐标值 15、8、10，得 b_x、b_{yH}、b_{yW}、b_z，如图 2-15(b) 所示。

(3) 过 b_x、b_{yH}、b_{yW}、b_z 分别作 X、Y、Z 轴的垂线，两两相交得交点 b、b'、b''，即得点 B 的三个投影，如图 2-15(c) 所示。

再作直观图，作图步骤如图 2-16 所示。

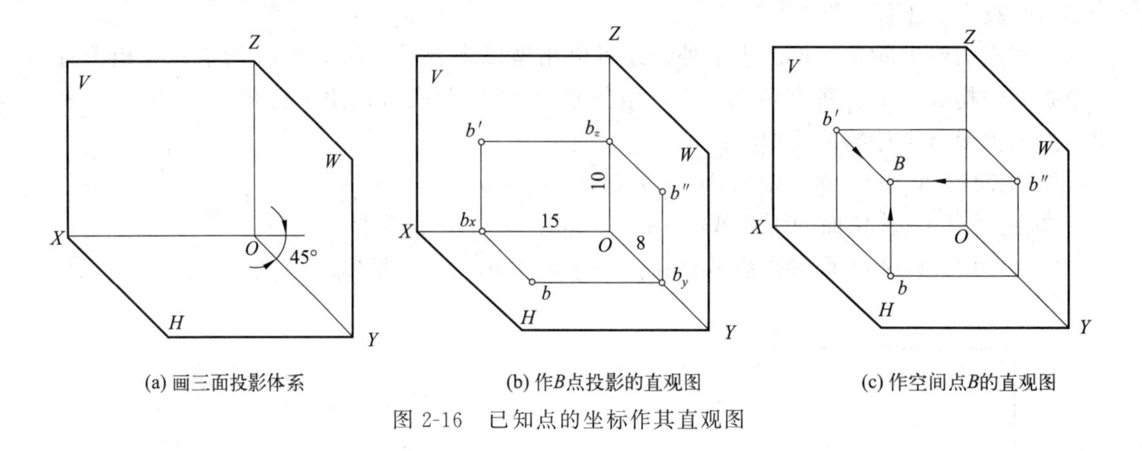

(a) 画三面投影体系　　(b) 作B点投影的直观图　　(c) 作空间点B的直观图

图 2-16　已知点的坐标作其直观图

(2) 特殊位置点

当点的三个坐标都不是零时，这样的点称为空间点。当坐标值中出现零值时，称这些点为特殊位置点。

① 投影面上的点　投影面上的点必有一个坐标为零，在该投影面上的投影与该点重合，另两个投影分别在相应的投影轴上，如图 2-17 中 H 面上的点 A、V 面上的点 B、W 面上的点 C。

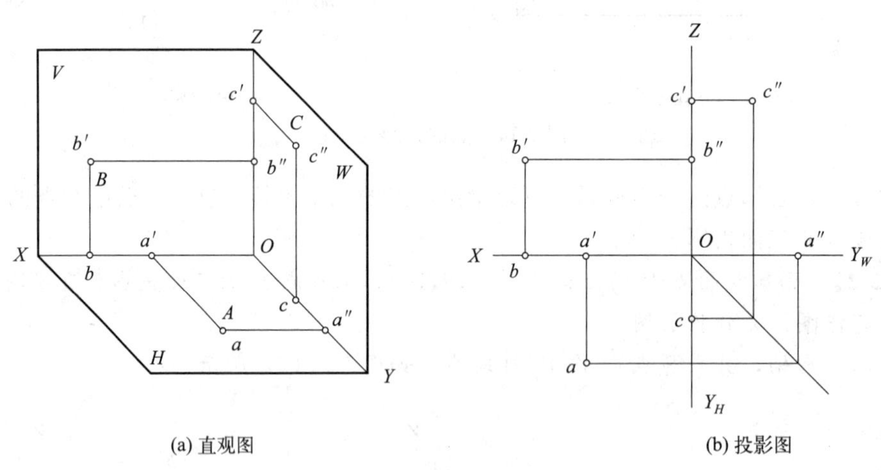

(a) 直观图　　(b) 投影图

图 2-17　投影面上的点

② 投影轴上的点　投影轴上的点必有两个坐标为零，在包含这条轴的两个投影面上的投影都与该点重合，另一投影与原点 O 重合，如图 2-18 中点 D、E、F。

2.2.3　两点的相对位置与重影点

(1) 两点的相对位置

空间两点的相对位置，是以其中某一点为基准，来判断另一点在该点的前或后、左或

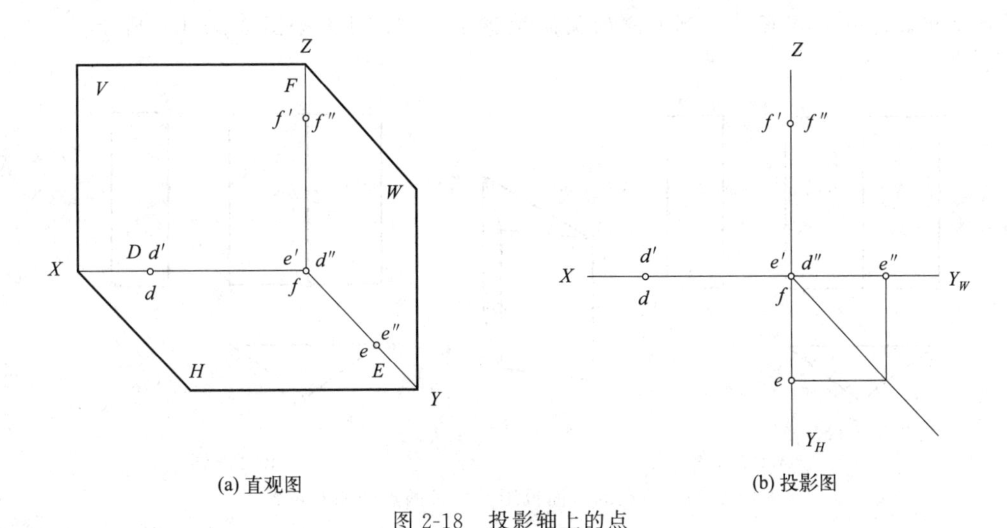

(a) 直观图　　(b) 投影图

图 2-18　投影轴上的点

右、上或下的位置关系。这可根据两点的坐标关系来确定：x 坐标大者在左，小者在右；y 坐标大者在前，小者在后；z 坐标大者在上，小者在下。由图 2-19 可看出，A、B 两点的相对位置关系，即点 A 在点 B 的左方、前方、下方。

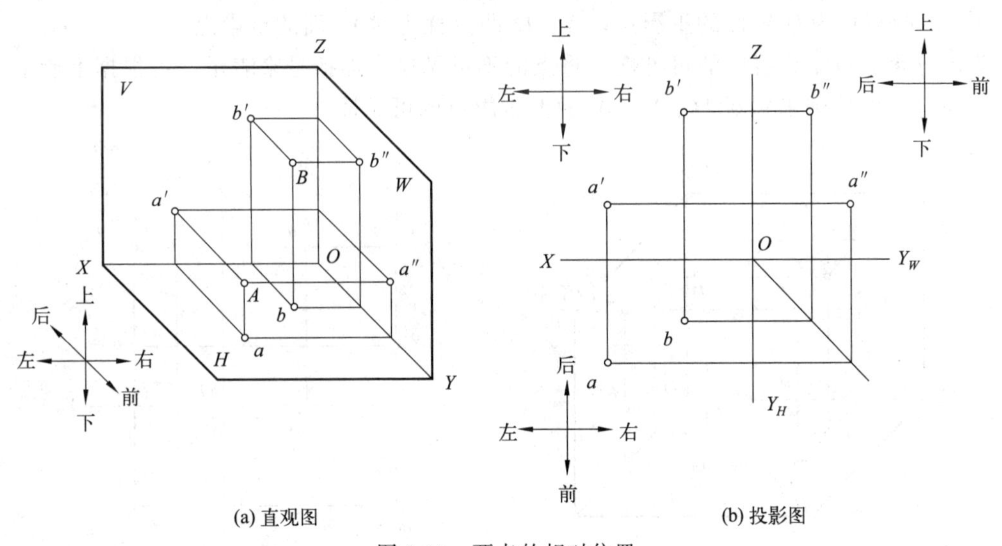

(a) 直观图　　(b) 投影图

图 2-19　两点的相对位置

在判断相对位置时，上下、左右的位置关系比较直观，而前后位置关系较难以想象。根据投影图形成原理，对 H 投影和 W 投影而言，离 V 面远者是前，离 V 面近者是后。

【例 2-3】 已知三棱柱的轴测图及投影图，如图 2-20(a) 所示，试在投影图上标出 A、B 两点的三面投影，并判断 A、B 两点的相对位置。

分析　根据已给出三棱柱的轴测图可判断，点 A 在三棱柱最左侧棱的上方，点 B 在三棱柱最前侧棱的下方，根据“三等关系”和点的投影规律可在投影图上找到 A、B 两点的投影。

作图　先作出 A、B 两点的三面投影。在三棱柱水平投影——三角形的最左角点标记为 a，最前角点标记为 b。再根据两点的空间位置以及投影规律，在三棱柱正面投影的相应

位置标记出 a'、b'，同理，找到两点的侧面投影 a''、b''，结果如图 2-20(b) 所示。

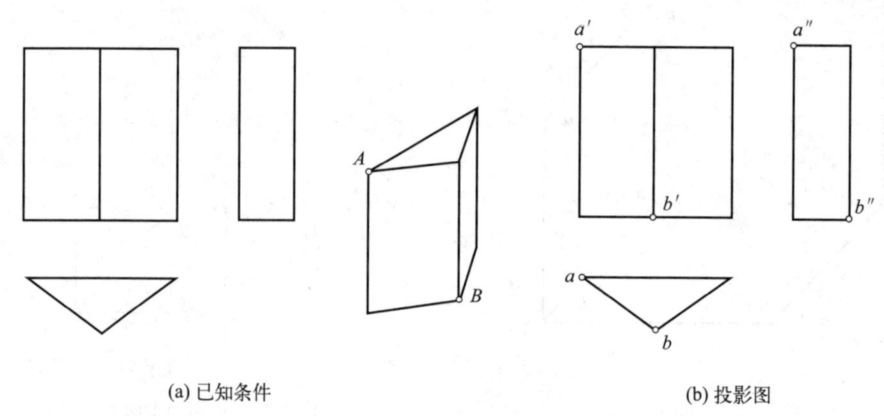

(a) 已知条件　　(b) 投影图

图 2-20　两点的三面投影及比较两点的相对位置

（2）重影点

当空间两点位于某一投影面的同一条投射线上时，则这两个点在该投影面上的投影重合，重合的两点称为对该投影面的重影点。如图 2-21 中的 A、B 两点，位于同一条对 H 面的投射线上，它们在 H 面上的投影重合为一点 $a(b)$，A、B 两点称为对 H 面的重影点。同理，A、C 两点称为对 V 面的重影点，A、D 两点称为对 W 面的重影点。

为区分重影点重合投影的可见性，将点的不可见投影加括号来表示，可根据上遮下、前遮后、左遮右的原则来判断 H、V、W 面上重影点的可见性。

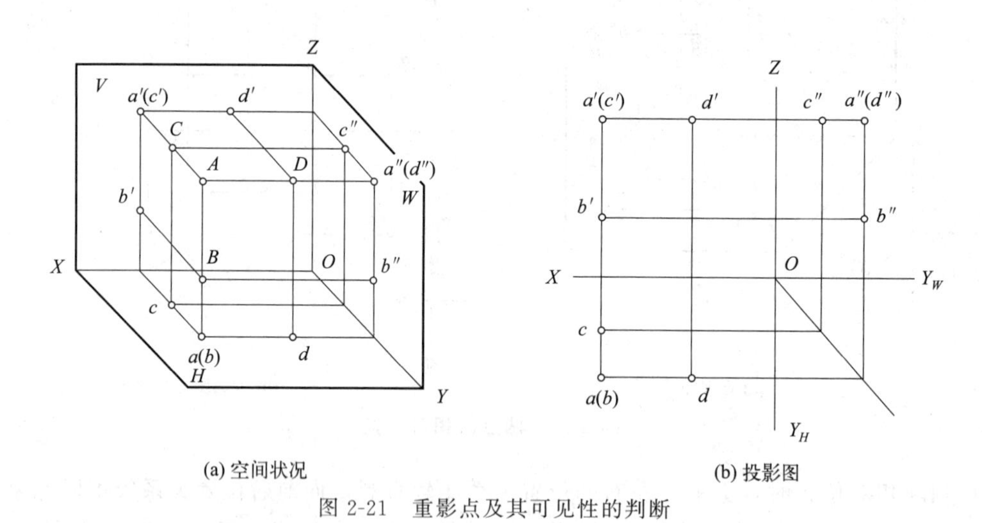

(a) 空间状况　　(b) 投影图

图 2-21　重影点及其可见性的判断

2.3 直线的投影

直线的投影一般仍为直线，由几何学可知空间两点确定一条直线。因此，要作直线的投影，只需作出直线段上任意两点的投影，再用直线连接两点的同面投影（同一投影面上的投影），就得到直线的三面投影。本书所述直线是指直线段而言。

2.3.1 各种位置直线的投影特性

根据直线与投影面的相对位置，直线分为投影面垂直线、投影面平行线和一般位置直线三类，前两者又称为特殊位置直线。

2.3.1.1 投影面垂直线

（1）空间位置

垂直于一个投影面，同时必然平行于另外两个投影面的直线称为投影面垂直线。其中，垂直于V面的直线称为正垂线；垂直于H面的直线称为铅垂线；垂直于W面的直线称为侧垂线，见表2-1。

表2-1 投影面垂直线的投影特性

名称	正垂线($\perp V$)	铅垂线($\perp H$)	侧垂线($\perp W$)
实例	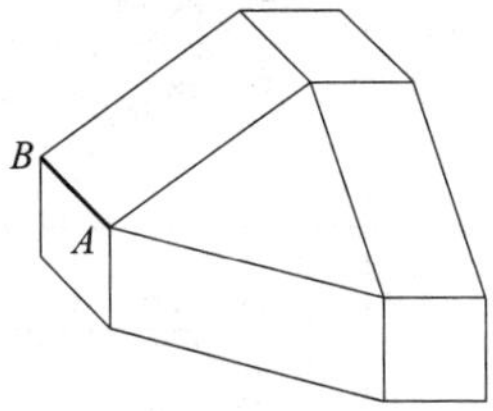	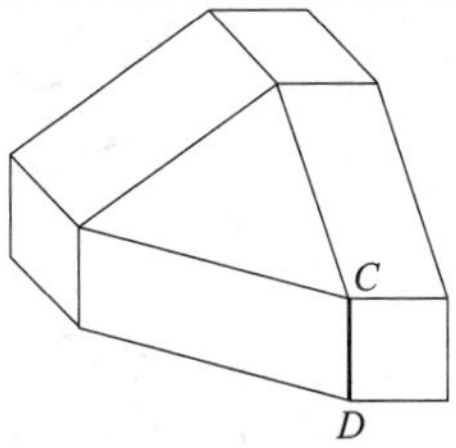	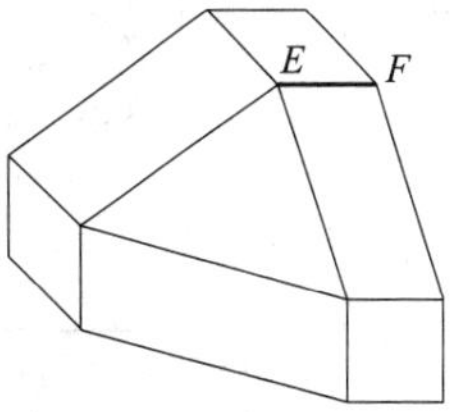
直观图	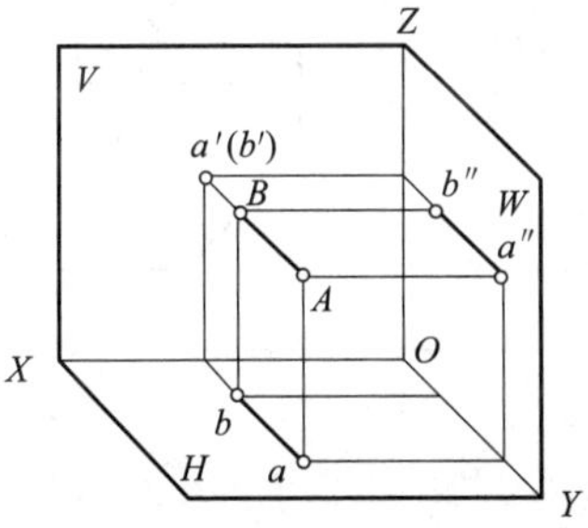	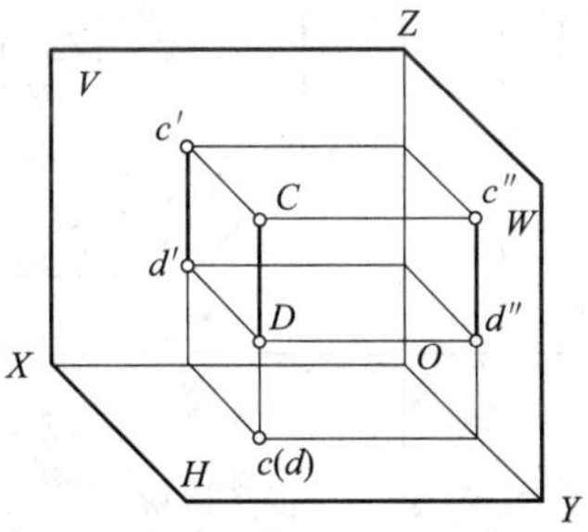	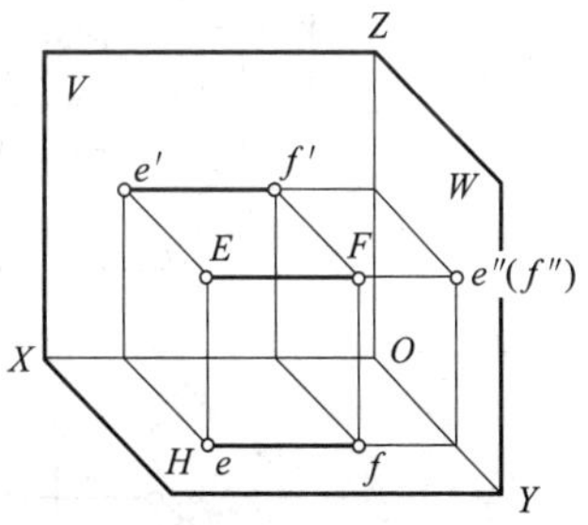
投影图	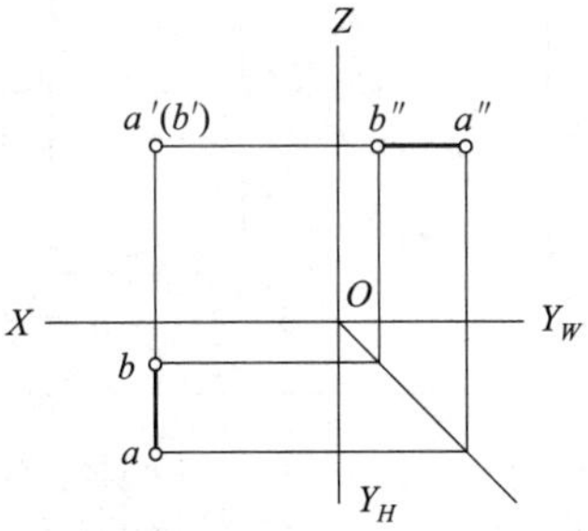	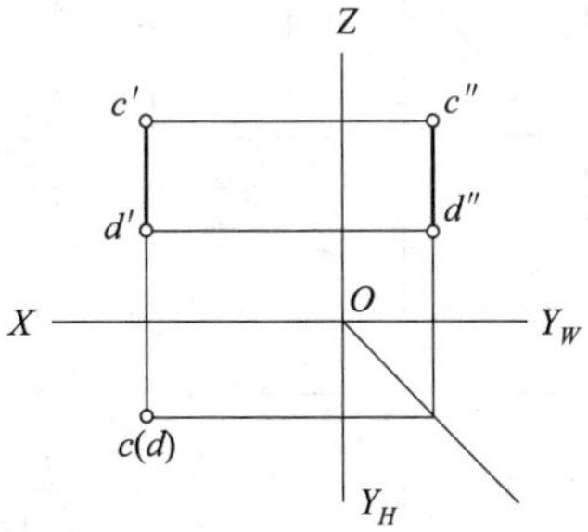	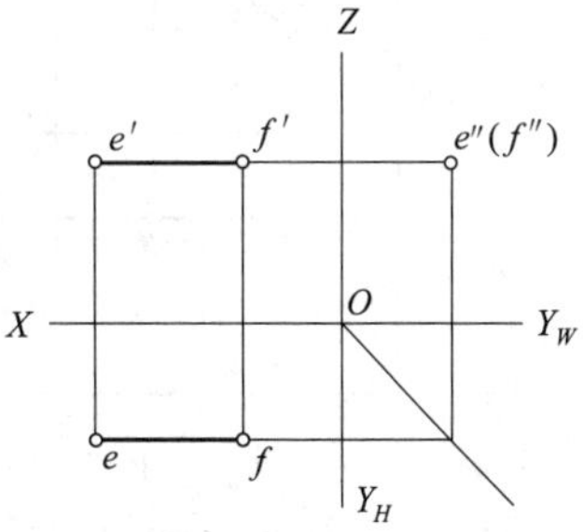
投影特性	1. $a'b'$积聚为一点； 2. $ab\perp OX$，$a''b''\perp OZ$； 3. $ab=a''b''=AB$	1. cd积聚为一点； 2. $c'd'\perp OX$，$c''d''\perp OY_W$； 3. $c'd'=c''d''=CD$	1. $e''f''$积聚为一点； 2. $ef\perp OY_H$，$e'f'\perp OZ$； 3. $ef=e'f'=EF$

（2）投影特性

① 垂直线在所垂直的投影面上的投影，积聚成一点。

② 在另外两个投影面上的投影，垂直于相应的投影轴，反映实长。

（3）读图

一直线只要有一个投影积聚为一点，它必然是一条投影面垂直线，垂直于积聚投影所在的投影面。如表 2-1 中，直线 AB 的 V 投影积聚为一点 $a'(b')$，所以 AB 是垂直于 V 面的正垂线。

2.3.1.2 投影面平行线

（1）空间位置

平行于一个投影面、倾斜于另外两个投影面的直线称为投影面平行线。其中，平行于 V 面的直线称为正平线；平行于 H 面的直线称为水平线；平行于 W 面的直线称为侧平线，见表 2-2。

表 2-2 投影面平行线的投影特性

名称	正平线（//V）	水平线（//H）	侧平线（//W）
实例	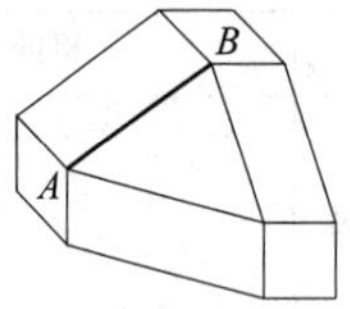	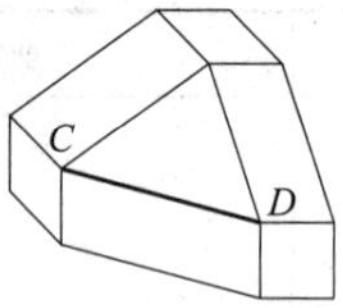	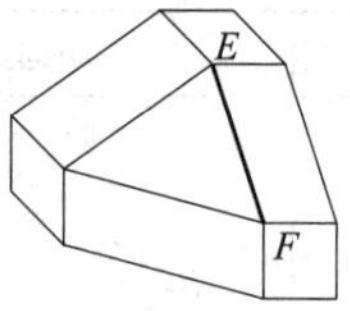
直观图	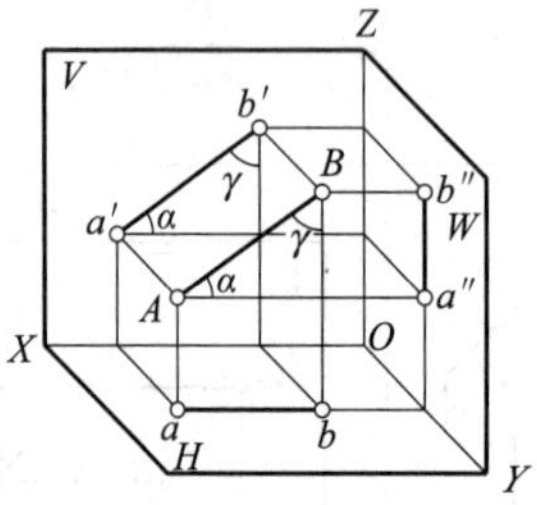	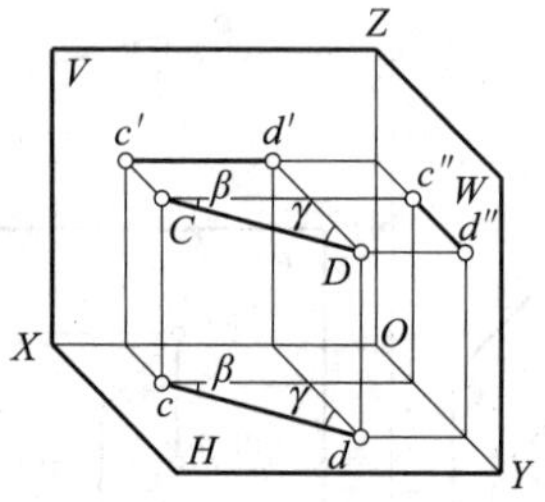	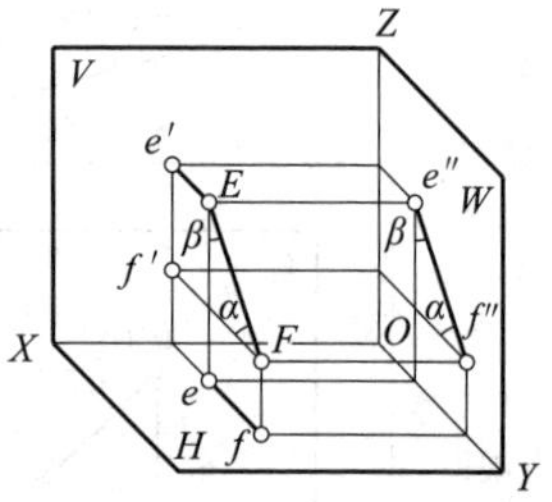
投影图	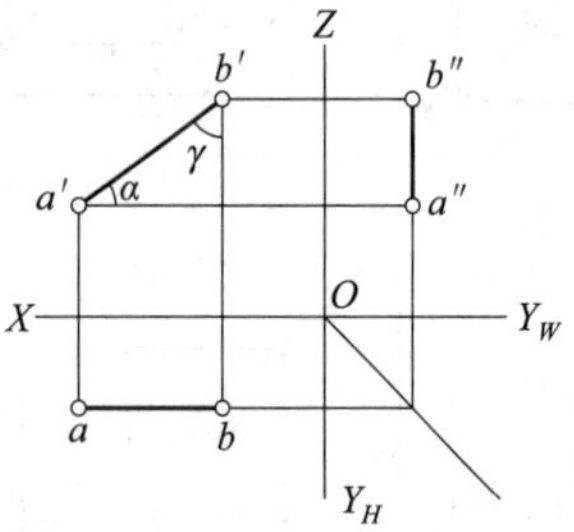	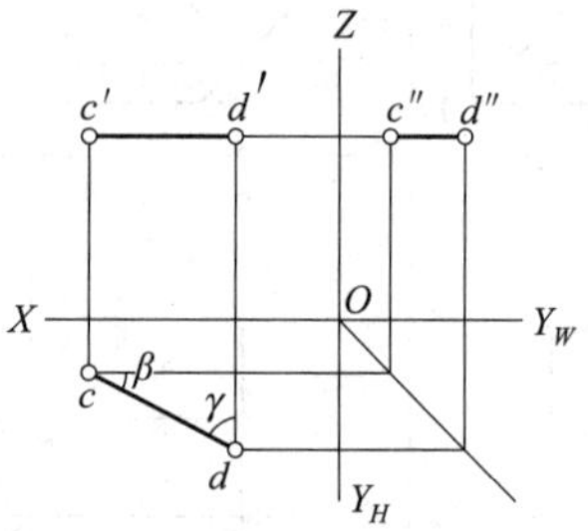	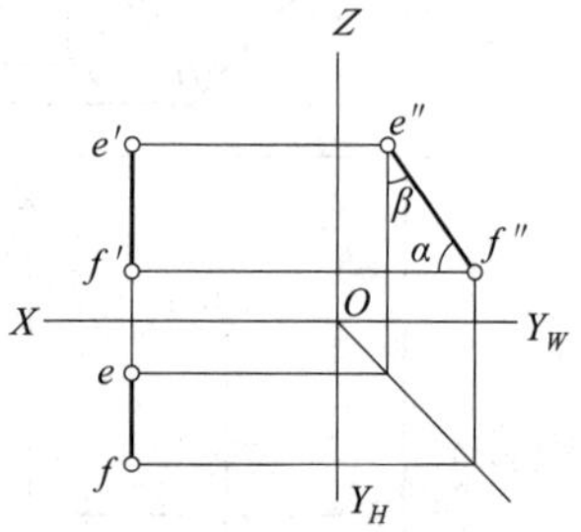
投影特性	1. $a'b'=AB$，且反映 α、γ 角； 2. $ab//OX$，$a''b''//OZ$	1. $cd=CD$，且反映 β、γ 角； 2. $c'd'//OX$，$c''d''//OY_W$	1. $e''f''=EF$，且反映 α、β 角； 2. $ef//OY_H$，$e'f'//OZ$

（2）投影特性

① 平行线在所平行的投影面上的投影反映实长，及其与另外两个投影面的真实倾角。

② 在另外两个投影面上的投影，分别平行于相应的投影轴，长度缩短。

（3）读图

一直线如果有一个投影平行于投影轴而另有一个投影倾斜时，它必然是一条投影面平行线，平行于倾斜投影所在的投影面。如表 2-2 中，线 AB 的水平投影 $ab//OX$，$a'b'$ 倾斜于 OX 轴和 OZ 轴，所以 AB 是平行于 V 面的正平线。

2.3.1.3　一般位置直线

（1）空间位置

对三个投影面都倾斜的直线称为一般位置直线，简称一般线。直线与其投影之间的夹角称为直线对该投影面的倾角，它与 H、V、W 面的倾角分别用 α、β、γ 来表示，如图 2-22（a）所示。

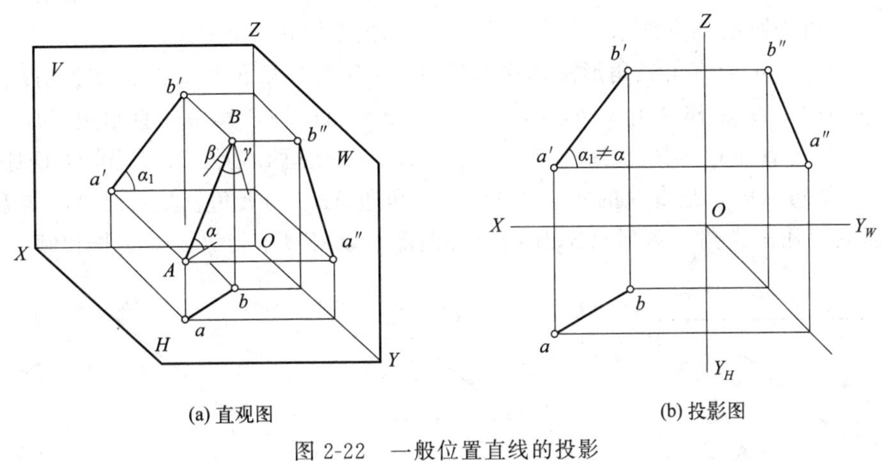

(a) 直观图　　(b) 投影图

图 2-22　一般位置直线的投影

（2）投影特性

① 直线的三个投影都倾斜于投影轴，其投影与相应投影轴的夹角不反映直线与投影面的真实倾角。

② 三个投影的长度都小于实长。

【例 2-4】 如图 2-23(a) 所示，过点 A 作水平线 $AB=25$，且与 V 面的倾角 $\beta=30°$。

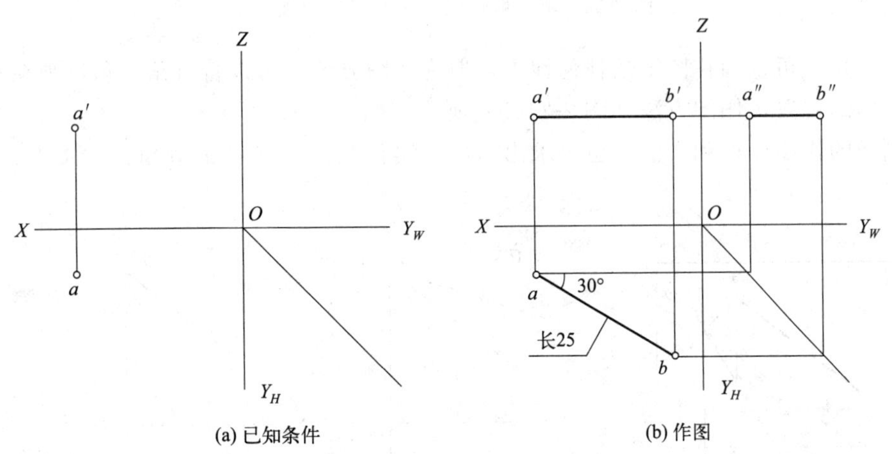

(a) 已知条件　　(b) 作图

图 2-23　求作水平线

分析与作图

（1）根据点的投影规律，先求得点 A 的 W 投影 a''。由投影面平行线的投影特性可知，水平线的 H 投影 ab 与 OX 轴的夹角为 β，且反映实长，也就是 $ab=AB$。过点 a 作与 OX 轴夹角 $\beta=30°$的直线，并在直线上量取 $ab=25$，即可求得 b。

（2）根据水平线的投影特性，知水平线的 V、W 投影分别平行于 OX 轴和 OY_W 轴，分

别过 a' 和 a'' 作 $a'b'//OX$，$a''b''//OY_W$，求得 b'、b''；再用直线连接，即求得水平线 AB 的三面投影。

2.3.2 求一般位置直线的实长和倾角

特殊位置直线能在三面投影图中直接反映直线的实长及对投影面的倾角，而一般位置直线对各投影面倾斜，三个投影均不能直接反映直线的实长和倾角。当需要根据投影图求其实长和倾角时，可用图解的方法求得。常用的图解方法是直角三角形法。

图 2-24(a) 所示为直角三角形法的作图原理。AB 为一般位置直线，在投射线 Aa、Bb 所构成的平面内，过 A 作 $AB_0//ab$，得一直角三角形 AB_0B，其中一直角边 $AB_0=ab$（水平投影长），另一直角边 $BB_0=Bb-Aa=z_B-z_A=\Delta z$（两端点 A、B 到 H 面距离——z 坐标之差），斜边 AB 就是直线的实长，AB 与直角边 AB_0 的夹角就是直线 AB 与 H 面的倾角 α。因而只要作出直角三角形 AB_0B 的全等图形，就可以求得 AB 的实长和倾角 α。

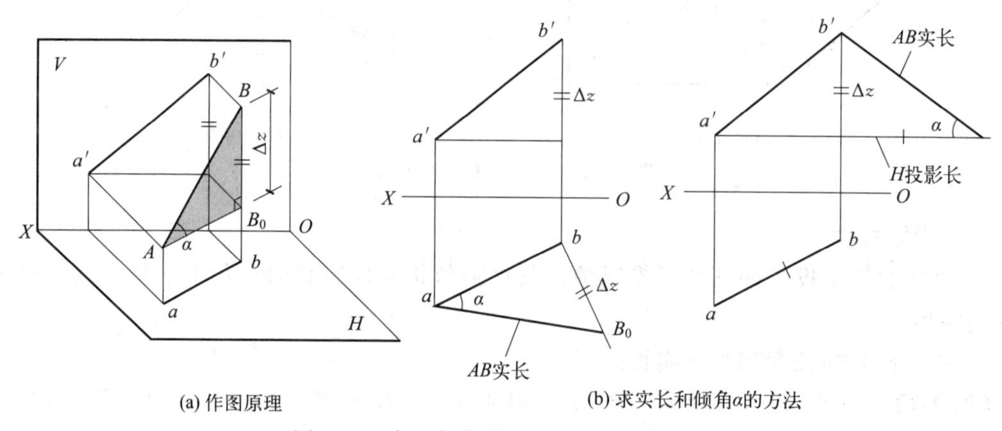

(a) 作图原理　　(b) 求实长和倾角α的方法

图 2-24　求一般位置直线的实长和倾角 α

直角三角形可以画在图纸的任何地方，但为作图方便，可以将直角三角形画在水平投影或正面投影的位置，作图方法如图 2-24(b) 所示。

用同样的作图原理和方法，也可求出 AB 的实长及其与 V 面的倾角 β，如图 2-25 所示，不再赘述。

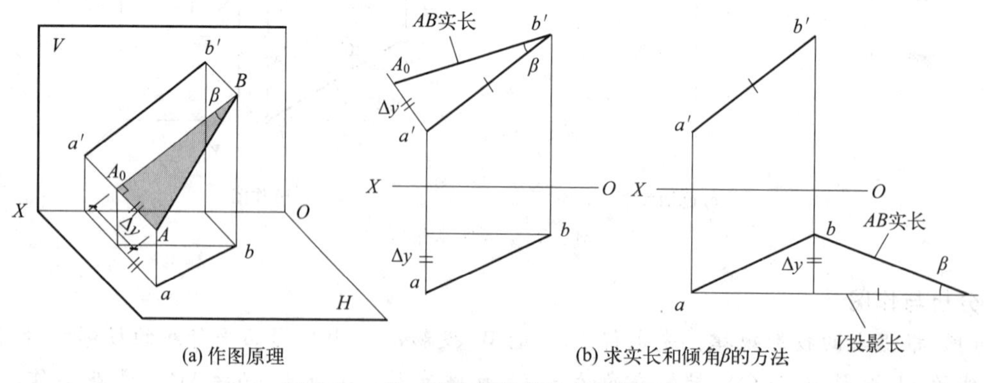

(a) 作图原理　　(b) 求实长和倾角β的方法

图 2-25　求一般位置直线的实长和倾角 β

直角三角形法的作图要领可归结为：

① 以直线一个投影的长度作为一条直角边。

② 以直线两端点到该投影面的坐标差作为另一条直角边。

③ 所作直角三角形的斜边即为直线的实长。

④ 斜边与投影的夹角即为直线与该投影面的倾角。

【例 2-5】 如图 2-26(a) 所示，已知直线 AB 的水平投影 ab 和 A 点的正面投影 a'，AB 对 H 面的倾角 $\alpha=30°$，试完成 AB 的正面投影 $a'b'$。

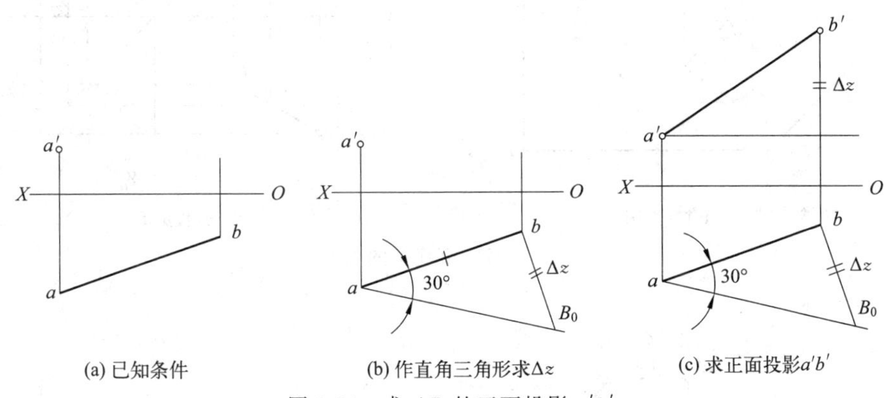

图 2-26　求 AB 的正面投影 $a'b'$

分析　根据直角三角形法，如果要求直线 AB 的正面投影 $a'b'$，应先求出 A、B 两点的 z 坐标差。利用已知条件 AB 的水平投影 ab、倾角 α 作直角三角形，可以求得 z 坐标差。

作图

(1) 如图 2-26(b) 所示，以水平投影 ab 为直角边，过 a 作相对 ab 的 30°斜线，此斜线与过 b 点的垂线交于 B_0 点，bB_0 即为另一直角边——z 坐标差 Δz。

(2) 过 b 作 OX 轴的垂线，再过 a' 作 OX 轴的平行线，过两线的交点向上截取 z 坐标差值 Δz，即可确定 b'。本题有两解，请思考。

2.3.3　直线上的点

(1) 直线上的点

直线上的点，应有下列投影特性：

① 从属性　点在直线上，则点的投影必在直线的同面投影上。

② 定比性　点分线段之比等于其投影之比。

如图 2-27 所示，C 点在直线 AB 上，则 c、c'、c'' 分别在 ab、$a'b'$、$a''b''$ 上，且 $AC:CB=ac:cb=a'c':c'b'=a''c'':c''b''$。

【例 2-6】 如图 2-28(a) 所示，已知侧平线 CD 及点 M 的 V、H 投影，试判断 M 点是否在侧平线 CD 上。

分析　判定点是否在直线上，一般只需观察两面投影即可。但对于投影面平行线，需要画出其所平行的投影面上的投影，或用定比关系来判断。

作图　方法一：利用侧面投影来判定，如图 2-28(b) 所示。

(1) 先画出直线 CD 及点 M 的侧面投影 $c''d''$、m''。

(2) 由点和直线的侧面投影可以看出，m'' 不在 $c''d''$ 上，因此可判定 M 点不在直线 CD 上。

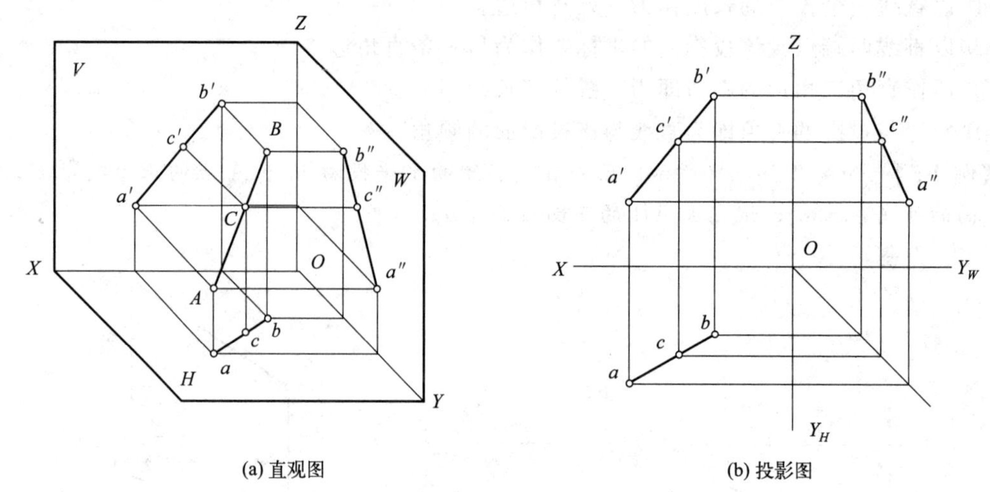

(a) 直观图　　(b) 投影图

图 2-27　直线上的点

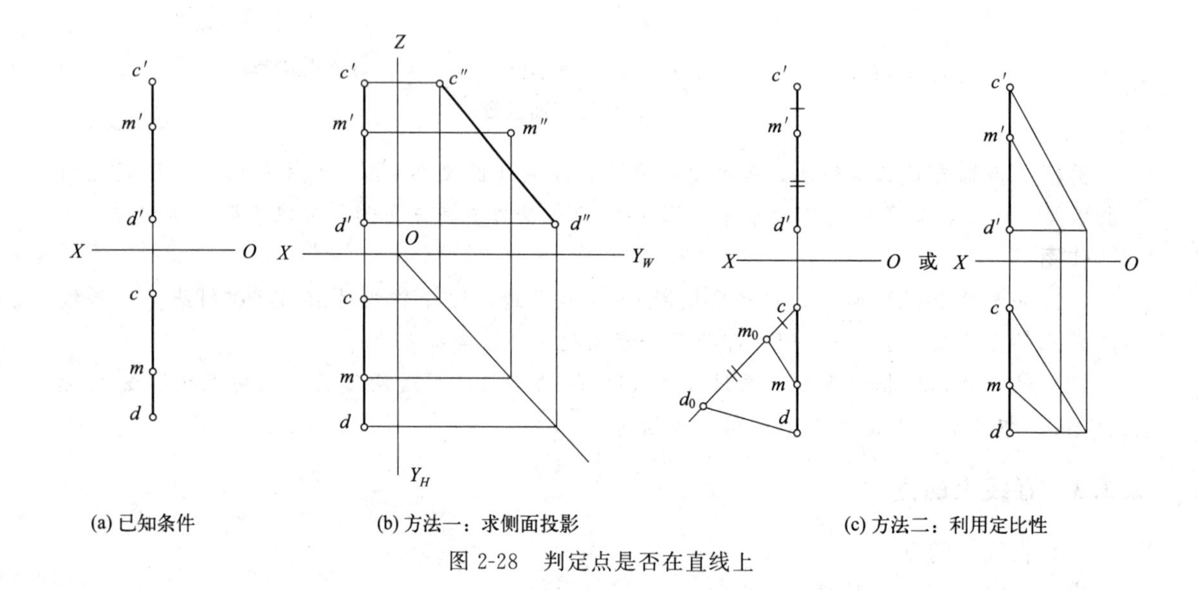

(a) 已知条件　　(b) 方法一：求侧面投影　　(c) 方法二：利用定比性

图 2-28　判定点是否在直线上

方法二：利用定比关系来判定，如图 2-28(c) 所示。

(1) 过 c 作辅助线，在其上截取 $cd_0=c'd'$、$cm_0=c'm'$。

(2) 分别连 d、d_0 两点和 m、m_0 两点。

(3) 因 mm_0 不平行于 dd_0，说明 $cm:md \neq cm_0:m_0d_0$，故 M 点不在直线 CD 上。

(2) 直线的迹点

直线与投影面的交点，称为直线的迹点。如图 2-29(a) 所示，直线与 H 面的交点称为水平迹点，用 M 表示；直线与 V 面的交点称为正面迹点，用 N 表示。

因为迹点是直线和投影面的共有点，所以它们的投影有以下特性：

① 作为投影面上的点，它在该投影面上的投影必与它本身重合，而另一投影必在投影轴上。

② 作为直线上的点，它的各个投影必在该直线的同面投影上。

在图 2-29(b) 中，已知直线 AB 的正面投影 $a'b'$和水平投影 ab，求作其迹点的方法是：

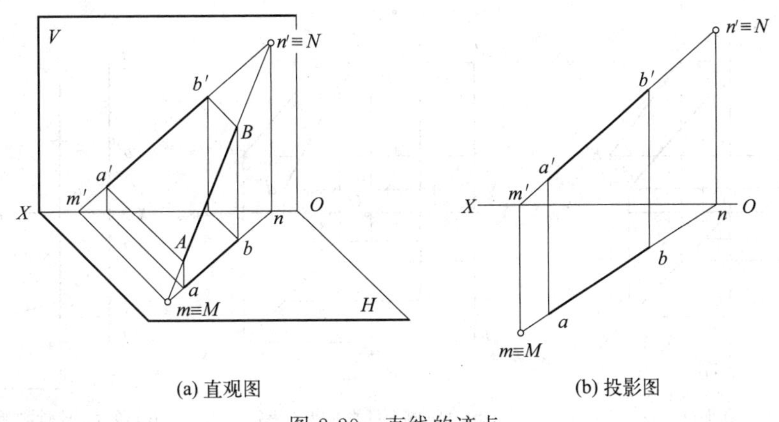

(a) 直观图　　(b) 投影图

图 2-29　直线的迹点

延长 $a'b'$ 与 OX 轴相交，得水平迹点 M 的正面投影 m'；自 m' 引 OX 轴的垂线与 ab 的延长线相交于 m，即得水平迹点 M 的水平投影 m。

同理，延长 ab 与 OX 轴相交，得正面迹点 N 的水平投影 n；自 n 引 OX 轴的垂线与 $a'b'$ 的延长线相交于 n'，即得正面迹点 N 的正面投影 n'。

2.3.4　两直线的相对位置

空间两条直线的相对位置有三种情况：平行、相交和交叉（异面）。在后两种位置中还各有一种特殊情况——垂直相交和垂直交叉。

如图 2-30 所示形体，其边线 AB 与 CD 平行，AB 与 AC 垂直相交，CD 与 AE 垂直交叉。下面分别讨论几种情况的投影特性。

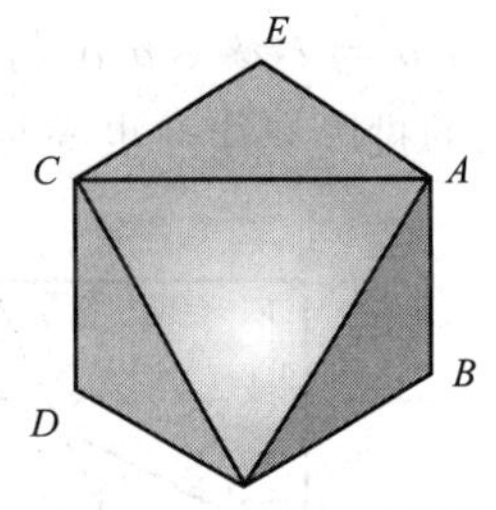

图 2-30　形体表面的线

（1）两直线平行

若空间两直线相互平行，则它们的三组同面投影必定相互平行，且同面投影长度之比等于它们的实长之比。反之，若两直线的三组同面投影分别相互平行，则空间两直线必定相互平行。

对于两条一般位置直线，只要任意两组同面投影相互平行，即可判定它们在空间也相互平行，如图 2-31 所示。但当两条直线均为某投影面平行线时，则需根据两直线所平行的投影面的投影或用定比性判断，如图 2-32 所示。

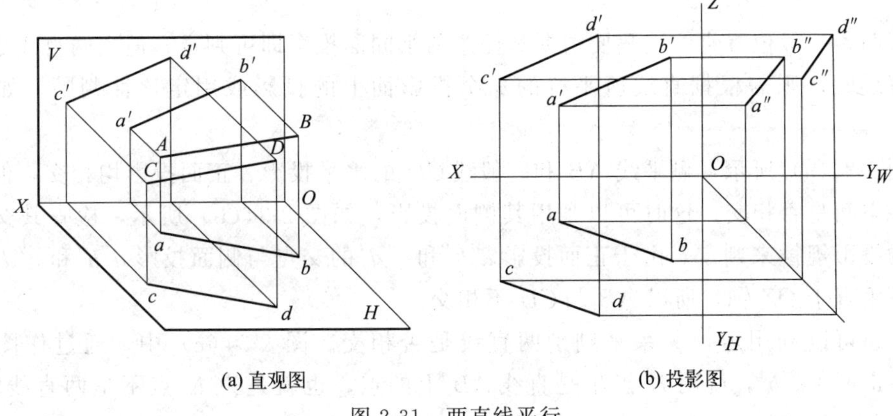

(a) 直观图　　(b) 投影图

图 2-31　两直线平行

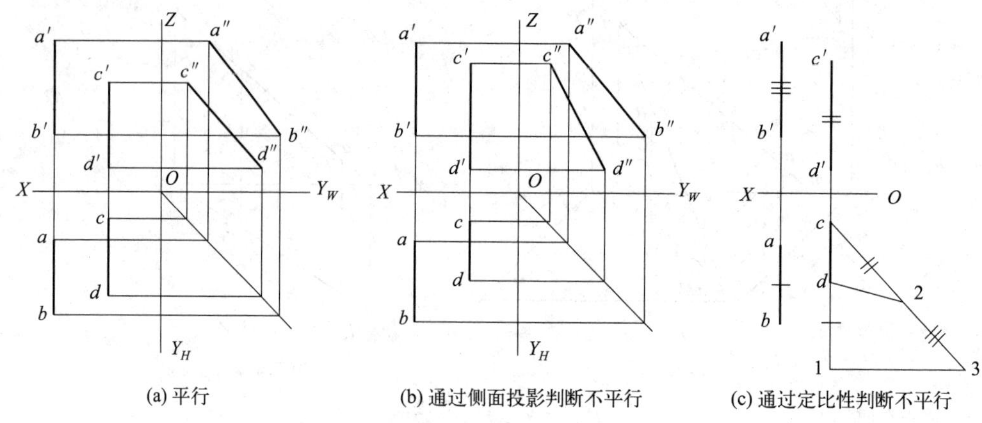

(a) 平行　　(b) 通过侧面投影判断不平行　　(c) 通过定比性判断不平行

图 2-32　判断两投影面平行线是否平行

（2）两直线相交

若空间两直线相交，则它们的同面投影必相交，且交点符合点的投影规律；反之，当两直线的各面投影均相交，其交点的投影符合点的投影规律时，则空间两直线必定相交。

如图 2-33 所示，直线 AB、CD 相交于点 K，K 点是两直线的共有点，其投影 ab 与 cd、$a'b'$与 $c'd'$、$a''b''$与 $c''d''$分别相交于 k、k'、k''，且 $kk' \perp OX$ 轴，$k'k'' \perp OZ$ 轴，既符合点的投影规律，也满足直线上点的投影特性。

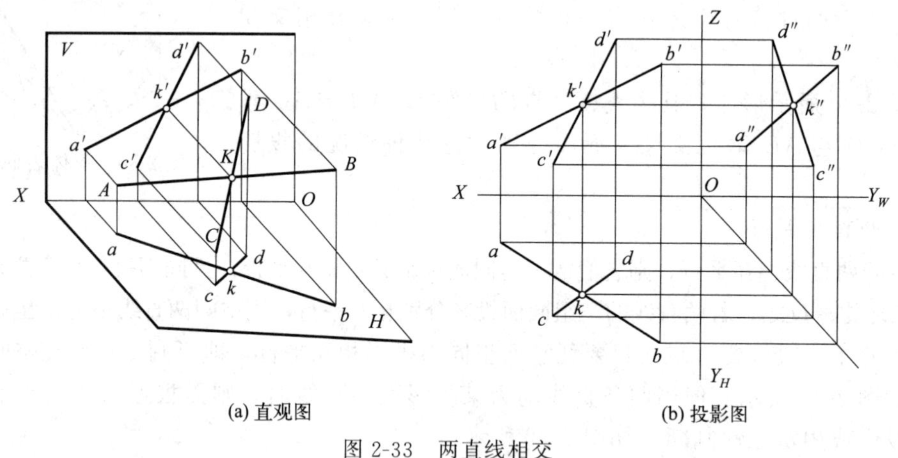

(a) 直观图　　(b) 投影图

图 2-33　两直线相交

对于两条一般位置直线，只要根据其任意两组同面投影即可判定。但当两直线之一为投影面平行线时，则需根据直线所平行的那个投影面上的投影或用定比性判断，如图 2-34 所示。

如图 2-34(a) 所示，侧平线 AB 和一般线 CD 的水平投影、正面投影均相交，但不能确定它们在空间是否相交。这时可以利用其侧面投影，如图 2-34(b) 所示，检查其交点是否符合点的投影规律来判定。由于正面投影 $a'b'$和 $c'd'$的交点与侧面投影 $a''b''$和 $c''d''$的交点的连线不垂直于 OZ 轴，所以 AB 与 CD 不相交。

此题也可以利用定比关系来判别两直线是否相交。图 2-34(c) 中，通过作图检验出 $ak : kb \neq a'k' : k'b'$，说明 K 点不是直线 AB 上的点，也就是说 K 点不是两直线的交点，所以 AB 与 CD 不相交。

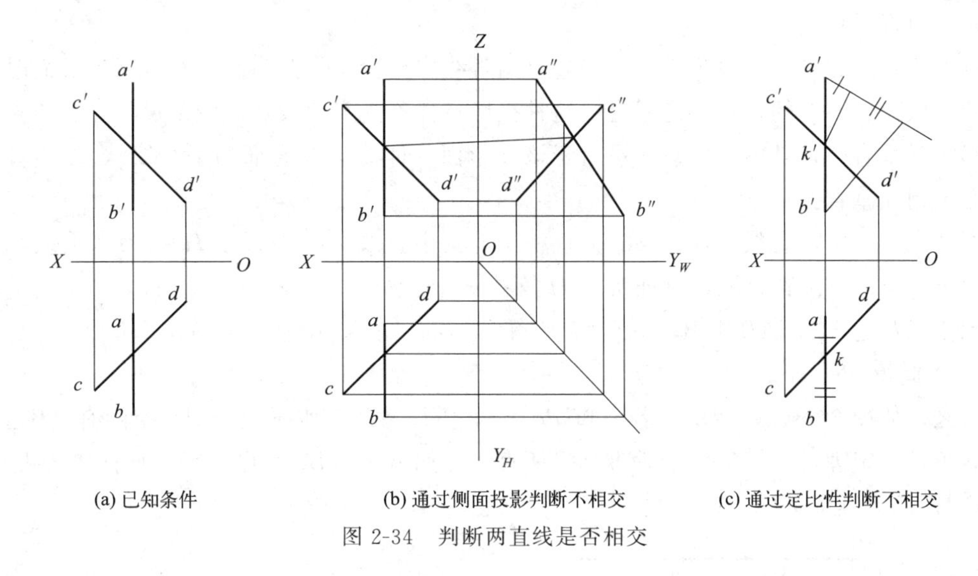

(a) 已知条件 (b) 通过侧面投影判断不相交 (c) 通过定比性判断不相交

图 2-34 判断两直线是否相交

（3）两直线交叉

空间既不平行也不相交的两直线称为交叉两直线，它们的投影既不符合平行两直线，也不符合相交两直线的投影特点。交叉两直线的同面投影可能表现为互相平行，但不可能所有同面投影都平行，至少有一对相交，如图 2-32(b) 所示；它们的同面投影可能表现为相交，但其交点的连线不垂直于投影轴，如图 2-34(b) 和图 2-35 所示。

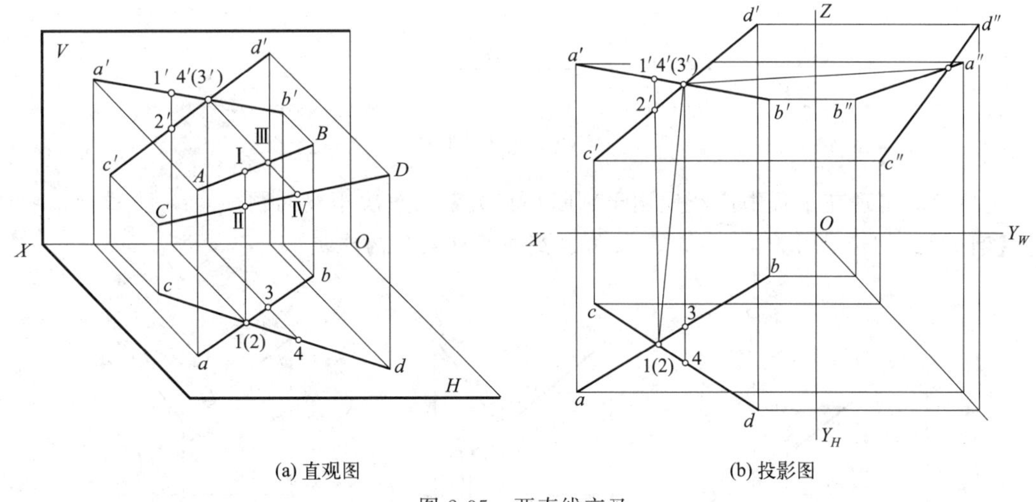

(a) 直观图 (b) 投影图

图 2-35 两直线交叉

交叉两直线同面投影的交点是两直线对该投影面重影点的投影，对重影点有时需要判别可见性。重影点的可见性可根据重影点的其他投影按照前遮后、左遮右、上遮下的原则来判断。如图 2-35 所示，从 AB 与 CD 的 H 面投影 ab、cd 的交点向 V 面投影引投影连线，分别与 $a'b'$、$c'd$ 交于 $1'$、$2'$点，也就说明直线 AB 上的Ⅰ点与 CD 上的Ⅱ点为对 H 面的重影点，Ⅰ点在上，Ⅱ点在下，所以 1 可见，2 不可见。同理，直线 CD 上的Ⅳ点与 AB 上的Ⅲ点为对 V 面的重影点，Ⅳ点在前，Ⅲ点在后，所以 $4'$可见，$3'$不可见。

（4）两直线垂直

垂直两直线的投影一般不垂直。当垂直两直线中至少有一条直线平行于某投影面时，则两直线在该投影面上的投影必定垂直。这种投影特性称为直角投影定理。反之，若两直线的某投影相互垂直，且其中一条直线平行于该投影面（即为该投影面的平行线），则两直线在空间必定相互垂直。

图 2-36(a）中，直线 AB 与 BC 垂直相交，其中直线 AB 平行于 H 面为水平线，另一条直线 BC 为一般位置直线，可证明其 H 面投影 $ab \perp bc$。

因为 $AB \perp BC$，$AB \perp Bb$，故 $AB \perp$ 平面 $BbcC$；又由于 $ab // AB$，所以 $ab \perp$ 平面 $BbcC$，由此得 $ab \perp bc$。

反之，如图 2-36(b）所示，若已知 $ab \perp bc$，直线 AB 为水平线，则在空间有 $AB \perp BC$。上述直角投影定理，不仅适用于垂直相交两直线，如 AB 与 BC，也适用于垂直交叉两直线，如 EF 与 BC（其中 $EF // AB$）。

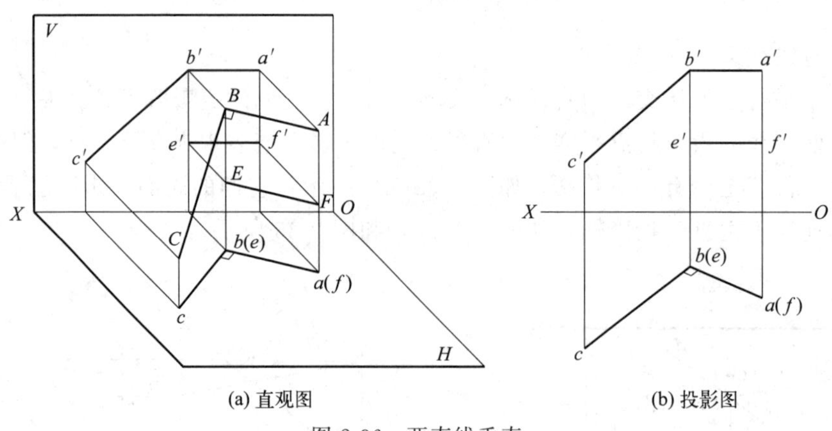

(a) 直观图　　(b) 投影图

图 2-36　两直线垂直

直角投影定理在工程中广泛应用于判断垂直关系和解决距离问题。

【例 2-7】 如图 2-37(a）所示，求点 C 到正平线 AB 的距离。

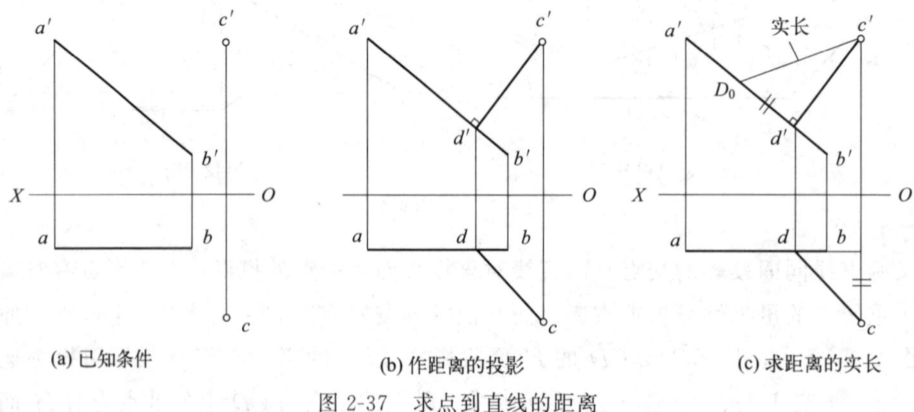

(a) 已知条件　　(b) 作距离的投影　　(c) 求距离的实长

图 2-37　求点到直线的距离

分析　求点到直线的距离，即从点向直线作垂线，并求出垂线的实长。因 AB 是正平线，根据直角投影定理，从点 C 向 AB 所作垂线，其正面投影必相互垂直。

作图

（1）过点 c' 作 $a'b'$ 的垂线得垂足投影 d'。

（2）根据点 D 在直线 AB 上，由 d' 作 OX 轴的垂线交 ab 于 d 点，连 cd、$c'd'$ 即为距离的两面投影。

（3）利用直角三角形法求出 CD 的实长，即为所求。

【例 2-8】 如图 2-38(a) 所示，已知正方形 $ABCD$ 的不完全投影，BC 为水平线，补全该正方形的两面投影。

分析　正方形边长相等，对边平行，邻边垂直。BC 为水平线，其水平投影 bc 反映正方形边长的实长，又已知 AB 边的水平投影 ab，故可利用直角三角形法求出其 V 面投影 $a'b'$。再根据平行关系、垂直关系完成其投影。

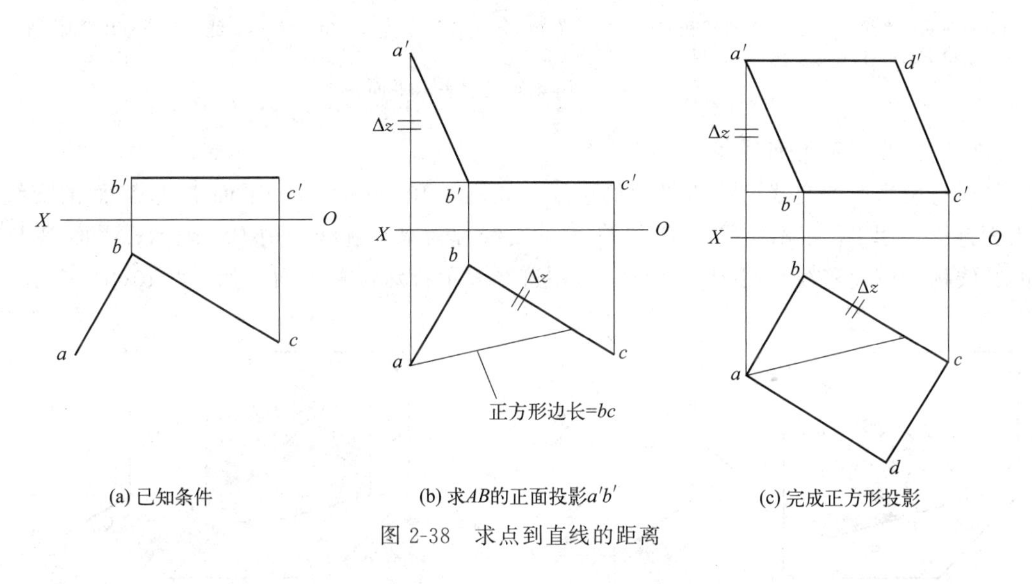

(a) 已知条件　　(b) 求AB的正面投影a'b'　　(c) 完成正方形投影

图 2-38　求点到直线的距离

作图

（1）利用直角三角形法，求出 AB 两点到 H 面的距离之差 Δz。

（2）根据 Δz 返回求出 AB 的 V 面投影 $a'b'$。

（3）再根据平行关系和垂直关系，完成正方形 $ABCD$ 的投影，结果如图 2-38(c) 所示。

2.4　平面的投影

2.4.1　平面的表示方法

（1）用几何元素表示平面

平面是广阔无边的，由初等几何学可知，平面的空间位置可用下列五种形式确定：

① 不在同一直线上的三点。

② 一直线和该直线外一点。

③ 相交两直线。

④ 平行两直线。

⑤ 任意平面图形（如三角形、平行四边形、圆等）。

图 2-39 所示为其投影图，以上五种形式可以相互转化。为了确定平面的空间位置，同时表示平面的形状和大小，因此一般常用平面图形来表示平面。

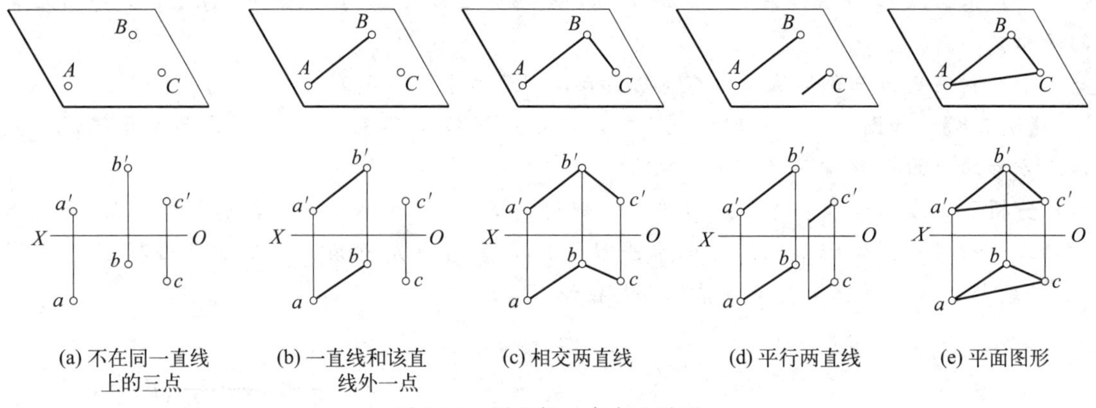

(a) 不在同一直线上的三点　(b) 一直线和该直线外一点　(c) 相交两直线　(d) 平行两直线　(e) 平面图形

图 2-39　用几何元素表示平面

（2）用迹线表示平面

平面与投影面的交线，称为平面的迹线。如图 2-40(a) 所示，平面 P 与 V 面的交线称为正面迹线，用 P_V 表示；平面 P 与 H 面的交线称为水平迹线，用 P_H 表示；平面 P 与 W 面的交线称为侧面迹线，用 P_W 标记。常用迹线表示特殊位置平面，如图 2-40(b) 所示。

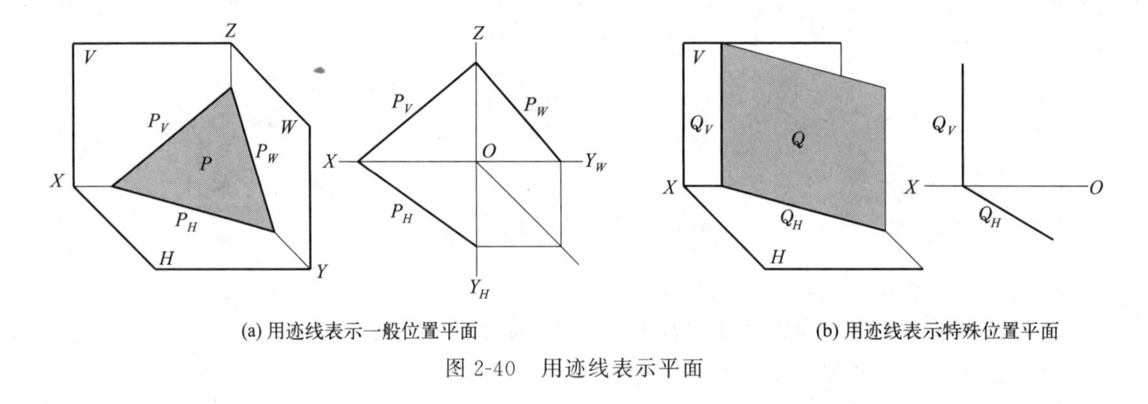

(a) 用迹线表示一般位置平面　(b) 用迹线表示特殊位置平面

图 2-40　用迹线表示平面

2.4.2　各种位置平面的投影特性

根据平面与投影面的相对位置，平面分为投影面平行面、投影面垂直面和一般位置平面三类，前两者又称为特殊位置平面。

2.4.2.1　投影面平行面

（1）空间位置

平行于一个投影面，同时必然垂直于另外两个投影面的平面称为投影面平行面。其中，平行于 V 面的平面称为正平面；平行于 H 面的平面称为水平面；平行于 W 面的平面称为侧平面，见表 2-3。

（2）投影特性

① 平行面在所平行的投影面上的投影，反映实形。

② 在另外两个投影面上的投影均积聚成直线，且分别平行于相应的投影轴。

表 2-3　投影面平行面的投影特性

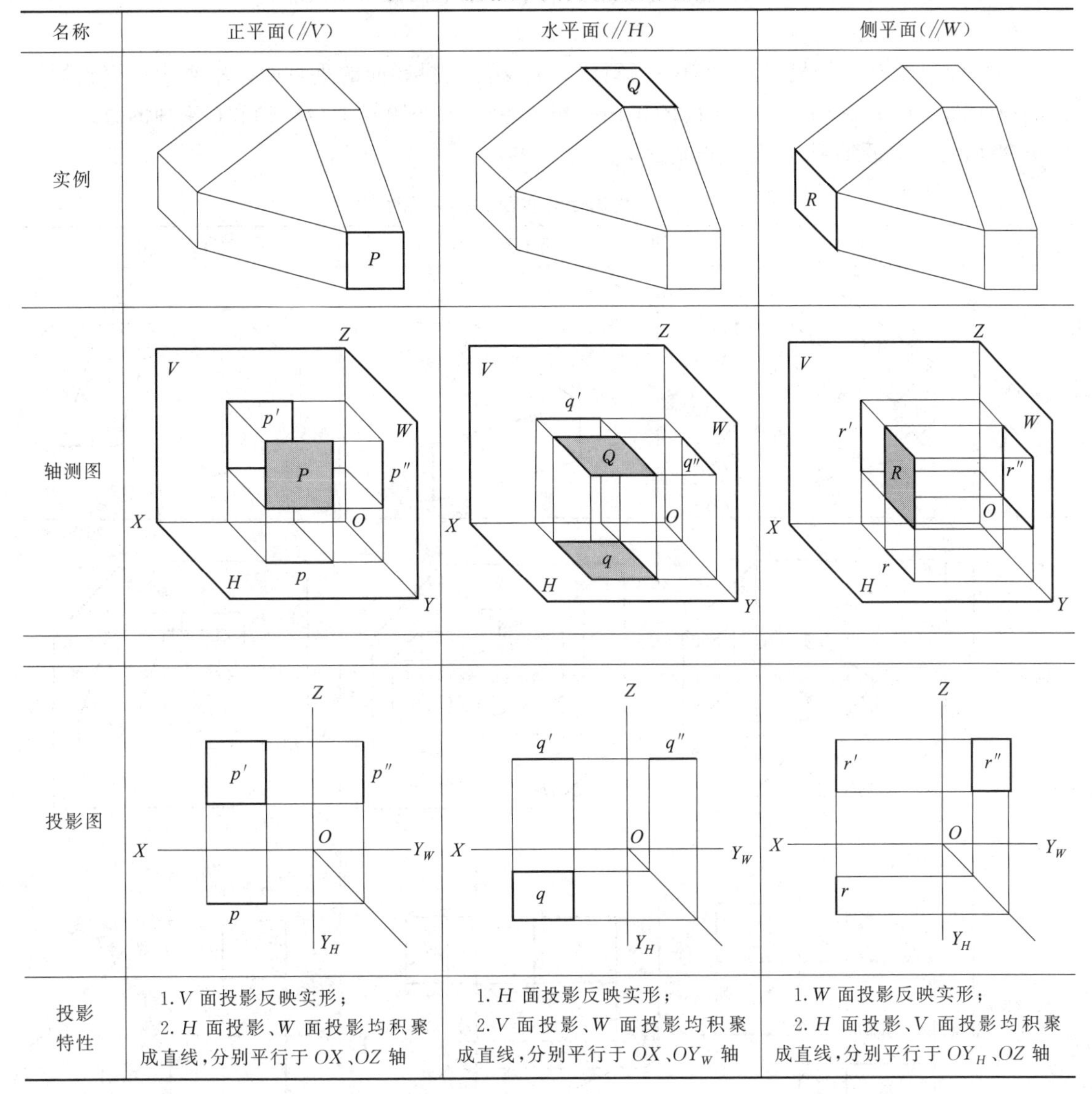

名称	正平面(//V)	水平面(//H)	侧平面(//W)
实例			
轴测图			
投影图			
投影特性	1. V 面投影反映实形； 2. H 面投影、W 面投影均积聚成直线，分别平行于 OX、OZ 轴	1. H 面投影反映实形； 2. V 面投影、W 面投影均积聚成直线，分别平行于 OX、OY_W 轴	1. W 面投影反映实形； 2. H 面投影、V 面投影均积聚成直线，分别平行于 OY_H、OZ 轴

(3) 读图

一平面只要有一个投影积聚为一条平行于投影轴的直线，该平面必然是投影面的平行面，平行于非积聚投影所在的投影面。如表 2-3 中，P 平面的 H 投影//OX 轴，或 W 投影//OZ 轴，所以平面 P 必然是平行于 V 面的正平面。

2.4.2.2　投影面垂直面

(1) 空间位置

垂直于一个投影面、倾斜于另外两个投影面的平面称为投影面垂直面。其中，垂直于 V 面的平面称为正垂面；垂直于 H 面的平面称为铅垂面；垂直于 W 面的平面称为侧垂面，见表 2-4。

(2) 投影特性

① 垂直面在所垂直的投影面上的投影积聚成一倾斜于投影轴的直线，该直线与投影轴的夹角反映平面对投影面的真实倾角。

② 在另外两个投影面上的投影均为面积缩小的原平面图形的类似形。

（3）读图

一平面只要有一个投影积聚为一倾斜线，它必然是投影面的垂直面，垂直于积聚投影所在的投影面。如表 2-4 中，平面 P 的正面投影 p' 积聚为一倾斜于 OX 轴和 OZ 轴的直线，所以 P 平面必然是垂直于 V 面的正垂面。

表 2-4　投影面垂直面的投影特性

名称	正垂面（$\perp V$）	铅垂面（$\perp H$）	侧垂面（$\perp W$）
实例	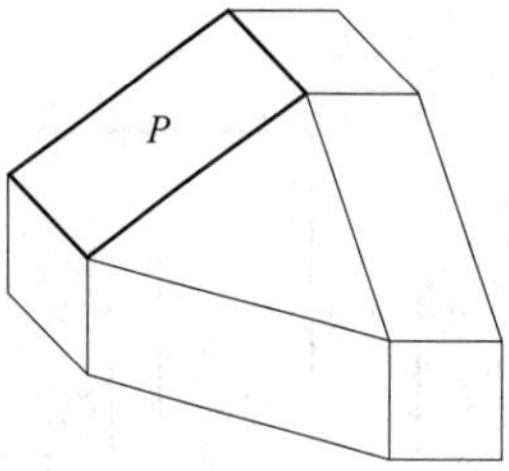	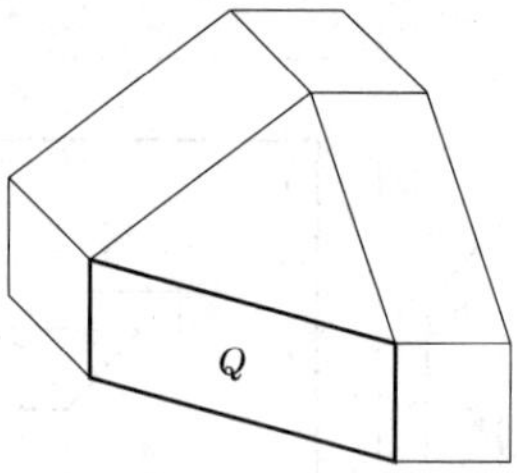	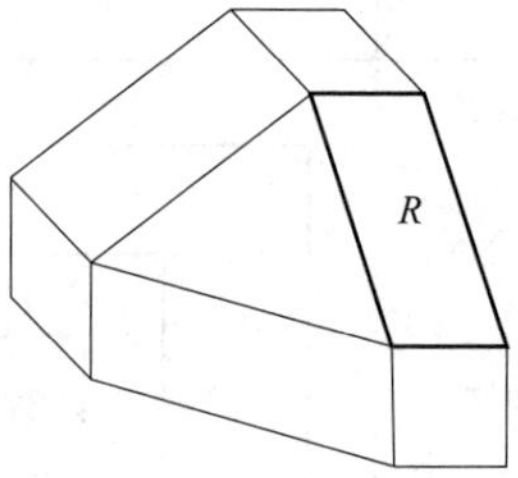
轴测图	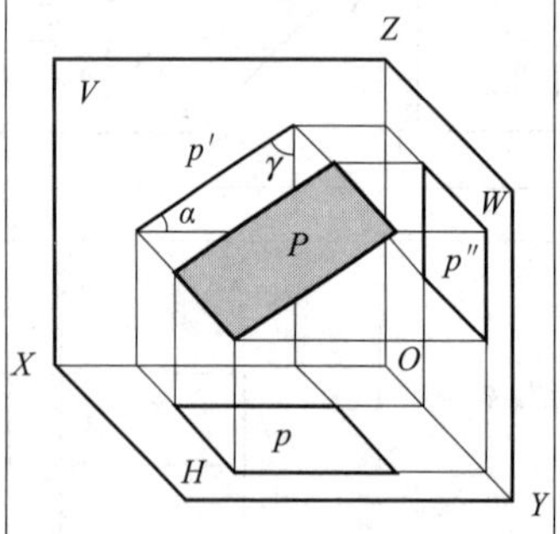	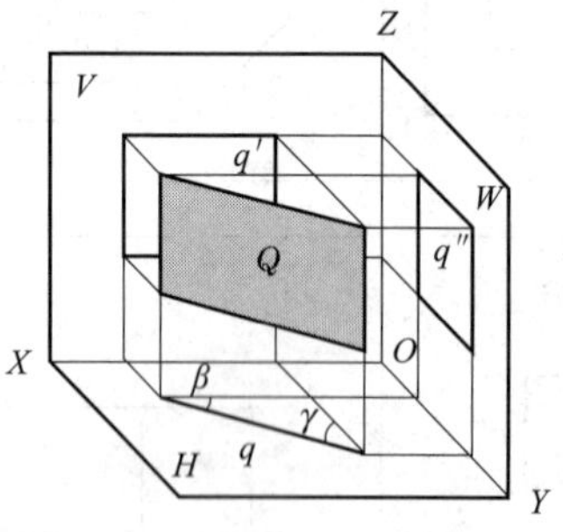	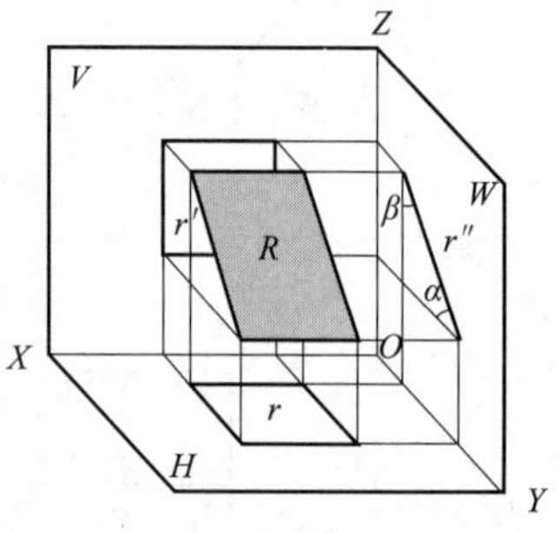
投影图	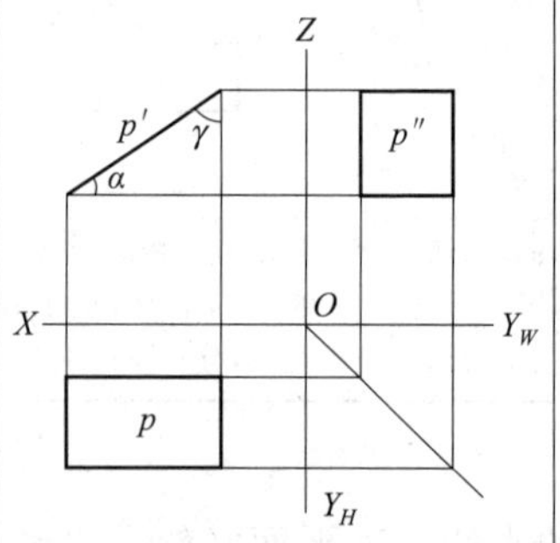	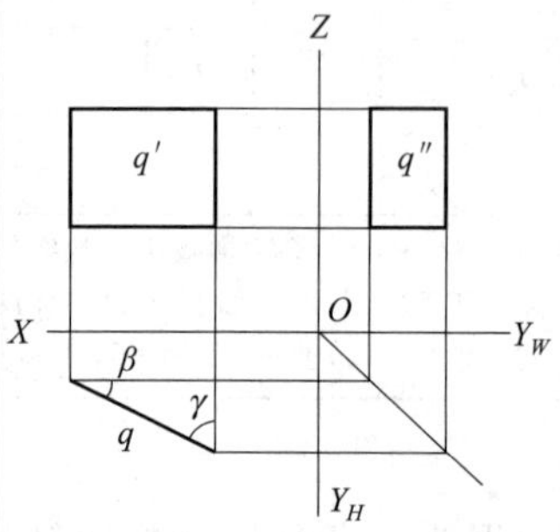	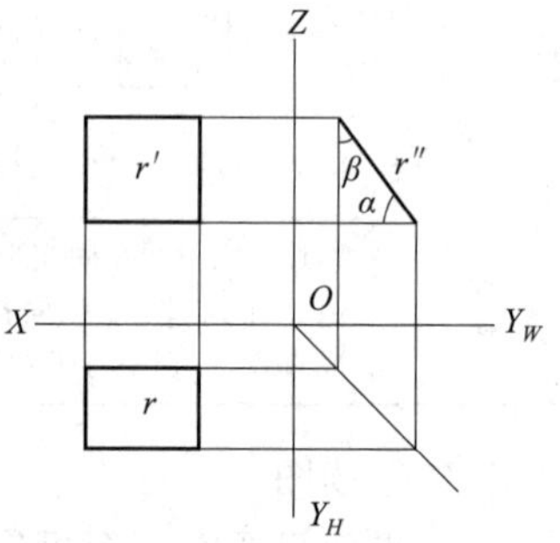
投影特性	1. V 面投影有积聚性，且反映 α、γ 角； 2. H 面、W 面投影为类似图形	1. H 面投影有积聚性，且反映 β、γ 角； 2. V 面、W 面投影为类似图形	1. W 面投影有积聚性，且反映 α、β 角； 2. H 面、V 面投影为类似图形

2.4.2.3　一般位置平面

（1）空间位置

对三个投影面都倾斜的平面称为一般位置平面，简称一般面，如图 2-41 所示。平面与投影面倾斜的角度称为平面对该投影面的倾角，它与 H、V、W 面的倾角分别用 α、β、γ 来表示。

（2）投影特性

① 一般位置平面的三个投影都不反映实形，均为面积缩小的原平面图形的类似形。

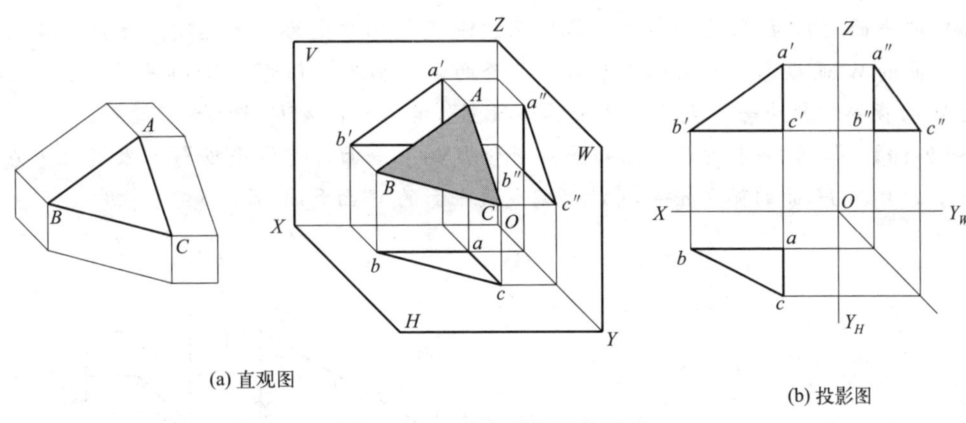

(a) 直观图

(b) 投影图

图 2-41　一般位置直线的投影

② 三个投影都不反映该平面与投影面的真实倾角。

(3) 读图

一平面的三个投影如果都是平面图形，它必然是一般面。

以上是用几何元素表示的各种位置平面，在实际作图中，也会用到用迹线表示的特殊位置平面，如图 2-42 所示。

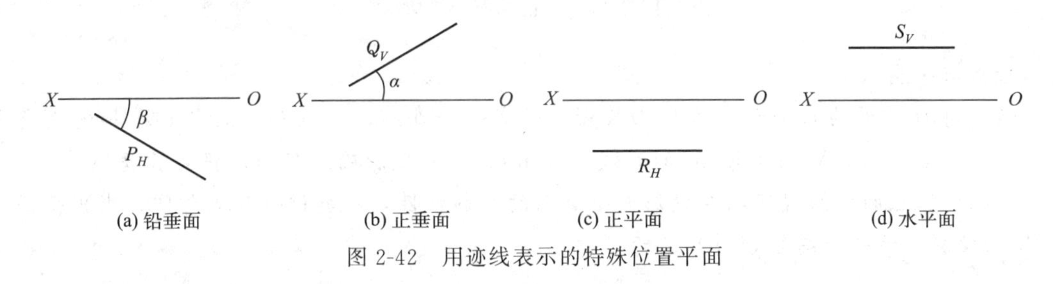

(a) 铅垂面　(b) 正垂面　(c) 正平面　(d) 水平面

图 2-42　用迹线表示的特殊位置平面

【例 2-9】 在图 2-43(b) 中标明图 2-43(a) 所示 P、Q、R 平面的投影，并说明其空间位置。

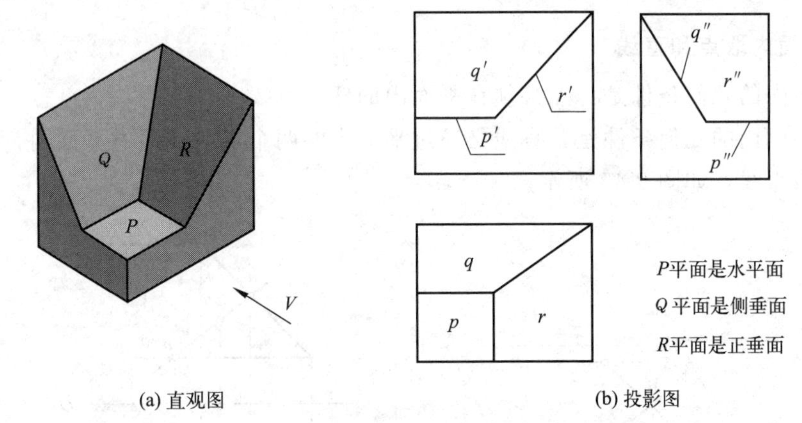

(a) 直观图

(b) 投影图

图 2-43　平面的标记及空间位置判断

分析与作图

(1) 将直观图与投影图对照，弄清物体的空间位置及正面投影方向，如图 2-42(a) 中箭头所示。

(2) 逐个标记 P、Q、R 平面的三面投影，如图 2-43(b) 中所示。

(3) P 平面的 H 投影反映实形，其 V 面、W 面投影积聚为一平直线，故 P 平面为水平面；Q 平面的 W 面投影积聚为一斜直线，其余两个投影为类似形，故 Q 平面为侧垂面；R 平面的 V 面投影积聚为一斜直线，其余两个投影为类似形，故 R 平面为正垂面。

【例 2-10】 如图 2-44 所示，已知平面图形 P 为正垂面，其水平投影 p 及其上 I 点的 V 面投影 $1'$，且与 H 面的倾角 $\alpha=30°$，试完成该平面的 V 面和 W 面投影。

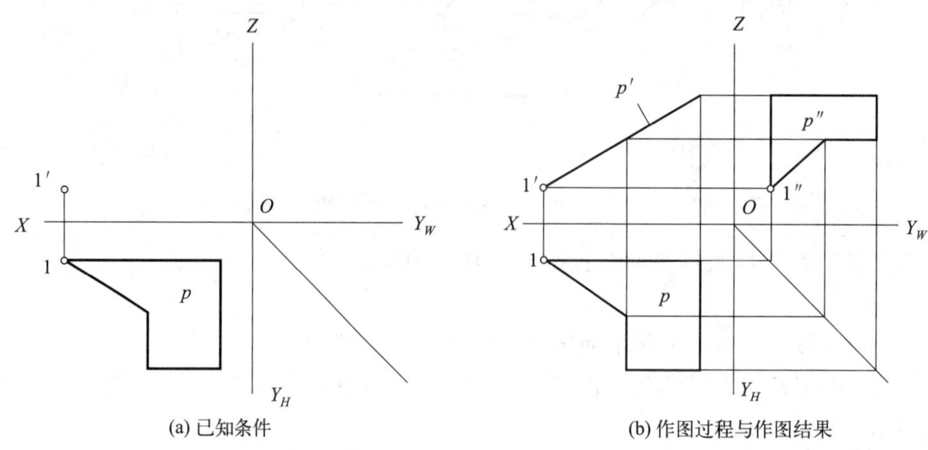

(a) 已知条件　　(b) 作图过程与作图结果

图 2-44　作正垂面的投影

分析与作图

(1) 因 P 平面为正垂面，其 V 面投影积聚成一斜直线，此倾斜直线与 OX 轴的夹角即为 α 角，过 $1'$ 作与 OX 轴倾斜 30°的斜线，并根据 H 面投影确定其积聚投影长度。

(2) 根据点的投影规律以及投影面垂直面的投影特性——类似性找点作图，求出平面 P 的 W 面投影，结果如图 2-44(b) 所示。

2.4.3 平面内的点和线

2.4.3.1 平面内取点和直线

点在平面内的几何条件是：点必须在平面内的任一直线上。

直线在平面内的几何条件是：直线必通过平面内的两个点，或通过平面内一点，且平行平面内的一条直线，如图 2-45 所示。

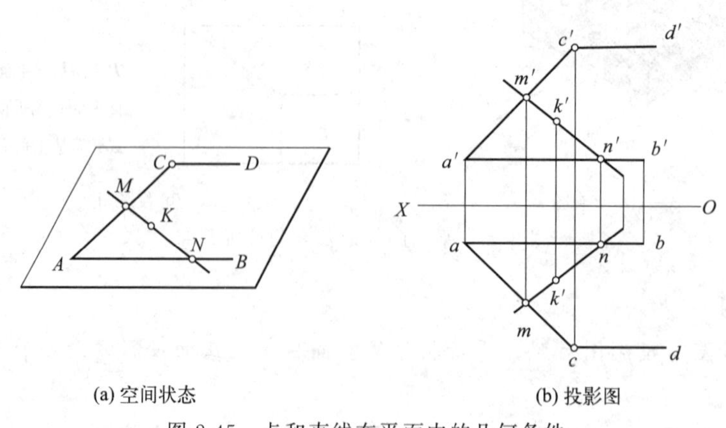

(a) 空间状态　　(b) 投影图

图 2-45　点和直线在平面内的几何条件

由此可归纳出平面内取点和取线的方法：要在平面内取点，必须先在平面内取线，然后再在该线上取点，这种方法称为辅助线法；要在平面内取线，可在平面内取两个已知点连线，或过已知点作平面上一已知直线的平行线。

【例 2-11】 如图 2-46(a) 所示，点 M 为三棱锥侧面△SAB 上的点，已知△SAB 的两面投影及点 M 的 H 面投影，求点 M 的 V 面投影 m'。

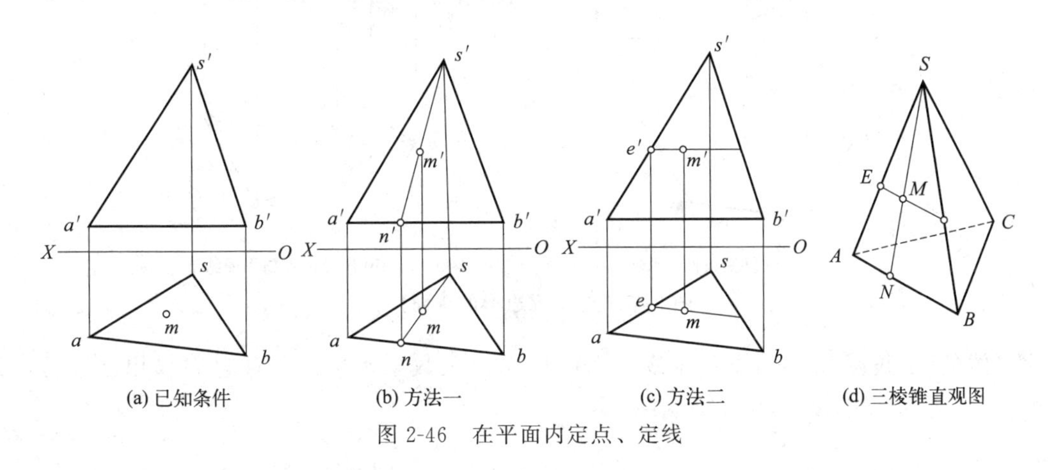

图 2-46 在平面内定点、定线

分析 根据点在平面内的几何条件，M 点在△SAB 平面内，必在该平面内的一条直线上，因点 M 不在平面 SAB 的边线上，因此必须先在平面内作一条过点 M 的辅助线（其 H 面投影必过点 m），然后在该线上定点 M。

作图 如图 2-46(b)、(c) 所示。

方法一：连 sm 并延长交 ab 于 n，此即为辅助线 SN 的 H 投影，求出其对应的 $s'n'$，再过 m 作投影连线，与 $s'n'$ 的交点 m' 即为所求。

方法二：过 m 作 ab 的平行线，交 sa 于 e，过 e 引投影连线交 $s'a'$ 于 e'，再过 e' 在平面内作平行于 $a'b'$ 的辅助线，该辅助线与过 m 的投影连线相交，交点 m' 即为所求。

【例 2-12】 如图 2-47(a) 所示，已知平面五边形 $ABCDE$ 的 H 面投影 $abcde$，以及两边 AB、BC 的 V 面投影 $a'b'$、$b'c'$，补全 $ABCDE$ 的正面投影。

分析 由于已知条件中已给出相交两直线 AB、BC 的两面投影，也就确定了这个平面的空间位置，只要由这个平面上的点 D、E 的已知水平投影 d、e，求出其正面投影 d'、e'，就能确定这个平面五边形的正面投影。

作图

(1) 连 a 与 c、a' 与 c'。

(2) 将 b 分别与 d、e 相连，bd、be 分别与 ac 交得 1、2 点；由 1、2 作投影连线，与 $a'c'$ 分别交得 $1'$、$2'$；连 b' 与 $1'$、b' 与 $2'$ 并延长与过 d、e 的投影连线分别相交，得 d'、e'。

(3) 将 $c'd'e'a'$ 顺次相连，就补全了五边形 $ABCDE$ 的正面投影 $a'b'c'd'e'$。

2.4.3.2 平面内的投影面平行线

在平面上，且平行于某个投影面的直线，称为平面内的投影面平行线。常用的投影面平行线有平面上的水平线和平面上的正平线两种。

如图 2-48(a) 所示，平面△ABC 内的直线 BD // 水平迹线 P_H，即 BD // H 面，因此 BD 为△ABC 内的水平线，在图 2-48(b) 中，根据水平线的投影特性，$b'd'$ // OX 轴，可作

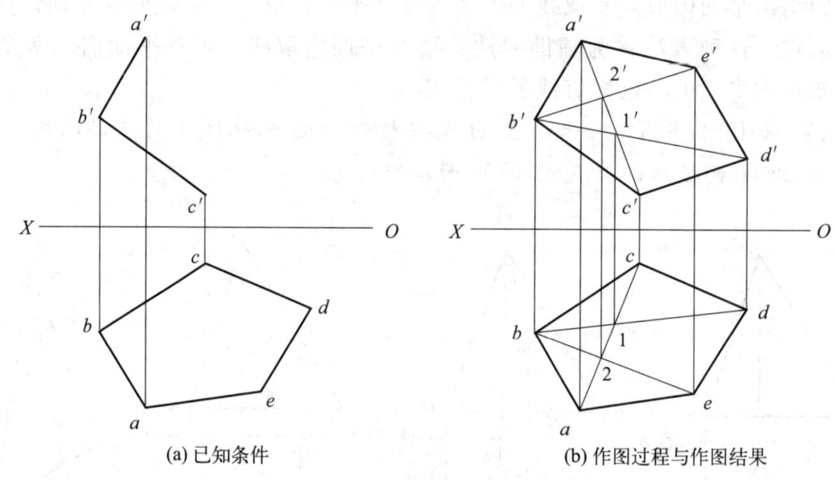

(a) 已知条件　　(b) 作图过程与作图结果

图 2-47　补全五边形的正面投影

出水平线的 H 投影 bd。同样，在该平面内可作出无数条水平线，且它们都相互平行，如 MN、FG 等。

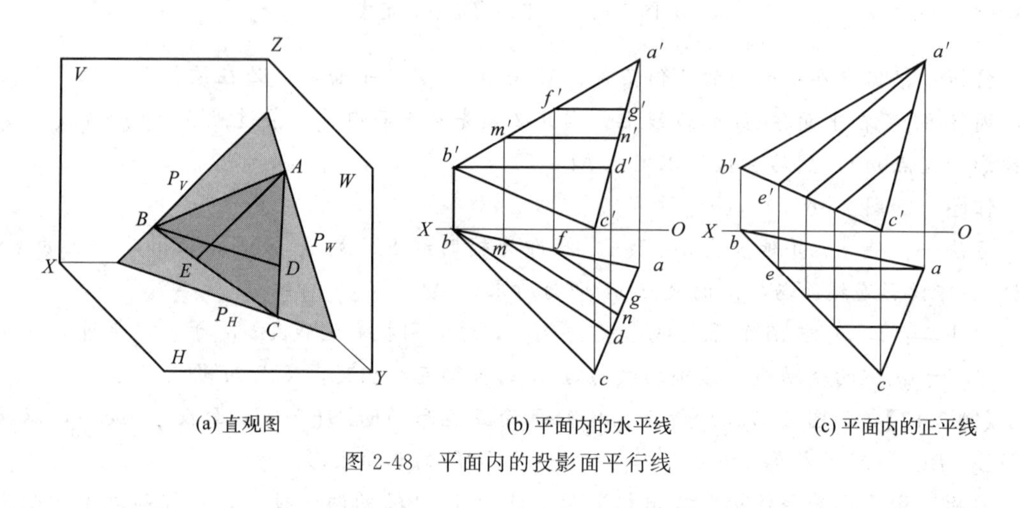

(a) 直观图　　(b) 平面内的水平线　　(c) 平面内的正平线

图 2-48　平面内的投影面平行线

同理，在平面内可作出无数条相互平行的正平线，如过 A 点的正平线 AE 等，如图 2-48(c) 所示。

2.4.3.3 平面内的最大斜度线

(1) 平面内的最大斜度线的含义

平面内对某投影面成倾角最大的直线，称为平面内对该投影面的最大斜度线，它必垂直于平面内投影面的平行线。平面内的最大斜度线有三种：垂直于平面内水平线的称为对 H 面的最大斜度线；垂直于平面内正平线的称为对 V 面的最大斜度线；垂直于平面内侧平线的称为对 W 面的最大斜度线。

(2) 证明最大斜度线对投影面的倾角最大

如图 2-49 所示，直线 $CD /\!/ P_H$，即 CD 是平面 P 上的水平线，过 A 点作 $AB \perp CD$，则 AB 是对 H 面的最大斜度线。证明如下：

① 过 A 点作任一直线 AE，它对 H 面的倾角为 α_1。

② 在直角△AaB 中，$\sin\alpha_1=Aa/AB$，在直角△AaE 中，$\sin\alpha_1=Aa/AE$。

③ 由于 $AB\perp CD$，且 $EB/\!/CD$（E 点在 P_H 上），故 $AB\perp EB$，△ABE 也为直角三角形，AE 为直角三角形的斜边，则 $AE>AB$，所以 $\alpha>\alpha_1$，即 AB 对 H 面的倾角为最大，故称为对 H 面的最大斜度线。由直角投影定理可知，$ab\perp cd$。

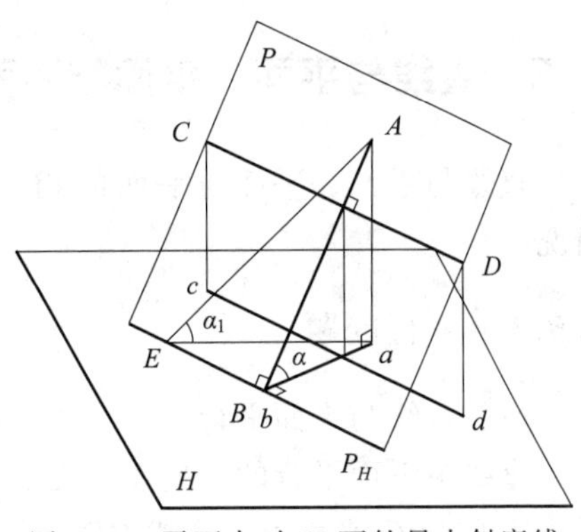

图 2-49 平面内对 H 面的最大斜度线

（3）最大斜度线的投影特性

平面内对 H 面的最大斜度线的水平投影必垂直于该平面内水平线的水平投影（包括水平迹线）；同理，平面内对 V 面的最大斜度线的正面投影必垂直于该平面内正平线的正面投影（包括正面迹线）。

（4）最大斜度线的几何意义

平面对某一投影面的倾角就是平面内对该投影面的最大斜度线的倾角。其中平面内对 H 面的最大斜度线应用最广，在工程中称为坡度线，用来解决平面对水平面的倾斜问题。

【例 2-13】 如图 2-50(a) 所示，求平面△ABC 对 H 面的倾角 α。

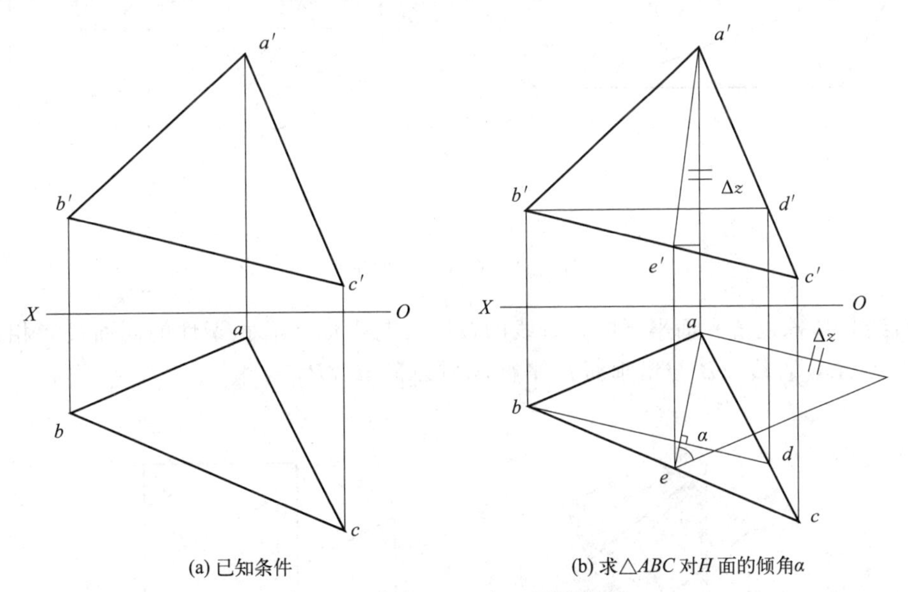

(a) 已知条件　　(b) 求△ABC 对 H 面的倾角 α

图 2-50 求△ABC 对 H 面的倾角 α

分析 △ABC 对 H 面的倾角就是该平面内对 H 面的最大斜度线与 H 面的倾角 α。为了在△ABC 平面上作出对 H 面的最大斜度线，先要在△ABC 平面内作出一条水平线。

作图

（1）过 B 点作△ABC 平面内的水平线 BD。先作 $b'd'/\!/OX$ 轴，再求得其水平投影 bd。

（2）在△ABC 平面上作对 H 面的最大斜度线 AE。过 a 作 $ae\perp bd$，与 bc 交于 e，再由 ae 作出 $a'e'$。

(3) 作 AE 与 H 面的倾角 α。用直角三角形法作出 AE 对 H 面的倾角 α，即为△ABC 对 H 面的倾角 α，如图 2-50(b) 所示。

2.5 直线与平面、平面与平面的相对位置

直线与平面、平面与平面的相对位置有两种情况：平行和相交，垂直是相交的特殊情况。

2.5.1 平行问题

（1）直线与平面平行

直线与平面平行的几何条件是：直线平行于平面内任一直线。在图 2-51 中，直线 EF 平行于△ABC 平面上一直线 BD，在投影图中有 $ef /\!/ bd$，$e'f' /\!/ b'd'$，故 $EF /\!/$平面△ABC。

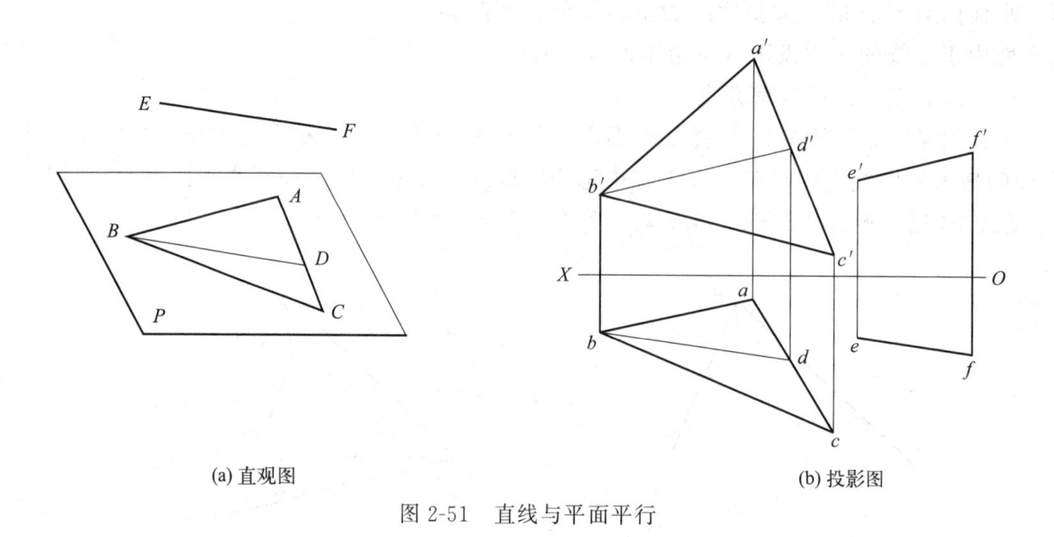

图 2-51 直线与平面平行

当直线与特殊位置平面平行时，直线的投影必与平面的有积聚性的同面投影相互平行。如图 2-52 所示，直线 AB 与铅垂面 P 平行，则必有 $ab /\!/ P_H$。

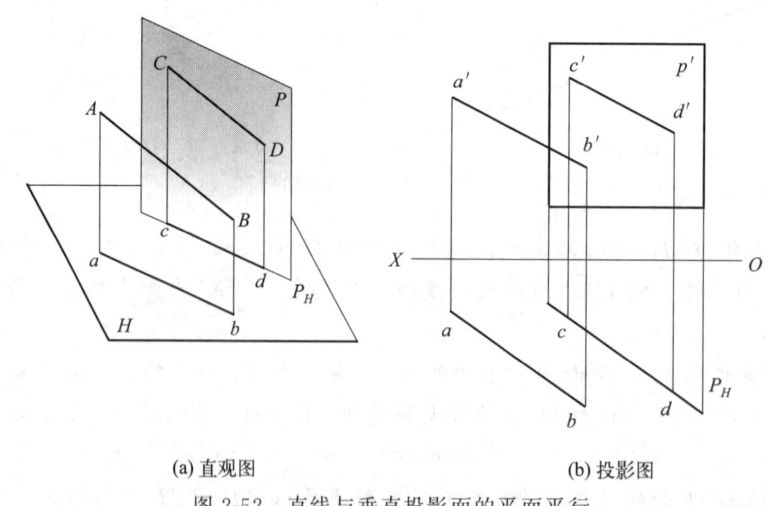

图 2-52 直线与垂直投影面的平面平行

【例 2-14】 如图 2-53(a) 所示，过 M 点作正平线 MN 与平面 $ABCD$ 平行。

分析 过点 M 可作无数条直线平行于已知平面，但其中只有一条正平线，故可先在平面内取一条正平辅助线，然后过点 M 作直线平行于平面内的正平线。

作图

(1) 在平面内作一正平线。先在 H 面上过 a 作 $ae/\!/OX$ 轴，再求出其正面投影 $a'e'$。

(2) 分别过 m 和 m' 作 $mn/\!/ae$、$m'n'/\!/a'e'$，即为所求。

(2) 平面与平面平行

平面与平面平行的几何条件是：一平面内相交两直线对应平行于另一平面内的相交两直线。在图 2-54 中，$AB/\!/EF$，$AC/\!/ED$，在投影图中有 $ab/\!/ef$，$a'b'/\!/e'f'$，且 $ac/\!/ed$，$a'c'/\!/e'd'$，故平面△$ABC/\!/$平面△DEF。

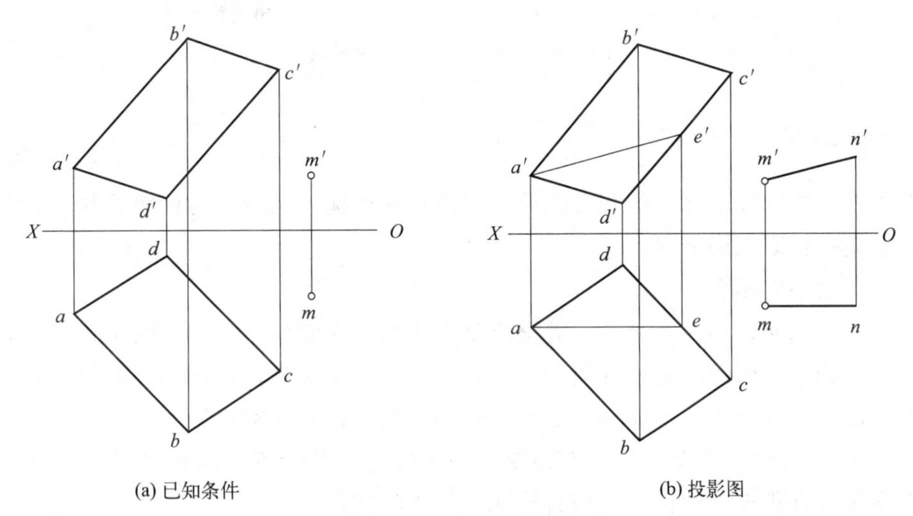

图 2-53 作直线平行平面

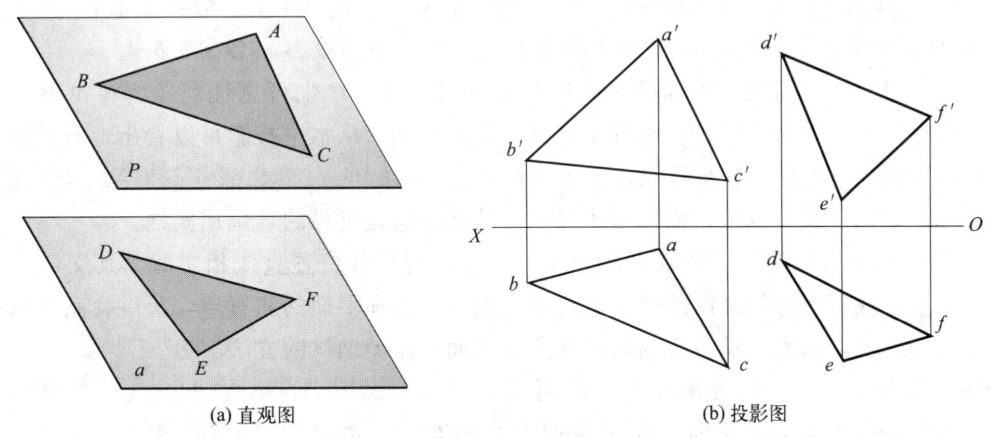

图 2-54 平面与平面平行

当两个特殊位置平面平行时，它们具有积聚性的同面投影必相互平行。如图 2-55 所示，两相交直线 AB 与 CD 确定的铅垂面 P 与△EFG 确定的铅垂面 Q 相互平行，则必有 $P_H/\!/Q_H$。

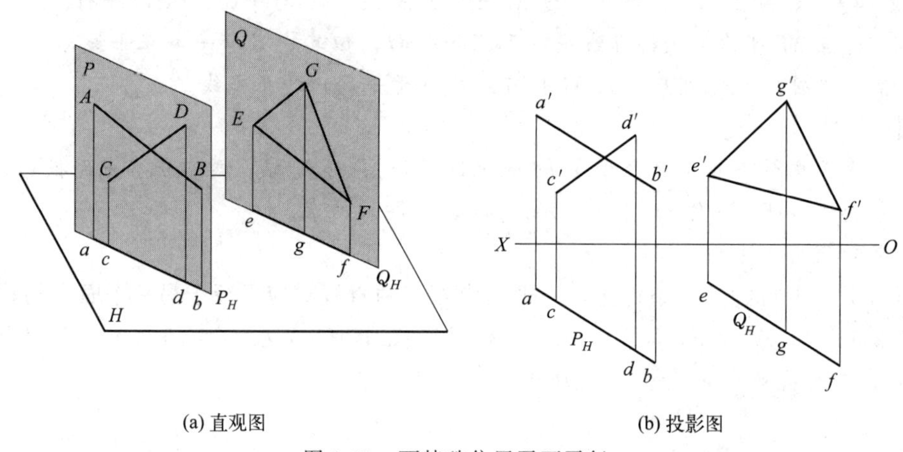

(a) 直观图　　(b) 投影图

图 2-55　两特殊位置平面平行

2.5.2　相交问题

本节主要介绍特殊情况下的相交问题，所谓特殊情况，是指参与相交的两元素中至少有一个垂直于某一投影面的情况。

（1）直线与平面相交

直线与平面相交，必产生交点，其交点是直线与平面的共有点，它既在直线上又在平面上。画法几何约定平面图形是不透明的，当直线与平面相交时，在投影重叠部分应表明直线投影的可见性。研究直线与平面相交的关键就是求交点，并判别可见性。

① 一般位置直线与特殊位置平面相交　当直线与特殊位置平面相交时，其交点的一个投影一定在平面有积聚性的投影和该直线同面投影的交点上。

图 2-56 中一般线 AB 与铅垂面 P 相交，平面 P 的水平投影积聚成直线 p。交点 K 既在平面 P 上，其水平投影 k 必在线段 p 上；交点 K 又在直线 AB 上，故 k 也必在 ab 上。因此，ab 与 p 的交点必为交点 K 的水平投影 k。点 K 的正面投影 k'必在 $a'b'$上。

图 2-56(b) 中，直线与平面的正面投影有一段重叠，产生可见性问题。在投影重叠部分，直线总是以交点为分界，一端可见，另一端不可见。从水平投影可以看出，直线的 AK 段在平面前面，KB 段在平面后面。所以 $a'k'$可见，$b'k'$与 p'重叠部分不可见，画成虚线。不重叠部分，即直线上位于平面图形边界以外的部分总是可见的，画成实线。

② 特殊位置直线与一般位置平面相交　当平面与特殊位置直线相交时，其交点的一个投影一定重合在直线有积聚性的投影上，因交点是直线和平面的共有点，所以交点可以说是平面上的一个点，其另一投影可利用过交点在平面上作辅助线的方法求出。

图 2-57 所示为一铅垂线 MN 与一般面△ABC 相交。因交点 K 在 MN 上，故其水平投影 k 一定与 $m(n)$ 重合；又因交点 K 同时在△ABC 上，故可利用平面上取点的方法，作辅助线 AE 求得交点 K 的正面投影 k'。

直线 MN 正面投影的可见性，可以利用直线 MN 与平面上直线 AB 的重影点Ⅰ、Ⅱ来判别。从图 2-57 中可看出，MN 线上的点Ⅰ位于 AB 线上的点Ⅱ之前，故 1′可见，2′不可见，也就是 $m'k'$为可见段，画成实线；$k'n'$为不可见段，画成虚线。没有重叠的部分仍为可见段，如图 2-57(b) 所示。

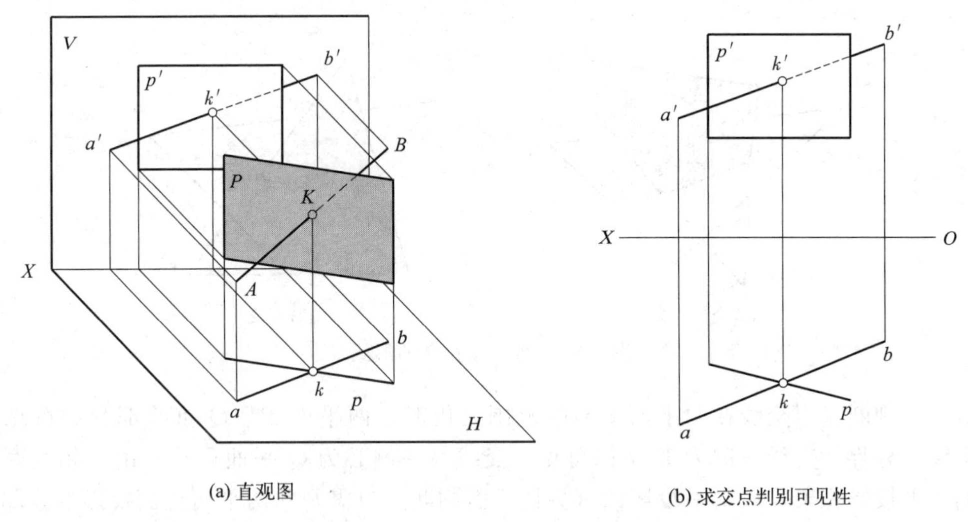

(a) 直观图　　(b) 求交点判别可见性

图 2-56　直线与特殊位置平面相交

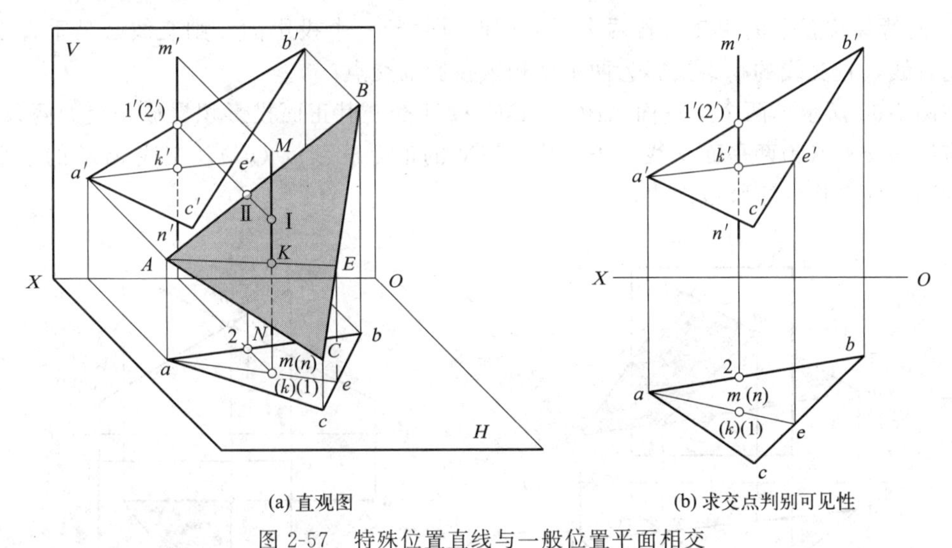

(a) 直观图　　(b) 求交点判别可见性

图 2-57　特殊位置直线与一般位置平面相交

（2）平面与平面相交

平面与平面相交，必产生交线，其交线是两平面的共有线，交线上的每一个点都是两平面的共有点。研究两平面相交的关键就是求交线，并判别可见性。平面与平面相交，由于两平面的位置不同，通常有全交和互交两种形式，如图 2-58 所示。

① 一般位置平面与特殊位置平面相交　两相交平面其中之一有积聚投影时，交线的一个投影一定包含在该积聚投影中，故可直接从积聚投影中得出交线的一个投影，根据交线是相交两平面所共有这一条件，另一个投影则由此求得。平面的可见性可根据积聚投影与另一平面的相对位置判别。

图 2-59 为一般位置平面△ABC 与铅垂面 $DEFG$ 相交，交线 MN 是两平面的共有线。铅垂面 $DEFG$ 的水平投影积聚为一条直线，该积聚投影与△ABC 的水平投影的共有线段即为交线 MN 的水平投影 mn，其端点 M、N 分别是平面△ABC 的两条边 AB、AC 与平面

$DEFG$ 的交点，在相应的边上由 m、n 分别求出 m'、n'，连线即得交线的正面投影。

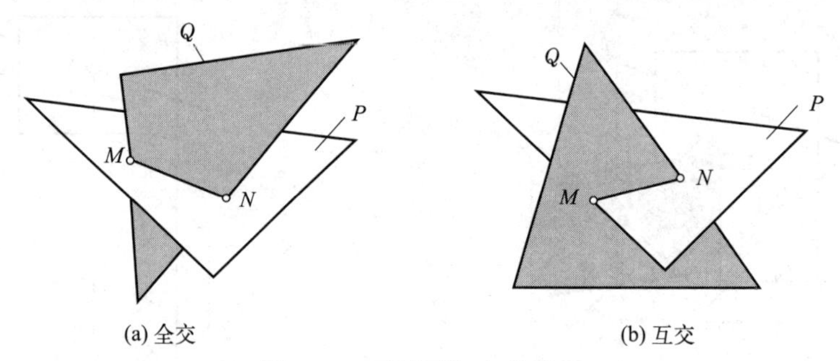

(a) 全交　　(b) 互交

图 2-58　两平面相交的形式

可见性判断：当交线在两平面图形的范围之内时，两平面 P、Q 重叠部分的可见性总是以交线为分界，交线一侧为 P 平面可见，交线另一侧必为 Q 平面可见。由于相交两平面之一的水平投影积聚，故水平投影的可见性不需判断，只需判断两平面正面投影重叠部分的可见性。由水平投影可以直接判断出，$\triangle ABC$ 的右半部分在交线 MN 的前方，其正面投影可见，左半部分不可见。而另一平面 $DEFG$ 的可见性与 $\triangle ABC$ 正好相反。

② 两特殊位置平面相交　若两个平面同时垂直于一个投影面，则交线必是垂直于该投影面的直线，且交线的积聚投影为两平面积聚投影的交点。

如图 2-60 所示，两个正垂面 ABC 与 $DEFG$ 相交，其正面投影积聚成相交的两条直线。此两直线的交点必为两平面交线（正垂线）MN 的正面投影 $m'(n')$。交线 MN 的水平投影一定在两平面图形的重叠范围之内。

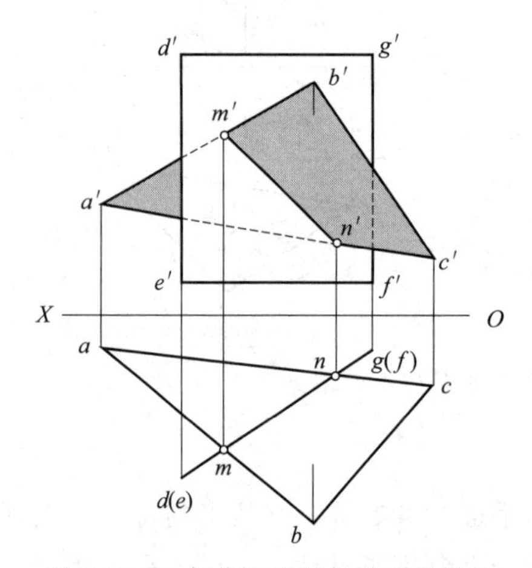

图 2-59　一般位置平面与铅垂面相交

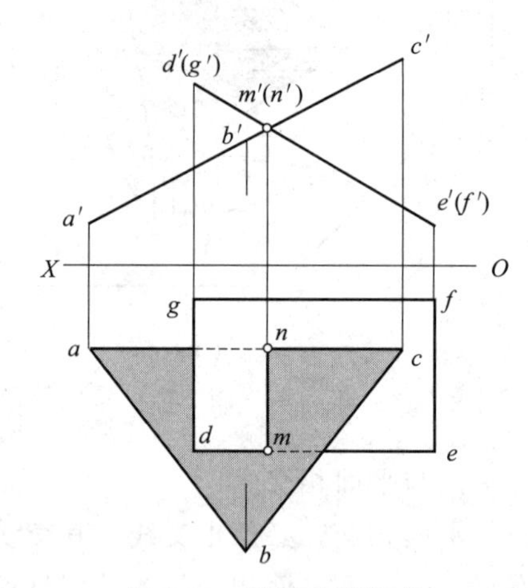

图 2-60　两正垂面相交

可见性判断：由于正面投影积聚，故正面投影可见性不需判断。水平投影的可见性可由两平面积聚投影的上下相对位置予以判断。

【例 2-15】 如图 2-61 所示，求 $\triangle ABC$ 与矩形 $DEFG$ 的交线 MN，并判别可见性。

分析　由投影图可以看出，矩形 $DEFG$ 的正面投影积聚成一平行于 OX 轴的直线，故此矩形必为水平面。此积聚投影与 $\triangle ABC$ 的共有线段即为交线 MN 的正面投影。因交线 MN 在该水平矩形平面上，则交线 MN 必为水平线，且与 AC 边线平行。两平面水平投影重合部分的可见性，可按正面投影的位置来确定。

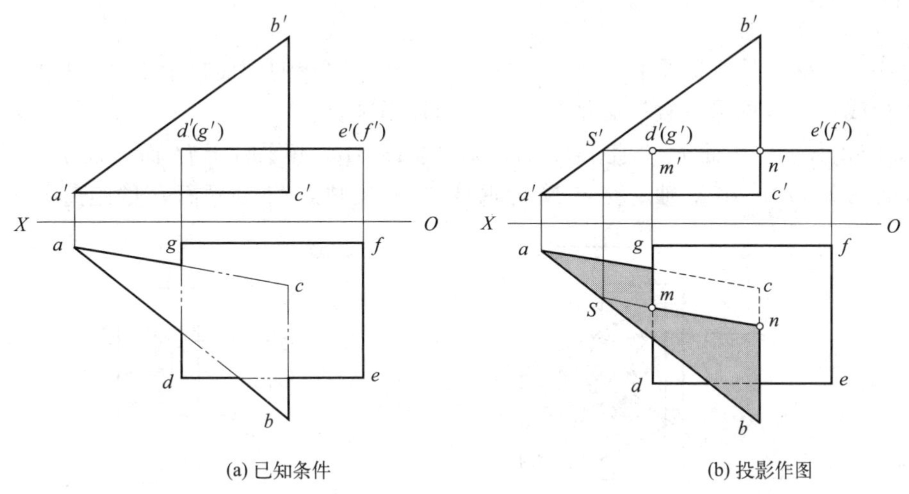

(a) 已知条件 (b) 投影作图

图 2-61 求两平面的交线

作图 如图 2-61(b) 所示。

(1) 直接在矩形 $DEFG$ 有积聚性的正面投影与△ABC 的共有部分标出交线 MN 的正面投影 $m'n'$。

(2) 延长 $n'm'$ 与 $a'b'$ 相交于 s'，由 s' 求得 s，过 s 作 ac 的平行线与 dg、bc 分别交于 m、n，连 mn 即为交线 MN 的水平投影。

(3) 判别重叠部分的可见性。由正面投影可以看出，△ABC 的 SBN 部分在矩形平面的上方，其水平投影可见，画成实线，另一部分不可见，画成虚线。

图 2-62 是交线空间分析的实例，图 2-62(b) 表示了屋面交线的求法。

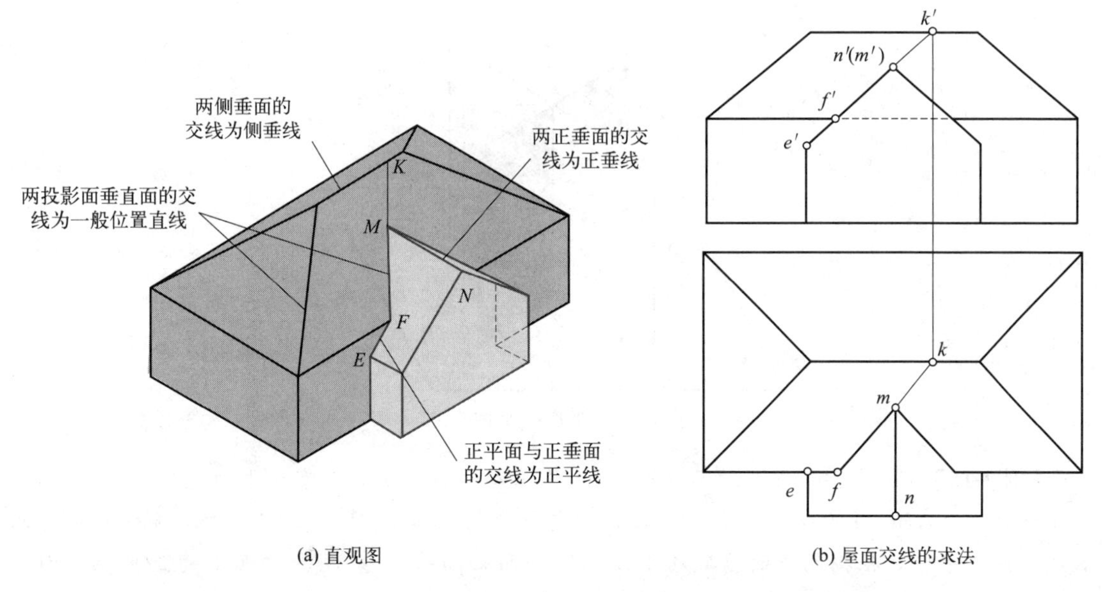

(a) 直观图 (b) 屋面交线的求法

图 2-62 交线空间分析实例

2.5.3 垂直问题

垂直是相交的特殊情况，在解决距离、度量等问题时，经常用到元素间的垂直关系。

（1）直线与平面垂直

若直线与特殊位置平面垂直，则平面的积聚投影与直线的同面投影垂直，且直线为该投影面的平行线，直线的另一投影必平行于相应的投影轴。

如图 2-63 所示，平面 P 垂直于 H 面，则其垂线 MN 必平行于 H 面，且 $mn \perp P_H$，而 MN 的正面投影 $m'n' /\!/ OX$ 轴。交点 N 为垂足，mn 反映点 M 到平面 P 的距离。

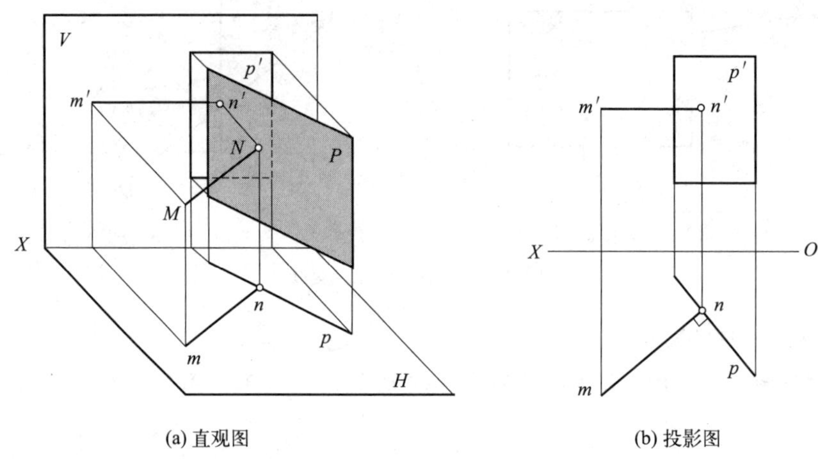

(a) 直观图　　(b) 投影图

图 2-63　直线与铅垂面垂直

（2）平面与平面垂直

由初等几何可知，如果一直线垂直于某平面，则包含此直线的一切平面都垂直于该平面。如图 2-64 所示，直线 AB 垂直于平面 S，则过 AB 的 P、Q、R 等平面都垂直于平面 S。

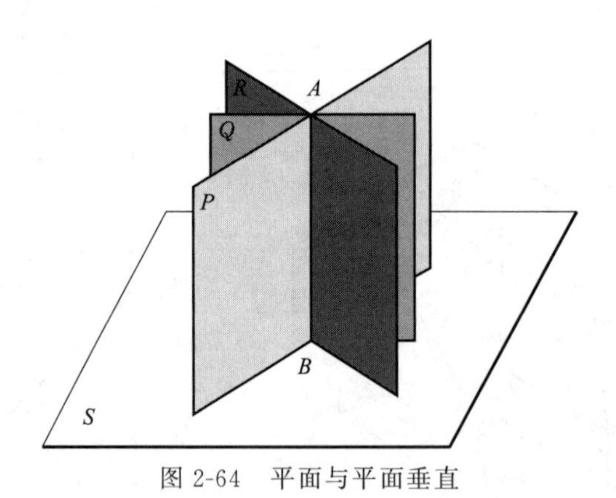

图 2-64　平面与平面垂直

【例 2-16】 如图 2-65(a) 所示，过点 M 作正垂面 P，使其垂直于平面△ABC。

分析　△ABC 平面为一般位置平面，它与待求的正垂面 P 垂直。由于与正垂面垂直的直线都是正平线，根据两平面垂直的条件，P 平面必须垂直△ABC 平面上的正平线。因此须确定△ABC 平面上的正平线，便能作出 P 平面。

作图

（1）过 c 作 $cd /\!/ OX$ 轴，由 d 求出 d'，并连接 $c'd'$，即△ABC 平面上正平线 CD 的两面投影。

(2) 过点 m' 作 $P_V \perp c'd'$，P_V 即为所求正垂面的投影。

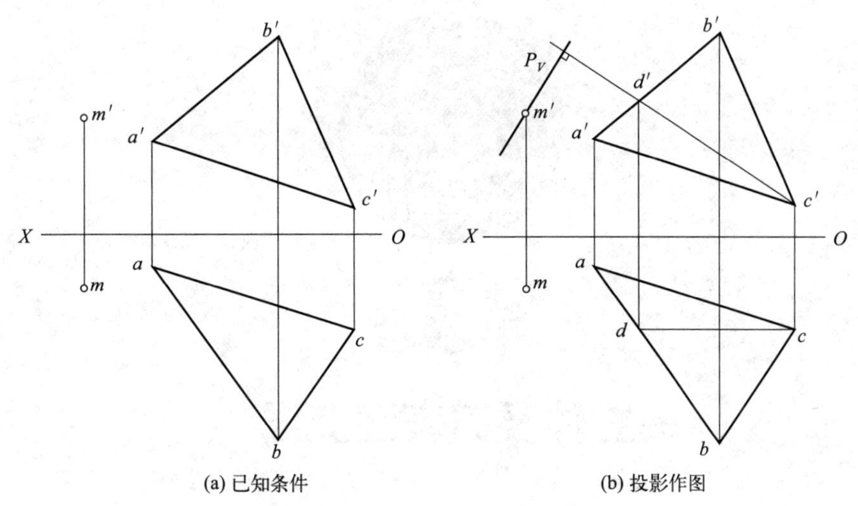

(a) 已知条件　　(b) 投影作图

图 2-65　过点作平面与平面垂直

第3章

立体及其表面交线

3.1 立体的投影

在实际工程中所接触到的各种建筑物或构筑物，如图 3-1 所示的纪念碑和水塔，都可以看成是由一些简单的几何体经过叠加、切割或相交等形式组合而成。在制图中把工程上经常使用的单一几何形体称为基本体。基本体按照其表面性质的不同，可分为平面立体和曲面立体两大类。

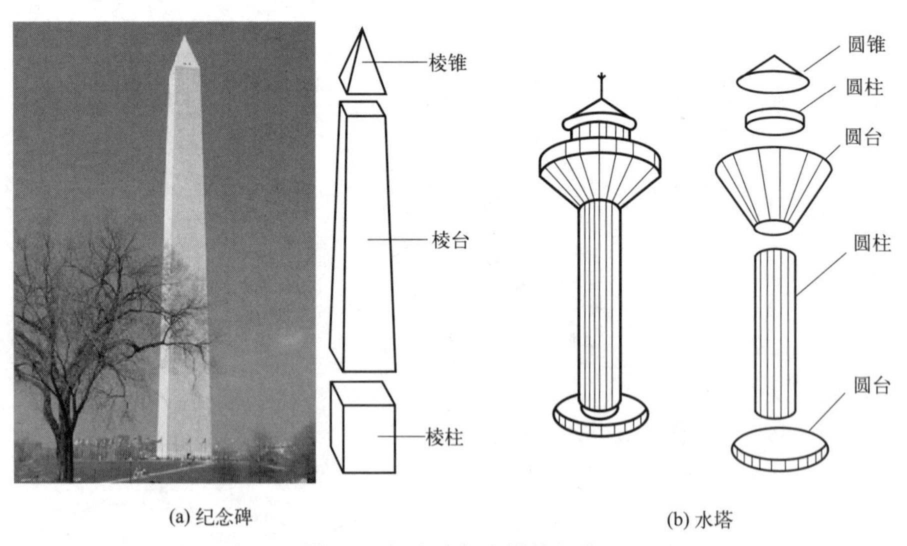

图 3-1 纪念碑与水塔的组成

3.1.1 平面立体的投影

表面全部由平面围成的立体称为平面立体，如棱柱、棱锥和棱台，各平面之间的交线为棱线，棱线与棱线的交点为顶点。绘制平面立体的投影，实质上就是绘制组成平面立体的所有表面、棱线和顶点的投影。在投影图中规定，可见棱线用粗实线表示，不可见棱线用虚线表示。

（1）棱柱

① 形体特征　棱柱由棱面和上、下底面组成，所有棱线相互平行且长度相等。棱线垂直底面时称为直棱柱，棱线倾斜底面时称为斜棱柱。常见的棱柱有三棱柱、四棱柱、五棱柱等。如图 3-2(a) 所示的五棱柱，它由上、下两个五边形底面和五个长方形棱面组成。为了便于作图和看图，应尽量使形体的主要表面处于与投影面平行或垂直的位置。对于图 3-2(a) 中的直五棱柱，其上、下底面平行于 H 面，其中一个侧棱面（后棱面）平行于 V 面。

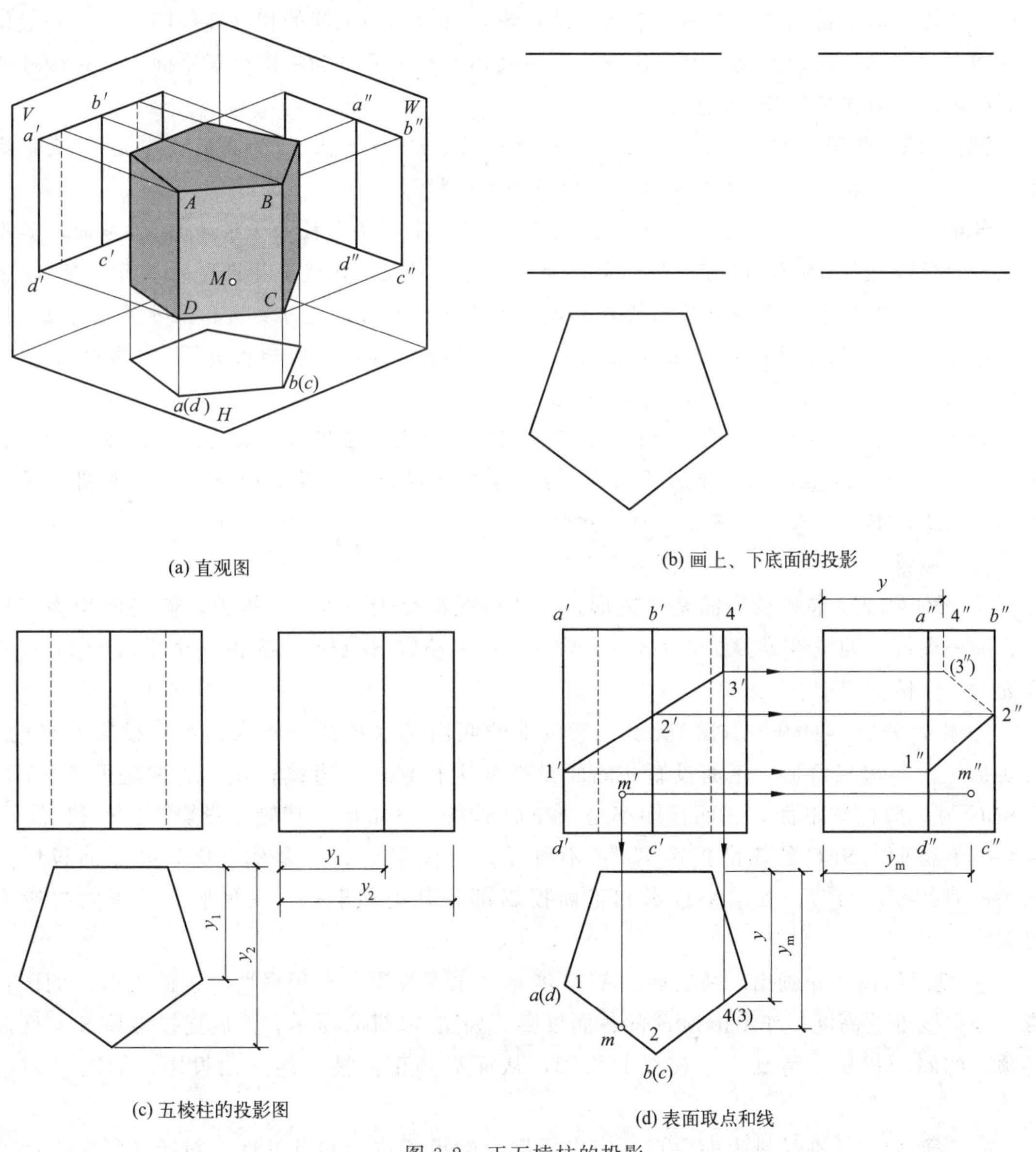

图 3-2　正五棱柱的投影

② 投影分析　如图 3-2(a) 所示，正五棱柱的上、下底面平行于 H 面，两底面的水平投影重合，并反映实形——正五边形，正面投影和侧面投影均积聚成水平线；五个棱面均垂直于 H 面，故水平投影积聚在五边形的五条边线上，其中后棱面平行于 V 面，正面投影反映实形，但不可见，侧面投影积聚成铅垂线，其他四个棱面均为铅垂面，它们的正面投影、侧面投影均为类似形。

③ 投影作图　先画出反映五棱柱主要形状特征的投影，即水平投影的正五边形，再画出其有积聚性的正面投影、侧面投影，如图 3-2(b) 所示。接着按“长对正”的投影关系画出正面投影，最后按“高平齐、宽相等”的投影关系画出侧面投影，如图 3-2(c) 所示。

④ 表面取点和线　在平面立体表面上取点和线，其原理和方法与第 2 章介绍的在平面上取点和线相同。首先要根据点或线的投影位置和可见性确定点所在的平面，并分析该平面的投影特性。对于特殊位置平面上点或线的投影，可以利用平面的积聚性作图，对于一般位置平面上的点则须用辅助线的方法作图。因棱柱体所有表面都为特殊位置平面，故在棱柱体表面取点，可直接利用积聚性作图。

【例 3-1】 如图 3-2(d) 所示，已知五棱柱棱面 $ABCD$ 上点 M 的正面投影 m' 以及折线ⅠⅡⅢⅣ的正面投影 $1'2'3'4'$，求作它们的另外两面投影。

分析　由于 m' 可见，故点 M 在可见棱面 $ABCD$ 上，又因棱面 $ABCD$ 是铅垂面，其水平投影积聚成直线 $abcd$，故可利用积聚性直接作图。同理，折线ⅠⅡⅢⅣ的正面投影 $1'2'3'4'$ 可见，故折线ⅠⅡⅢ Ⅳ在五棱柱的左前棱面和右前棱面上，也可利用积聚性直接作图。

作图　点 M 的水平投影必在 $abcd$ 上，由 m' 直接作出 m。然后由 m'、m 作出 m''。因为棱面 $ABCD$ 的侧面投影可见，所以 m'' 也可见。

折线ⅠⅡⅢ Ⅳ的水平投影 1234 分别落在五边形的左前棱线和右前棱线上，根据“宽相等”，分别求出各折点的侧面投影并连线 $1''2''3''4''$ 即为所求。要注意的是因折线ⅡⅢ、ⅢⅣ在右棱面上，其侧面投影不可见，画成虚线。

(2) 棱锥

① 形体特征　棱锥的底面是多边形，各条棱线汇交于一点——锥顶，侧棱面均为三角形，如三棱锥、四棱锥等。如图 3-3(a) 所示的正三棱锥 S-ABC，它由一个平行于 H 面的底面和三个棱面组成。

② 投影分析　如图 3-3(a) 所示，三棱锥的底面是水平面，所以其水平投影 $\triangle abc$ 反映实形——等边三角形，正面投影和侧面投影分别积聚成一直线；左、右两棱面 $\triangle SAB$、$\triangle SBC$ 为一般位置平面，三面投影都是其类似形——三角形，其侧面投影 $s''a''b''$ 和 $s''b''c''$ 重合，右棱面 $\triangle SBC$ 的侧面投影 $s''b''c''$ 不可见；后棱面 $\triangle SAC$ 是侧垂面，其侧面投影积聚为一直线 $s''a''(c'')$，其水平投影和正面投影都是其类似形——三角形，且正面投影不可见。

③ 投影作图　先画出反映底面 $\triangle ABC$ 实形的水平投影和有积聚性的正面投影、侧面投影。根据棱锥的高度，作出锥顶 S 的各面投影，如图 3-3(b) 所示，然后连接锥顶 S 与底面各顶点的同面投影，得到三条棱线的投影，从而得到正三棱锥的三面投影，如图 3-3(c) 所示。

④ 表面取点　在棱锥表面取点，应先根据点的投影位置和可见性，判断点所在平面的空间位置，然后利用积聚性或辅助线进行作图。

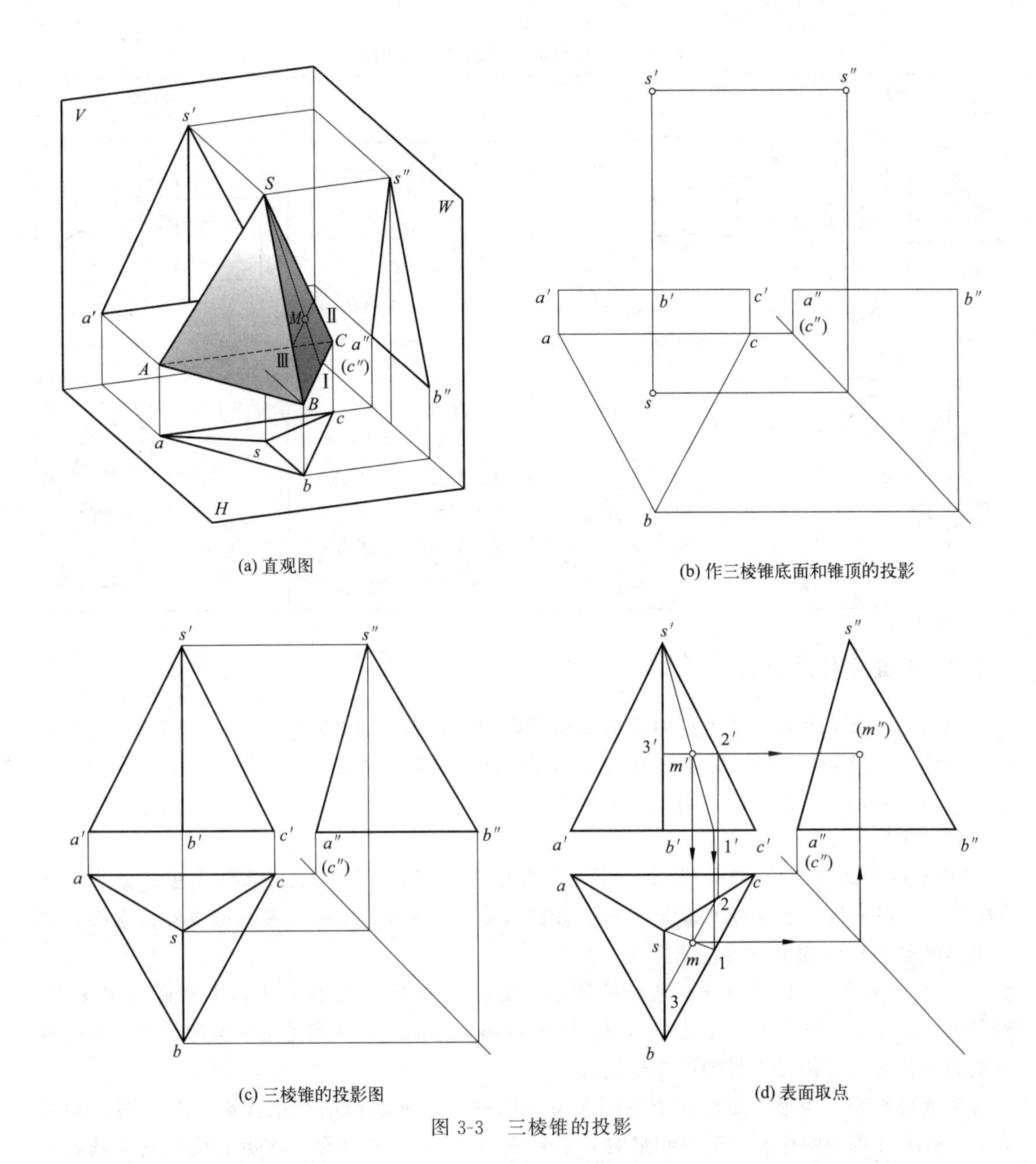

(a) 直观图

(b) 作三棱锥底面和锥顶的投影

(c) 三棱锥的投影图

(d) 表面取点

图 3-3　三棱锥的投影

【例 3-2】 如图 3-3(d) 所示，已知三棱锥棱面△SBC 上点M 的正面投影m'，求作另外两面投影m、m''。

分析　由于点M 所在的棱面△SBC 是一般位置平面，其投影没有积聚性，所以必须借助在该面上作辅助线的方法来求解。

作图　过m'点作辅助线 SⅠ的正面投影 $s'1'$，并作出 SⅠ的水平投影 $s1$，在 $s1$ 上定出 m（m 也可利用平行于该面上某一棱线的辅助线如ⅡⅢ求出）。然后由m'、m 作出m''。因为棱面△SBC 的水平投影可见，侧面投影不可见，所以m 可见，m''不可见。

(3) 常见平面立体的三面投影图

表 3-1 为几种常见平面立体的三面投影图，请读者自行分析。

表 3-1 常见平面立体的三面投影图

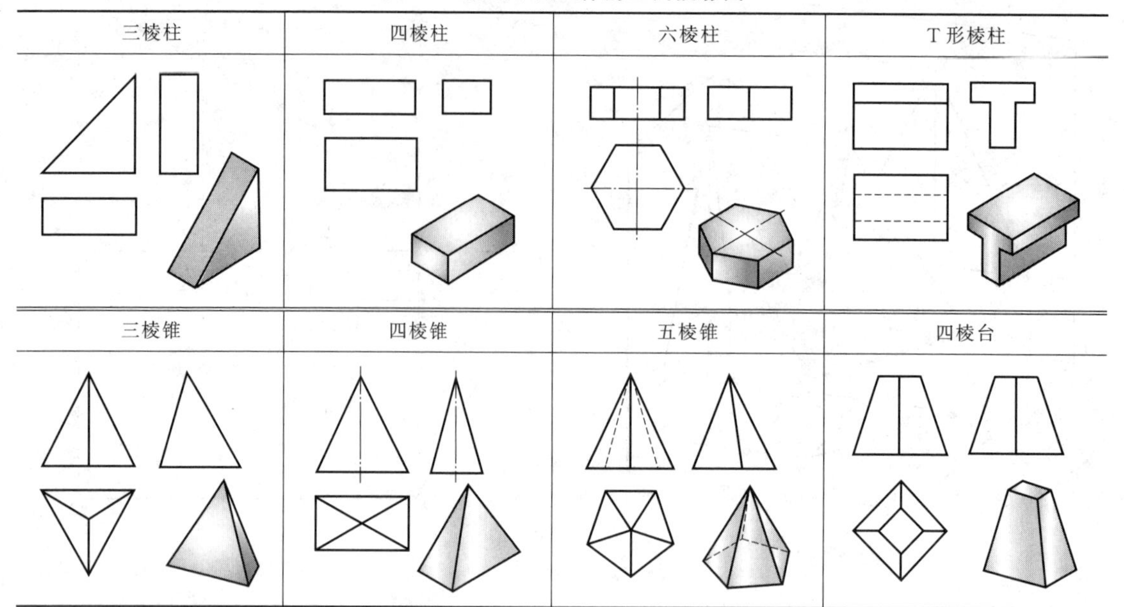

三棱柱
四棱柱
六棱柱
T 形棱柱
三棱锥
四棱锥
五棱锥
四棱台

3.1.2 曲面立体的投影

表面由平面和曲面围成，或全部由曲面围成的立体称为曲面立体，常见的曲面立体有圆柱、圆锥、圆球和圆环等。绘制曲面立体的投影图时，应先用细点画线画出中心线和轴线的投影，然后画出有圆的投影，再作其余两个投影。

(1) 圆柱

① 形成 圆柱体由圆柱面和上、下两个圆形底面围成。圆柱面可看作是由一条直母线 AB 绕与其相平行的轴线 OO_1 旋转而成，如图 3-4(a) 所示。任一位置的母线称为素线，圆柱的素线是与轴线相平行的直线。

② 投影分析 如图 3-4(b) 所示的圆柱，其轴线垂直于 H 面，上、下底面为水平面，圆柱面上的所有素线都垂直于 H 面，故其 H 投影为一圆形，该圆是反映实形的上、下两底面的重合投影，圆周是圆柱面的积聚投影。

V 面投影为一矩形，矩形的上下两条边为圆柱上、下底面的积聚投影，左右两条边线 $a'b'$ 和 $c'd'$ 分别为圆柱面上最左和最右轮廓素线 AB、CD 的投影。该矩形线框则为圆柱面前半部分和后半部分的重合投影，前半部分可见，后半部分不可见。

W 面投影亦为一矩形，矩形的上下两条边为圆柱上下两底面的积聚投影，两条竖线 $e''f''$ 和 $g''h''$ 分别为圆柱面上最前和最后轮廓素线 EF、GH 的投影。该矩形线框则为圆柱面左半部分和右半部分的重合投影，左半部分可见，右半部分不可见。

注意：在曲面立体的各投影图中，除轮廓素线外，其余素线一般省略不画。圆柱面上的左、右两条轮廓素线（AB 和 CD）的 W 面投影（$a''b''$ 和 $c''d''$）与轴线的 W 面投影重合，其 W 面投影省略不画；前、后两条轮廓素线（EF 和 GH）的 V 面投影（$e'f'$ 和 $g'h'$）与轴线的 V 面投影重合，其 V 面投影也省略不画。

③ 投影作图 先用点画线画出圆柱体各投影的轴线、中心线，再根据圆柱体底面的直径绘制出水平投影——圆，如图 3-4(c) 所示。由“长对正”和高度作出正面投影——矩形，

由“高平齐、宽相等”作出侧面投影——矩形，如图 3-4(d) 所示。

④ 表面取点和线　在圆柱表面上取点和线，可以利用圆柱表面对某一投影面的积聚性进行作图。

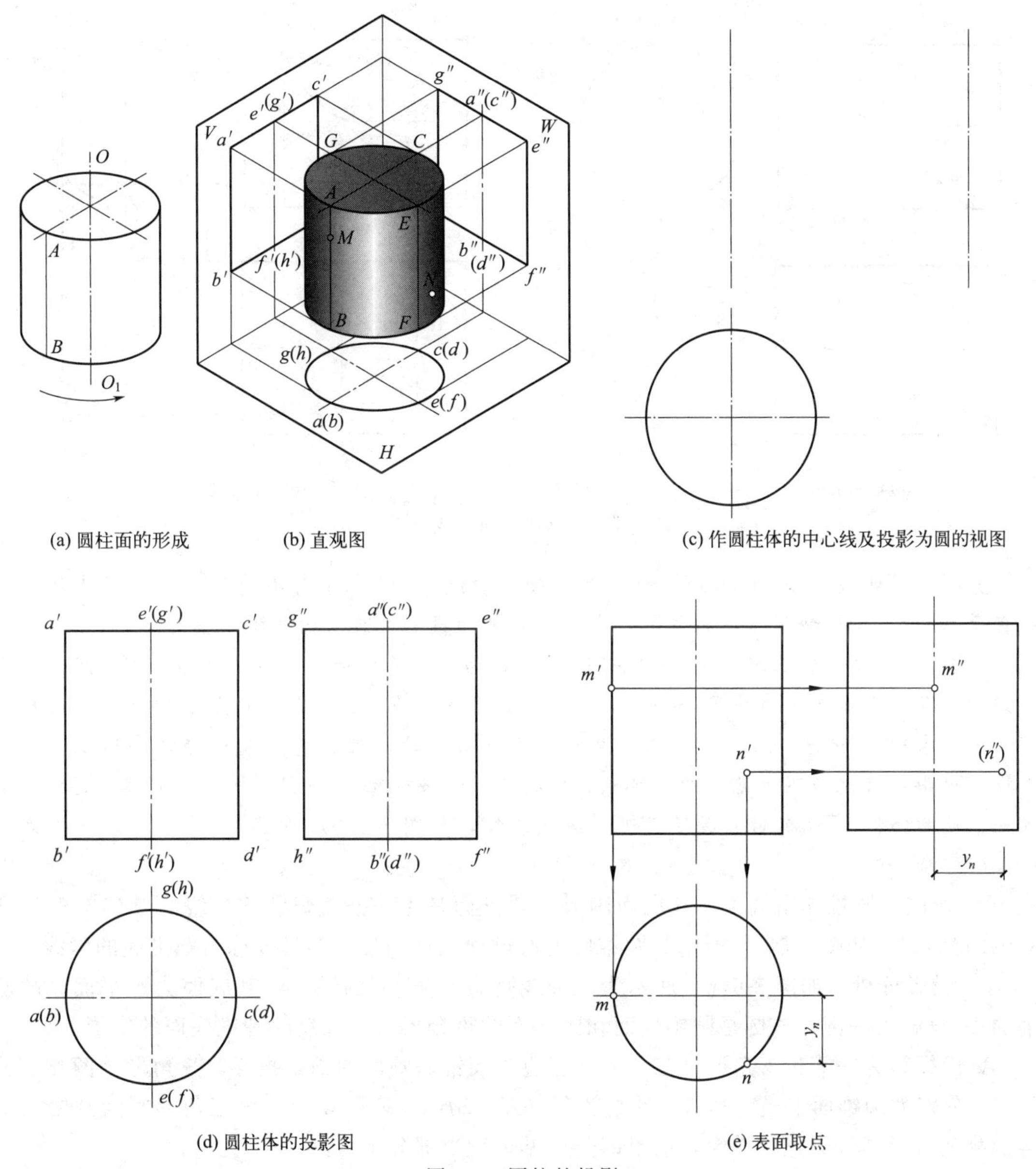

(a) 圆柱面的形成　(b) 直观图　(c) 作圆柱体的中心线及投影为圆的视图

(d) 圆柱体的投影图　(e) 表面取点

图 3-4　圆柱的投影

【例 3-3】 如图 3-4(e) 所示，已知圆柱面上的点 M 和 N 的正面投影 m' 和 n'，求作两点的另外两面投影。

分析　由点 M 和点 N 的正面投影位置可知，点 M 位于圆柱面的最左轮廓素线上，点 N 位于圆柱面的右、前方。可利用圆柱面水平投影的积聚性和点的投影规律进行求解。

作图　分别过 m'、n' 向下作投影连线交圆柱面的水平投影——圆周于 m、n；再由 m' 向右作投影连线交圆柱面的最左轮廓素线的侧面投影（即轴线）于 m''，m'' 可见，由 n' 和 n

根据点的投影规律求出n''，n''不可见。

【例 3-4】 如图 3-5(a) 所示，已知圆柱面上曲线 ABC 的正面投影 $a'b'c'$，求作另外两面投影。

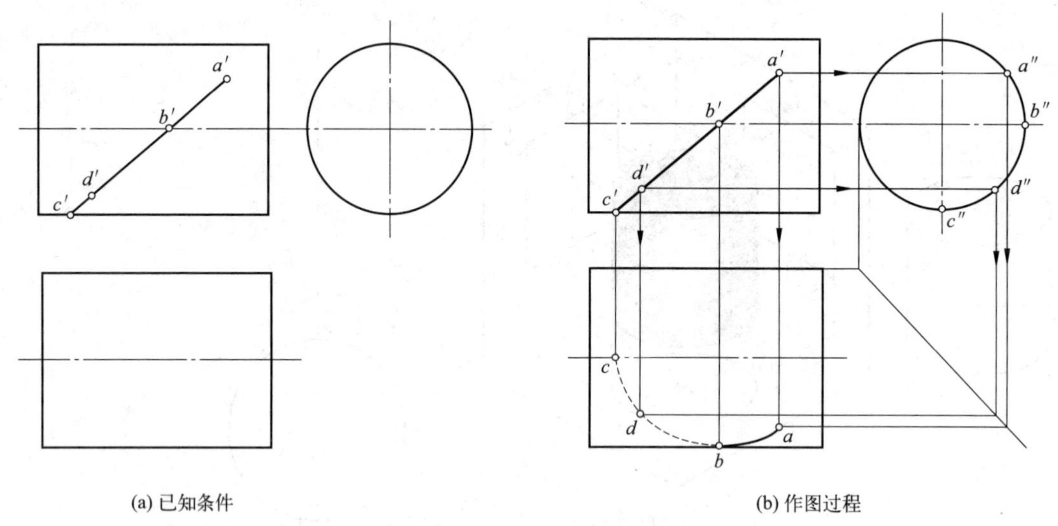

(a) 已知条件　　(b) 作图过程

图 3-5　求作圆柱面上线的投影

分析　由曲线 ABC 的正面投影位置可知，曲线 ABC 位于前半圆柱面上。因圆柱轴线垂直于 W 面，故可利用圆柱的积聚性先求出其侧面投影，再求出其水平投影。

作图　A、B、C 三点的作图方法同例 3-3，为了使曲线连得光滑，可在 ABC 线上再多作若干个点，在本例中多作了一个点 D。在正面投影 $a'b'c'$线上的合适位置取点的正面投影 d'，从而求出 d''和 d。注意，在水平投影中连接曲线时，应注意 b 在外形轮廓线上，是水平投影中曲线可见与不可见段的分界点。根据正面（或侧面）投影可知，(c) 和 (d) 为不可见，故曲线段 b (d)(c) 为不可见，画成虚线，如图 3-5(b) 所示。

(2) 圆锥

① 形成　圆锥体由圆锥面和底面围成。圆锥面是由一条直母线 SA 绕与其斜交的轴线 SO 旋转而成，如图 3-6(a) 所示。圆锥面上通过顶点任一位置的母线称为圆锥面的素线。

② 投影分析　如图 3-6(b) 所示为一轴线垂直于 H 面的圆锥，其底面为水平面。故圆锥的 H 投影为一圆，该圆是圆锥底面和圆锥面的重合投影，并反映圆锥底面的实形。

V 面投影为一等腰三角形，三角形的底边为圆锥底圆面的积聚投影，三角形的两腰 $s'a'$ 和 $s'b'$分别为圆锥面上最左和最右轮廓素线 SA、SB 的 V 面投影。该三角形则为圆锥面前半部分和后半部分的重合投影，前半部分可见，后半部分不可见。

W 面投影亦为一等腰三角形，三角形的底边为圆锥底圆面的积聚投影，三角形的两腰 $s''c''$和 $s''d''$分别为圆锥面上最前和最后轮廓素线 SC、SD 的 W 面投影。该三角形则为圆锥面左半部分和右半部分的重合投影，左半部分可见，右半部分不可见。

圆锥面上轮廓素线的其他投影，可参照圆柱体的投影自行分析。

③ 投影作图　先用点画线画出圆锥体各投影的轴线、中心线，根据圆锥底面的直径绘制出水平投影——圆，再绘制出底圆的正面和侧面的积聚投影——直线段，长度等于底圆直径。依据圆锥的高度画出锥顶 S 的三面投影，连接等腰三角形的腰，即完成圆锥的正面和侧面投影，如图 3-6(c) 所示。

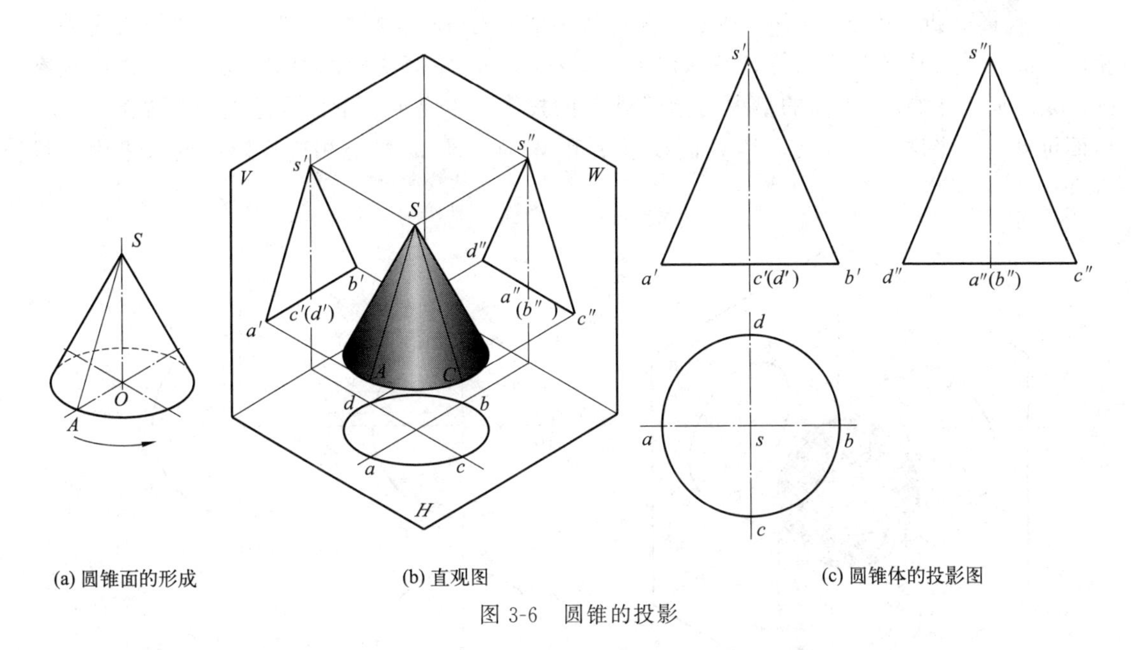

(a) 圆锥面的形成　　(b) 直观图　　(c) 圆锥体的投影图

图 3-6　圆锥的投影

圆锥面是光滑的，和圆柱面类似，当素线的投影不是轮廓线时，一般省略不画。

④ 表面取点　由于圆锥面的三个投影均无积聚性，所以在圆锥表面上取点时，需借助圆锥面上过该点的辅助素线或辅助纬圆的方法进行作图，如图 3-7(a) 所示。

如图 3-7(b) 所示为辅助素线法求作圆锥表面上点 M 的投影。从锥顶过 M 点作辅助素线 S Ⅰ($s'1'$、$s1$、$s''1''$)，再由已知的 m' 作出 m 和 m''。

如图 3-7(c) 所示为辅助纬圆法作图。过 m' 作水平线与圆锥正面投影的轮廓线相交，即纬圆的正面投影，从而确定纬圆的直径。在 H 投影面上作出纬圆的实形，然后由 m' 向下作投影连线，在纬圆上定出 m，再作出 m''。由于点 M 在圆锥面的左、前部分，故 m 和 m' 均可见。

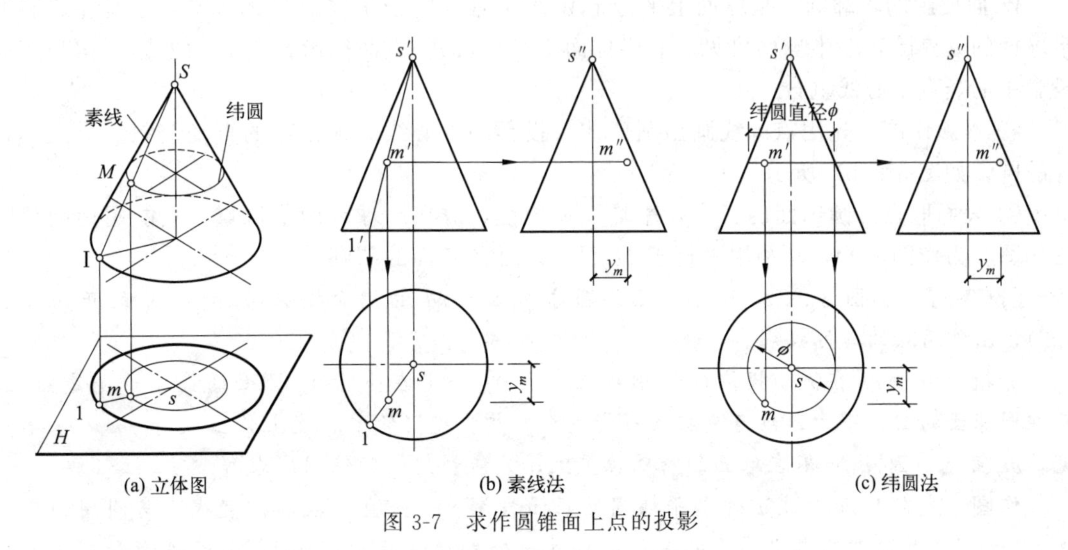

(a) 立体图　　(b) 素线法　　(c) 纬圆法

图 3-7　求作圆锥面上点的投影

(3) 圆球

① 形成　圆球由自身封闭的圆球面围成。圆球面是由圆母线绕其直径旋转而成。

② 投影分析　如图 3-8(a) 所示，无论从哪个方向进行正投影，球的三个投影都是直径相同的圆，其直径与球径相等，是球体上三个不同方向轮廓线圆的投影。H 面投影的轮廓圆 a 是球面上平行于 H 面的最大的赤道圆 A 的投影，也是上、下两半球面的分界圆，上半球面可见，下半球面不可见，其 V 面投影 a' 和 W 面投影 a'' 均与相应投影中的水平中心线重合。

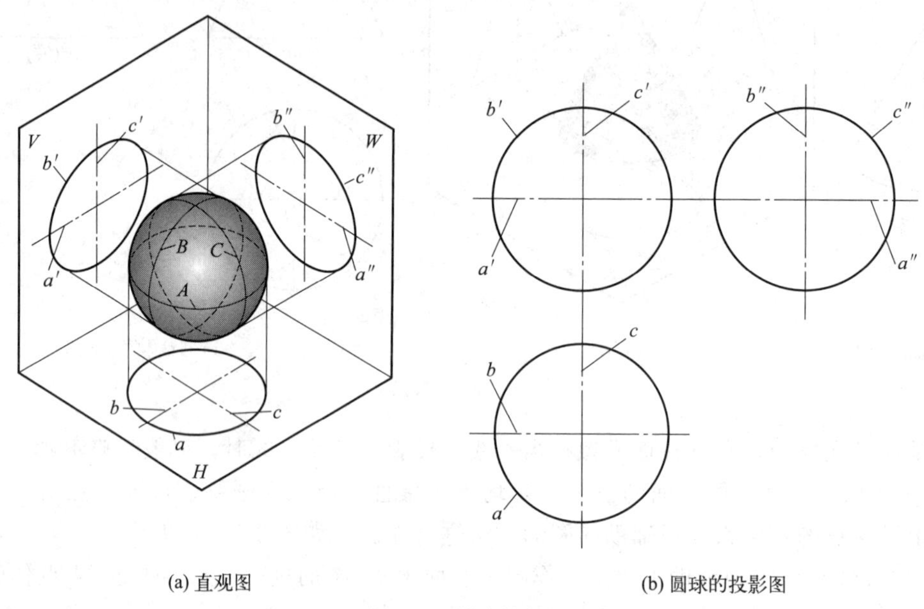

(a) 直观图　　(b) 圆球的投影图

图 3-8　圆球的投影

V 面投影的轮廓圆 b' 是球面上平行于 V 面的最大的子午线圆 B 的投影，也是前、后两半球面的分界圆，前半球面可见，后半球面不可见，其 H 面投影 b 与圆的水平中心线重合，W 面投影 b'' 与圆的竖直中心线重合。

W 面投影的轮廓圆 c'' 是球面上平行于 W 面的最大的子午线圆 C 的投影，也是左、右两半球面的分界圆，左半球面可见，右半球面不可见，其 H 面投影 c 和 V 面投影 c' 均与相应投影中的竖直中心线重合。

③ 投影作图　先用点画线画出圆球体各投影的中心线。根据球的直径绘制三个大小相等的圆，如图 3-8(b) 所示。

④ 表面取点　圆球面的三个投影均无积聚性，故在圆球表面上取点，只能用辅助纬圆法作图。为作图方便，常利用平行于 H 面、V 面、W 面的纬圆。

【例 3-5】 如图 3-9(a) 所示，已知圆球面上点 M 的侧面投影 m'' 和点 N 的正面投影 (n')，求作两点的其他投影。

分析　由于 m'' 在侧面投影的轮廓线上，点 M 一定在平行于 W 面的最大子午线圆上，且在圆球面的前、下方，故可直接按投影关系在相应投影的中心线上作出 m 和 m'，m 不可见，m' 可见。因点 N 不在球面的特殊位置上，只能利用辅助纬圆法求解。

作图　先在 V 面上过 n' 作水平纬圆的正面投影——一直线段，该直线段与圆周的交点 $1'$、$2'$ 之间的长度即为水平纬圆的直径，再作出辅助纬圆反映实形的 H 面投影和有积聚性的 W 面投影，并在其上作出 n 和 n''。从正面投影 n' 可以看出，点 N 在圆球面的右、后、上方，故 n 可见，n'' 不可见。同理，也可用过 n' 作其他纬圆如侧平纬圆的方法求得 n 和 n''，如图 3-9(b) 所示。

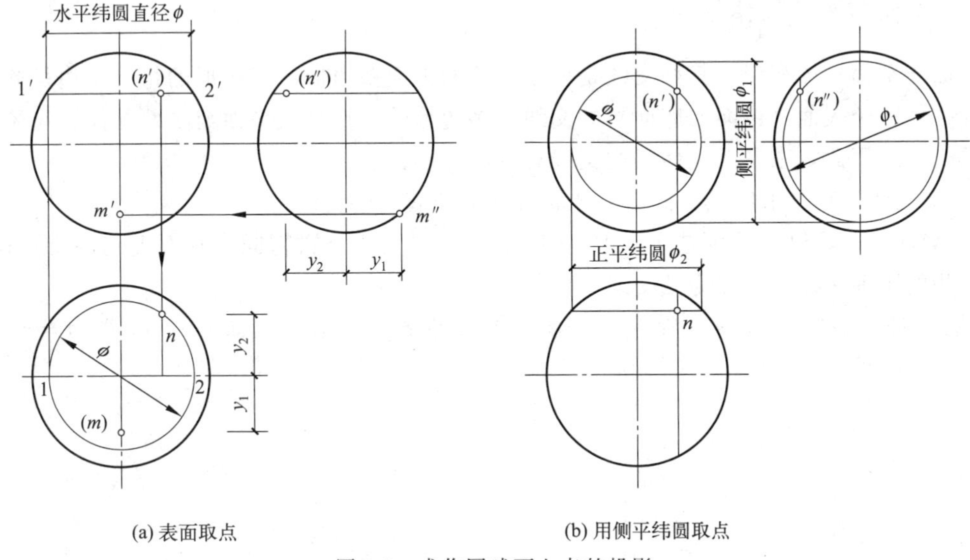

(a) 表面取点　　(b) 用侧平纬圆取点

图 3-9　求作圆球面上点的投影

3.2 平面与立体相交

在工程实践中，经常会遇到这样一类物体，如图 3-10(a)、(b) 所示，它们可以看作是基本立体被平面截切而成的。如图 3-10(c) 所示，假想用来截割立体的平面称为截平面，截平面与立体表面的交线称为截交线，由截交线所围成的平面图形称为断面，立体被一个或几个截平面截割后留下的部分称为截断体。

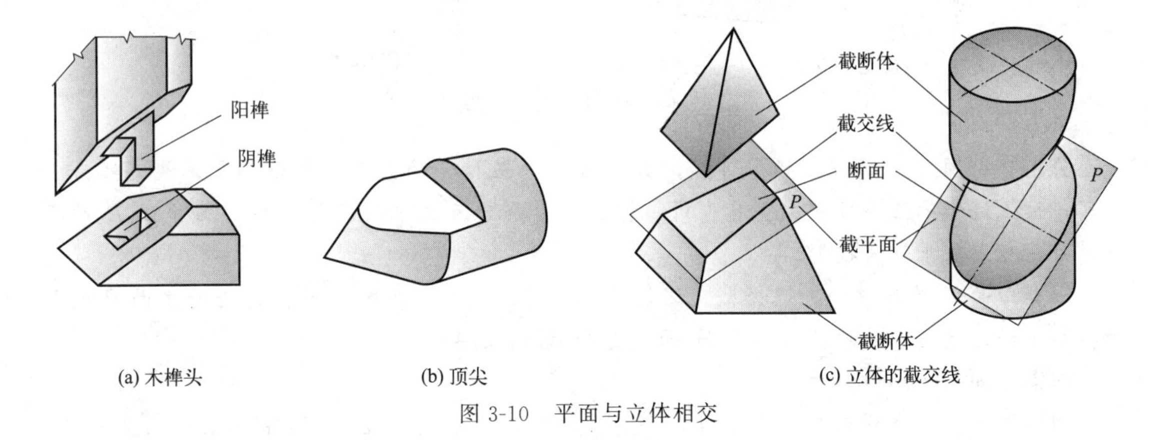

(a) 木榫头　　(b) 顶尖　　(c) 立体的截交线

图 3-10　平面与立体相交

截交线的形状取决于立体的形状、截平面的数量以及截平面与立体的相对位置，其投影的形状还取决于截平面与投影面的相对位置，但任何截交线都具有以下特性：

① 共有性　截交线是截平面与立体表面的共有线。它既在截平面上又在立体表面上，是截平面与立体表面共有点的集合。

② 封闭性　因立体是由它的各表面围成的封闭空间，故截交线一般情况下都是封闭的平面图形。

③ 表面性　截交线是截平面与立体表面的交线，因此截交线均在立体的表面上。

3.2.1　平面与平面立体相交

平面与平面立体相交，其截交线是一个封闭的平面多边形，多边形的每一条边是截平面与平面立体一个表面（棱面或底面）的交线，多边形的顶点是截平面与平面立体相应棱线或底边的交点。因此，求平面立体的截交线有两种方法：

① 交线法　直接求出截平面与立体相应棱面或底面的交线。

② 交点法　求出截平面与立体相应棱线或底边的交点，再把同一棱面上的两交点连线，得一封闭的平面多边形，即为截交线。

【例 3-6】 如图 3-11(a) 所示，试求正五棱锥 $S\text{-}ABCDE$ 被正垂面 P 截切后的三面投影。

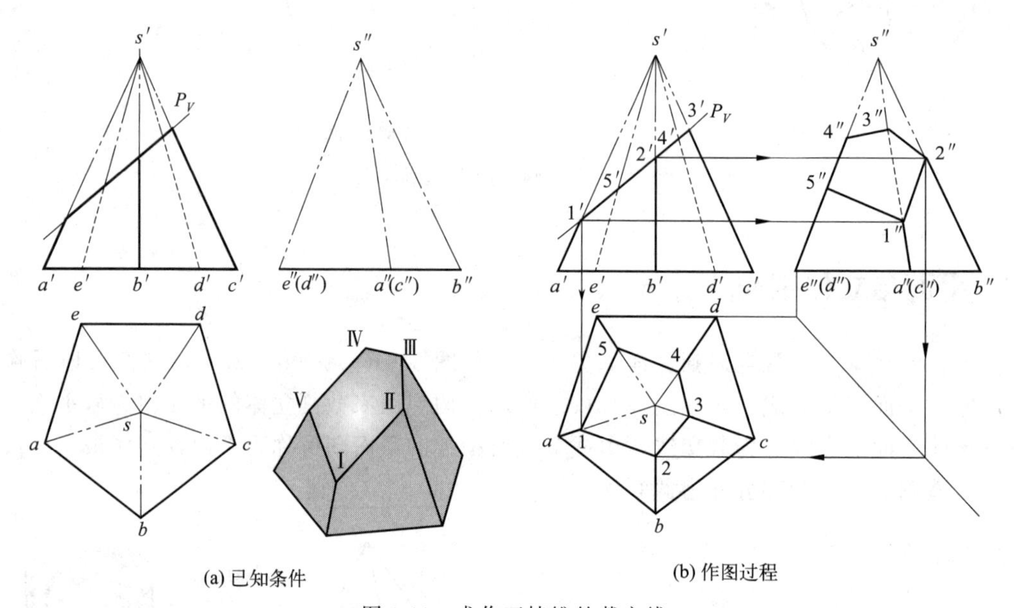

图 3-11　求作五棱锥的截交线

分析　由图 3-11 的正面投影可知，截平面 P 与五棱锥的五个棱面都相交，截交线为五边形，该五边形的五个顶点Ⅰ、Ⅱ、Ⅲ、Ⅳ、Ⅴ分别为五棱锥的五条棱线与截平面 P 的交点，可用交点法求作其投影。

因截平面 P 为正垂面，根据截交线的共有性可知，截交线的 V 面投影与截平面 P 的 V 面投影重合，只需求反映类似形的 H 面投影和 W 面投影。

作图　如图 3-11(b) 所示。

(1) 因 P_V 具有积聚性，所以 P_V 与 $s'a'$、$s'b'$、$s'c'$、$s'd'$、$s'e'$ 的交点 $1'$、$2'$、$3'$、$4'$、$5'$，即为空间点Ⅰ、Ⅱ、Ⅲ、Ⅴ、Ⅳ的 V 面投影。

(2) 根据点的从属关系和投影规律，即可分别在相应棱线的 H 面投影和 W 面投影上求出对应点的其他投影。Ⅰ、Ⅱ、Ⅲ、Ⅳ、Ⅴ点的求法相同，如 SA 棱线上的Ⅰ点，可过 $1'$ 向下引竖直连线与 sa 相交，得Ⅰ点的 H 面投影 1，再过 $1'$ 向右引水平连线与 $s''a''$ 相交，得Ⅰ点的 W 面投影 $1''$。但对于 SB 棱线上的Ⅱ点，由于 SB 为侧平线，可先求出Ⅱ点的 W 面投影 $2''$，再求其 H 面投影 2。

(3) 判断可见性并连线。由截平面的位置可知，截交线的 H 面投影和 W 面投影均可见，按照同一平面上的两个点才能相连的原则，用粗实线依次连接各点的同面投影成五边形，即得截交线的投影。

(4) 整理轮廓线，补全五棱锥截断体的投影。因截交线五边形的五个顶点所在的棱线以上部分均被切去，故需擦去棱线已切部分的投影，加深以下部分各棱线的 H 面投影和 W 面投影。注意，点Ⅲ所在棱线 SC 的 W 面投影应绘制成虚线。

【例 3-7】 如图 3-12(a) 所示，试求正四棱锥被 P、Q 两平面截切后的三面投影。

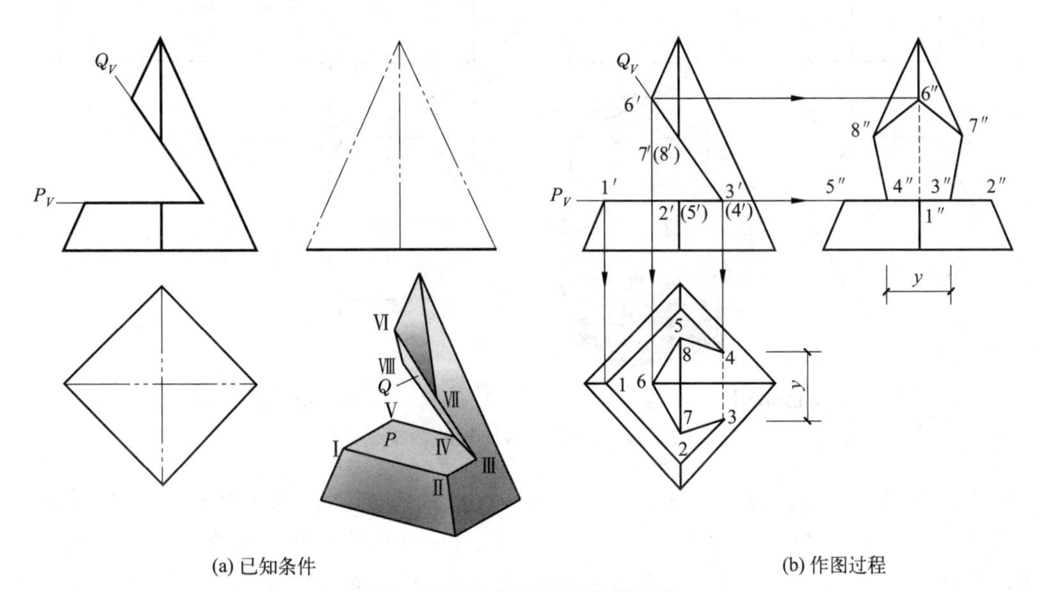

(a) 已知条件　　(b) 作图过程

图 3-12　求作四棱锥的截交线

分析　由图 3-12(a) 的正面投影可知，四棱锥的切口由水平面 P 和正垂面 Q 两平面截切而成，可以逐个作出各截平面与平面立体的截交线。应注意的是两截平面 P、Q 相交会产生交线，即一段正垂线。

因截平面 P 为与四棱锥底面平行的水平面，所以截平面 P 与四个棱面的交线必与相应的底边平行，截交线为五边形，五边形的五个顶点分别为截平面 P 与四棱锥左、前、后三条棱线以及与截平面 Q 产生的交点，截交线的 V 面投影积聚在 P_V 上，H 面投影反映实形，W 面投影积聚为一直线，可利用交线法求其投影。正垂面 Q 与四棱锥的截交线的形状同样为五边形，其 V 面投影积聚在 Q_V 上，其余两投影为类似形，作图方法与例 3-6 相类似。

作图　如图 3-12(b) 所示。

(1) 求平面 P 截四棱锥的截交线。先由截平面 P 与四棱锥最左棱线的交点Ⅰ的 V 面投影 $1'$ 在 H 面投影上求出 1，过 1 作与底边四边形对应边平行的四边形，与四棱锥前后棱线相交，得交点 2、5，并根据“长对正”求得两截平面交线ⅢⅣ的 H 面投影 34。连接 12345（其中 34 为虚线）即为截交线的 H 面投影。再由点的两面投影求出 W 面投影——积聚为一直线。

(2) 求平面 Q 截四棱锥的截交线。由 $6'$ 直接求出 6、$6''$，根据“高平齐”，由 $7'$、$8'$ 作水平连线与棱线相交得 $7''$、$8''$，按“宽相等”再求出 7 和 8（也可用其他方法求得）。连接相应的点即得截交线的 H 面投影和 W 面投影。

(3) 整理轮廓线，补全四棱锥截断体的投影。注意，切口四棱锥的最右棱线的 W 面投影应绘制成虚线。

【例 3-8】 如图 3-13(a) 所示，试求正六棱柱被两平面 P、Q 所截切后的三面投影。

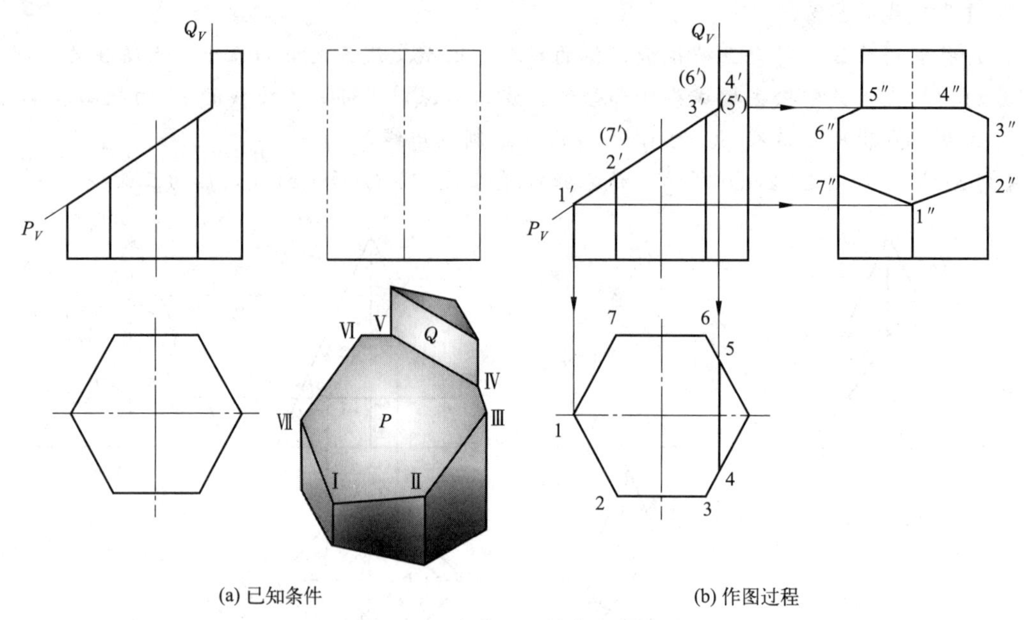

(a) 已知条件　　　　(b) 作图过程

图 3-13　求作正六棱柱的截交线

分析　由图 3-13(a) 的正面投影可知，正六棱柱被正垂面 P 及侧平面 Q 同时截切，要分别求出两平面 P 和 Q 产生的截交线。正垂面 P 与六棱柱的六个侧棱面及 Q 面相交，其截交线的形状为七边形，七边形的七个顶点分别为截平面 P 与六棱柱五条棱线以及与截平面 Q 产生的交点，可利用交点法作图。截交线的 V 面投影积聚在 P_V 上，H 面投影和 W 面投影均反映类似形。侧平面 Q 与六棱柱的顶面、两个侧棱面及 P 面相交，其截交线形状为四边形，其 V 面投影积聚在 Q_V 上，H 面投影也积聚为一直线，W 面投影反映四边形实形。

作图　如图 3-13(b) 所示。

(1) 求平面 P 截六棱柱的截交线。在 V 面投影上依次标出截平面 P 与六棱柱五条棱线的交点 $1'$、$2'$、$3'$、$(6')$、$(7')$，以及两截平面 P 与 Q 产生交线的积聚投影 $4'5'$。由于棱柱体各棱面和棱线的水平投影具有积聚性，因此截交线的 H 面投影 12345671 与底面六边形各边的 H 面投影重合。根据 V 面投影和 H 面投影求出截交线的侧面投影 $1''2''3''4''5''6''7''1''$。

(2) 求平面 Q 与六棱柱的截交线。由于截平面 Q 为侧平面，与其相交的两个侧棱面为铅垂面，故其截交线的水平投影积聚在 45 上；根据“宽相等”求出截交线的侧面投影——矩形。

(3) 整理轮廓线，补全六棱柱截断体的投影。其中Ⅰ点所在棱线，在截平面 P 以上部分被截切，以下部分保留，因此在 W 面投影上该棱线下半部分画成粗实线，而最右棱线由于不可见，在 $1''$以上画成虚线。

3.2.2　平面与曲面立体相交

平面与曲面立体相交，其截交线一般情况下是一条封闭的平面曲线，也可能是由平面曲线和直线或完全由直线组成的平面图形。截交线的形状取决于曲面立体的形状以及截平面与曲面立体轴线的相对位置。

曲面立体截交线上的每一点，都是截平面和曲面立体表面的共有点。因此，求曲面立体的截交线就是作出曲面上的一系列的共有点，然后依次连接成光滑的曲线。为了能准确地作出截交线，首先应求控制截交线形状、范围的一些特殊点如各极限位置点（最高、最低、最前、最后、最左、最右点）和形体轮廓素线与截平面的交点等；如有必要再求一般点。求曲面立体的截交线有两种方法：

① 素线法　在曲面立体表面取若干条素线，求出这些素线与截平面的交点，然后将其依次光滑连接即得截交线。

② 纬圆法　在曲面立体表面取若干个纬圆，求出这些纬圆与截平面的交点，然后将其依次光滑连接即得截交线。

（1）平面与圆柱相交

根据截平面与圆柱体轴线的相对位置不同，圆柱体的截交线有圆、矩形和椭圆三种，见表3-2。

表3-2　圆柱体的截交线

截平面位置	垂直于轴线	平行于轴线	倾斜于轴线
截交线形状	圆	矩形	椭圆
直观图	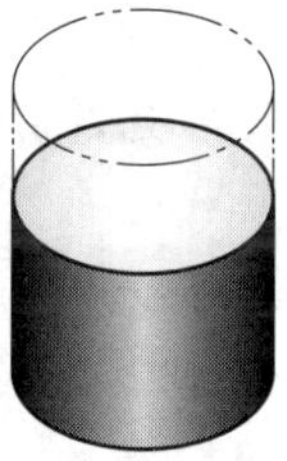	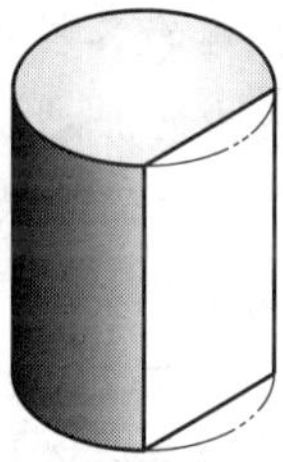	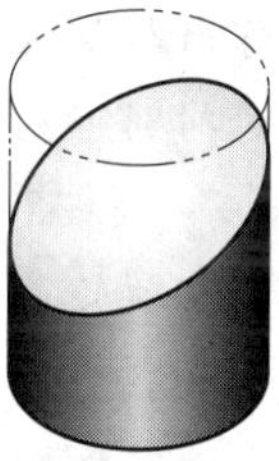
投影图	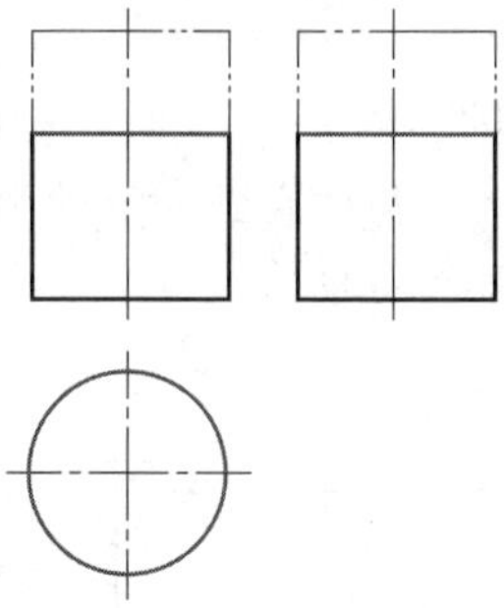	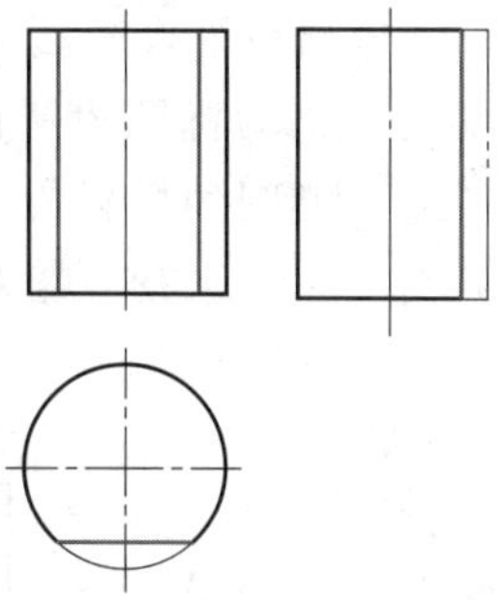	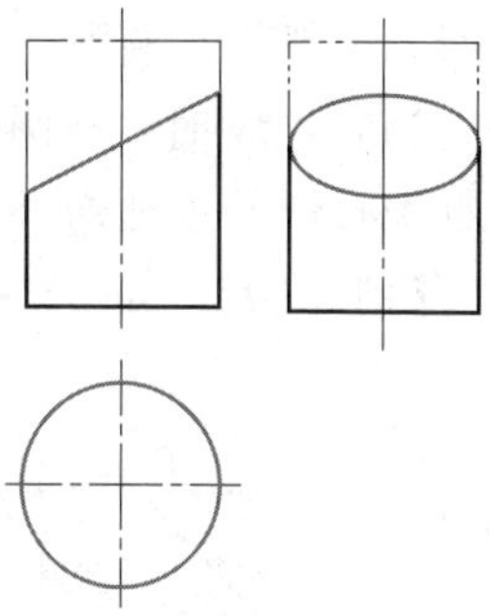

【例3-9】 如图3-14(a)所示，试求圆柱体被正垂面P截切后的三面投影。

分析　由图3-14(a)的正面投影可知，圆柱轴线垂直于W面，其W面投影积聚为圆。截平面P为正垂面，与圆柱轴线斜交，截交线在空间形状是一个椭圆。椭圆的长轴ⅠⅡ为正平线，短轴ⅢⅣ为正垂线。由于截平面P的正面投影和圆柱体的侧面投影有积聚性，所以椭圆的V面投影积聚在P_V上，椭圆的W面投影积聚在圆周上，都不需要作图，只需求椭圆的H面投影。

作图　如图3-14(b)所示。

（1）画出完整圆柱的水平投影。

（2）求特殊点，即椭圆长短轴的端点Ⅰ、Ⅱ、Ⅲ、Ⅳ。这四个点分别是圆柱面上最高、最低、最前和最后轮廓素线与平面P的交点，由V面投影可直接求出H面投影1、2、3、4。

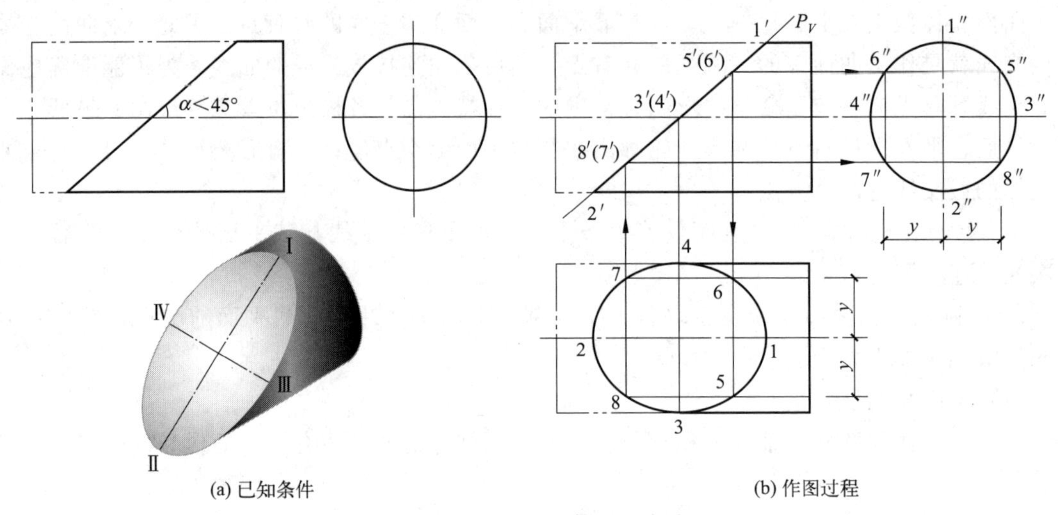

(a) 已知条件　　(b) 作图过程

图 3-14　求作圆柱体的截交线

(3) 求一般点。为使作图准确，需要在截交线上特殊点之间求若干个一般点。例如在截交线的 V 面投影上适当位置任取一点 5′，据此求得 W 投影 5″和 H 投影 5。根据椭圆的对称性，可作出与Ⅴ点对称的Ⅵ、Ⅶ、Ⅷ的各投影。

(4) 判别可见性并连点。由图中可知截交线的 H 面投影可见，由侧面投影可知连点顺序 1—5—3—8—2—7—4—6—1，将它们依次光滑连接成粗实线。

(5) 整理轮廓线，补全圆柱截断体的投影。从 V 面投影可以看出，圆柱体的最前和最后轮廓素线在Ⅲ、Ⅳ点处被截断，故其 H 投影的轮廓线应画到 3、4 点为止。

从上面的例题可以看出，截交线椭圆在平行于圆柱轴线但不垂直于截平面的投影面上的投影，一般仍是椭圆。投影长、短轴在该投影面上的投影，与截平面与圆柱轴线的夹角 α 有关。当 $\alpha<45°$时，椭圆长轴的投影仍为椭圆投影的长轴；当 $\alpha>45°$时，椭圆长轴的投影变为椭圆投影的短轴；当 $\alpha=45°$时，椭圆的投影成为一个与圆柱底圆相等的圆。

【例 3-10】 如图 3-15(a) 所示，试求切口圆柱体的三面投影。

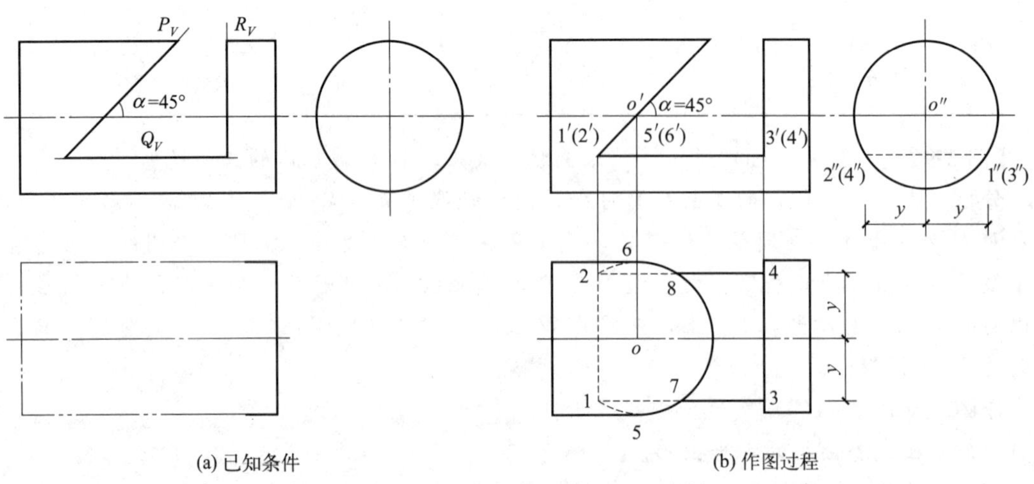

(a) 已知条件　　(b) 作图过程

图 3-15　求作切口圆柱体的截交线

分析 由图3-15(a)的正面投影可知，圆柱体被三个截平面即正垂面P、水平面Q和侧平面R截切，因此截交线应由三部分组成，其中截平面P与Q、Q与R之间各有一条交线——正垂线。

正垂面P与圆柱轴线斜交，截交线在空间是一个椭圆弧。水平面Q与圆柱轴线平行，其与圆柱面的交线是两条素线。侧平面R与圆柱轴线垂直，其与圆柱面的交线是一段圆弧。三平面与圆柱产生的截交线，其V面和W面投影都有积聚性，只需求作交线的W面投影，以及截交线的H面投影。

作图 如图3-15(b)所示。

(1) 在V面上标出交线的投影$1'2'$、$3'4'$，根据圆柱的积聚性，求出W面投影$1''2''$、$3''4''$，从而求出H面投影12、34。

(2) 求平面P与圆柱的截交线。因截平面P与圆柱轴线的夹角$\alpha=45°$，故椭圆的水平投影成为一个与圆柱底圆相等的圆。根据V面上椭圆的中心o'，求出O的H投影o，再以圆柱底圆半径画圆，要注意的是，截交线椭圆下部分的H投影弧51和弧62不可见，应绘制成虚线。

求平面Q与圆柱的截交线。分别过1、2画两条与圆柱轴线相平行的素线13、24，因圆柱切口上小下大，所以圆弧与两条素线13、24的交点7、8，分别为素线可见与不可见段的分界点。

求平面R与圆柱的截交线。因侧平面R截切大半个圆柱，截交线为大半个圆，故其H面投影积聚为等于圆柱底圆直径的直线。

(3) 整理轮廓线，补全切口圆柱体的投影。要注意的是，圆柱体的最前和最后轮廓素线在Ⅴ、Ⅵ点处被截断。

图3-16画出了圆柱和圆筒分别切槽的投影图，因截平面与圆柱轴线平行或垂直，故其截交线是矩形和圆弧的组合，具体作图请读者自行分析。

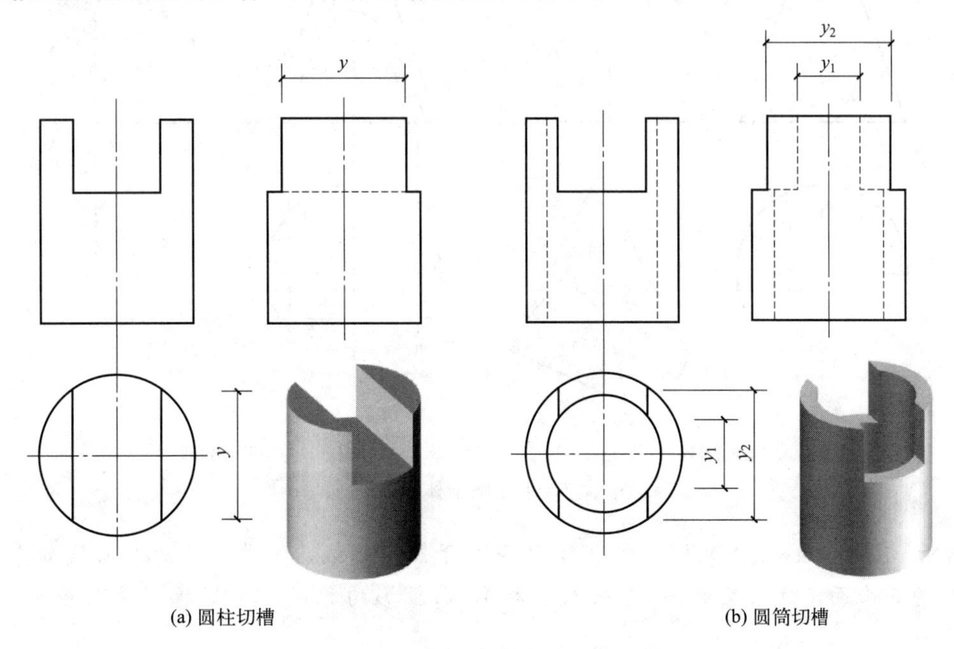

(a) 圆柱切槽　　(b) 圆筒切槽

图3-16 圆柱和圆筒切槽的截交线

（2）平面与圆锥相交

根据截平面与圆锥体轴线的相对位置不同，圆锥体的截交线有圆、椭圆、双曲线加直线段、抛物线加直线段及等腰三角形五种形式，见表 3-3。

表 3-3　圆锥体的交线

截平面位置	垂直于轴线	与所有素线相交	平行于轴线	平行于一条素线	过锥顶
截交线形状	圆	椭圆	双曲线加直线段	抛物线加直线段	等腰三角形
直观图					
投影图					

【例 3-11】 如图 3-17(a) 所示，试求圆锥体被正平面 P 截切后的三面投影。

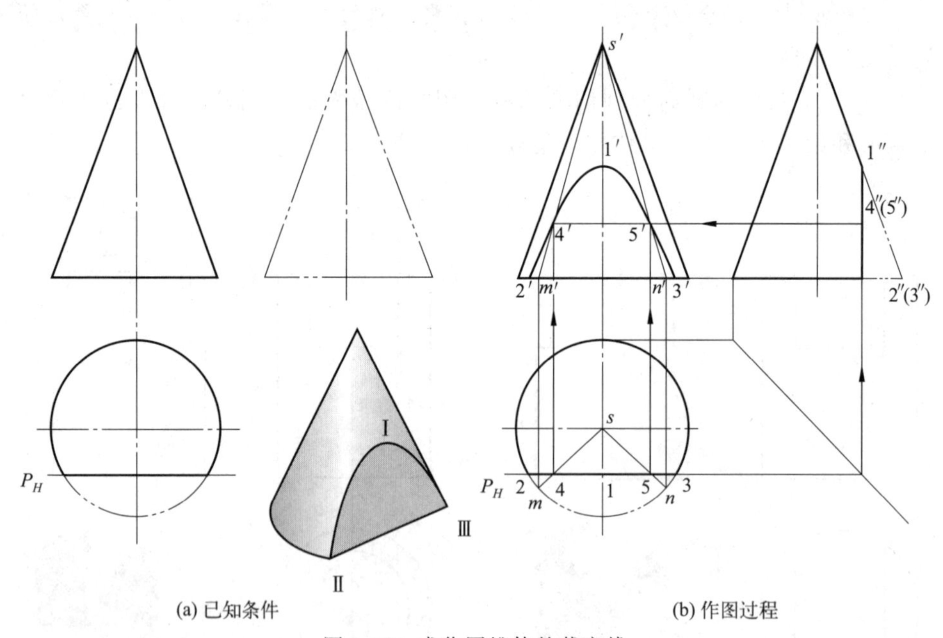

(a) 已知条件　　(b) 作图过程

图 3-17　求作圆锥体的截交线

分析　由图 3-17(a) 可知，截平面 P 平行于圆锥轴线，其截交线为双曲线加直线段。又因 P 为正平面，故截交线的 H 面投影和 W 面投影均积聚，其 V 面投影反映截交线的实形。

作图　如图 3-17(b) 所示。

（1）求特殊点。求截交线最高点Ⅰ的投影1″和1′，该点为截平面P与圆锥最前轮廓素线的交点；求截交线最低点Ⅱ、Ⅲ的投影2′、3′和2″、3″，这两点为截平面P与圆锥底圆的交点。

（2）求一般点。利用素线法（或纬圆法），在截交线的积聚投影P_H的适当位置标出两个一般点4、5，利用素线法（也可用纬圆法）求作另两投影。过点4、5分别作通过锥顶的素线sm、sn，在素线的V投影$s'm'$、$s'n'$上分别求出4′和5′。

（3）判别可见性并连点。由图中可知截交线的V面投影可见，依次光滑连接2′—4′—1′—5′—3′—2′，即为所求。

【例3-12】 如图3-18(a)所示，试求左侧切口圆锥截断体的三面投影。

分析 由图3-18(a)的正面投影可知，切口圆锥可以看成被三个截平面水平面P、正垂面Q和正垂面R截切。其中截平面P与Q、Q与R之间各有一条交线——正垂线。

水平面P与圆锥轴线垂直，截交线是一段圆弧。正垂面Q延伸后通过锥顶，与圆锥面的截交线是两条素线。正垂面R与圆锥轴线倾斜，且延伸后与圆锥表面所有素线均相交，故其截交线是一段椭圆弧。三平面与圆锥产生的截交线，其V面投影有积聚性，需求作截交线的H面投影和W面投影。

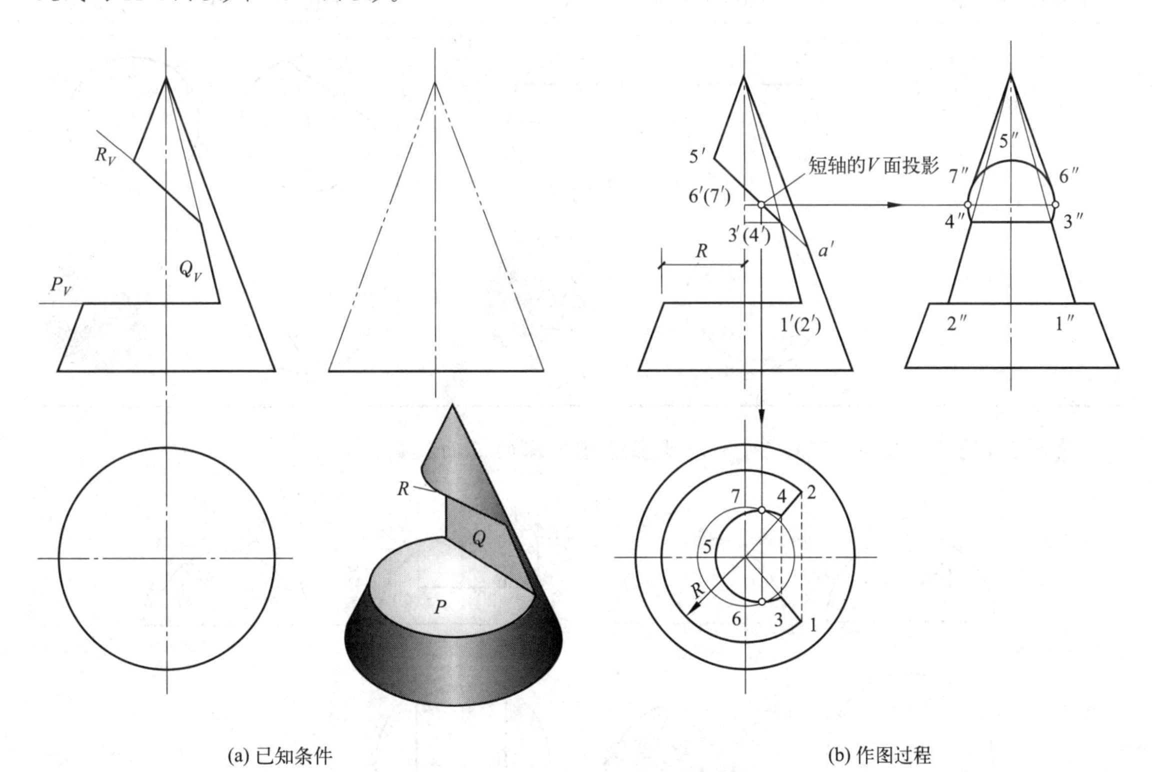

(a) 已知条件　　　　(b) 作图过程

图3-18 求作切口圆锥体的截交线

作图 如图3-18(b)所示。

（1）求平面P与圆锥的截交线。在H面投影上以R为半径画底圆的同心圆弧，并在其上求出P与Q的交线的投影12，其中12不可见连虚线，再求出截交线和交线的W面投影。

（2）求平面Q与圆锥的截交线。因平面Q既与平面P相交，且过锥顶，所以其截交线必为通过Ⅰ、Ⅱ两点的素线。分别将1、2、1″、2″与锥顶连线，在H连线上求出素线的端点，同时也是 Q 与 R 交线端点的投影 3、4、3″、4″，34 之间也连虚线。

（3）求平面 R 与圆锥的截交线。先在 V 面投影 R_V 上标出截交线上的几个特殊点：长轴的一个端点 5′，圆锥面前后轮廓素线与平面 R 的交点 6′、7′，椭圆短轴的端点 4′。作图时，可将截平面 Q_V 延长后与圆锥最右轮廓素线相交，取其中点即是。其中短轴的端点在本题中用纬圆法作图，如图 3-18(b) 所示。

（4）整理轮廓线，补全切口圆锥体的投影。要注意的是，圆锥体的最前和最后轮廓素线在截平面 P 与 R 之间被截断。

（3）平面与圆球相交

平面与圆球相交，不论截平面处于何种位置，其截交线都是圆。截平面距球心的距离决定截交圆的大小，经过球心的截交圆是最大的圆，其直径等于球的直径。

由于截平面对投影面位置不同，截交线圆的投影也不相同，当截平面与投影面垂直、平行和倾斜时，截交线圆的投影分别为直线段、圆和椭圆，如表 3-4 所示。

表 3-4　圆球的截交线

截平面位置	投影面平行面	投影面垂直面
截交线投影形状	平行投影面上为圆，其余为直线	垂直投影面上为直线，其余为椭圆
投影图与立体图		

【例 3-13】 如图 3-19(a) 所示，试求开槽半球的三面投影。

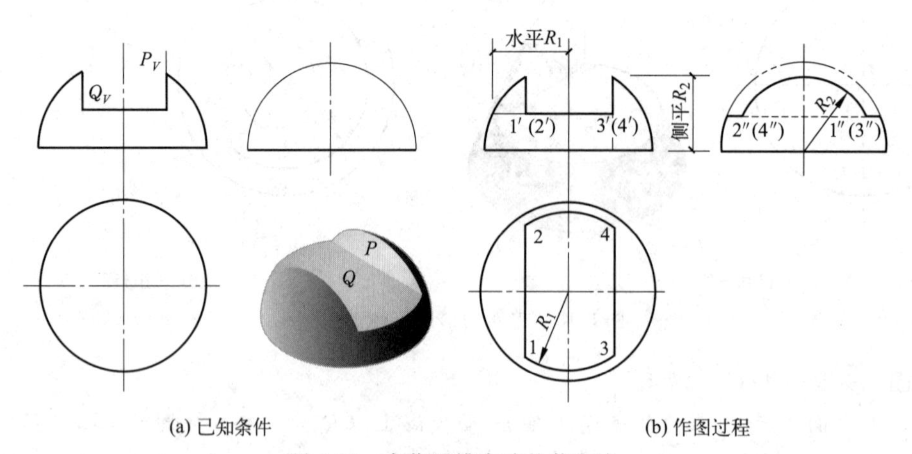

(a) 已知条件　　(b) 作图过程

图 3-19　求作开槽半球的截交线

分析　由图 3-19(a) 的正面投影可知，半球被左右对称的两个侧平面 P 和一个水平面 Q 所截切，它们与球面的截交线均为平行于相应投影面的圆弧，截平面 P 与 Q 产生的交线为正垂线，需求截交线的 H、W 投影。

作图　如图 3-19(b) 所示。

(1) 求平面 Q 与球面的截交线。截交线的 H 投影反映圆弧实形，以 R_1 为半径画水平圆弧，并在其上求出 P 与 Q 交线的投影 12、34。截交线的 W 面投影积聚为一直线，其中交线的投影 $1''2''$、$3''4''$连成虚线。

(2) 求两侧平面 P 与球面的截交线。截交线的 W 面投影反映圆弧实形，以 $R2$ 为半径画侧平圆弧，即为截交线的投影，其 H 面投影积聚为直线段。

(3) 整理轮廓线，补全开槽球体的投影。要注意的是开槽半球 W 面投影轮廓线的完整性。

3.3　两立体相贯

两立体相交称为两立体相贯，参与相贯的两立体成为一个整体，称为相贯体。两立体表面的交线称为相贯线，相贯线是两立体表面的共有线，也是两立体的分界线，相贯线上的点是两立体表面的共有点。

相贯线的形状取决于两立体的形状以及它们之间的相对位置。根据相交两立体的形状不同，相贯有三种组合形式：两平面立体相交、平面立体与曲面立体相交、两曲面立体相交，如图 3-20 所示。不论何种形式的相交，与截交线类似，相贯线同样具有共有性、封闭性（特殊情况下不封闭）和表面性三个特性。

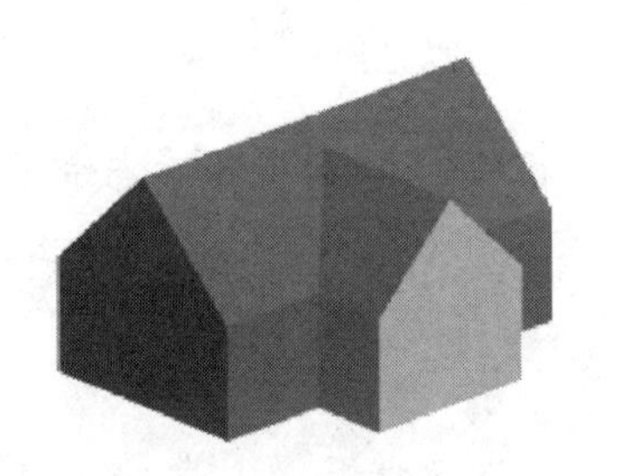
(a) 两平面立体相交

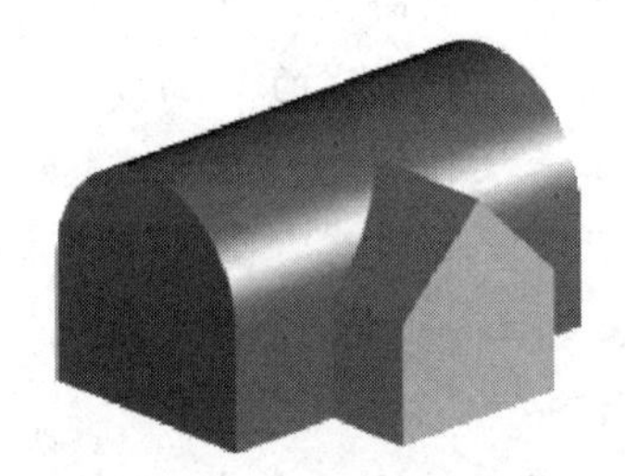
(b) 平面立体与曲面立体相交

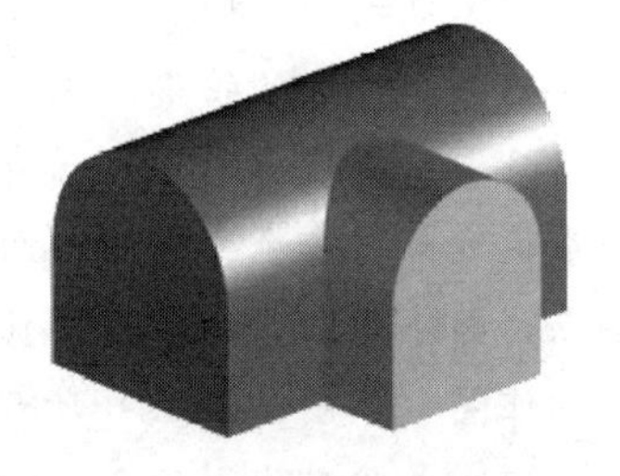
(c) 两曲面立体相交

图 3-20　相贯的三种组合形式

立体的相贯形式有两种：一是全贯，即一个立体完全穿过另一个立体，其相贯线有两组或一组；二是互贯，即两个立体各有一部分参与相贯，其相贯线只有一组。

3.3.1　两平面立体相交

图 3-21 为两平面立体相交的工程实例。两平面立体相交，其相贯线一般情况下是封闭的空间折线，特殊情况下为不封闭的空间折线或封闭的平面多边形。每段折线是一立体棱面与另一立体棱面的交线，每个折点则是一立体棱线与另一立体棱面的交点。因此，求两平面立体的相贯线有三种方法：

① 交线法　直接求出两平面立体上两个相应棱面的交线。

② 交点法　求出各个平面立体中所有参与相贯的棱线与另一立体的交点，再将所有交点顺次连成折线。

图 3-21 两平面立体相交的工程实例

③ 辅助平面法 用三面共点原理，作适当的辅助截平面（应为投影面的平行面），求出该辅助平面与两立体表面的截交线，两条截交线的交点就是相贯线上的点。

相贯线的连点原则：①对两个立体而言，均为同一棱面上的两点才能相连；②同一棱线上的两点不能相连。

相贯线投影可见性的判别原则：只有位于两立体都可见表面上的交线才是可见的；否则相贯线的投影不可见。

【例 3-14】 如图 3-22(a) 所示，求作两三棱柱的相贯线。

分析 由图 3-22(a) 和 (c) 可知，直立三棱柱部分地贯入侧垂三棱柱，是互贯，相贯线是一组封闭的空间折线。

由于直立三棱柱的水平投影有积聚性，所以相贯线的 H 面投影必然积聚在该棱柱水平投影的轮廓线上。同样，侧垂三棱柱的侧面投影有积聚性，相贯线的 W 面投影必然积聚在该棱柱侧面投影的轮廓线上，只需求作相贯线的 V 面投影。

从图中还可以看出，只有直立三棱柱的 N 棱线、侧垂三棱柱的 A 和 C 棱线参与相贯。每条棱线与另一个立体的棱面有两个交点，这六个交点即为所求相贯线的六个折点，求出这些点，顺序连成折线即为相贯线。

作图 如图 3-22(b) 所示。

(1) 求相贯线上的各个折点。首先在 W 面投影上标出各个折点的投影 $1''$、$2''$、$3''$、$4''$、$5''$、$6''$，利用积聚性求出 H 面投影，再根据投影规律求出 V 面投影 $1'$、$2'$、$3'$、$4'$、$5'$、$6'$。

(2) 依次连接各点并判别可见性。根据“相贯线的连点原则”以及投影可判断出，V 面投影的连点次序为 $1'—3'—5'—2'—6'—4'—1'$。其中 $3'5'$ 和 $6'4'$ 两条交线为直立三棱柱 MNL 的左、右两棱面与侧垂三棱柱 ABC 的后棱面的交线，故 $3'5'$ 和 $6'4'$ 不可见，用虚线连接。

(3) 补全各棱线的投影。相贯体实际上是一个实心的整体，因此，需将参与相贯的每条棱线补画到相贯线相应的各顶点上。

将图 3-22(b) 两三棱柱的相贯线与图 3-22(d) 直立三棱柱的截交线相比较，则发现相贯线的实质就是截交线。两者的区别就是：①可见性；②截交线中两截平面的交线应相连，而相贯线上同一条棱线上的两点是不能相连的。

【例 3-15】 如图 3-23(a) 所示，求作房屋的相贯线。

分析 由图 3-23(a) 可知，房屋可看作是棱柱相交的相贯体，即棱线垂直于 W 面的五棱柱分别与棱线垂直于 V 面的五棱柱以及棱线垂直于 H 面的四棱柱相贯。

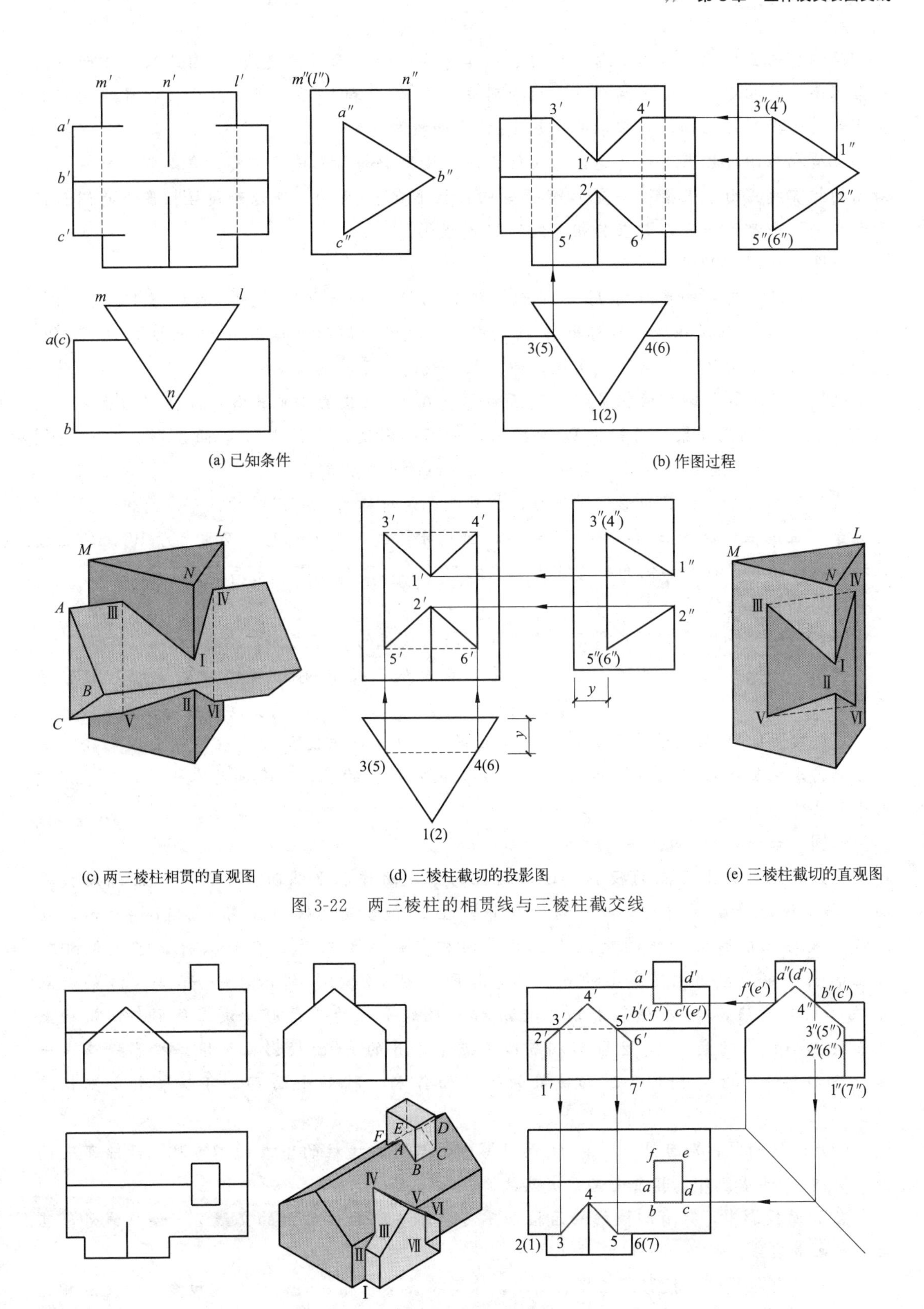

(a) 已知条件

(b) 作图过程

(c) 两三棱柱相贯的直观图

(d) 三棱柱截切的投影图

(e) 三棱柱截切的直观图

图 3-22 两三棱柱的相贯线与三棱柱截交线

图 3-23 房屋的相贯线

两相贯的五棱柱前后不贯通，又因它们具有共同的底面（无交线），因此只在前面形成一条不闭合的相贯线。由于两个五棱柱分别垂直于 W 面和 V 面，所以两棱柱相贯线的侧面投影和正面投影都已知，只需求其相贯线的 H 面投影。

五棱柱与四棱柱上下不贯通，四棱柱的四个棱面全部与五棱柱相交，是全贯，只有一组封闭的相贯线。由于五棱柱垂直于 W 面，四棱柱垂直于 H 面，所以两棱柱相贯线的侧面投影和水平投影都已知，只需求其相贯线的 V 面投影。

作图 如图 3-23(b) 所示。

(1) 求两五棱柱相贯线的 H 面投影。在 V 面投影上标出各个折点的投影 $1'$、$2'$、$3'$、$4'$、$5'$、$6'$、$7'$，利用积聚性再标出 W 面投影，根据投影规律直接求出 H 面投影 1、2、3、4、5、6、7，依次将各个点连成实线，即为相贯线的水平投影。

(2) 求五棱柱与四棱柱相贯线的 V 面投影。在 H 面投影上标出各个折点的投影 a、b、c、d、e、f，利用积聚性再标出 W 面投影，根据投影规律直接求出 V 面投影 a'、b'、c'、d'、e'、f'，依次将各个点连成实线，即为相贯线的正面投影。

应注意，当参与相贯的形体对称时，相贯线也是对称的，利用对称性可以简化作图。如垂直于 V 面的五棱柱的正面投影左右对称，因此相贯线也左右对称；而垂直于 W 面的五棱柱和四棱柱的水平投影和侧面投影前后、左右都对称，因此相贯线前后、左右也对称。

(3) 补全各棱线的投影。

【例 3-16】 如图 3-24(a) 所示，求三棱锥与四棱柱的相贯线。

分析 由图 3-24(a) 可知，四棱柱的各棱面全从三棱锥的 SAB 棱面穿入，从 SBC 棱面穿出，是全贯。相贯线由左右两组封闭的平面多边形组成，且相贯线左右对称。

因四棱柱的 W 面投影有积聚性，相贯线的 W 面投影积聚在四棱柱的侧面投影轮廓线上，只需求相贯线的 V 面投影和 H 面投影。又因四棱柱的上、下表面为水平面，可采用辅助平面法作图。

作图 如图 3-24(b)、(e) 所示。

(1) 求相贯线上各点的投影。过四棱柱的上表面作水平辅助截平面 P，该辅助截平面 P 与四棱柱产生矩形截交线，与三棱锥产生三角形截交线，如图 3-24(d) 所示，矩形截交线与三角形截交线的交点Ⅰ、Ⅱ（因相贯线左右对称，在此只标记了左侧相贯线上的点）即为左侧相贯线上的点。具体作图如图 3-24(b) 所示，过 P_V 与 $s'a'$ 的交点 m' 向下引竖直线，与 sa 相交于 m，过 m 作与底边平行的三角形，该三角形与四棱柱上底面的水平投影的交点 1、2 即为相贯线上点Ⅰ、Ⅱ的 H 面投影。再根据投影规律求出其 V 面投影 $1'$、$2'$。同理，过四棱柱的下底面作水平辅助平面 Q，可以求出左侧相贯线上的点。

(2) 连线同时判别可见性。在 H 面投影中，只有四棱柱的下表面不可见，故除下表面上的交线 34 连虚线外，其余全部画成实线。

在 V 面投影中，只有四棱柱的后棱面不可见，故除后棱面上的交线 $2'3'$ 连虚线外，其余全部画成实线。

(3) 补全各棱线的投影。在投影图中，除需将各参与相贯的棱线与该棱线上的交点相连外，还应将未参与相贯的棱线补全，如三棱锥 SA、SC 棱线被遮挡部分的 V 面投影以及底边 AB、BC 被遮挡部分的 H 面投影均应绘制成虚线。

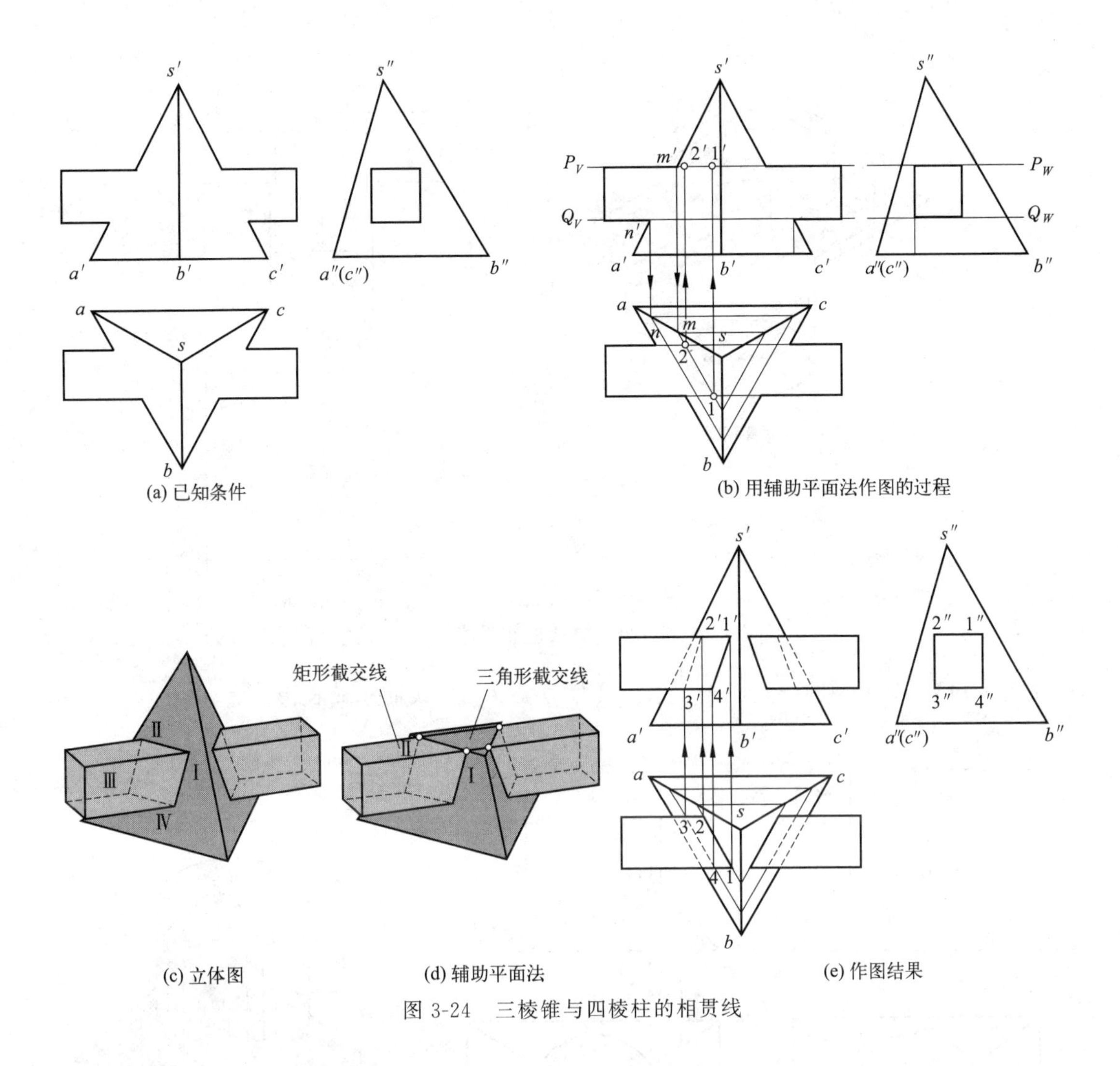

(a) 已知条件 (b) 用辅助平面法作图的过程

(c) 立体图 (d) 辅助平面法 (e) 作图结果

图 3-24 三棱锥与四棱柱的相贯线

3.3.2 平面立体与曲面立体相交

图 3-25 为平面立体与曲面立体相交的工程实例。平面立体与曲面立体相交，其相贯线一般情况下是由若干段平面曲线或平面曲线和直线所组成，如图 3-26 的柱头。每一段平面曲线或直线是平面立体的某棱面与曲面立体的截交线，相邻两段平面曲线或直线的连接点是平面立体的棱线与曲面立体的交点。因此，求平面立体与曲面立体的相贯线，可归结为求平面与曲面立体的截交线，以及求棱线与曲面立体的交点。

图 3-25 平面立体与曲面立体相交的工程实例

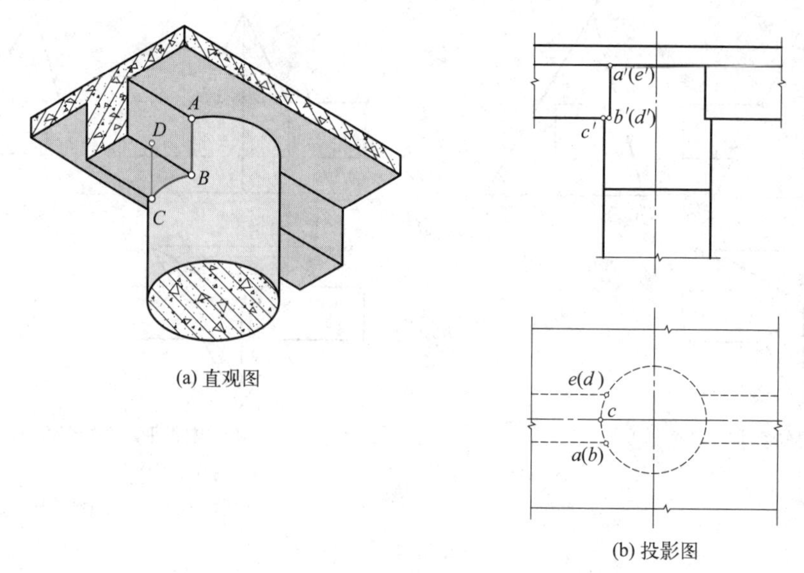

(a) 直观图

(b) 投影图

图 3-26　柱头的相贯线

【例 3-17】 如图 3-27(a) 所示，求四棱锥与圆柱相贯线的正面投影。

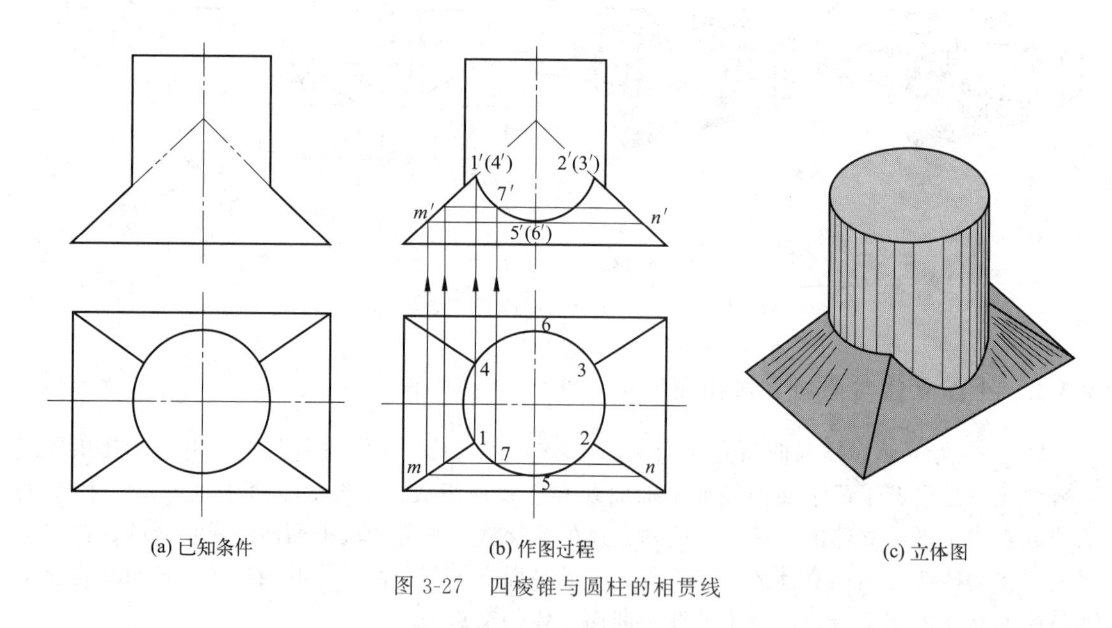

(a) 已知条件

(b) 作图过程

(c) 立体图

图 3-27　四棱锥与圆柱的相贯线

分析　根据平面立体各棱面与曲面立体轴线的相对位置，确定相贯线的空间形状。由图 3-27(a) 可知，四棱锥的四个棱面与圆柱都相交，且与圆柱轴线倾斜，故相贯线为四段椭圆弧组成的空间封闭线，四段椭圆弧之间的连接点是四条棱线与圆柱面的交点。

由于圆柱面的水平投影有积聚性，所以相贯线的 H 面投影已知，只需求正面投影。因参与相贯的四棱锥和圆柱前后、左右都对称，故其相贯线也是前后、左右都对称的。

作图　如图 3-27(b) 所示。

(1) 求连接点。由四棱锥四条棱线与圆柱面交点的水平投影 1、2、3、4，直接求出其 V 面投影 1′、2′、3′、4′。

(2) 求相贯线的投影。

① 求四棱锥左右两棱面的相贯线。左右两棱面为正垂面，其表面产生的相贯线积聚在棱面的积聚投影上。

② 求四棱锥前后两棱面产生的相贯线，其 V 面投影重合。先求特殊点，即圆柱体前、后轮廓素线与四棱锥棱面的交点，其水平投影分别为 5、6。过 5 在四棱锥前棱面上作平行于底边的辅助线 mn，求出 $m'n'$，并在其上求得 $5'$，$6'$ 与 $5'$ 重合。再求一般点，如在 1、5 之间适当位置任取一般点如 7 点，同样作辅助线，求得 $7'$。

(3) 判别可见性并连线。用光滑曲线连接左侧相贯线 $1'$—$7'$—$5'$，右侧与其对称。

(4) 整理轮廓线，完成相贯体的投影。

【例 3-18】 如图 3-28(a) 所示，求作三棱柱与半球的相贯线的三面投影。

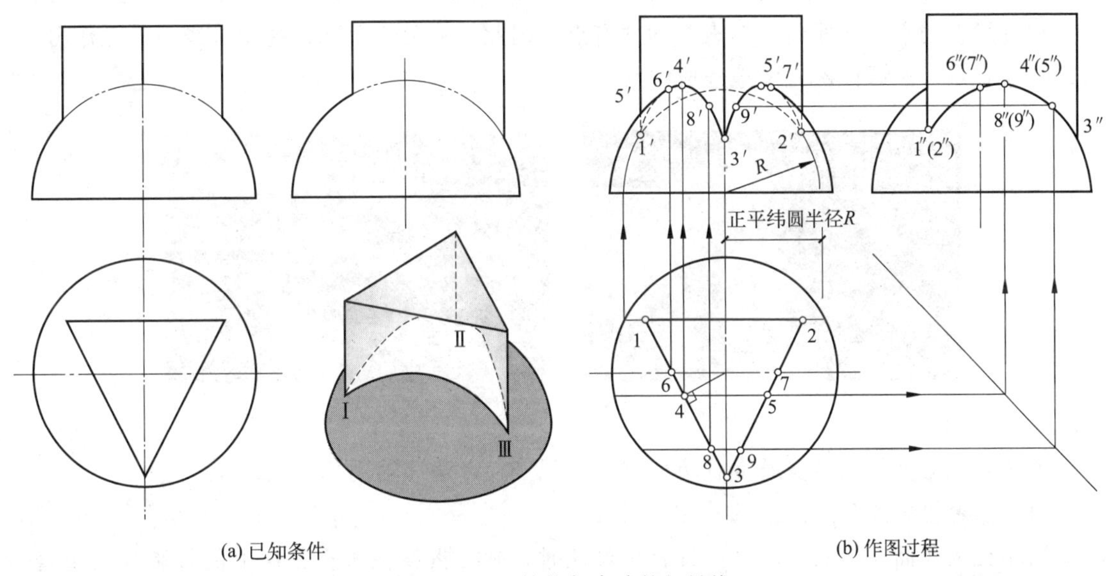

(a) 已知条件　　(b) 作图过程

图 3-28　三棱柱与半球的相贯线

分析　由图 3-28(a) 可知，三棱柱的三个棱面与半球都相交，故相贯线为三段圆弧组成的空间封闭线，三段圆弧之间的连接点是三条棱线与半球面的交点。

由于三棱柱的水平投影有积聚性，所以相贯线的 H 面投影已知，需求相贯线的 V 面投影和 W 面投影。因参与相贯的三棱柱和半球左右对称，故其相贯线也左右对称。

作图　如图 3-28(b) 所示。

(1) 求连接点。在三棱柱三条棱线交点的 H 面投影上，标出 1、2、3。利用辅助纬圆法求出 $1'$、$2'$，再直接求出 $1''$、$2''$。Ⅲ点在半球面的侧平轮廓圆上，由 3 可先求 $3''$，再求 $3'$。

(2) 求相贯线上每段截交线的投影。

① 求三棱柱后棱面的截交线。因三棱柱后棱面为正平面，其截交线的 V 面投影反映圆弧实形，画成半径为 R 虚线圆弧，W 面投影积聚为直线。

② 求三棱柱左右两棱面的截交线。三棱柱左右两棱面截交线 V 面和 W 面投影反映圆弧的类似形——椭圆弧。先求特殊点，椭圆弧上的最高点，其水平投影为 4、5，用辅助平面

法求其他投影；半球面正平轮廓圆上的点，其水平投影为 6、7，可直接求得 V、W 投影。再求一般点，其水平投影为 8、9，可用同样的方法求出 8′、9′、8″、9″。

(3) 判别可见性并连线。左侧椭圆弧 V 面投影的连点顺序为 1′—6′—4′—8′—3′，其中 1′6′之间的椭圆弧在后半球面上，连虚线；其 W 面投影的连点顺序与 V 面投影一致，连实线。右侧椭圆弧与左侧椭圆弧 V 面投影对称，W 面投影重合。

(4) 整理半球轮廓圆的投影，如图 3-28(b) 所示。相贯体是一个实心的整体，每一立体的轮廓线或投影外形线，都应画到相贯线为止。

3.3.3 两曲面立体相交

如图 3-29 为两曲面立体相交的工程实例。两曲面立体相交，其相贯线一般情况下是一条封闭的空间曲线，特殊情况下可能是直线或平面曲线。相贯线是两曲面立体表面的共有线，相贯线上的点是两曲面立体表面的共有点，因此，求两曲面立体的相贯线一般先作出一系列的共有点，然后依次光滑地连成曲线。

图 3-29 两曲面立体相交的工程实例

求两曲面立体的相贯线通常有两种方法：积聚投影法和辅助平面法。

(1) 积聚投影法

当相交两曲面立体的某一投影具有积聚性时，则相贯线在该投影面上的投影与之重合，其他投影就可利用另一曲面立体表面取点的方法作出。

【例 3-19】 如图 3-30 所示，求作两正交不等直径圆柱相贯线的投影。

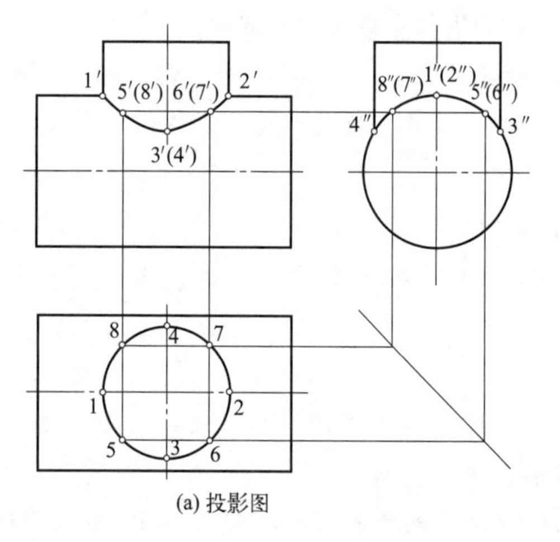

(a) 投影图

(b) 立体图

图 3-30 两圆柱相贯线的投影

分析　由图3-30(a)可知，两不等直径圆柱的轴线垂直相交，直立小圆柱由上至下完全贯入水平大圆柱，相贯线为一条前后、左右都对称的封闭的空间曲线。由于小圆柱的H面投影和大圆柱的W面投影都有积聚性，因此相贯线的H面投影和W面投影都已知，只需利用积聚性作出相贯线的V面投影。

作图

(1) 求特殊点。在相贯线的已知投影上定出最左点、最右点、最前点、最后点的投影1、2、3、4及1″、2″、3″、4″，由这些点的两面投影求出其V面投影1′、2′、3′、4′（点Ⅰ、Ⅱ和点Ⅲ、Ⅳ又分别是相贯线上的最高点和最低点）。

(2) 求一般点。根据需要，在小圆柱水平投影（圆）上的几个特殊点之间，选择适当的位置对称取几个一般点，如5、6、7、8，按照投影规律作出其W面投影，再求出其V面投影5′、6′、7′、8′。

(3) 连点并判别可见性。将相贯线上各点的V面投影，按照H面投影的各点的排列顺序依次连接，即1′—5′—3′—6′—2′—7′—4′—8′—1′，相贯线前后对称，V面投影重合，连实线。

两圆柱的直径变化，其相贯线形状和弯曲趋向也随之发生变化，其变化趋势如图3-31(a)所示。相贯线投影具有以下变化规律：

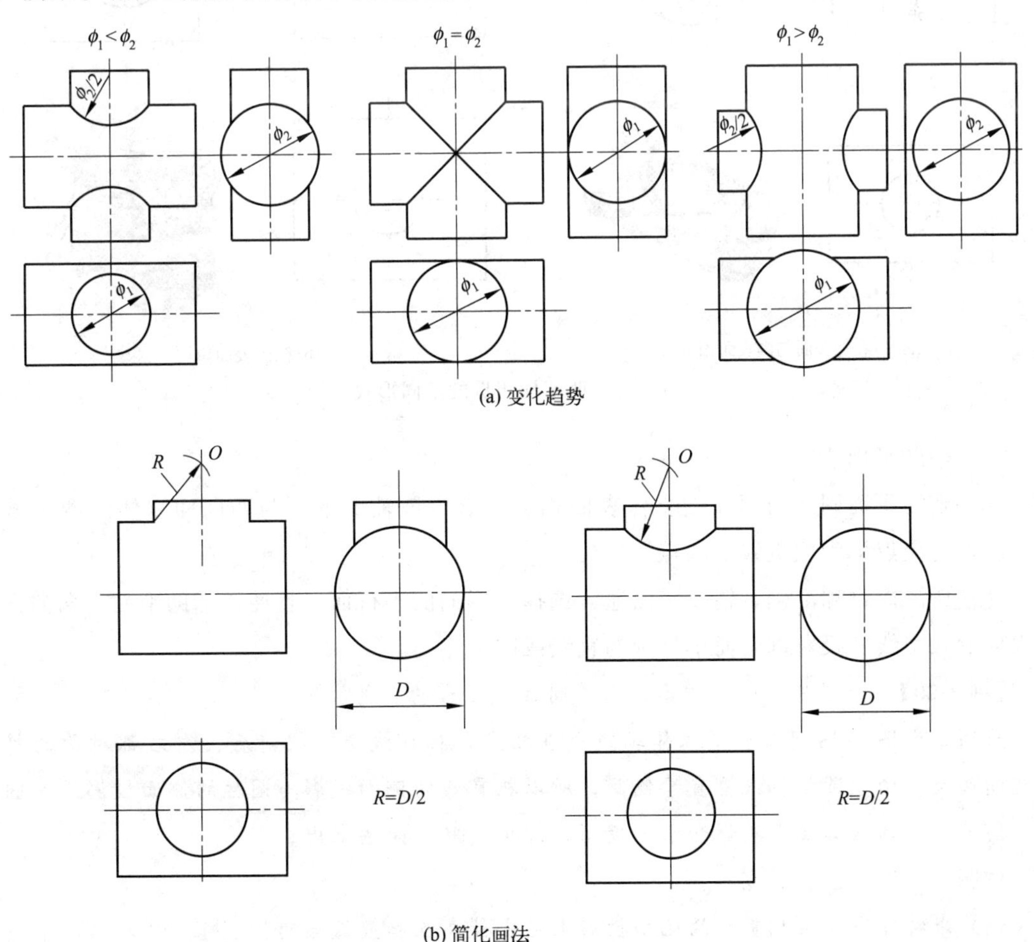

(a) 变化趋势

(b) 简化画法

图3-31　两正交圆柱相贯线的变化趋势及简化画法

① 当两圆柱直径不相等时，其相贯线的投影总是向大圆柱轴线方向弯曲，且可以在不致引起误解的情况下，采用简化画法作图，即以相贯两圆柱中较大圆柱的半径为半径，用圆弧代替相贯线，如图 3-31(b) 所示。

② 当两圆柱直径相等时，其相贯线是两条平面曲线——垂直于两相交轴线所确定的平面的椭圆。

轴线垂直相交的圆柱是工程形体上最常见的，其相贯有三种形式：

① 两外表面相贯（实实相贯），如图 3-30 所示。

② 外表面与内表面相贯（实虚相贯），如图 3-32(a) 所示。

③ 两内表面相贯（虚虚相贯），如图 3-32(b) 所示。

不管是两圆柱体的外表面，还是内表面，只要它们相交，就会产生相贯线，而相贯线的形状和求法是完全相同的。

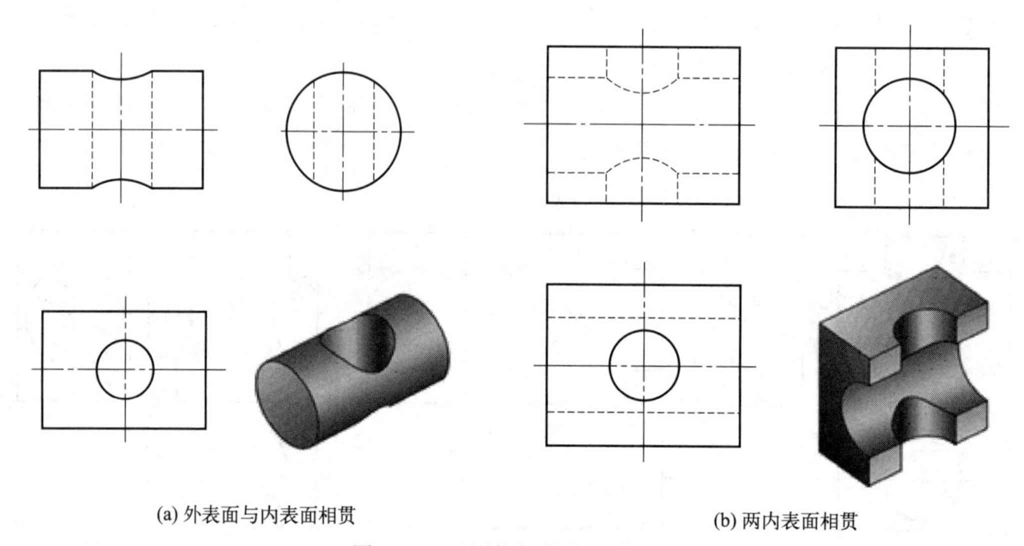

(a) 外表面与内表面相贯　　(b) 两内表面相贯

图 3-32　两圆柱相贯的不同形式

(2) 辅助平面法

作一辅助平面同时与两曲面立体表面相交，求出该辅助平面与两曲面立体的两条截交线，它们的交点即为相贯线上的点。

为使作图简便和准确，辅助平面通常选择投影面的平行面，且使该辅助平面与两曲面立体表面的截交线的投影都是简单易画的直线或圆。

【例 3-20】 如图 3-33(a) 所示，求作圆柱和圆台的相贯线。

分析 由图 3-33 可知，两立体轴线垂直相交，相贯线是一组前后、左右都对称的封闭的空间曲线。由于圆柱轴线垂直于侧面，所以相贯线的侧面投影与圆柱的侧面投影——圆重合。因此，只须求其正面投影和水平投影，可用辅助平面法求出。

作图 如图 3-33(b) 所示。

(1) 求特殊点。在相贯线的已知投影上定出最高点和最低点的投影 1″、2″和 3″、4″（点Ⅰ、Ⅱ和点Ⅲ、Ⅳ又分别是相贯线上的最左、最右和最前、最后点）。

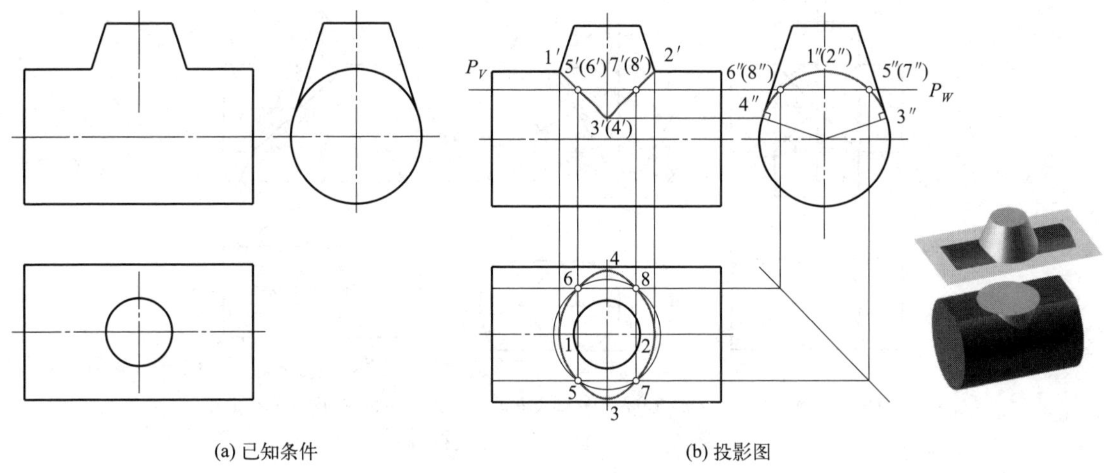

(a) 已知条件　(b) 投影图

图 3-33　圆柱与圆台的相贯线

（2）求一般点。用辅助平面可求适量的中间点，如 5″、6″、7″、8″，过点作水平辅助面 P，它与圆锥面的截交线是圆，与圆柱面的截交线为两平行直线，两平行直线与圆的四个交点，即为相贯线上点的水平投影 5、6、7、8，再求出正面投影 5′、6′、7′、8′。

（3）连点并判别可见性。将相贯线上各点的 H 面投影，按照 1—5—3—7—2—8—4—6—1 的顺序依次连接成光滑的实线，其 V 面投影前后重合，也连成实线。

（3）相贯线的特殊情况

① 两同轴回转体相交，相贯线是垂直于轴线的圆（图 3-34）。

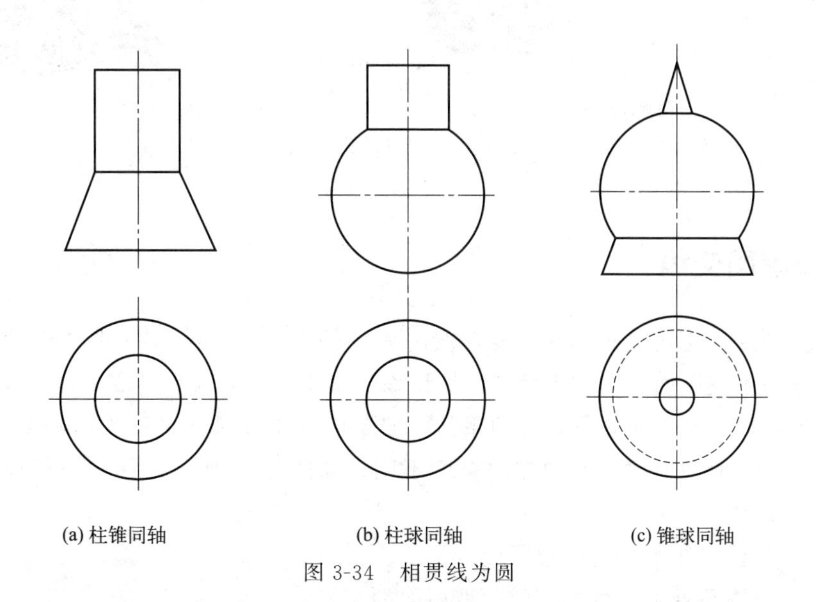
(a) 柱锥同轴　(b) 柱球同轴　(c) 锥球同轴

图 3-34　相贯线为圆

② 具有公共内切球的两回转体（圆柱、圆锥）相交，相贯线为两相交椭圆（图 3-35）。

③ 轴线相互平行的两圆柱相交，相贯线是平行于轴线的两条直线［图 3-36(a)］。

④ 具有公共顶点的两圆锥相交，相贯线是过锥顶的两条直线［图 3-36(b)］。

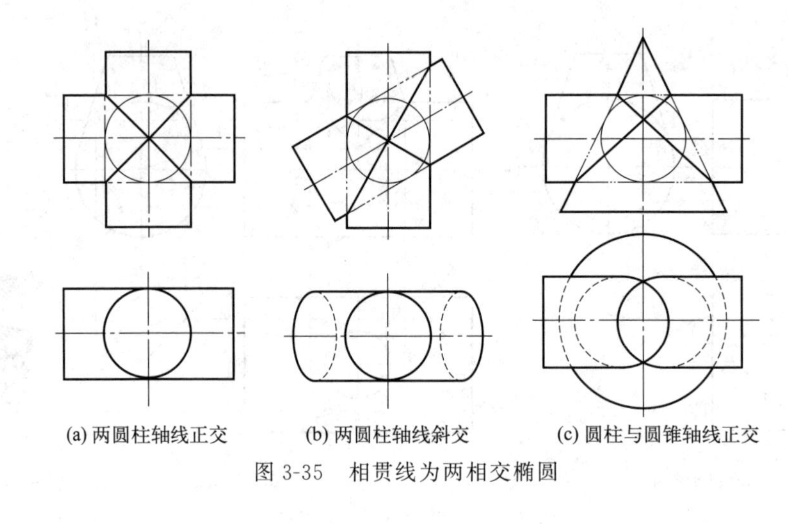

(a) 两圆柱轴线正交　(b) 两圆柱轴线斜交　(c) 圆柱与圆锥轴线正交

图 3-35　相贯线为两相交椭圆

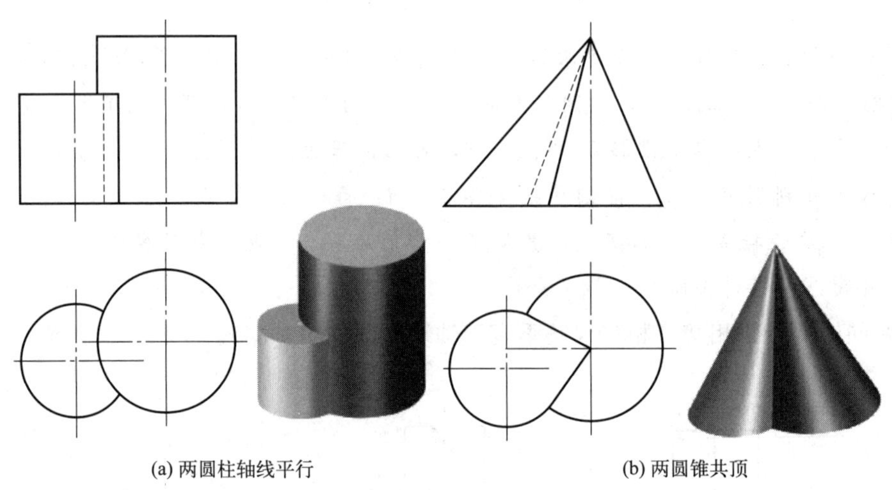

(a) 两圆柱轴线平行　(b) 两圆锥共顶

图 3-36　相贯线为直线

3.4　同坡屋面交线

为了排水需要，建筑屋面均有坡度，坡度大于等于 10°且小于 75°的建筑屋面称为坡屋面。坡屋面分为单坡屋面、双坡屋面和四坡屋面。最常见的是屋檐等高的同坡屋面，即屋檐高度相等、各屋面与水平面倾角相等的屋面。坡屋面的交线是两平面立体相交的工程实例，但因其特殊性，与前面所述的作图方法有所不同。如图 3-37 所示，在同坡屋面上，两屋面的交线有以下三种：

① 屋脊　与檐口线平行的两坡屋面的交线。

② 斜脊　凸墙角处檐口线相交的两坡屋面的交线。

③ 天沟　凹墙角处檐口线相交的两坡屋面的交线。

同坡屋面交线及其投影有如下规律：

① 屋檐相互平行的两个坡面，必相交于水平的屋脊线，屋脊线与屋檐线平行；屋脊线的 H 面投影与两檐口线的 H 面投影平行且等距。

② 屋檐相交的相邻两个坡面，必相交于倾斜的斜脊或天沟；它们的 H 面投影为两檐口线 H 面投影夹角的角分线。当相交两屋檐相互垂直时，其斜脊和天沟的水平投影与檐口线的投影成 45°角。

③ 在屋面上如果有两斜脊、两天沟或一斜脊与一天沟相交于一点，则必有第三条屋脊通过该点。这个点就是三个相邻坡面的公共点。如图 3-37 中，点 A 为两斜脊与一条屋脊的交点；点 B 为斜脊、天沟、屋脊的交点。

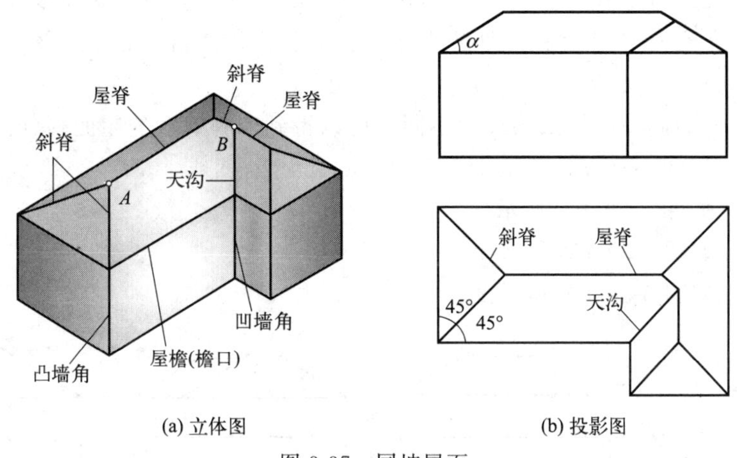

(a) 立体图　　(b) 投影图

图 3-37　同坡屋面

【例 3-21】 如图 3-38(a) 所示，已知同坡屋面的倾角 $\alpha=30°$及檐口线的 H 面投影，求屋面交线的 H 面投影和屋面的 V 面、W 面投影。

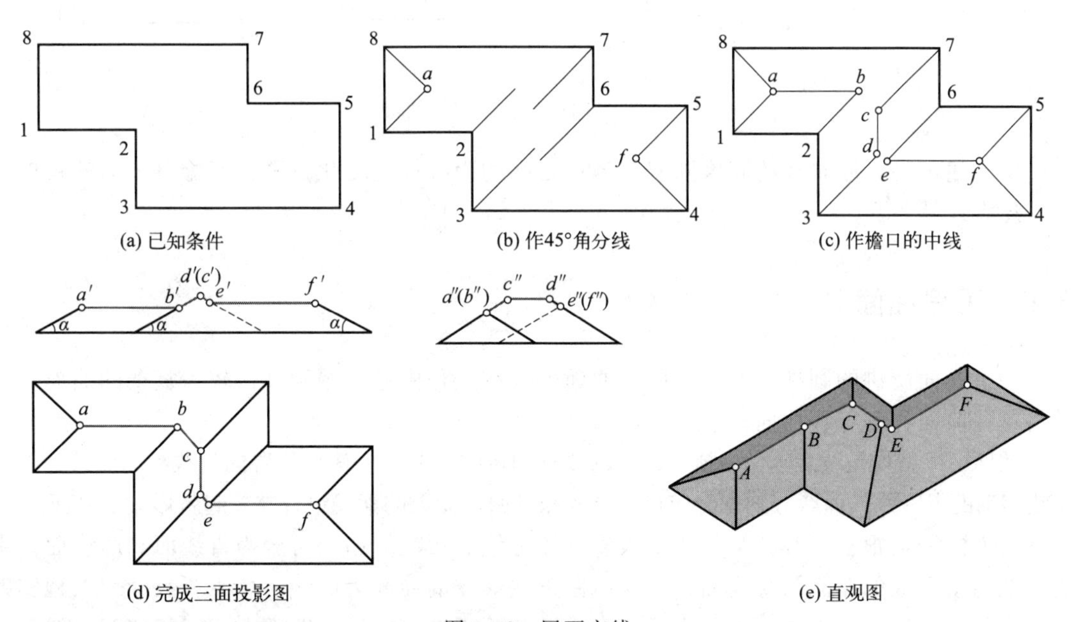

图 3-38　屋面交线

根据同坡屋面交线的投影规律，作图步骤如下：

(1) 作屋面交线的水平投影。

① 作檐口交线的角分线。因檐口线垂直相交，因而角分线是 45°倾斜线，过檐口线 H

面投影中的每一个屋角作45°角分线。在凸墙角上作的是斜脊，凹墙角上作的是天沟，其中两对斜脊分别相交于点a和点f，如图3-38(b)所示。

② 作每一对檐口线（前后和左右）的中线，即屋脊线。过a作屋脊线与墙角2的天沟线相交于点b，过点f作屋脊线与墙角6的天沟线相交于点e；作23和67两平行屋檐的屋脊，与两斜脊分别交于点c和点d，如图3-38(c)所示。再根据三面共点原理，补全其所有屋面交线的水平投影，如图3-38(d)所示。

(2) 作屋面的V面、W面投影。根据屋面$\alpha=30°$，一般先作出具有积聚性屋面的V面投影，再加上屋脊线的V面投影，即得屋面的V面投影；然后根据投影规律作出屋面的W面投影，如图3-38(d)所示。

由于同坡屋面的同一周界限的尺寸不同，可以得到四种典型的屋面划分：

① $ab<ef$　如图3-39(a)所示。

② $ab=ef$　如图3-39(b)所示。

③ $ab=ac$　如图3-39(c)所示。

④ $ab>ac$　如图3-39(d)所示。

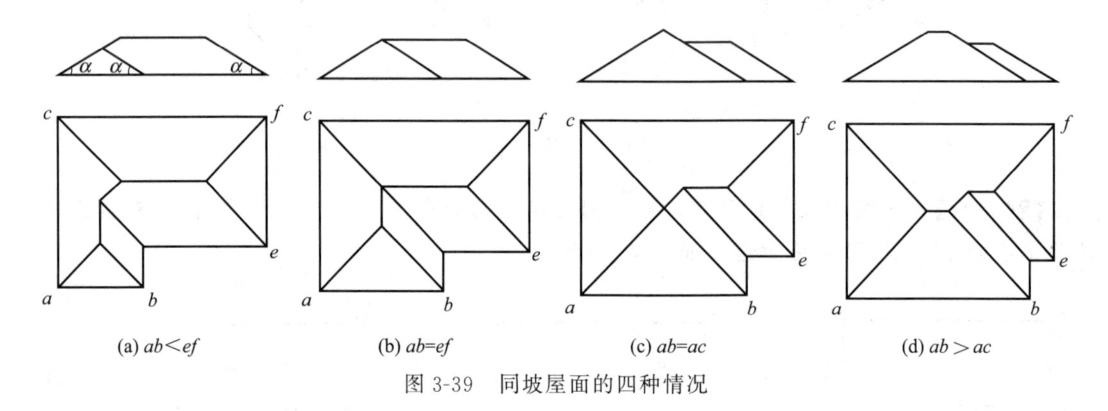

图3-39　同坡屋面的四种情况

由上述可见，屋脊线的高度随着两檐口之间的距离而起变化。平行两檐口屋面的跨度越大，屋脊线就越高。

3.5 工程曲面

除了前面所讲的圆柱、圆锥等回转曲面外，在工程中还会遇到其他较为复杂的曲面，通常将这些曲面称为工程曲面。

曲面可以看作是线运动的轨迹。运动的线称为母线，曲面上任意位置的母线称为素线。控制母线运动的点、线或面，分别称为定点、导线和导面，无数的素线组合在一起就形成了曲面。

曲面的种类很多，其分类方法也很多。按母线的形状，曲面可分为直线面和曲线面。由直母线运动形成的曲面为直线面，只能由曲母线形成的曲面为曲线面。本节只介绍工程实践中最常见的直线面。直线面可分为可展直线面和不可展直线面。曲面上任意相邻两素线是平行或相交直线的曲面，称为可展直线面；曲面上任意相邻两素线是彼此交叉直线的曲面，称为不可展曲面。

表达曲面通常需要画出曲面边界的投影（实际曲面是有范围的）、外形轮廓线的投影，为了增强表达效果，在工程图中还要画出若干素线的投影。

3.5.1　可展直线面

3.5.1.1　柱面

（1）形成

由直母线 AA_1 沿曲导线 ACB 移动，且始终平行于一直导线 MN，所形成的曲面称为柱面，如图 3-40(a) 所示。柱面的所有素线互相平行。

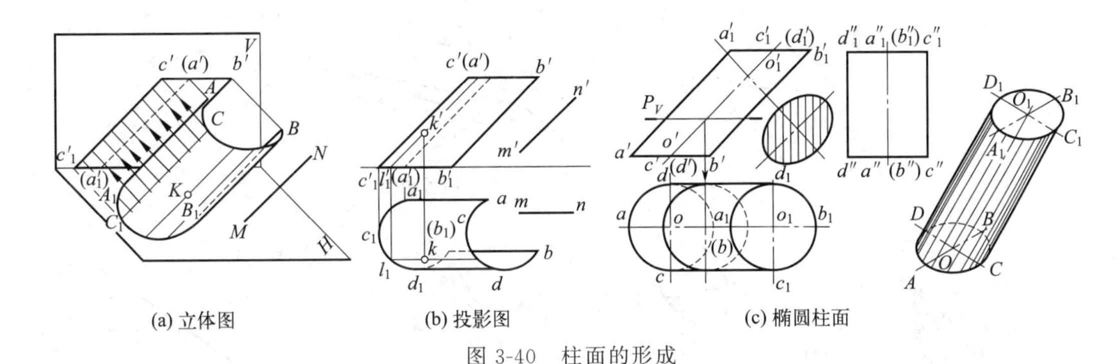

图 3-40　柱面的形成

（2）投影作图

如图 3-40(b) 所示。

① 画出表示柱面的几何要素直母线 AA_1、直导线 MN 和曲导线 ACB 的投影。

② 画出柱面边界线 AA_1、BB_1 的投影。

③ 画出柱面轮廓线的投影。柱面正面投影轮廓线 $CC1$ 的投影为 $c'c_1'$；柱面水平投影轮廓线 $DD1$ 的投影为 dd_1。

图 3-40(b) 还表示了柱面上取点的作图方法。例如已知柱面上点 K 的正面投影 k'，可利用柱面上的素线为辅助线求出它的水平投影 k。

如图 3-40(c) 所示是一斜置椭圆柱面，其曲导线为水平圆，直导线为正平线 OO_1；其正截面为椭圆，水平截面为圆。

（3）工程实例

如图 3-41 所示为水工建筑物的闸墩和溢流坝。

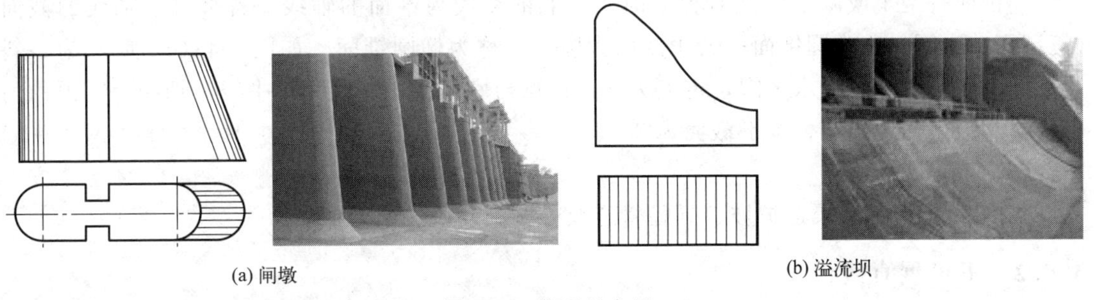

图 3-41　柱面的应用

3.5.1.2　锥面

（1）形成

由直母线 SA 沿曲导线 AB 移动，且运动过程中始终通过一定点 S，所形成的曲面称为锥面，如图 3-42(a) 所示。锥面的所有素线都通过锥顶。

(2) 投影作图

如图 3-42(b) 所示。

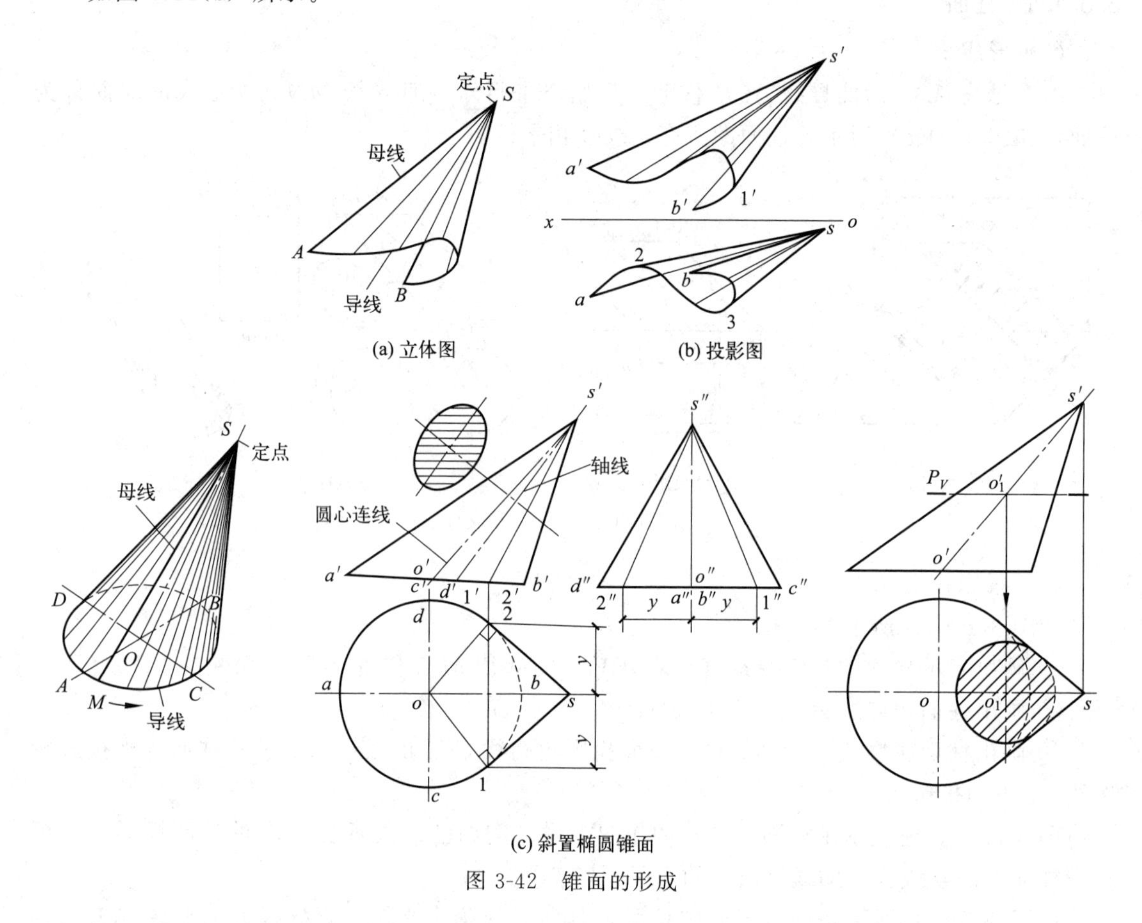

(a) 立体图　　(b) 投影图

(c) 斜置椭圆锥面

图 3-42　锥面的形成

① 画出锥顶 S 和曲导线 AB 的投影。

② 画出边界线 SA、SB 的投影。其 H 面投影为 sa、sb，V 面投影为 $s'a'$、$s'b'$。

③ 画出锥面轮廓线的投影。$s'1'$为正面投影轮廓线，$s2$、$s3$ 为水平投影轮廓线。

当锥面有两个或两个以上对称面时，它们的交线为锥面的轴线。若垂直于轴线的截面（正截面）为圆时称为圆锥面；若正截面为椭圆时称为椭圆锥面。如图 3-42(c) 所示为一斜置椭圆锥面，曲导线为水平圆，定点为 S，顶点与底圆圆心连线为正平线，轴线为锥顶的角平线，其正截面为椭圆，水平截面为圆。

(3) 工程实例

如图 3-43 所示为渠道护坡、异径管道及方圆渐变段的组合面。

3.5.2　不可展直线面

3.5.2.1　双曲抛物面

(1) 形成

一直母线 AC 沿两交叉直导线 AB、CD 移动，且始终平行于一导平面 P，所形成的曲面称为双曲抛物面，如图 3-44(a) 所示。该双曲抛物面也可以看成是一直母线 AB 沿两交叉

直导线 AC、BD 移动，且始终平行于一导平面 Q 所形成的曲面。

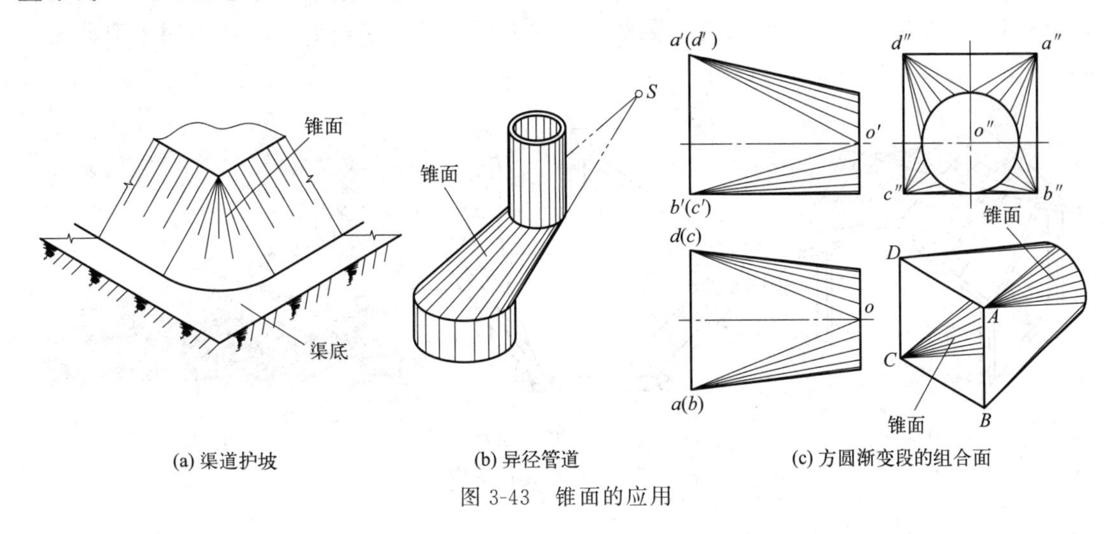

(a) 渠道护坡　(b) 异径管道　(c) 方圆渐变段的组合面

图 3-43　锥面的应用

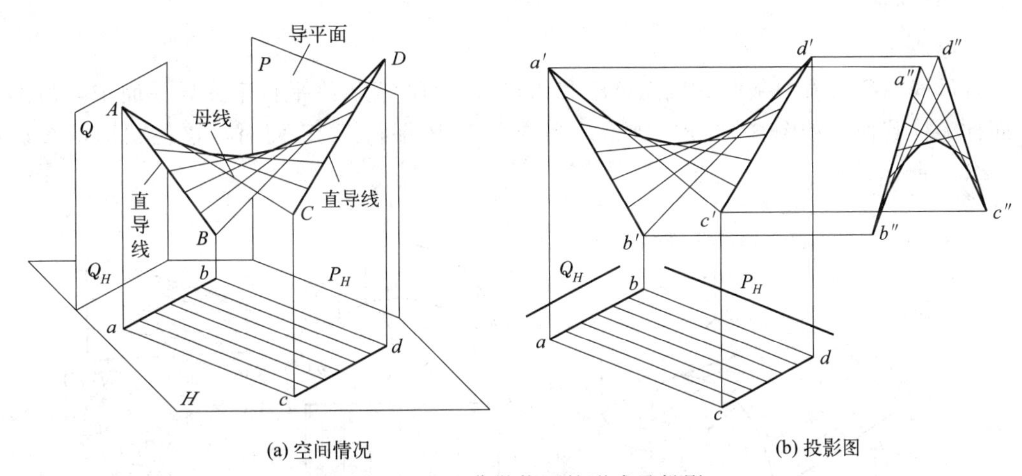

(a) 空间情况　(b) 投影图

图 3-44　双曲抛物面的形成及投影

从上述可知，同一双曲抛物面有两种形成方法，且形成原理相同。该双曲抛物面上存在两个导平面和两族素线，两个导平面的交线为双曲抛物面的法线。过法线的平面与双曲抛物面相交，截交线为抛物线；垂直于法线的平面与双曲抛物面相交，截交线为双曲线，因此这种曲面称为双曲抛物面，在工程中也称为扭面。

(2) 投影作图

如图 3-44(b) 所示。

① 分别画出两交叉直导线 AB、CD 三面投影。

② 将直导线分为若干等份（本例中分为六等份）。

③ 分别连接各等分点的对应投影，如 ac、bd、$a'c'$和 $b'd'$等。

④ 在正面和侧面投影图上作出与每个素线都相切的包络线，由几何知识可知，这是一条抛物线。

(3) 工程实例

如图 3-45 所示，双曲抛物面在土木建筑、水利水电工程中有着广泛的应用，如屋面、岸坡以及水闸、船闸或渡槽等与渠道的连接处都作成双曲抛物面。渠道两侧面边坡是斜面，水闸侧墙面是直立的墙，为使水流平顺及减少水头损失，连接段的内表面采用了双曲抛物面，如图 3-45(b) 所示。

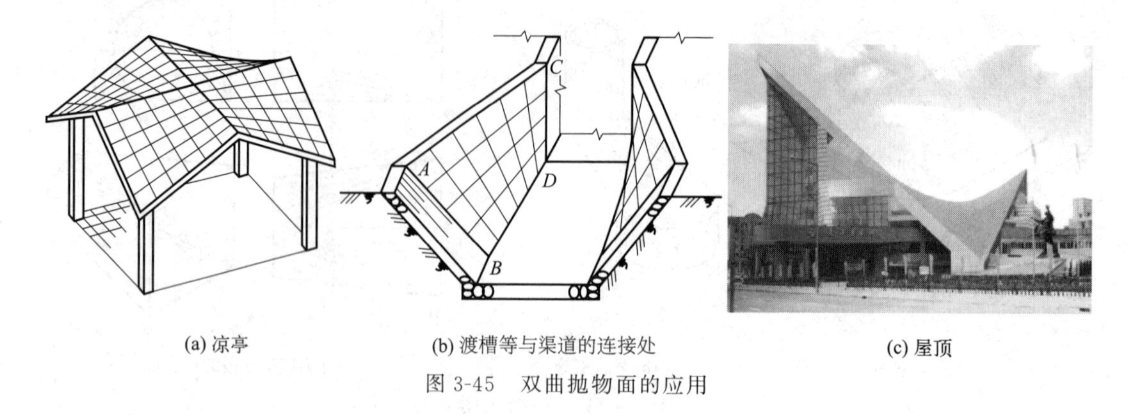

(a) 凉亭　(b) 渡槽等与渠道的连接处　(c) 屋顶

图 3-45　双曲抛物面的应用

3.5.2.2 柱状面

（1）形成

一直母线 AC 沿着两条曲导线弧 AB 和弧 CD 运动，且始终平行于一导平面 P，所形成的曲面称为柱状面，如图 3-46(a) 所示。当导平面 P 平行于 W 面时，该柱状面的投影如图 3-46(b) 所示。

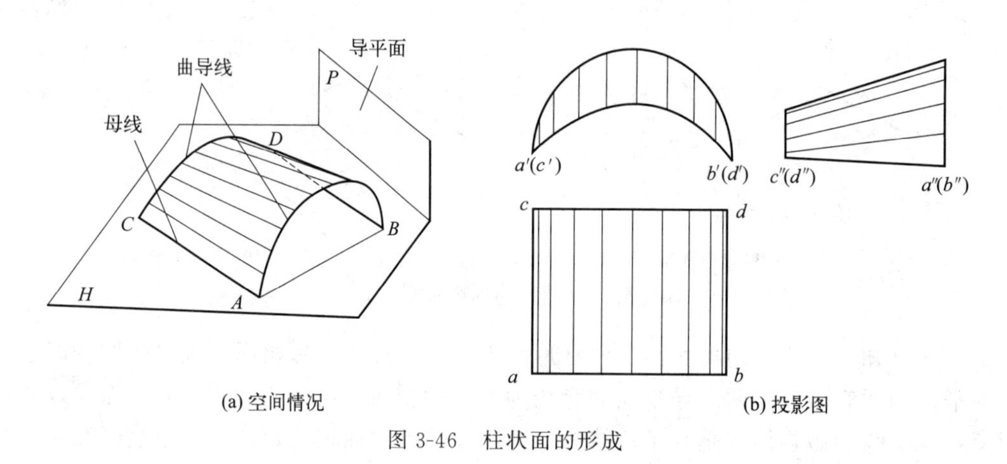

(a) 空间情况　(b) 投影图

图 3-46　柱状面的形成

（2）工程实例

如图 3-47 所示为柱状面在桥墩与拱门中的应用。

3.5.2.3 锥状面

（1）形成

一直母线 AC 沿着一直导线 CD 和一曲导线弧 AB 移动，且在移动过程中母线始终平行于一个导平面 P，所形成的曲面称为锥状面，如图 3-48(a) 所示。当导平面 P 平行于 W 面时，该锥状面的投影如图 3-48(b) 所示。

（2）工程实例

如图 3-49 所示为锥状面在屋顶、桥台护坡与堤坝中的应用。

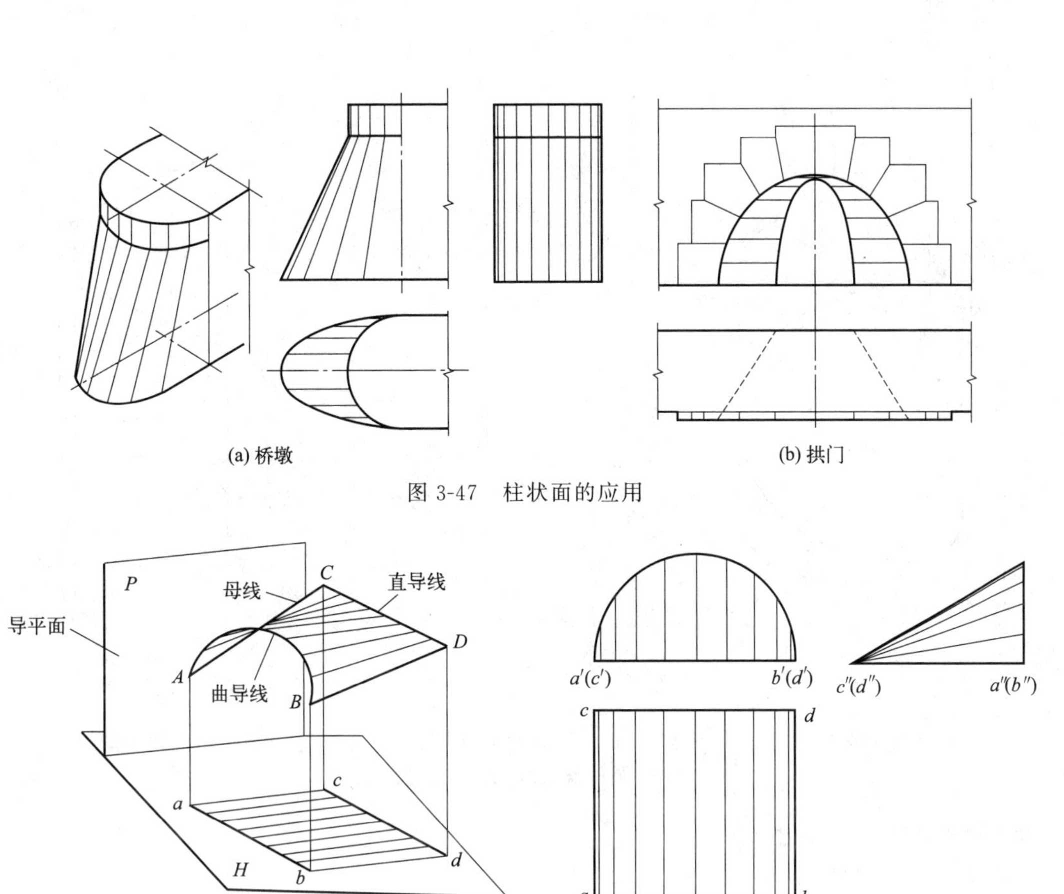

(a) 桥墩　(b) 拱门

图 3-47　柱状面的应用

(a) 空间情况　(b) 投影图

图 3-48　锥状面的形成

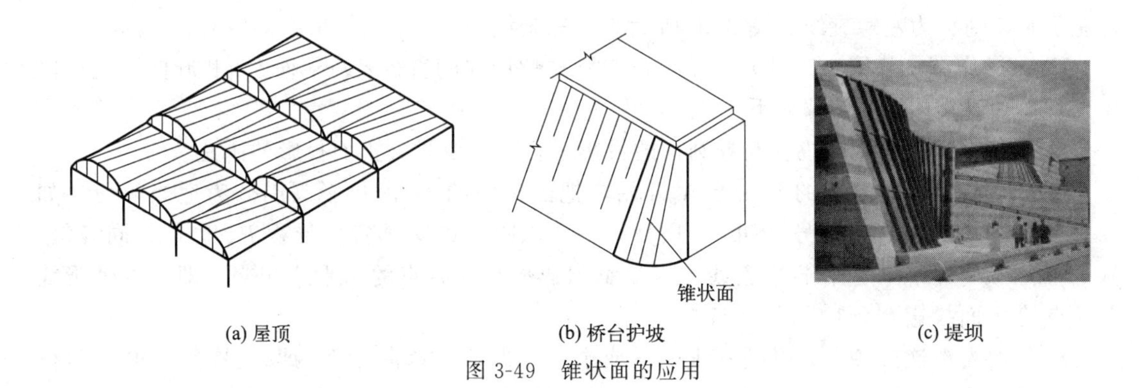

(a) 屋顶　(b) 桥台护坡　(c) 堤坝

图 3-49　锥状面的应用

3.5.2.4 圆柱螺旋线与平螺旋面

在建筑工程中，平螺旋面的应用也比较广泛，如建筑设计中常见的螺旋楼梯等。由于平螺旋面的形成是以螺旋线为基础的，故首先介绍螺旋线的画法。

（1）圆柱螺旋线

① 形成　如图 3-50(a) 所示，一动点 A 沿圆柱面的直母线并按固定方向（如向上）作等速移动，同时该直母线绕与其平行的柱轴作等速旋转，此时动点 A 的运动轨迹称为圆柱螺旋线。图中的圆柱被称为导圆柱，螺旋线是该柱面上的一条空间曲线。

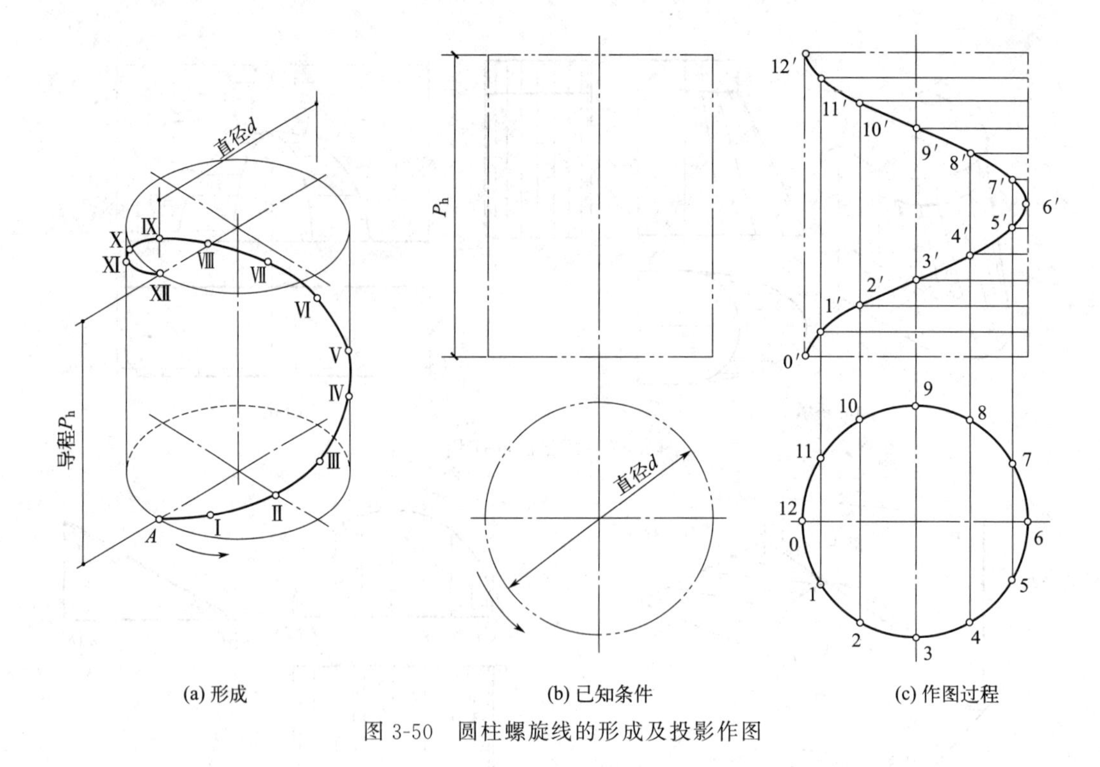

(a) 形成　　(b) 已知条件　　(c) 作图过程

图 3-50　圆柱螺旋线的形成及投影作图

圆柱螺旋线的三个基本要素：

a. 直径 d　即导圆柱的直径。

b. 导程 P_h　动点回转一周后沿轴线方向移动的距离。

c. 旋向　动点在导圆柱面上的旋转方向。当手作握拳状时，翘起的拇指指向动点沿直线的移动方向，其余四指的弯曲方向则为动点的旋转方向，符合右手时，称为右螺旋线；符合左手时，则称为左螺旋线。图 3-50 所示为右螺旋线。

② 投影作图　如图 3-50(b) 所示，已知圆柱螺旋线的直径 d、导程 P_h 和旋向，就可以作出其投影，具体作图步骤如下：

a. 圆柱螺旋线的水平投影与导圆柱的投影重合，主要是其正面投影的画法。

b. 以圆柱面最左素线的下端点 A 开始，把圆柱面的 H 面投影圆周分为适当等份，如 12 等份，并按旋转方向编号，如 0、1、2……12，同时将 V 面投影导程 P_h 也作相同等份。从 H 面投影中各点向上作投影连线，与 V 面投影中相应各点的水平线相交，即得到螺旋线上各点的 V 面投影 0′、1′、2′……12′。

c. 依次光滑连接各点，得到一正弦（或余弦）曲线，该曲线即为圆柱螺旋线的正面投影，如图 3-50(c) 所示。

(2) 平螺旋面

① 形成　一直母线 MN 沿一直导线——圆柱轴线和一曲导线——圆柱螺旋线移动，且始终平行于与轴线垂直的导平面 H，所形成的曲面称为平螺旋面，如图 3-51(a) 所示，平螺旋面是锥状面的一种。

② 投影作图

a. 先作出圆柱螺旋线及其轴线的投影。

b. 将螺旋线 H 面投影的圆周上各等分点与轴线 H 面积聚投影点——圆心相连，得到平螺旋面相应素线的 H 面投影；因螺旋面上的各条素线为水平线，故过螺旋线 V 面投影上等分点引到轴线 V 面投影的水平线，即为平螺旋面的 V 面投影，如图 3-51(b) 所示。

如果平螺旋面被一个同轴的小圆柱面所截，即中空的平螺旋面，它的投影如图 3-51(c) 所示。小圆柱面与螺旋面的交线，是一根与圆柱螺旋曲导线相等导程的螺旋线。值得注意的是，平螺旋面的旋向与它的边缘圆柱螺旋线的旋向相同。不论是完整的平螺旋面，或是空的平螺旋面，右旋平螺旋面的 V 面投影，轴线右侧表示的是平螺旋面的顶面，轴线左侧表示的是平螺旋面的底面，如图 3-51(b) 和 (c) 所示；而左螺旋面的 V 面投影恰恰相反。

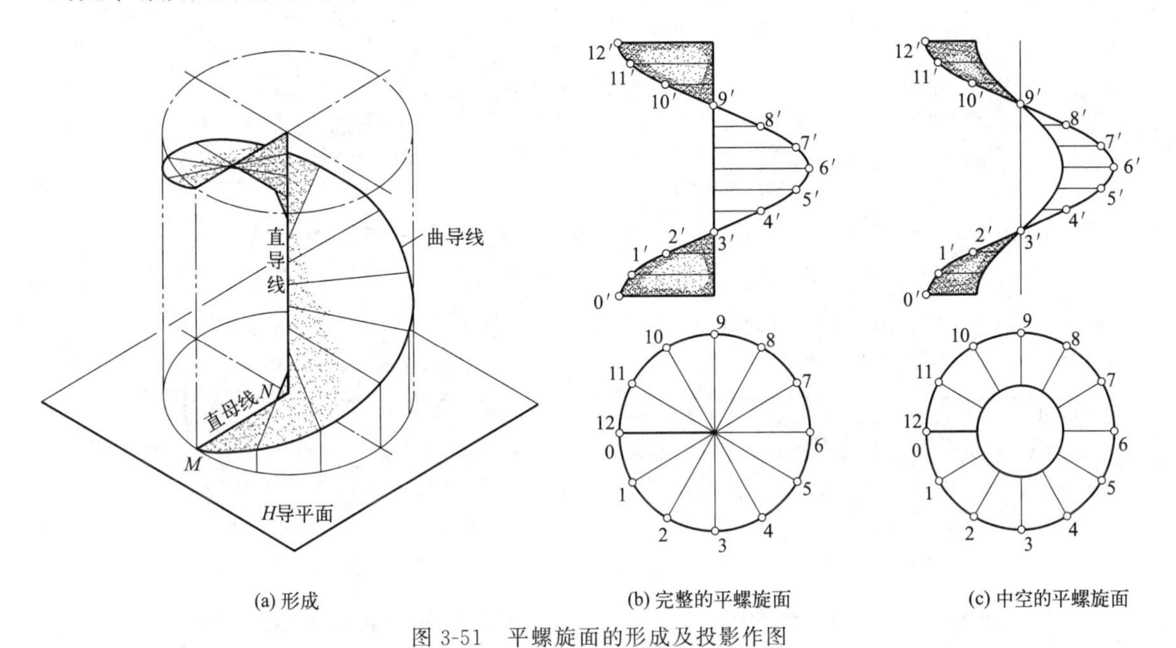

(a) 形成 (b) 完整的平螺旋面 (c) 中空的平螺旋面

图 3-51 平螺旋面的形成及投影作图

(3) 平螺旋面的应用

螺旋楼梯是平螺旋面在建筑工程中的应用实例，如图 3-52 所示。

图 3-52 螺旋楼梯

下面用一例题说明螺旋楼梯投影图的画法。

【例 3-22】 已知一螺旋楼梯的水平投影。沿楼梯走一圈有 12 步，一圈上升高度如图 3-53(a) 所示的 h。楼梯板沿竖直方向的厚度为楼梯的踢面高度。求出该螺旋楼梯的 V 面投影。

分析 在螺旋楼梯的每一个踏步中，踏面为扇形，是水平面；踢面为矩形，是铅垂面；两端面是圆柱螺旋面，底面是平螺旋面。将螺旋楼梯看成是一个踏步沿着两条圆柱螺旋线脉动上升而形成，底板的厚度可认为由底部螺旋面下降一定的高度形成。

作图 如图 3-53 所示。

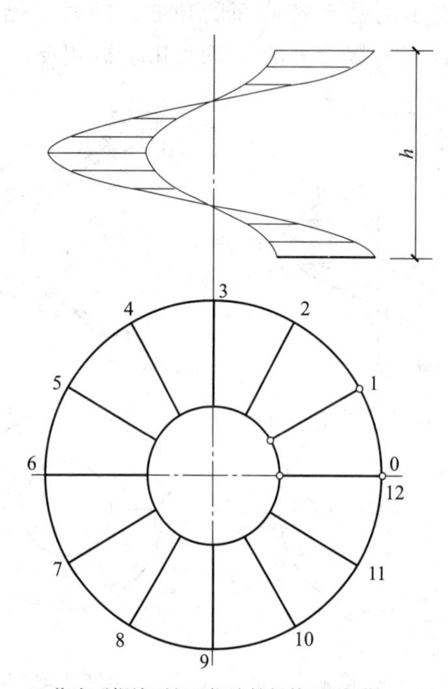

(a) 作出平螺旋面以及螺旋楼梯的H面投影

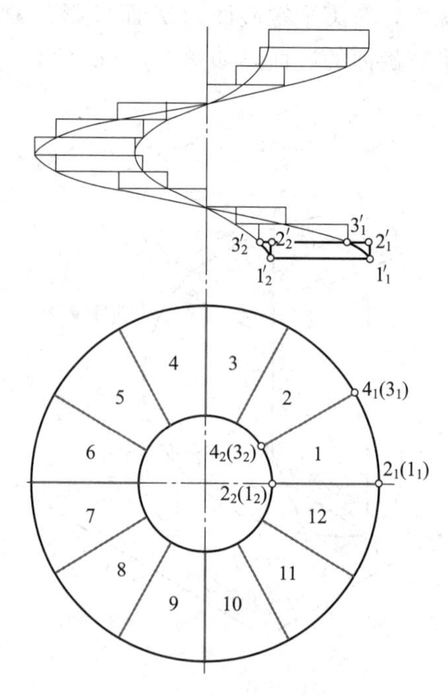

(b) 作出第一级踏步和其余各级踏步的V面投影

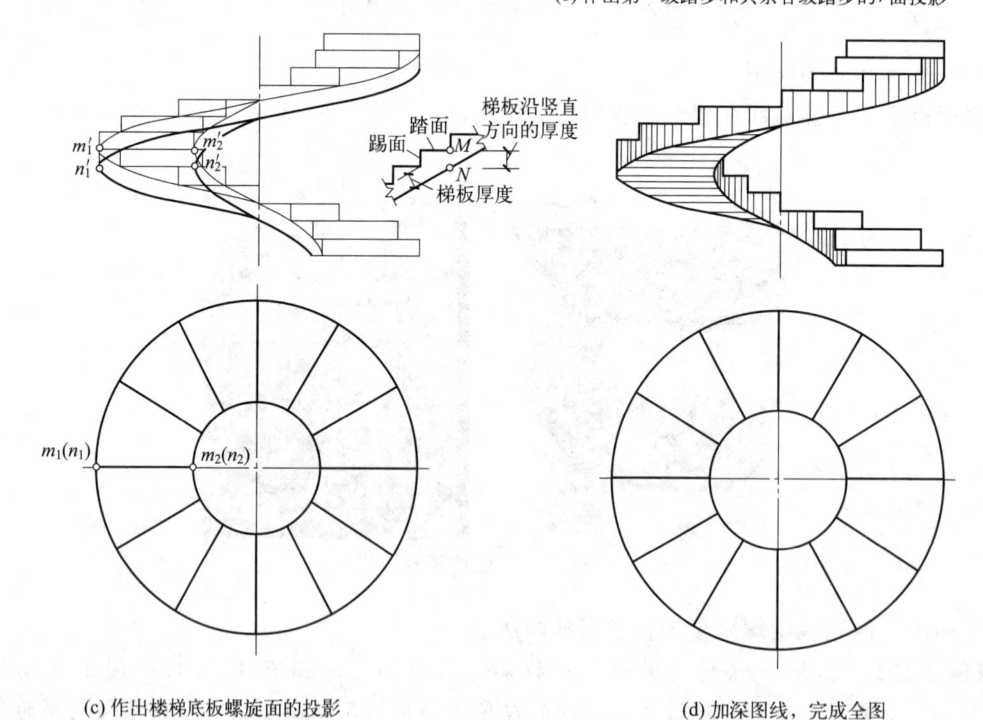

(c) 作出楼梯底板螺旋面的投影

(d) 加深图线，完成全图

图 3-53 螺旋楼梯的画法

(1) 作出平螺旋面以及螺旋楼梯的 H 面投影。根据已知的内、外圆柱直径和导程，以及楼梯的级数，作出两条螺旋线，如图 3-53(a) 所示。把螺旋面的 H 面投影十二等分，每一等份就是螺旋楼梯上一个踏面的 H 面投影，而踢面的 H 面投影，分别积聚在两踏面的分界线上。

(2) 作出第一级踏步和其余各级踏步的 V 面投影。第一级踏步踏面 $\text{Ⅲ}_1\text{Ⅲ}_2\text{Ⅱ}_2\text{Ⅱ}_1$ 的 H 面投影为 $2_2 2_1 3_2 3_1$，是螺旋面 H 面投影的第一等份，其 V 面投影积聚为一直线段 $2_2' 2_1' 3_2' 3_1'$，其中 $3_1' 3_2'$ 是第二级踏步踢面底线（螺旋面的另一根素线）的 V 面投影。踢面的 $\text{Ⅱ}_1\text{Ⅱ}_2\text{Ⅰ}_2\text{Ⅰ}_1$ 的 H 面投影积聚为一直线段 $2_1 2_2 1_2 1_1$，其 V 面投影反映矩形实形，踢面底线 $\text{Ⅰ}_1\text{Ⅰ}_2$ 是螺旋面的一根素线，过其 V 面投影的两端点 $1_1'$、$1_2'$ 分别画一竖直线，截取一级踏步高，得点 $2_1'$、$2_2'$，矩形 $2_1' 2_2' 1_2' 1_1'$ 即为第一级踏步踢面的 V 面投影。如此类推，依次画出其余各级踏步的踏面和踢面的 V 面投影，如图 3-53(b) 所示。

(3) 作出楼梯底板螺旋面的投影。楼梯底板面是与顶面相同且向下平移的螺旋面，因此可从顶面 V 面投影中各点向下量取竖直厚度（与踢面同高），作出底板面的两条螺旋线，如图 3-53(c) 所示。

(4) 加深图线，完成全图。最后将可见的线画成粗实线，不可见的线画成虚线或擦除，完成全图，如图 3-53(d) 所示。

第4章

轴测投影图

在工程中应用最多的是多面正投影图，如图 4-1(a) 所示，它能完整、准确地反映形体的真实形状，又便于标注尺寸。但这种图缺乏立体感，必须具有一定的读图知识才能看懂。为此，工程上还采用一种富有立体感的轴测投影图（简称轴测图）来表达物体，如图 4-1 (b) 所示。这种图能在一个投影面上同时反映出形体长、宽、高三个方向尺寸，但对有些形体的表达不完全，且绘制复杂形体的轴测图也较麻烦，因此，轴测图在工程上常用作辅助图样，如在给排水和暖通等专业图中，常用轴测图表达各种管道的空间位置及其相互关系。

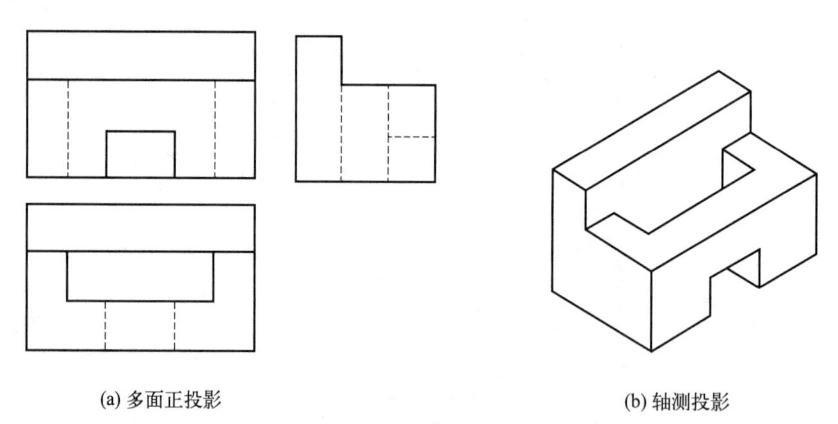

(a) 多面正投影　　(b) 轴测投影

图 4-1　多面正投影图与轴测投影图

4.1　轴测投影的基本知识

4.1.1　轴测投影的形成

轴测投影图是将物体连同其空间直角坐标系，沿不平行于任一坐标面的方向，用平行投影法将其投射在单一投影面 P 上所得的图形，如图 4-2 所示。

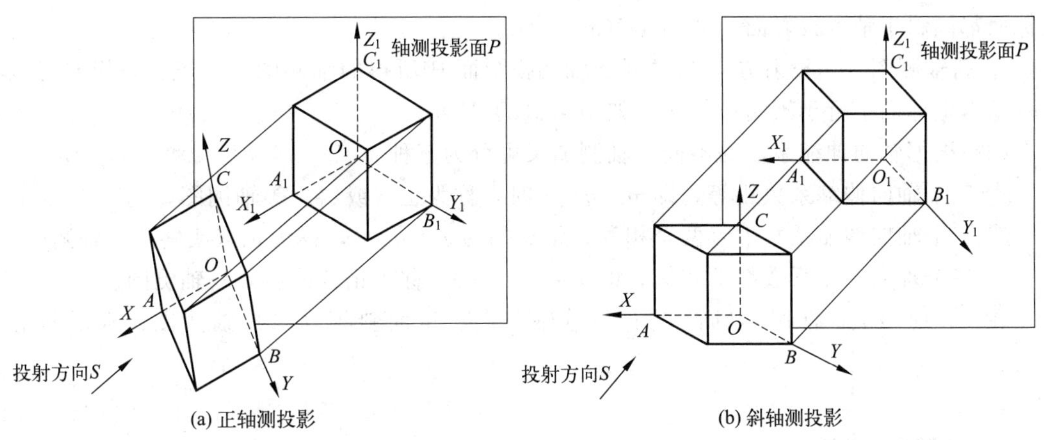

图 4-2 轴测图的形成

4.1.2 轴测轴、轴间角和轴向伸缩系数

(1) 轴测轴

轴测轴是指空间直角坐标系的坐标轴 OX、OY、OZ 在轴测投影面 P 上的投影 O_1X_1、O_1Y_1、O_1Z_1。

(2) 轴间角

轴间角是指两轴测轴之间的夹角，即$\angle X_1O_1Y_1$、$\angle X_1O_1Z_1$ 和$\angle Y_1O_1Z_1$。

(3) 轴向伸缩系数

轴向伸缩系数是指轴测轴上的单位长度与相应空间直角坐标轴上的单位长度之比。如图 4-2 所示，X_1、Y_1、Z_1 轴的轴向伸缩系数分别用 p、q、r 表示，其中 $p=O_1A_1/OA$、$q=O_1B_1/OB$、$r=O_1C_1/OC$。

4.1.3 轴测投影的基本特性

由于轴测投影图是用平行投影法得到的，所以具有以下平行投影的特性：

(1) 平行性

物体上相互平行的两条直线的轴测投影仍相互平行。

(2) 定比性

物体上相互平行的两条直线的轴测投影的伸缩系数相等。

(3) 实形性

物体上平行于轴测投影面的平面，在轴测投影中反映实形。

由以上特性可知，在轴测投影中，与坐标轴平行的直线的轴测投影必平行于轴测轴，其轴测投影长度等于该直线实长与相应轴向伸缩系数的乘积；若轴向伸缩系数已知，就可以计算该直线的轴测投影长度，并根据此长度直接测量，作出其轴测投影。“沿轴测轴方向可直接量测作图”就是“轴测图”的含义。与坐标轴不平行的直线具有与之不同的伸缩系数，不能直接量测与绘制，可作出两端点轴测投影后连线绘出。

4.1.4 轴测图的分类

(1) 根据投射方向与轴测投影面是否垂直，轴测图分为两种

① 正轴测图——投射方向 S 垂直于轴测投影面 P 所得的轴测图，物体所在的三个基本

坐标面都倾斜于轴测投影面，如图 4-2(a) 所示。

② 斜轴测图——投射方向 S 倾斜于轴测投影面 P 所得的轴测图，一般在投影时可以将某一基本坐标面平行于轴测投影面，如图 4-2(b) 所示。

(2) 根据轴向伸缩系数的不同，轴测图又可分为三种

① 三个轴向伸缩系数相等，即 $p=q=r$ 时，称为正（或斜）等轴测图。

② 三个轴向伸缩系数中有两个相等，常见的为 $p=q\neq r$，称为正（或斜）二轴测图。

③ 三个轴向伸缩系数都不相等，即 $p\neq q\neq r$ 时，称为正（或斜）三轴测图。

在工程应用中，常用的轴测图有正等轴测图、正面斜等（二）轴测图、水平斜等轴测图。

4.2 正等轴测图

4.2.1 正等轴测图的轴间角和轴向伸缩系数

由正等轴测图的概念可知，正等轴测图的三个轴间角相等，均为 120°，三个轴向伸缩系数也相等，均为 0.82，为简化作图，常将轴向伸缩系数取值为 1，即 $p=q=r=1$，如图 4-3 所示。这样沿轴向的尺寸就可以直接量取物体实长，所画出的正等轴测图比实际轴测投影沿各轴向分别放大了 1/0.82≈1.22 倍，但不影响物体形状及各部分相对位置的表达。

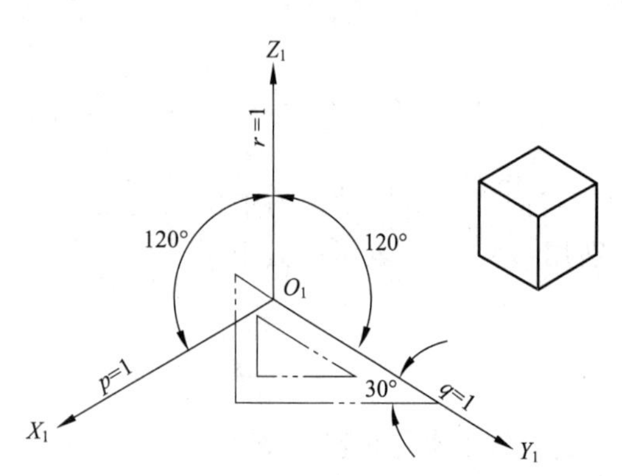

图 4-3 正等轴测图的轴间角和轴向伸缩系数

4.2.2 平面体正等轴测图的画法

轴测图的作图方法较多，下面介绍几种常用的作图方法。

(1) 坐标法

绘制轴测图的基本方法是坐标法。坐标法是根据形体表面上各顶点的坐标，分别画出这些顶点的轴测投影，然后连成形体表面的轮廓，从而获得形体轴测投影的方法。

【例 4-1】 画出如图 4-4(a) 所示三棱锥的正等轴测图。

分析 用坐标法确定三棱锥底面及锥顶各点坐标，连线即可。

作图

(1) 在投影图中确定原点和坐标轴位置，坐标原点的位置如图 4-4(a) 所示。

(2) 画轴测轴，根据各点的坐标作出各点的轴测投影，如图 4-4(b) 所示。

(3) 连接可见轮廓线，整理完成三棱锥的正等轴测图，如图 4-4(c) 所示。

国家标准规定，轴测图的可见轮廓线用粗实线绘制，不可见部分一般不绘出，必要时才以细虚线绘出所需部分。以增强轴测图的表达效果，如图 4-4(c) 所示。

(2) 端面法

端面法是，对于柱类形体，通常先画出该形体某一特征端面的轴测图，然后沿某方向将此端面平移一段距离，从而获得形体轴测投影的方法。

【例 4-2】 画出如图 4-5(a) 所示台阶的正等轴测图。

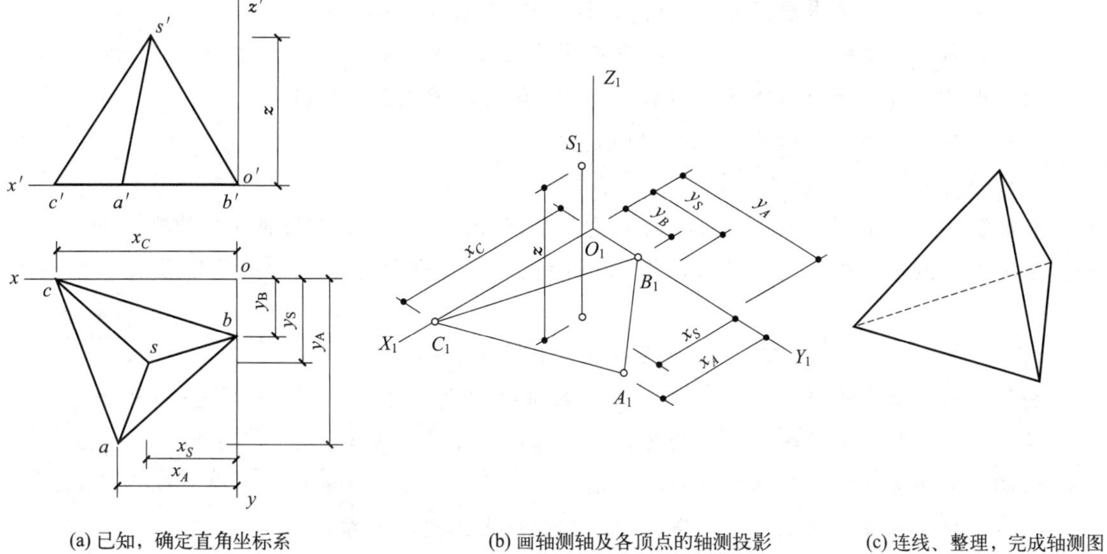

(a) 已知，确定直角坐标系　　(b) 画轴测轴及各顶点的轴测投影　　(c) 连线、整理，完成轴测图

图 4-4　坐标法作正等轴测图

分析　台阶由左、右两个栏板和三个踏步组成，先画栏板和踏步的端面。

作图

(1) 在投影图中确定直角坐标系，坐标原点的位置如图 4-5(a) 所示。

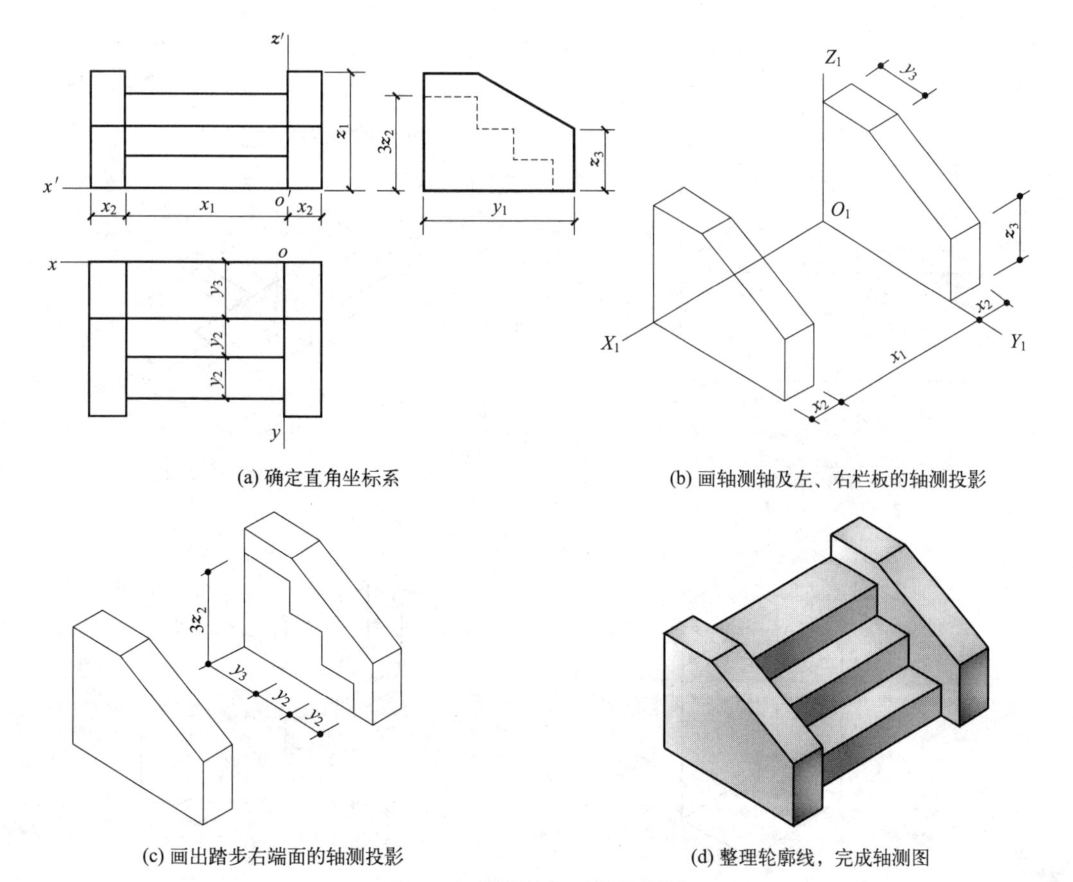

(a) 确定直角坐标系　　(b) 画轴测轴及左、右栏板的轴测投影

(c) 画出踏步右端面的轴测投影　　(d) 整理轮廓线，完成轴测图

图 4-5　端面法作正等轴测图

（2）画轴测轴，画出左、右栏板的轴测投影，如图 4-5(b) 所示。

（3）在右侧栏板的内端面上画出踏步在此端面上的轴测投影，如图 4-5(c) 所示。

（4）由踏步右端面的各顶点分别画平行 X_1 轴的轮廓线至左栏板。

（5）整理完成全图，如图 4-5(d) 所示。

（3）叠加法

叠加法是，对于复杂形体，可将其分为几个部分，分别画出各个部分的轴测投影，从而得到整个形体的轴测投影的方法。画图时应特别注意各部分相对位置的确定及其表面连接关系。

【例 4-3】 画出如图 4-6(a) 所示梁板柱节点的正等轴测图。

分析 该形体由楼板、柱、主梁、次梁四部分组成，可依照顺序逐个叠加画出其轴测图。为了表达清楚组成梁板柱节点的各基本形体的相互构造关系，应画仰视轴测图。

作图 采用叠加法，具体作图步骤如图 4-6 所示，作图时注意楼板厚自下向上量取，而柱、主梁、次梁的高度自上向下截取，以及形体间表面连接关系。

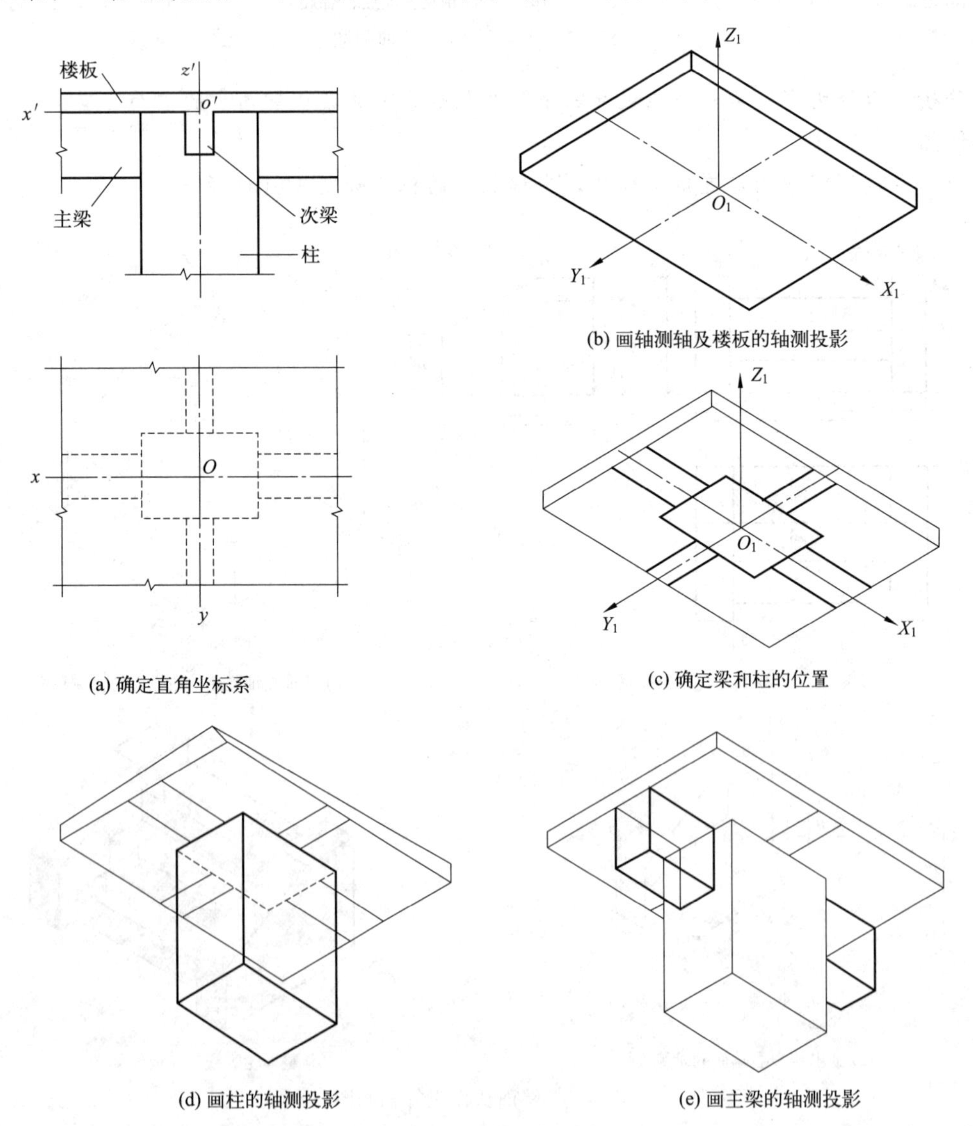

(a) 确定直角坐标系

(b) 画轴测轴及楼板的轴测投影

(c) 确定梁和柱的位置

(d) 画柱的轴测投影

(e) 画主梁的轴测投影

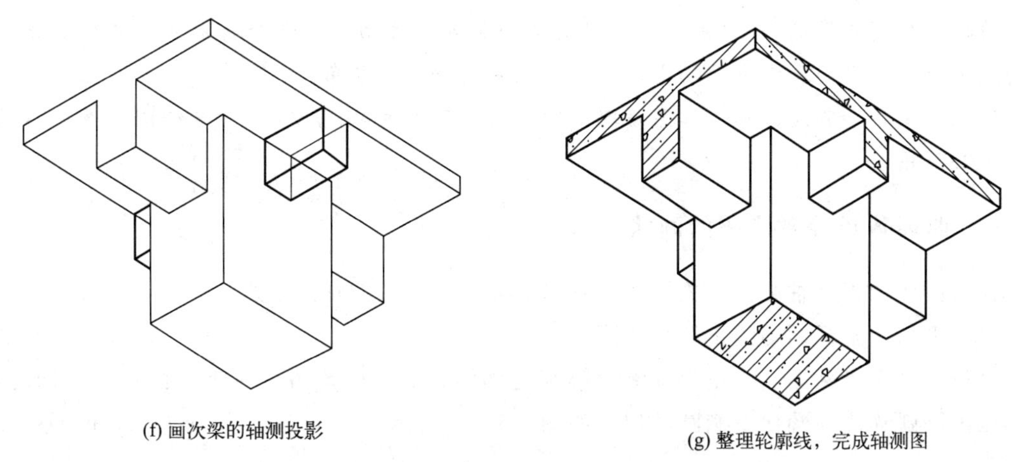
(f) 画次梁的轴测投影

(g) 整理轮廓线，完成轴测图

图 4-6 叠加法作梁板柱节点的正等轴测图

（4）切割法

切割法是，对于绘制某些由基本形体经切割而得到的形体，可以先画出基本形体的轴测投影，然后依次切去对应部分，从而得到所需形体轴测投影的方法。

【例 4-4】 完成图 4-7(a) 所示斜块的正等轴测图。

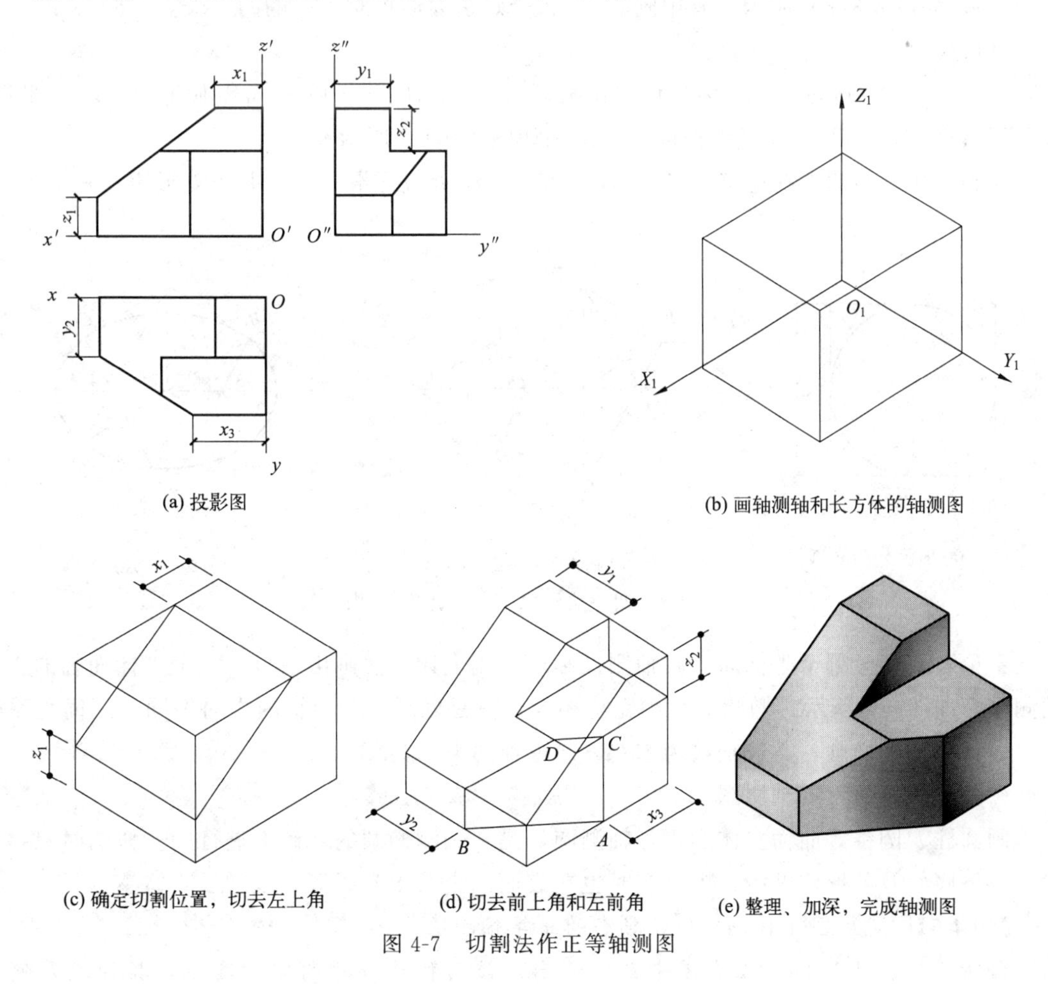

(a) 投影图

(b) 画轴测轴和长方体的轴测图

(c) 确定切割位置，切去左上角

(d) 切去前上角和左前角

(e) 整理、加深，完成轴测图

图 4-7 切割法作正等轴测图

分析 从图 4-7(a) 可以看出，该斜块是一长方体被切去三部分而形成，其中被正垂面切去左上角、水平面和正平面切去前上角及铅垂面切去左前角。

作图 采用切割法，具体作图步骤如图 4-7 所示，注意 $AB/\!/CD$。在绘图熟练之后轴测轴可不必画出。

4.2.3 曲面体正等轴测图的画法

作曲面体的正等轴测图，关键在于画出形体表面上圆的轴测投影。

(1) 平行于坐标面圆的正等轴测图

平行于三个坐标面圆的正等轴测投影都是椭圆，其作图均可采用近似画法——四心法，即用四段圆弧连成扁圆代替椭圆。现以如图 4-8(a) 所示平行于 H 面的圆为例，说明作图方法如下：

① 在投影图上确定原点和坐标轴，并作圆的外切正方形，切点为 a、b、c、d，如图 4-8(a) 所示。

② 画轴测轴 X_1、Y_1，沿轴测轴方向截取半径长度，作出切点 a、b、c、d 的轴测投影 A_1、B_1、C_1、D_1，然后画出外切菱形；过 A_1、B_1、C_1、D_1 作各边的垂线，得圆心 1、2、3、4，如图 4-8(b) 所示。其中圆心 1、2 恰好是菱形短对角线的两个端点，圆心 3、4 位于长对角线上。

③ 以 1、2 为圆心，$1A_1$ 为半径，作圆弧 A_1D_1、B_1C_1；以 3、4 为圆心，$3B_1$ 为半径，作圆弧 A_1B_1、C_1D_1，连成近似椭圆，结果如图 4-8(c) 所示。

注意：相邻两圆弧在连接点 A_1、B_1、C_1、D_1 处应光滑过渡，并与菱形边线相切。

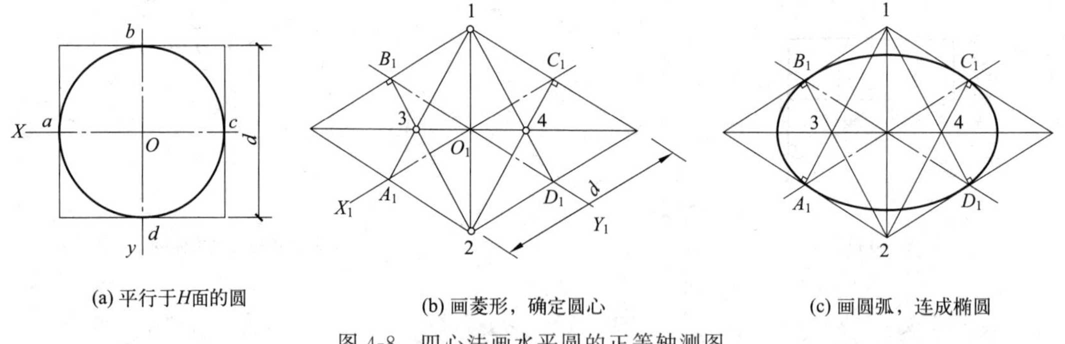

(a) 平行于H面的圆　(b) 画菱形，确定圆心　(c) 画圆弧，连成椭圆

图 4-8 四心法画水平圆的正等轴测图

不论圆平行于哪个坐标面，其轴测投影均可用上述方法画出平行于三个坐标面圆的正等轴测图，如图 4-9 所示，椭圆的大小完全相等，只是椭圆长、短轴的方向不同，用简化系数画出的正等轴测椭圆，其长轴约为 $1.22d$，短轴约为 $0.7d$。

(2) 曲面体的正等轴测图

画圆柱、圆锥等曲面立体的正等轴测图，是在轴测椭圆的基础上进行的。作图时只要画出上、下底面及外形轮廓线即可，有时也在表面画出若干素线等，以增强立体感。

【例 4-5】 完成图 4-10(a) 所示轴套的正等轴测图。

分析 从图 4-10(a) 投影图中可以看出，该形体为带槽的空心圆柱，其轴线是侧垂线，取顶圆的圆心为原点，先画出完整圆柱体的投影，再切槽。

作图

（1）在投影图中确定如图 4-10(a) 所示的直角坐标系。

（2）画轴测轴 Y_1、Z_1，利用四心法画出顶圆的轴测图；再将连接圆的圆心 1、3、4 沿 X_1 轴方向移动 h，作出底圆可见部分的轴测图（也称移心法），如图 4-10(b)、(c) 所示。

（3）作出外切转向轮廓线及轴孔，如图 4-10(d) 所示。

（4）根据坐标确定键槽的位置，画出键槽的轴测图，如图 4-10(e) 所示。

（5）整理、加深轮廓线，完成全图，如图 4-10(f) 所示。

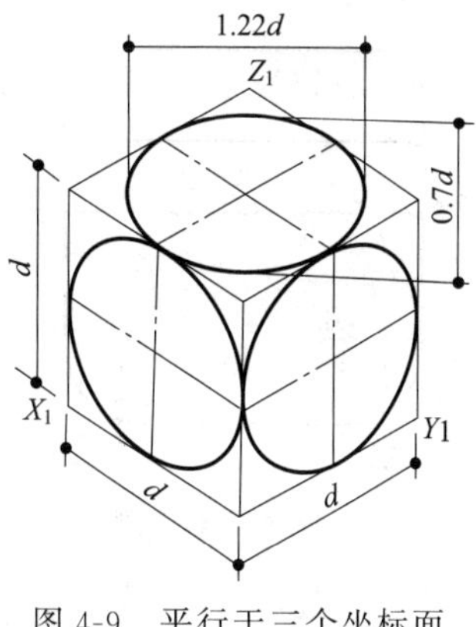

图 4-9　平行于三个坐标面圆的正等轴测图

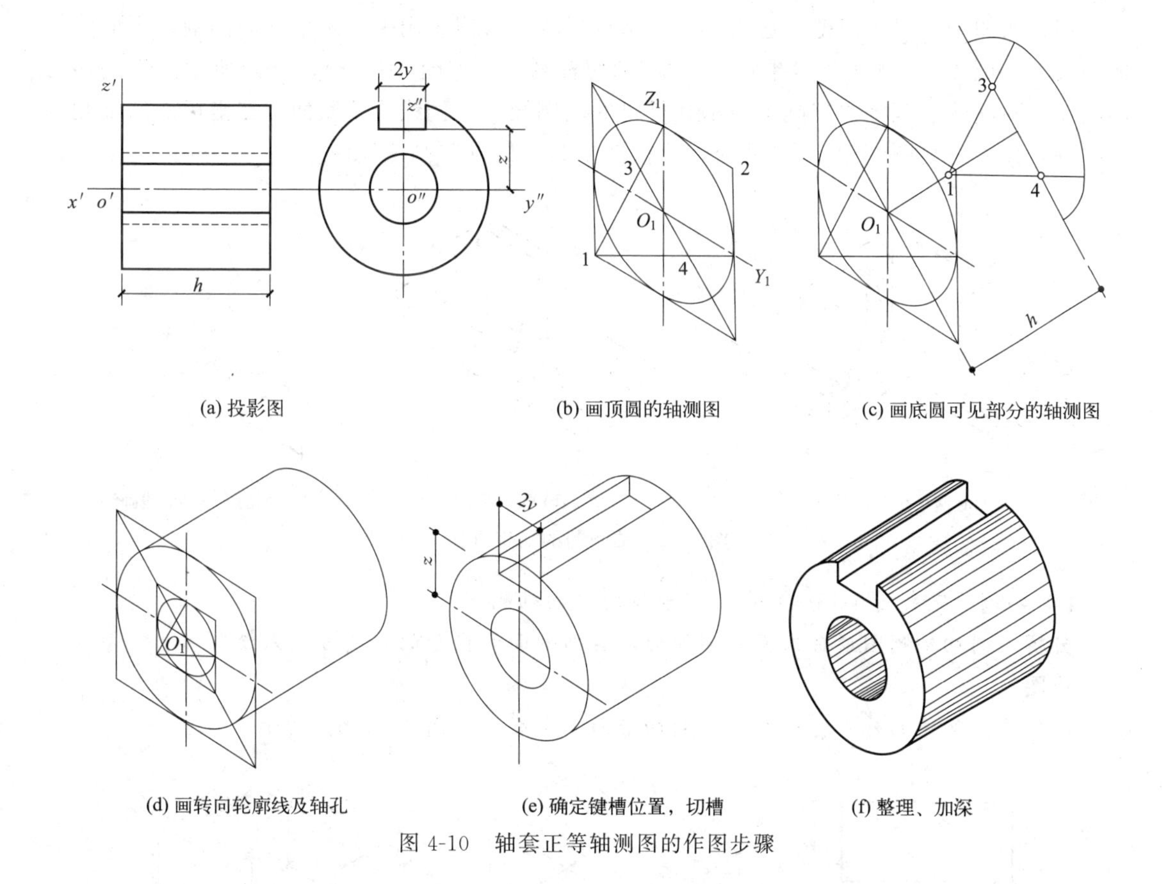

图 4-10　轴套正等轴测图的作图步骤

（3）圆角的正等轴测图

由图 4-8 所示四心法近似画椭圆可以看出：菱形的钝角与大圆弧相对，锐角与小圆弧相对，菱形相邻两边中垂线的交点就是该圆弧的圆心。由此可得出圆角正等轴测图的近似画法：只要在作圆角的边上量取圆角半径，自量得的点作边线的垂线，两垂线的交点即为圆心，圆心到垂足的距离即为半径，画圆弧即得圆角的正等轴测图，作图过程见图 4-11(b)。底面圆角可用移心法作出，结果如图 4-11(c) 所示。

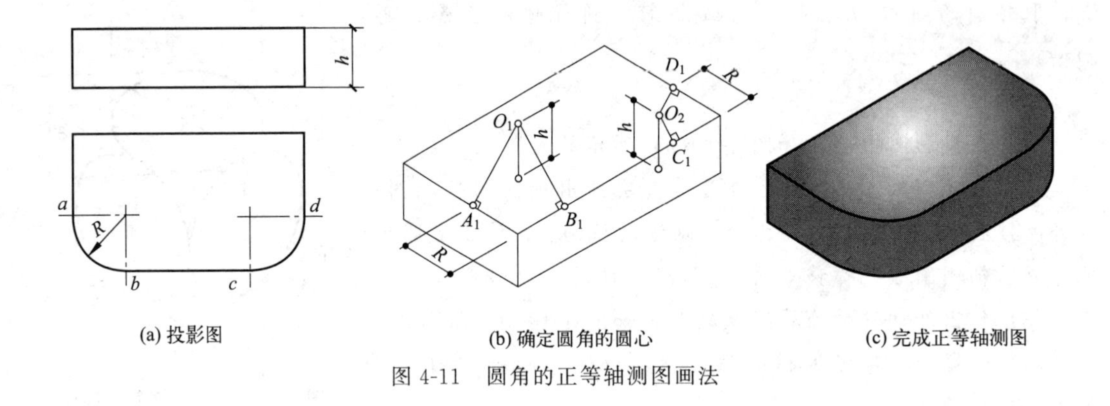

(a) 投影图　　(b) 确定圆角的圆心　　(c) 完成正等轴测图

图 4-11　圆角的正等轴测图画法

4.2.4　轴测图的剖切画法

在轴测图中，为了清楚表达物体内部结构形状，可假想用平行于坐标面的剖切平面将物体切去 1/4 或 1/2（视表达效果定），画成剖切轴测图，如图 4-12(a)、(b) 所示。带剖切的轴测图其断面轮廓范围内应画上表示其材料的图例线，图例线应按断面所在坐标面的轴测方向绘制，如果材料图例为 45°斜线时，应按图 4-12(c) 规定画法绘制。

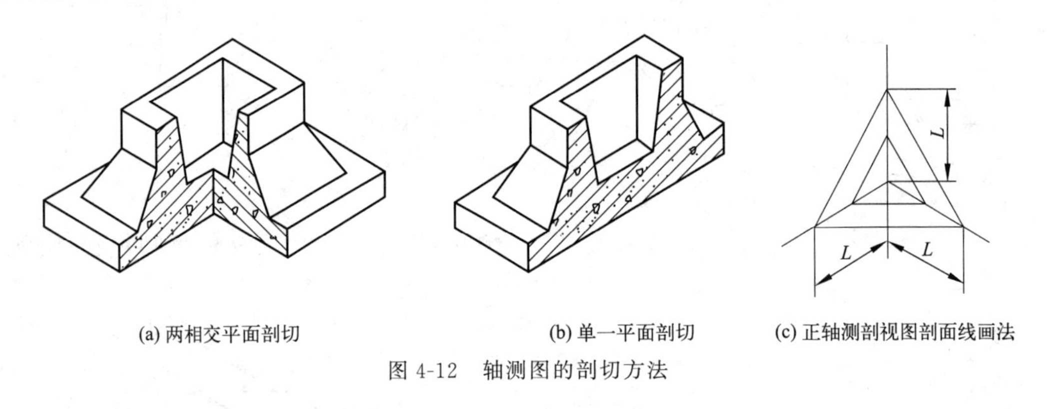

(a) 两相交平面剖切　　(b) 单一平面剖切　　(c) 正轴测剖视图剖面线画法

图 4-12　轴测图的剖切方法

【例 4-6】 完成图 4-13(a) 所示组合体的剖切轴测图。

分析　剖切轴测图通常采用先画外形，后画剖面和内形的作图方法来绘制。

作图

(1) 画出物体的外形轮廓及其与剖切平面的交线，如图 4-13(b) 所示。

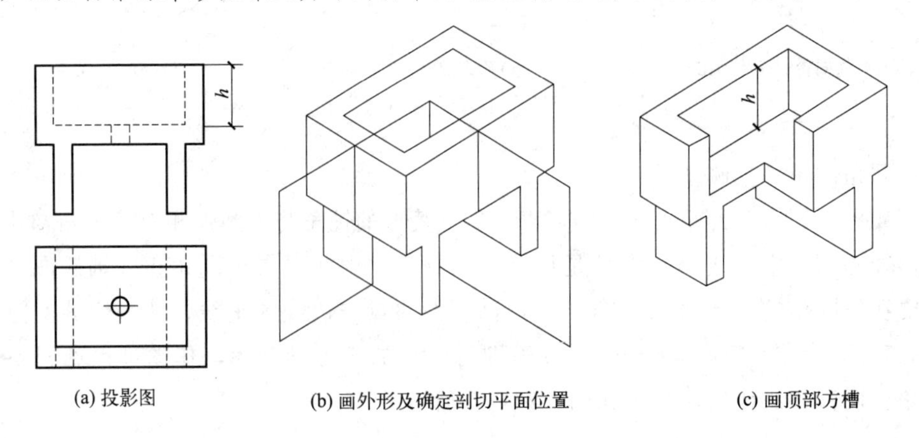

(a) 投影图　　(b) 画外形及确定剖切平面位置　　(c) 画顶部方槽

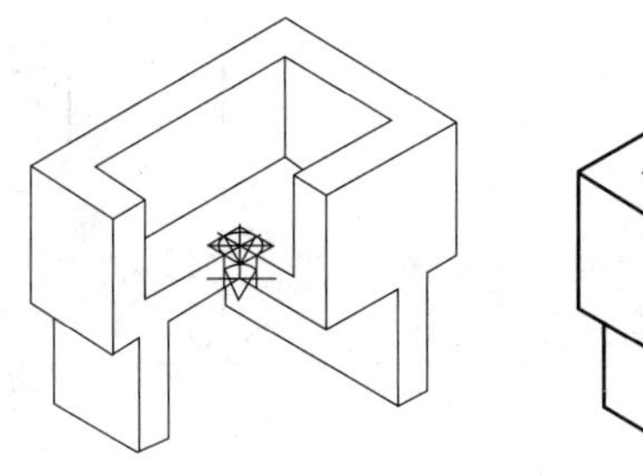

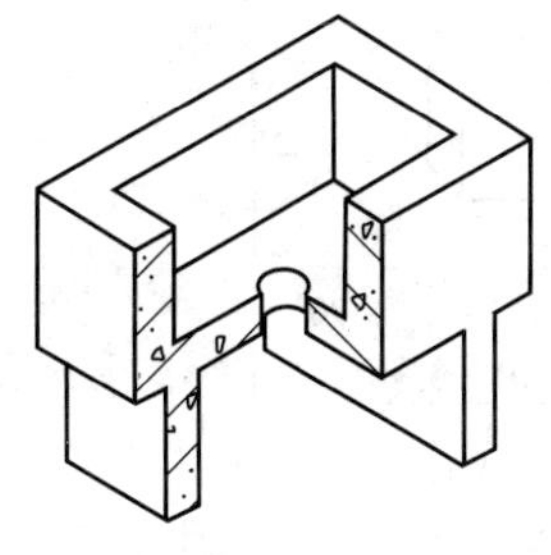

(d) 画槽底圆柱形孔　　(e) 整理图线，画材料图例

图 4-13 剖切轴测图的画法

(2) 去掉剖切后移走的部分，画物体内部结构及其与剖切面的交线。这里先画顶部方形槽，如图 4-13(c) 所示，再画槽底圆柱形孔，如图 4-13(d) 所示。

(3) 擦去作图线，加深并画上材料图例，结果如图 4-13(e) 所示。

4.3 斜轴测投影

当轴测投影面 P 平行于一个坐标面，投射方向 S 倾斜于轴测投影面 P 时所得的投影称为斜轴测投影。当 P 平行 V 面时，所得的斜轴测投影称为正面斜轴测；当 P 平行 H 面时，所得的斜轴测投影称为水平斜轴测。最常用的斜轴测图是正面斜二测和水平斜等测，如图 4-14 所示。

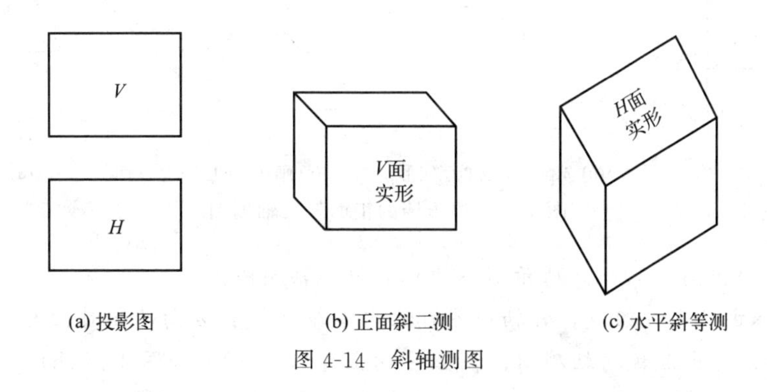

(a) 投影图　　(b) 正面斜二测　　(c) 水平斜等测

图 4-14 斜轴测图

4.3.1 正面斜二轴测图

正面斜二轴测图的轴间角、轴向伸缩系数如图 4-15 所示。正面斜二轴测图能反映物体 XOZ 面及其平行面的实形，故特别适用于画正面形状复杂、曲线多的物体。

【例 4-7】 完成图 4-16(a) 所示挡土墙的正面斜二轴测图。

分析 根据挡土墙形状的特点，选定轴间角 $\angle X_1O_1Y_1=45°$，这样三角形的扶壁将不被竖墙遮挡而表示清楚。

作图

(1) 确定轴测轴，直接按投影图中的实际尺寸画出底板和竖墙的正面斜轴测图，如图 4-16(b) 所示，注意 Y 方向上量取 $y_2/2$。

(2) 根据扶壁到竖墙边的距离，画出扶壁的三角形底面的实形，如图 4-16(c) 所示。

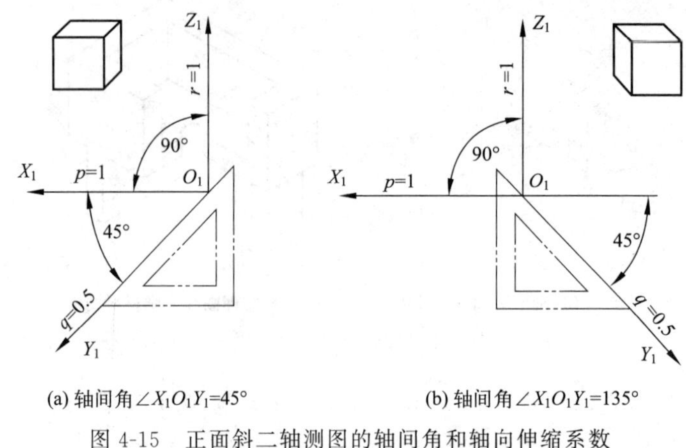

(a) 轴间角$\angle X_1O_1Y_1$=45°　(b) 轴间角$\angle X_1O_1Y_1$=135°

图 4-15　正面斜二轴测图的轴间角和轴向伸缩系数

(3) 完成扶壁，擦去多余图线，整理完成全图，如图 4-16(d) 所示。

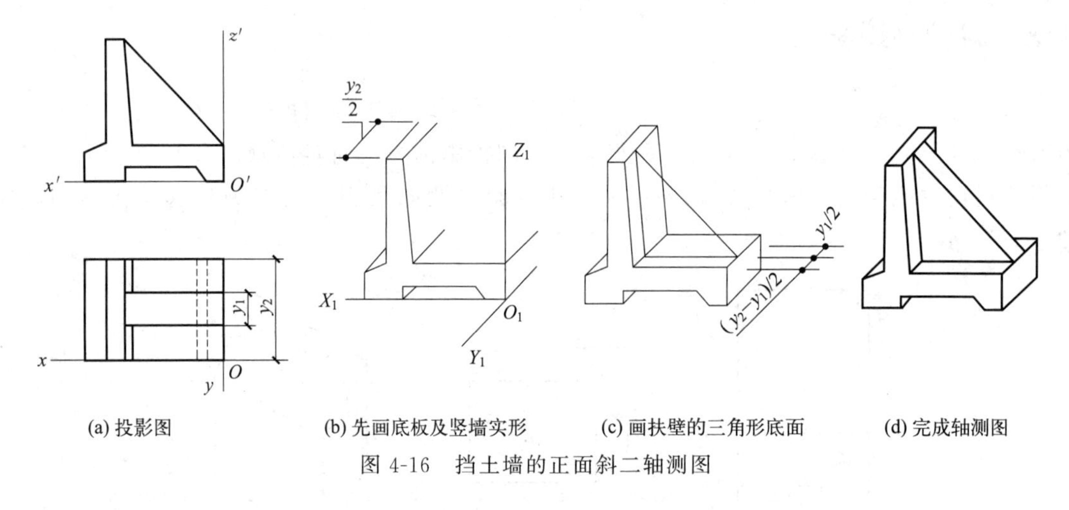

(a) 投影图　(b) 先画底板及竖墙实形　(c) 画扶壁的三角形底面　(d) 完成轴测图

图 4-16　挡土墙的正面斜二轴测图

【例 4-8】 画出图 4-17(a) 所示形体的正面斜二轴测图。

分析　形体由三部分组成，作轴测图时注意各部分在 Y 方向的相对位置。

作图　(1) 作出底板的轴测图，在 Y 方向上量取 $y_2/2$，如图 4-17(b) 所示。

(2) 定出 U 形立板的位置线，按实形画出前端面，在 Y 方向上量取 $y_1/2$，画出其后端面的实形，如图 4-17(c) 所示。

(3) 如图 4-17(d) 所示，定出立板的可见轮廓线及圆孔的可见部分，并画出前台的轴测图。

(4) 整理、加深，完成全图，如图 4-17(e) 所示。

4.3.2　水平斜等轴测图

水平斜等轴测图的轴间角、轴向伸缩系数如图 4-18(a) 所示，习惯上把反映高度的 Z_1 轴画成竖直方向，如图 4-18(b) 所示。水平斜等轴测图适宜用来绘画建筑小区的总体规划图或一幢房屋的水平剖面，它可以反映出房屋的内部布置，或一个区域中各建筑物、道路、设施等的平面位置及相互关系，以及建筑物和设施等的实际高度。

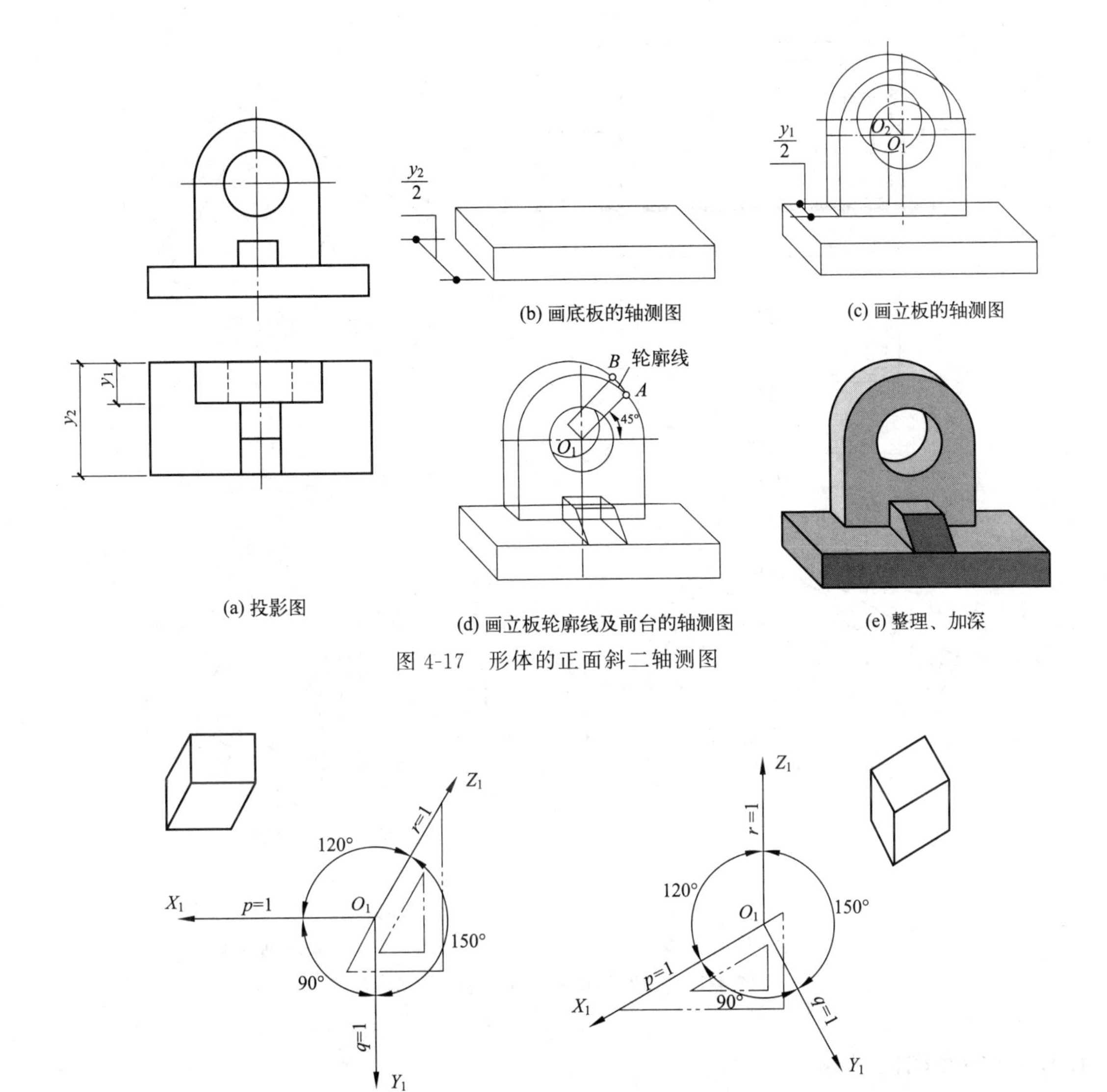

图 4-17 形体的正面斜二轴测图

图 4-18 水平斜等轴测图的轴间角和轴向伸缩系数

【例 4-9】 如图 4-19(a) 所示，画出带断面房屋的水平斜等轴测图。

分析 用水平剖切平面剖切房屋后，将下半部分房屋画成水平斜等轴测图。作图时只需将房屋的平面图旋转一定角度，然后在转角处向下画垂直线，再确定门窗及台阶的高度，即可画出其水平斜等轴测图。

作图

(1) 读懂视图，将平面图中的断面部分旋转 30°，如图 4-19(b) 所示。

(2) 从旋转后的断面墙角向下画外墙角线（高度为 z_1）、内墙线及门洞（高度为 z_3）、窗洞（高度为 z_2），如图 4-19(c) 所示。

(3) 根据尺寸（z_1-z_3）由下向上画室外台阶线，并用不同粗细的图线加深轮廓线，完成全图，如图 4-19(d) 所示。

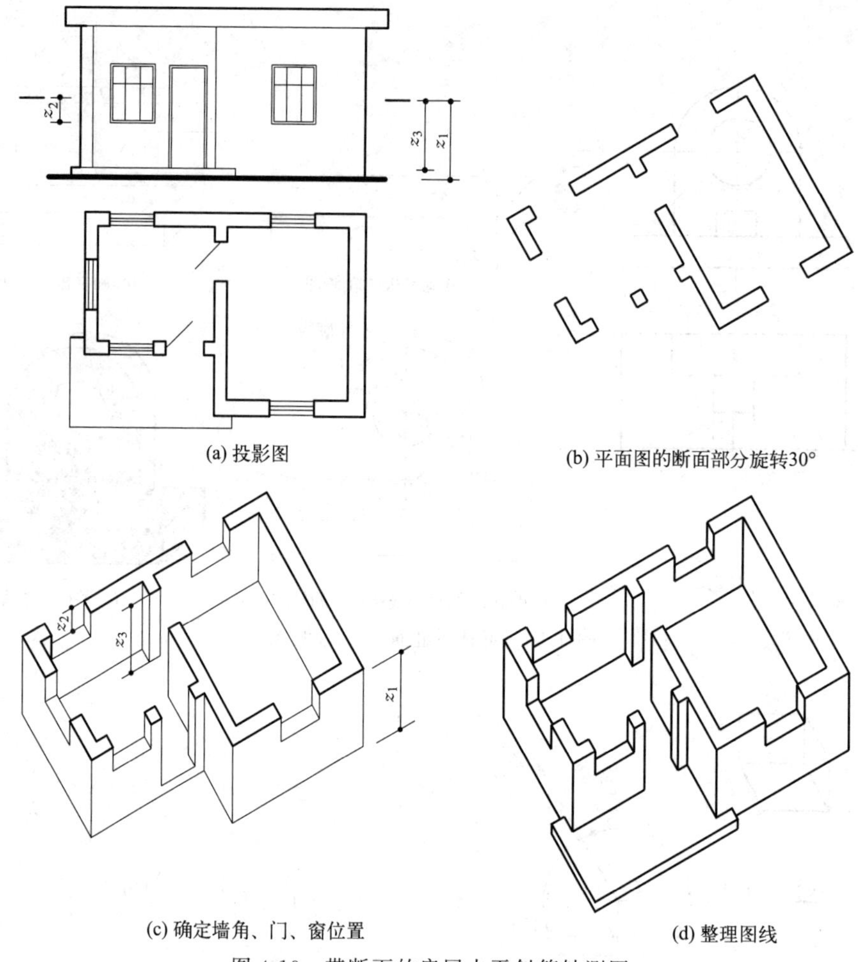

图 4-19　带断面的房屋水平斜等轴测图

4.3.3　轴测图的选择

绘制物体轴测投影，应使所画图形能反映出物体的主要形状，富有立体感，而影响轴测图效果的因素主要是轴测投影类型和投射方向两个方面。

图 4-20 为不同轴测图类型对立体感效果的影响。

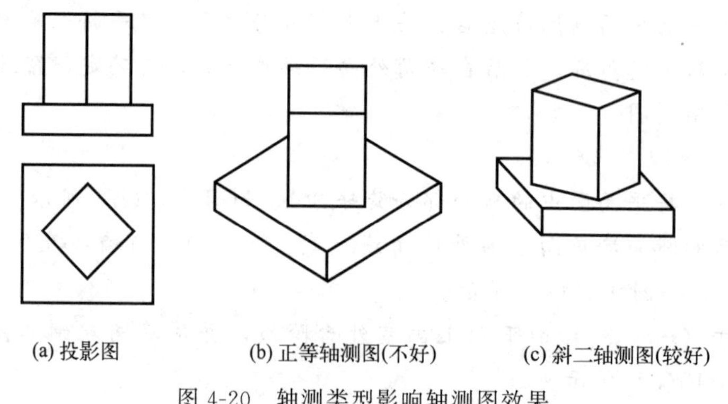

图 4-20　轴测类型影响轴测图效果

图 4-21 为不同投射方向对轴测图效果的影响。

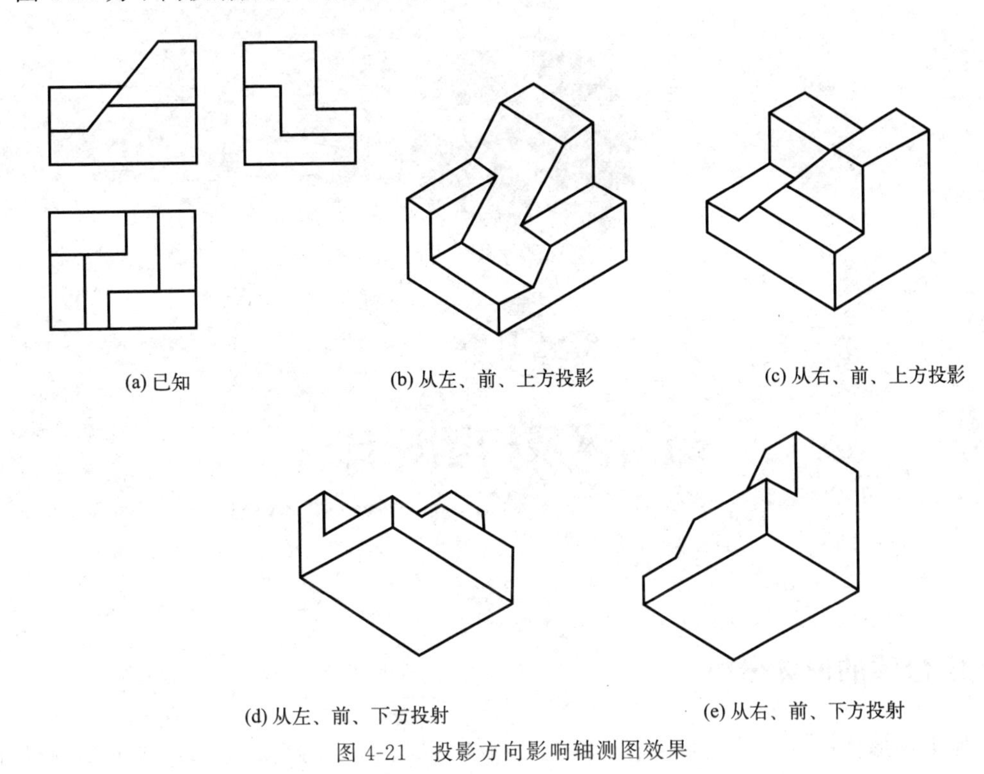

图 4-21 投影方向影响轴测图效果

第5章 组合体及构型设计

5.1 组合体的形体分析

任何工程形体都可以看成是由若干基本几何体（柱、锥、球等）经过叠加或切割组合而成的。这种由两个或两个以上简单几何体组合而成的复杂形体，称为组合体。

5.1.1 组合体的组合方式

为了便于分析，根据形体的组合特点，其组合方式可分为叠加、切割（包括切槽和穿孔）和综合三种。

（1）叠加

叠加是指若干个基本体按一定的相对位置叠放在一起，构成组合体，如图5-1所示的三踏步台阶是由栏板Ⅰ、Ⅱ和台阶Ⅰ、Ⅱ、Ⅲ五个基本体叠加形成的。

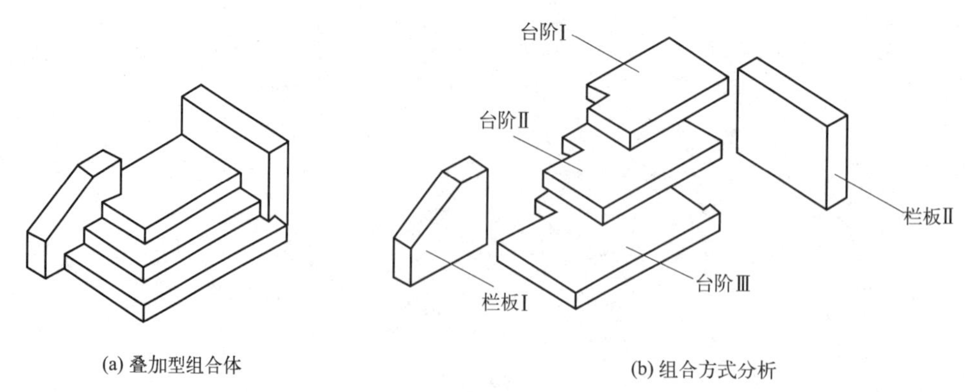

(a) 叠加型组合体

(b) 组合方式分析

图5-1 叠加型

（2）切割

切割是指基本体被平面或曲面截切，切割后表面会产生不同形状的交线，如图5-2所示的形体Ⅰ可以看成是由圆柱体切去形体Ⅱ和形体Ⅲ后形成的，其截交线和相贯线的投影见图5-2(b)。

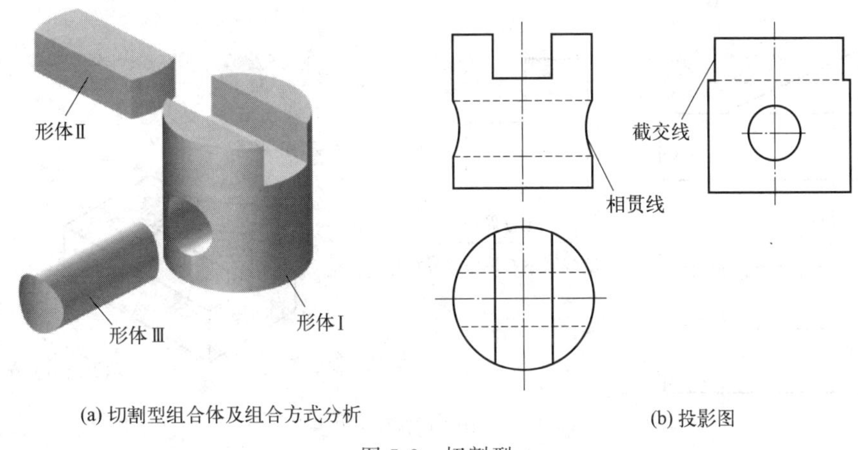

(a) 切割型组合体及组合方式分析

(b) 投影图

图5-2 切割型

(3) 综合

最常见的是既有叠加又有切割的综合型组合体，如图5-3所示的轴承座是由安装用的底板、放置轴用的套筒、连接底板与套筒的支承板、加强肋板和加油用的小凸台五部分组成的。

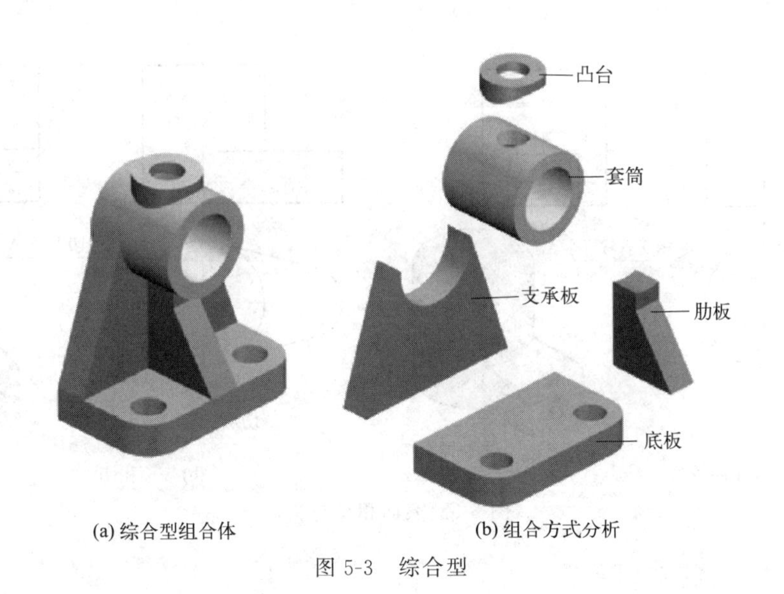

(a) 综合型组合体

(b) 组合方式分析

图5-3 综合型

5.1.2 组合体的表面连接关系

组合体的表面连接关系分为平齐、不平齐、相交、相切四种情况。

(1) 平齐

当相邻两形体的表面平齐（共面）时，即构成一个完整的平面，平齐处不应画线，如图5-4所示。

（2）相错

当相邻两形体的表面相错（不平齐）时，两表面的交界处应画出分界线，如图 5-4 所示。

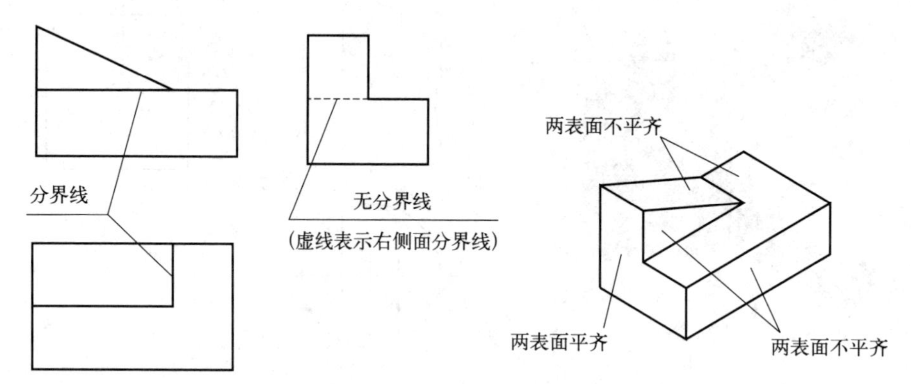

图 5-4　表面平齐与相错

（3）相交

当相邻两形体的表面相交时，两表面交界处应画出交线，如图 5-5(a) 所示。

（4）相切

当相邻两形体的表面相切时，在相切处呈光滑过渡，不存在分界线，如图 5-5(b) 所示。

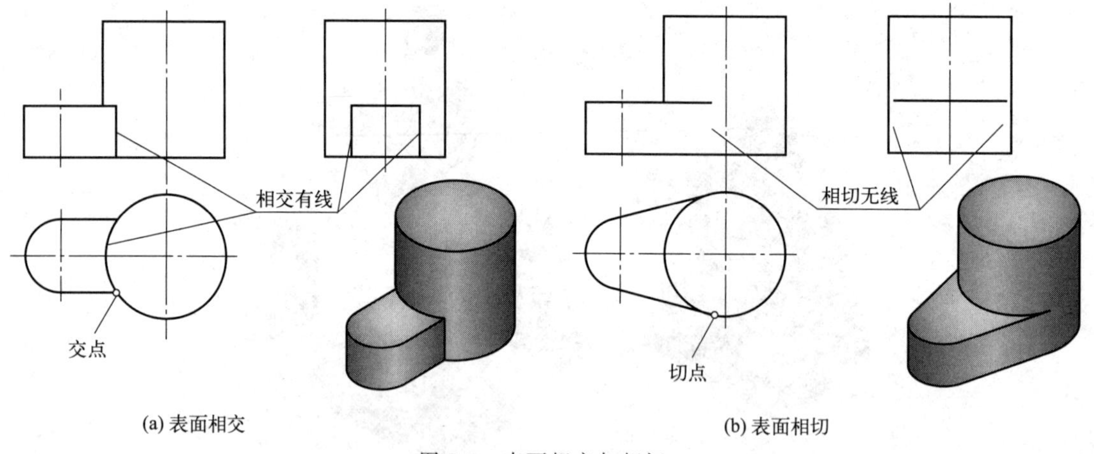

图 5-5　表面相交与相切

5.2　组合体视图的画法

在工程中常把形体在投影面上的正投影称为视图，组合体的三面投影称为三视图，其正面投影、水平投影、侧面投影分别称为主视图、俯视图、左视图。

绘制组合体的视图有两种方法：形体分析法和线面分析法。形体分析法就是假想把组合形体分解成若干个简单的基本形体，并弄清它们的形状、相对位置、组合方式及表面连接关系的分析方法，该方法是画图、读图、构型设计及尺寸标注的基本方法。线面分析法是在形体分析的基础上，对不易表达清楚的局部，运用线、面的投影特性来分析某些表面的形状、空间位置以及表面交线的方法，该方法特别适用于较复杂的切割形体。

5.2.1　形体分析法画图

下面以图 5-6(a) 所示的组合体为例，说明形体分析法画图的方法和步骤。

(1) 形体分析

首先对组合体进行分解——分块，其次是弄清楚各部分的形状及相对位置关系。从图 5-6(a) 可以看出，该组合体左右对称，由底板，直板，左、右各一个三棱柱及一个四棱柱组成，如图 5-6(b) 所示。底板在下，直板位于底板上方，左、右两三棱柱与直板相切，四棱柱位于直板的前侧。

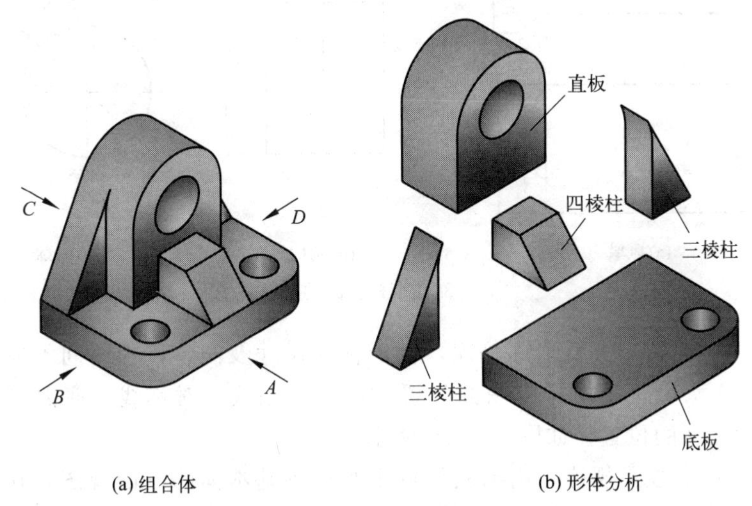

(a) 组合体　　(b) 形体分析

图 5-6　组合体及形体分析

(2) 视图选择

视图的选择包括确定物体的安放位置、选择主视图及确定视图数量三个方面。

① 确定安放位置　组合体应安放平稳并符合自然位置、工作位置，使它的对称面、主要轴线或较大端面与投影面平行或垂直。

② 选择主视图　应将最能反映组合体主要部分的形状特征、各组成部分的组合关系以及相对位置特征的视图作为主视图，同时尽量减少其他视图的虚线及合理地利用图纸等。

如图 5-6(a) 所示，将组合体按自然位置安放，从 *A*、*B*、*C*、*D* 四个方向投射所得视图进行比较后，选择 *A* 向作为主视图的投射方向，如图 5-7 所示。

③ 确定视图数量　为节省画图工作量，应在保证完整、清晰地表达形体结构形状及相对位置的前提下，尽量减少视图的数量。通常情况下，表达形体一般取三个视图，形状简单的也可以取两个视图，若标注尺寸，甚至只需一个视图，如图 5-8 所示。

(3) 画组合体视图

① 选定比例，确定图幅　根据组合体的结构形状、大小和复杂程度等因素，按国家标准选择适当的比例，再按选定的比例，计算出所画图形以及标注尺寸和标题栏所需的图纸面积，从而确定标准图幅。

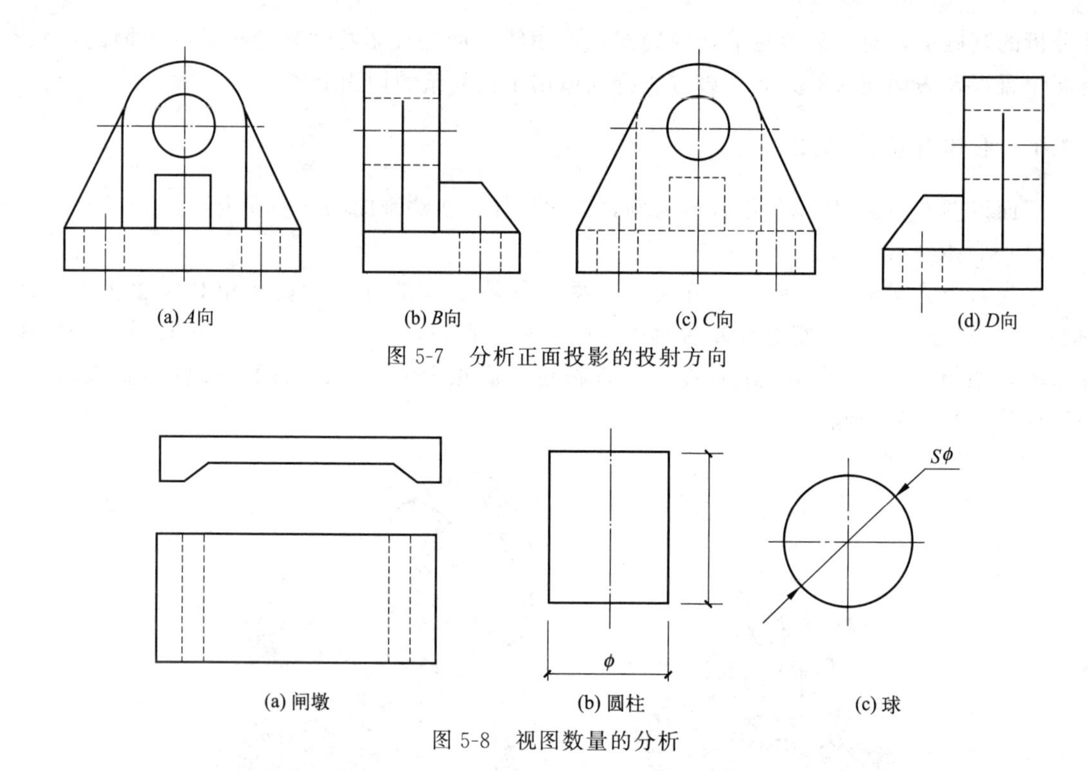

(a) A向　(b) B向　(c) C向　(d) D向

图 5-7　分析正面投影的投射方向

(a) 闸墩　(b) 圆柱　(c) 球

图 5-8　视图数量的分析

② 图面布置　视图布置要匀称美观，便于标注尺寸及阅读，视图间不应太挤或集中于图纸一侧，也不要太分散。安排视图的位置时应以中心线、对称线、底面等为画图的基准线，定出各视图之间的位置，如图 5-9(a) 所示。

③ 画底稿　根据投影规律，用细实线逐个画出各基本体的三面视图。在作每个基本体的投影时，三个视图应联系起来画，先画最能反映形体形状特征的投影，再按投影规律画出其他两个投影，如图 5-9(b)、(c)、(d)、(e) 所示。

④ 检查、加深　组合体是一个完整的形体，底稿完成后，应仔细检查，对各基本形体间相邻表面处于共面、相切或相交产生的交线的投影应予以重点校核，查缺补漏，擦去多余分界线。在修正无误后，按规定的线型加深，如图 5-9(f) 所示。注意：对称形体要画出对称线；回转体要画出轴线；圆孔要画出中心线。

5.2.2　线面分析法画图

对于切割型组合体来说，在挖切的过程中形成的面和交线较多，形体不完整。解决这类问题时，需要在用形体分析法分析形体的基础上，对某些线面的形状、空间位置、投影特性及表面交线作进一步分析。作图时，一般先画出组合体被切割前的原形，然后按切割顺序，画切割后形成的各个表面，先画有积聚性的线、面的投影，然后再按投影规律画出其他投影。

下面以图 5-10(a) 的组合体为例，说明线面分析法的画图步骤。

【例 5-1】 绘制图 5-10(a) 所示组合体的三视图。

分析与作图

(1) 进行形体分析。如图 5-10(b) 所示，该组合体的原形为一四棱柱，在它的左上方和右上方分别用正垂面 *P* 切去一个三棱柱，之后在前上方用一个水平面 *Q* 和正平面 *R* 切去一个梯形四棱柱，最后在下方正中位置上切去一个圆柱。

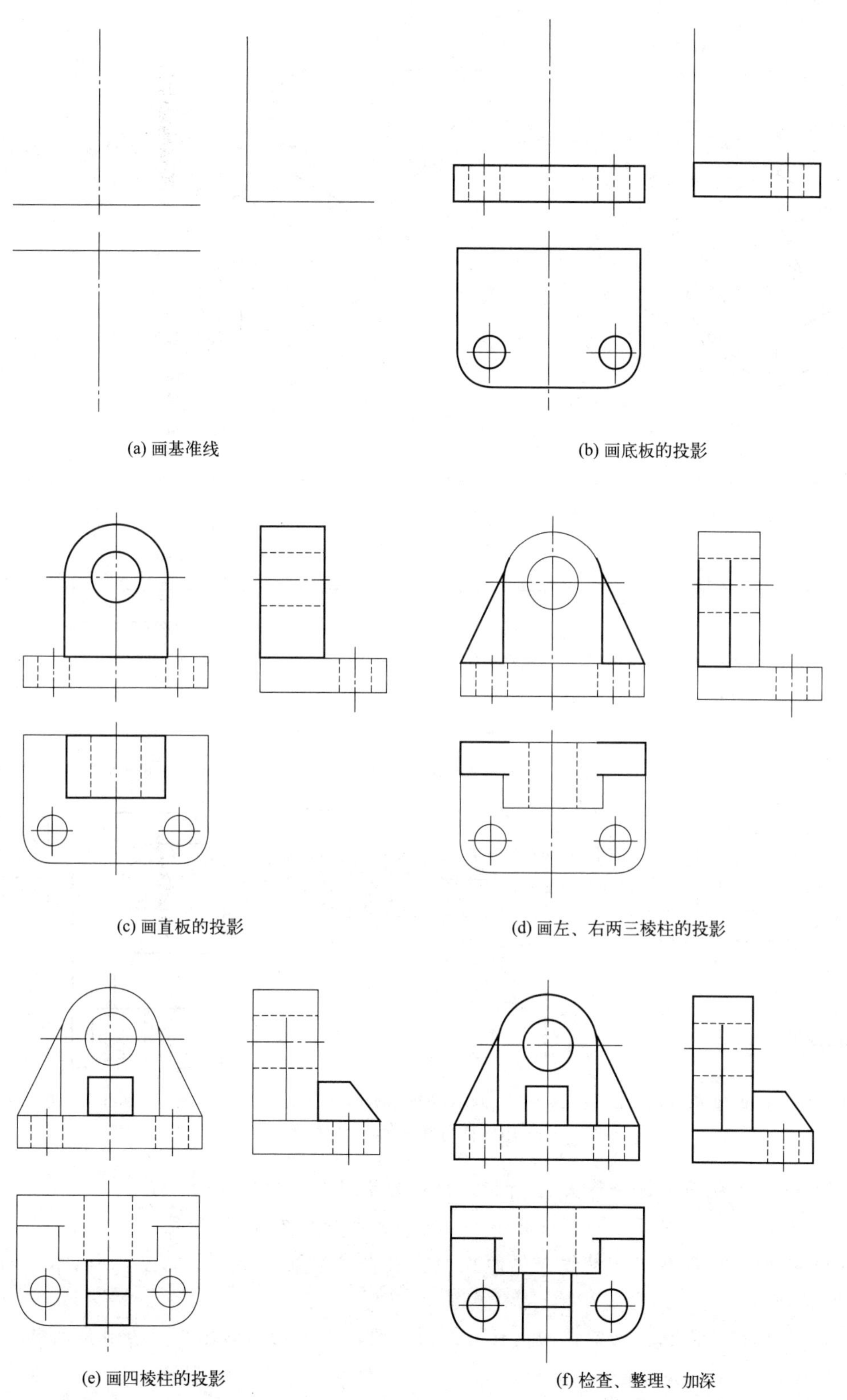

(a) 画基准线
(b) 画底板的投影
(c) 画直板的投影
(d) 画左、右两三棱柱的投影
(e) 画四棱柱的投影
(f) 检查、整理、加深

图 5-9　组合体的画图步骤

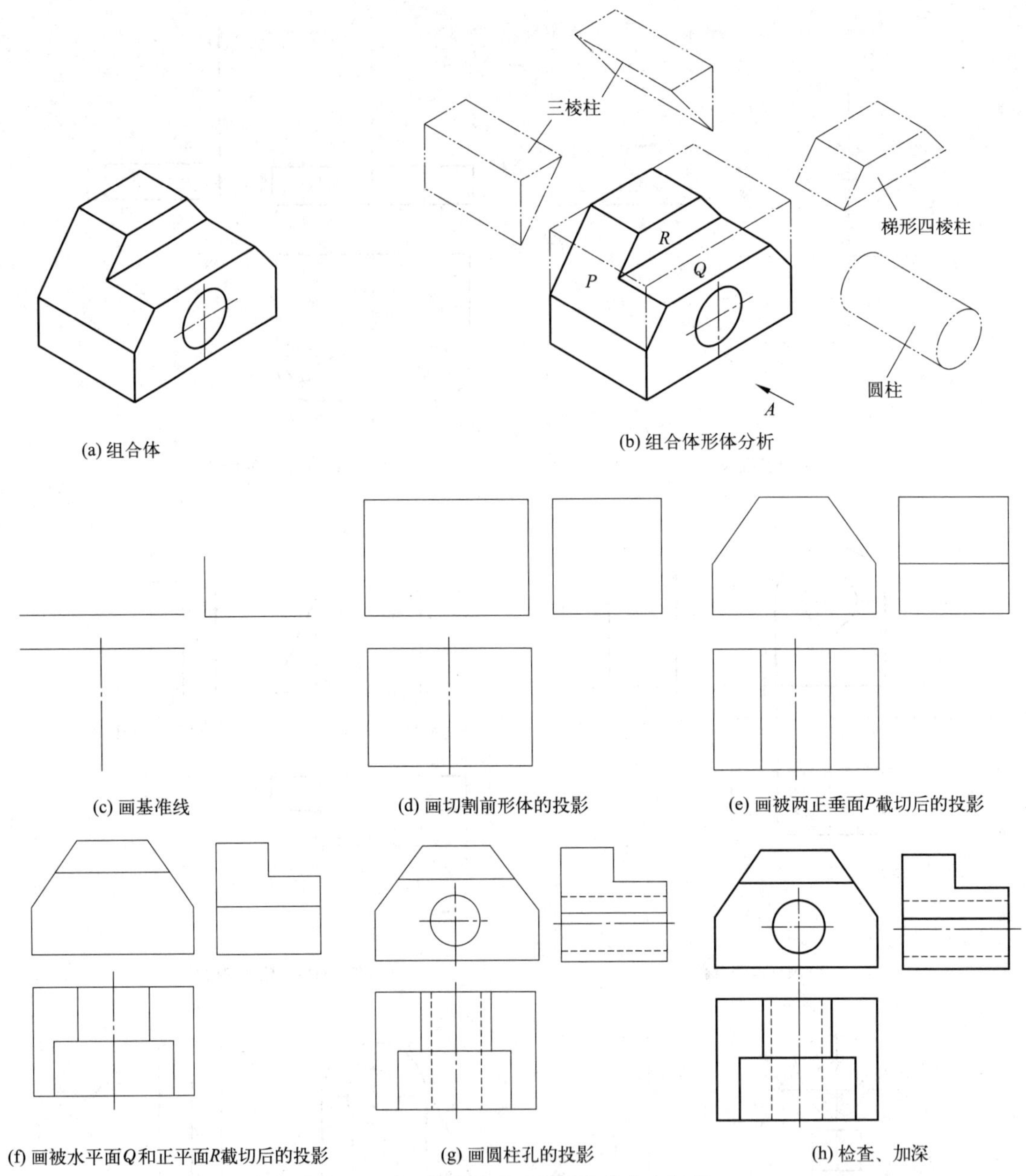

(a) 组合体

(b) 组合体形体分析

(c) 画基准线

(d) 画切割前形体的投影

(e) 画被两正垂面P截切后的投影

(f) 画被水平面Q和正平面R截切后的投影

(g) 画圆柱孔的投影

(h) 检查、加深

图 5-10　用线面分析法画组合体的三视图

(2) 选择主视图。选择箭头 A 所指方向作为主视图的投射方向。

(3) 选比例、定图幅。一般情况下，尽可能按原值比例 1∶1 绘图。

(4) 布图、画基准线。以组合体的底面、左右对称线和后表面为基准作图，如图 5-10(c) 所示。

(5) 画底稿。先画被切割前四棱柱的三面视图，再按切割顺序分别绘制其投影，分别如图 5-10(d)、(e)、(f)、(g) 所示。

(6) 检查、加深图线。

5.3　组合体的尺寸标注

组合体的视图，虽然已经清楚地表达出形体的形状和各部分的关系，但须注上足够的尺寸，才能明确表达形体各部分的实际大小和相对位置。

5.3.1　基本形体的尺寸标注

组合体是由若干基本体组成的，熟悉基本体的尺寸标注是组合体的尺寸标注的基础。

在标注基本形体的尺寸时，一般应注出它在长、宽、高三个方向的尺寸，但注意不要重复。图 5-11 所示为常见基本形体的尺寸标注。

对于回转体，可在其非圆视图上注出直径方向（简称“径向”）尺寸“ϕ”，或在投影为圆的视图上标注半径“R”，这样不仅可以减少一个方向的尺寸，而且还可以省略一个视图，如图 5-11(b) 所示；球的尺寸应在直径或半径符号前加注球的符号“S”，即 $S\phi$ 或 SR，如图 5-11(b) 所示。

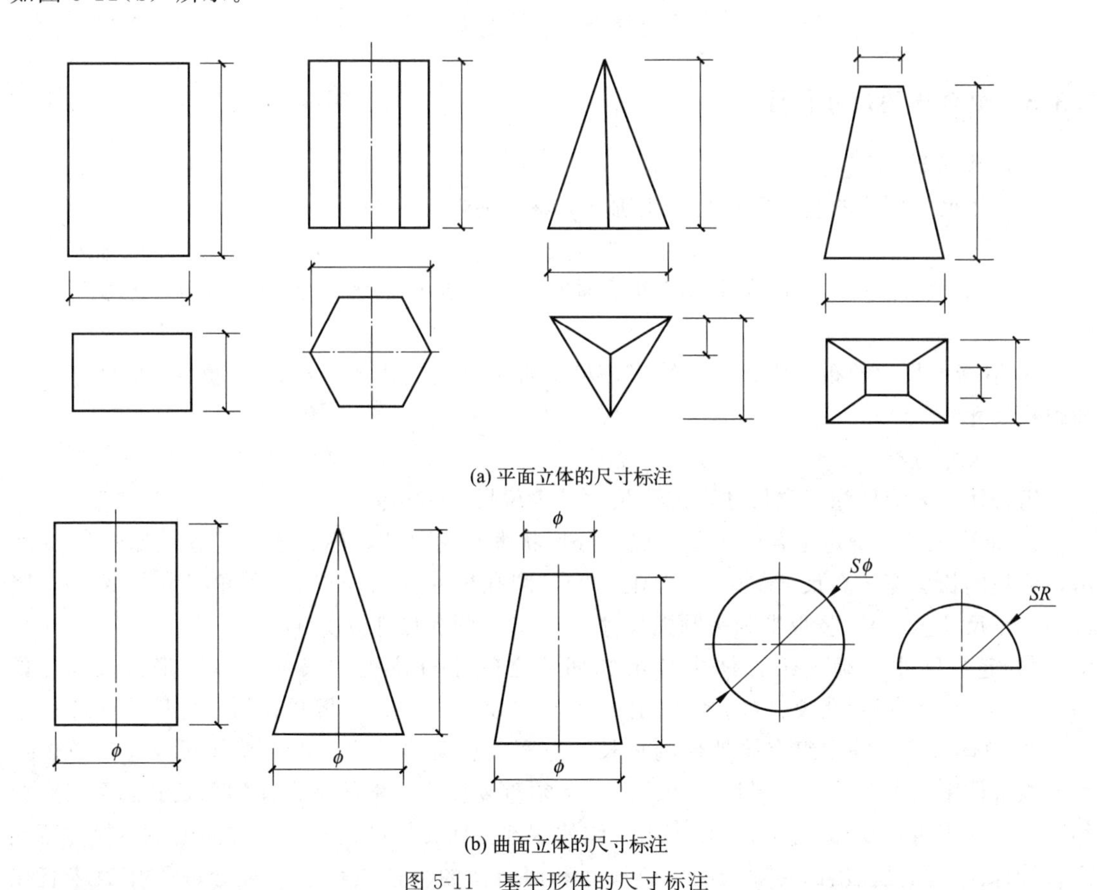

(b) 曲面立体的尺寸标注

图 5-11　基本形体的尺寸标注

5.3.2　截切体和相贯体的尺寸标注

当形体被切割后，除标注出基本形体的尺寸外，还应在反映切割最明显的视图上标注截平面的相对位置尺寸，但不能标注截交线的尺寸。同理，标注相贯部分的尺寸时，除需标注参与相贯的各立体的尺寸外，还要标注出它们之间相对位置的尺寸，但不能标注相贯线的尺寸。如图 5-12 所示（图中打“×”的尺寸是不应标注的尺寸）。

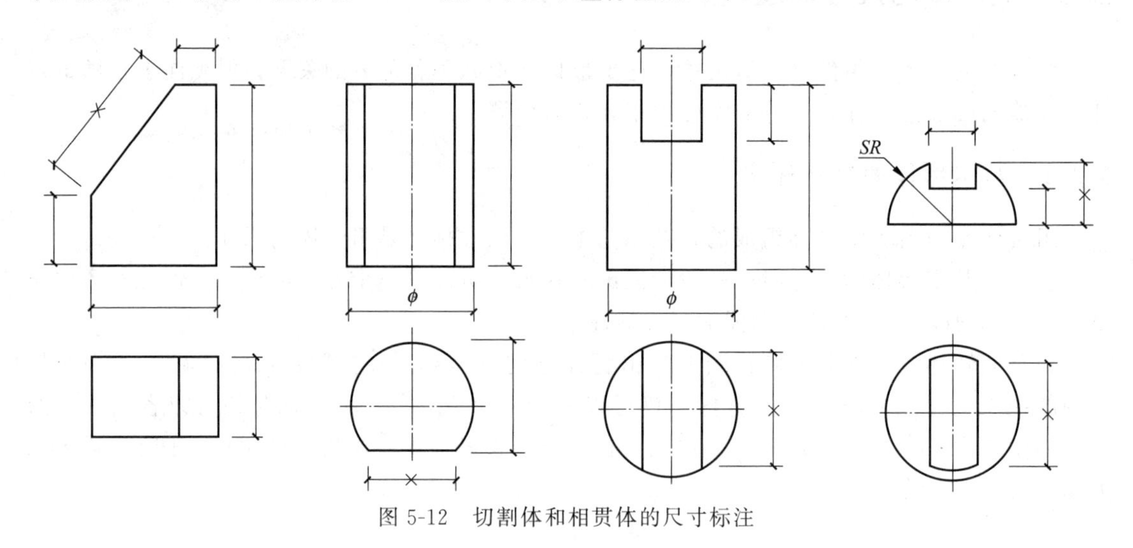

图 5-12　切割体和相贯体的尺寸标注

5.3.3　组合体的尺寸标注

（1）基本要求

组合体尺寸标注的基本要求是：正确、完整、清晰。

① 正确　所注尺寸应符合制图标准的有关规定（参见第 1 章），尺寸数值要准确无误。

② 完整　所注尺寸要能完全确定组合体中各基本形体的大小及相对位置，不遗漏，不重复。

③ 清晰　尺寸的布置要整齐、恰当，尽量避免纵横交错或引出标注过多，应便于看图和查找尺寸。

（2）尺寸分类

组合体一般应标注三类尺寸：定形尺寸、定位尺寸和总体尺寸。

① 定形尺寸　确定组合体中各组成部分形状大小的尺寸，称为定形尺寸。如图 5-13 所示，底板的长、宽、高尺寸（300、260、60），圆孔尺寸（2×ϕ60）、圆角尺寸（R70）、竖板的宽度尺寸（60）、竖板半圆头圆弧尺寸（R75）、圆孔尺寸（ϕ80）。

② 定位尺寸　确定组合体中各组成部分之间相对位置的尺寸，称为定位尺寸。如图 5-13 所示，底板圆孔长、宽方向的定位尺寸（230、120）、竖板圆孔的定位尺寸（175）。

③ 总体尺寸　确定组合体外形的总长、总宽、总高的尺寸，称为总体尺寸。当总体尺寸与组合体中某基本体的定形尺寸相同时，无须重复标注，本例组合体的总长和总宽与底板相同，在此不再重复标注。另外，当组合体的端部为回转体结构时，该方向的总体尺寸不允许直接标注，而是注出回转轴线的定位尺寸和回转体的半径或直径，如图 5-13 中就未直接标注总高，总高尺寸由竖板圆孔的定位尺寸（175）和半圆头定形尺寸（R75）来确定。

（3）尺寸基准

标注定位尺寸时，首先要确定标注尺寸的起点——尺寸基准，以便确定各基本体在各方向的相对位置，一般选用组合体的较大端面、底面、对称平面或回转体的轴线等作为尺寸基准，组合体在长、宽、高三个方向上都应有一个尺寸基准，如图 5-13 所示。

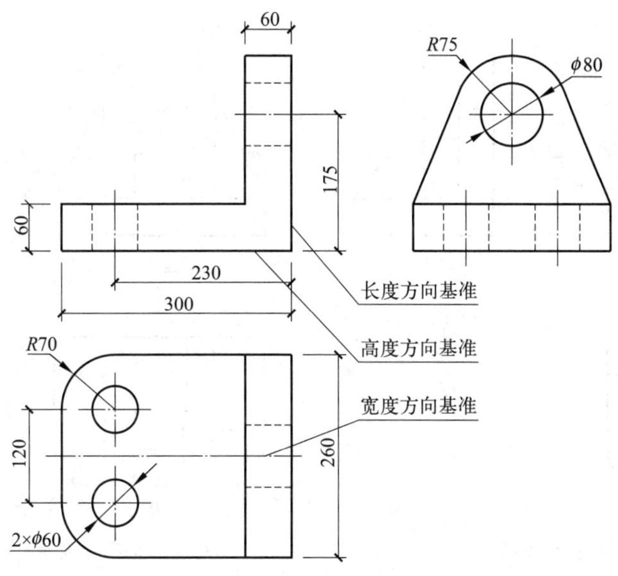

图 5-13　组合体的尺寸标注

(4) 标注组合体尺寸的方法和步骤

标注组合体尺寸的基本方法是形体分析法，即先将组合体分解为若干基本形体，然后选择尺寸基准，逐一注出各基本形体的定形尺寸和定位尺寸，最后考虑总体尺寸，并对已注的尺寸作必要的调整。现以图 5-6 所示的组合体为例，说明组合体尺寸标注的步骤。

① 确定尺寸基准。该组合体的尺寸基准如图 5-14(a) 所示。

② 逐一标注每个基本形体的定形尺寸，如图 5-14(b) 所示。

③ 逐一标注每个基本形体的定位尺寸，如图 5-14(c) 所示为所有圆孔的定位尺寸。

④ 标注总体尺寸，如图 5-14(d) 所示，总长 300（与底板相同）、总宽 200（与底板相同）、总高未直接标注，用高度方向圆孔的定位尺寸 170 代替。

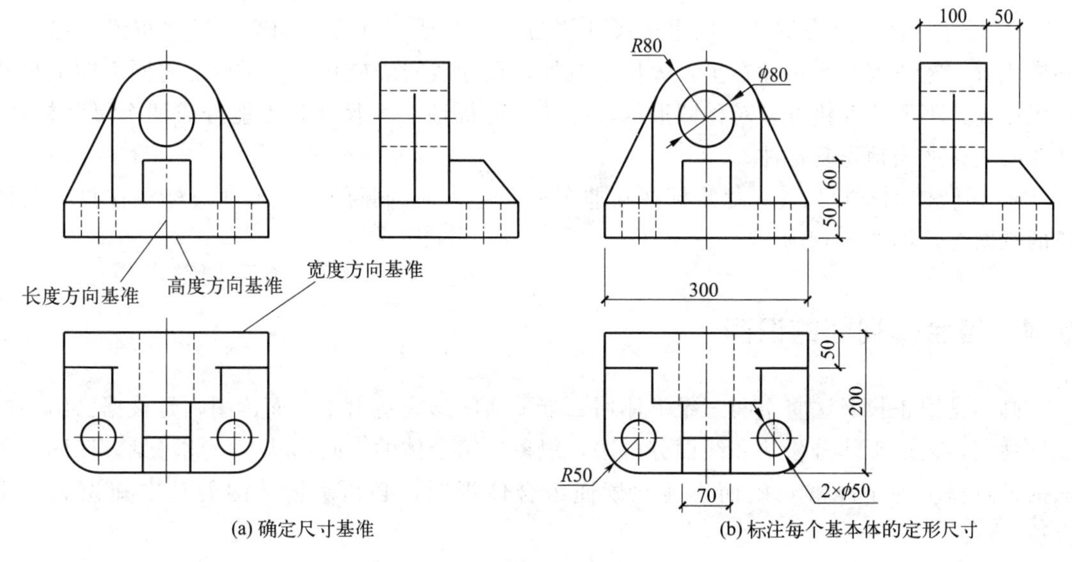

图 5-14

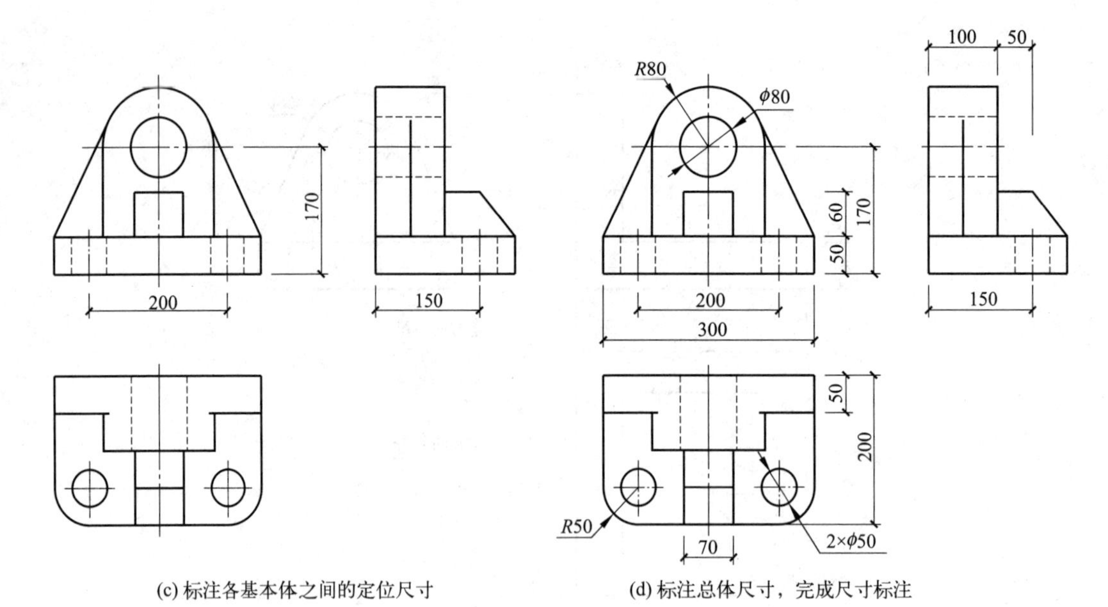

(c) 标注各基本体之间的定位尺寸　　(d) 标注总体尺寸，完成尺寸标注

图 5-14　组合体的尺寸标注

⑤ 检查、校核。注意：尺寸数字必须正确无误，每一个方向细部尺寸的总和应等于该方向的总体尺寸。尺寸数字书写工整，同一张图幅内数字字号大小一致。

（5）尺寸标注的注意事项

为了便于读图，当确定了应标注哪些尺寸后，还应考虑尺寸如何配置才能达到明显、清晰、整齐等要求。除遵守“国标”的有关规定外，还要注意如下几点：

① 尺寸标注要明显。尺寸应尽量标注在反映形体形状特征的视图上，就近标注。与两个视图有关的尺寸最好是标注在两视图之间，以便对照。尺寸尽量标注在视图之外，且尽量不在虚线上标注尺寸。

② 尺寸标注要集中。同一基本形体的尺寸应尽量集中标注，首先考虑主、俯视图，再考虑在左视图上标注。

③ 尺寸标注要整齐清晰。应避免尺寸线与尺寸线或尺寸界线相交。尺寸布置应尽量做到横成行、竖成列，小尺寸在里，大尺寸在外，尺寸线间隔应相等。尽可能将同方向的尺寸首尾相连，不要相互错开。对称图形的尺寸，只能标注一个尺寸，不能分成两个尺寸标注。必要时允许适当地重复标注。

④ 回转体的直径尺寸，尽量标注在非圆视图上，而圆弧的半径尺寸应标注在投影为圆弧的视图上，如图 5-14 所示。

5.4　组合体视图的识读

画图是用正投影法将空间三维形体用二维平面图形表达出来，而读图则是根据已给出的二维视图，运用形体分析法和线面分析法，想象出组合体的空间形状。由此可见，读图是画图的逆过程。为了能够正确而迅速地读懂组合体视图，必须掌握读图的基本知识和基本方法。

5.4.1 读图的基本知识

读图时除应熟练掌握基本形体的投影特点（如矩矩为柱、三三为锥、梯梯为台、三圆为球），同时还应掌握各种位置线、面以及截交线、相贯线的投影特点及作图方法外，还应注意以下几点。

5.4.1.1 几个视图联系起来识读

物体的形状一般都是通过三个视图来表达，每个视图只能反映形体在一个投射方向的形状。因此，仅有一个视图，一般不能唯一确定物体的形状。图 5-15 列举了主视图完全相同的四种不同形状的物体。

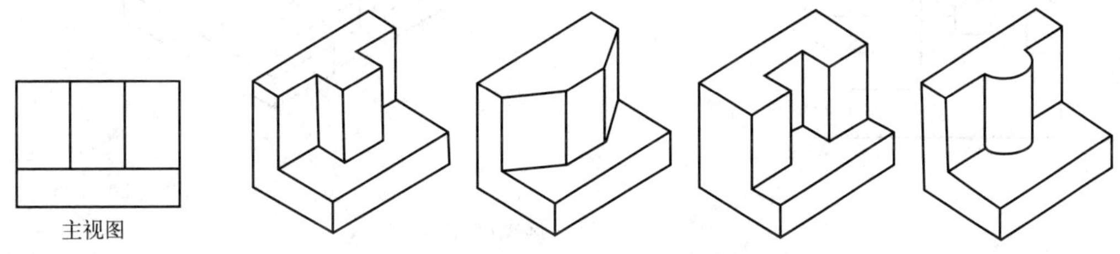

图 5-15 主视图相同的不同形体

有时，两个视图也不能完全确定形体的形状，如图 5-16 所示列举了主视图和俯视图都相同的四种不同形状的物体。

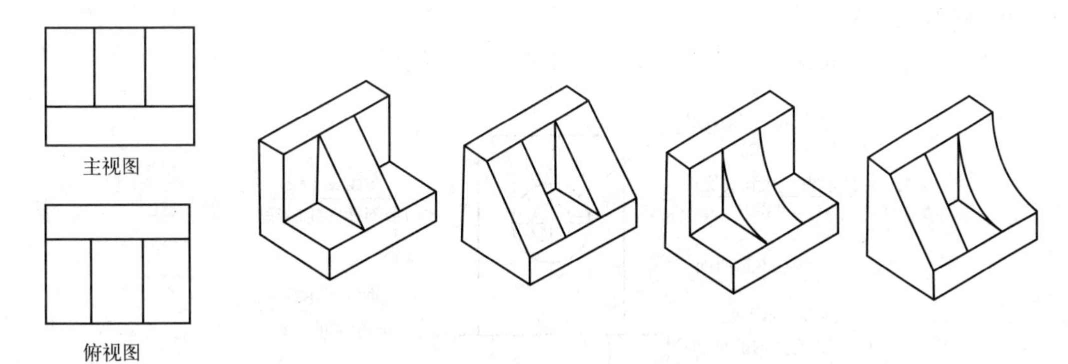

图 5-16 主视图和俯视图都相同的不同形体

5.4.1.2 找出特征视图

特征视图就是最能反映组合体形状特征和各基本形体之间位置特征的那个视图，一般情况下是主视图。但形体各组成部分的形状特征，并非总是集中在同一个视图上，而可能分散在每个视图上。图 5-17 所示的组合体由三个形体叠加而成，主视图反映形体Ⅲ的特征，俯视图反映形体Ⅰ的特征，左视图反映形体Ⅱ的特征。此外，读图时还应从最能反映组合体各部分相对位置的那个视图入手来分析组合体。图 5-17 所示的主视图清楚地反映出三部分之间的上下和左右位置关系。

5.4.1.3 明确视图中封闭线框和图线的含义

（1）封闭线框的含义

视图中每个封闭线框可表示以下几种含义，如图 5-18 所示。

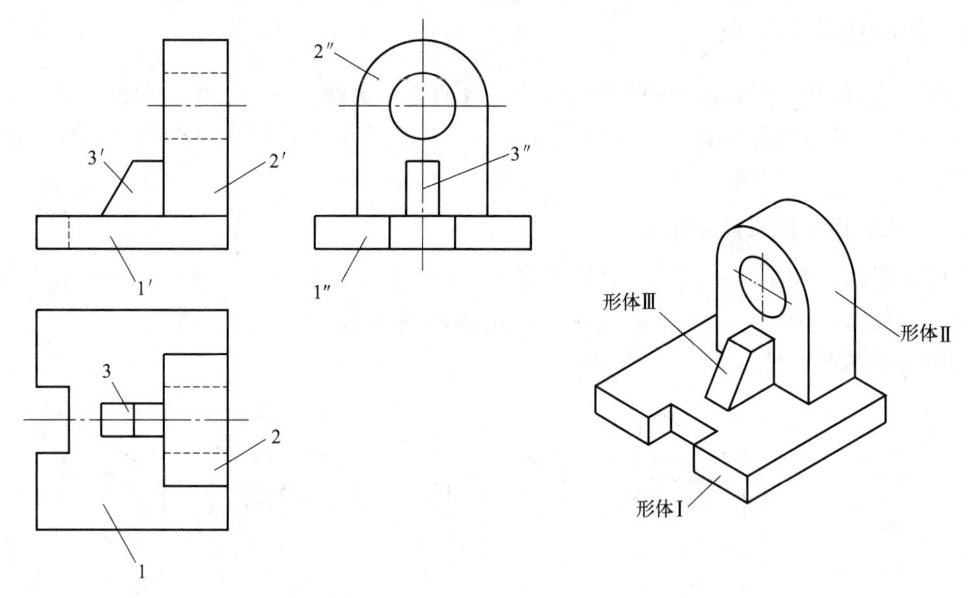

图 5-17　特征视图的分析

① 表示一个平面（实形或类似形）、曲面或相切的组合面。

② 表示一个孔洞或坑槽。

③ 表示一个基本形体（平面立体或曲面立体）。

(2) 图线的含义

视图中每条图线可表示以下几种含义，如图 5-18 所示。

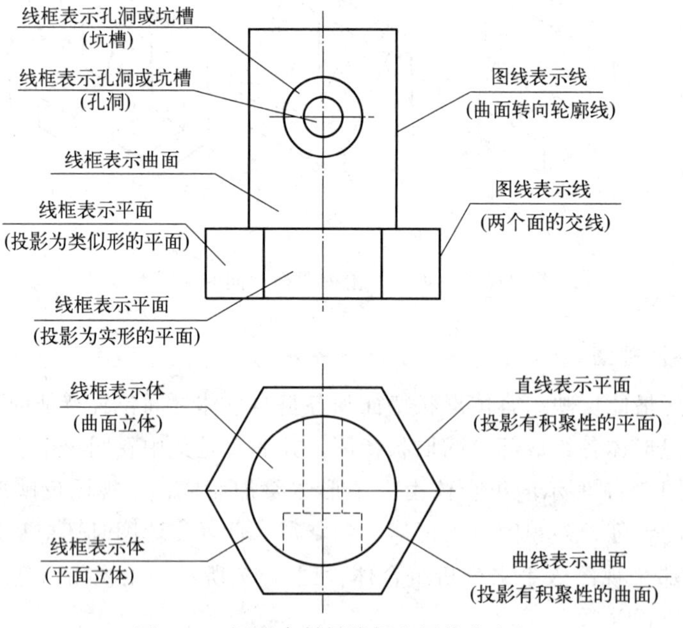

图 5-18　视图中封闭线框和图线的含义

① 表示一个具有积聚性的平面或曲面。

② 表示两个面的交线（棱线、截交线、相贯线）。

③ 表示曲面的转向轮廓线。

另外，两个相邻线框，表示物体上或相交或交错的位置不同的两个面，如图 5-18 主视图中，下面三个矩形线框表示六棱柱上左右、前后不同的三个棱面。大线框中套有小线框，表示大形体中凸出来或凹进去的小形体，如图 5-18 俯视图中，六边形线框中套有圆线框表示六棱柱上方凸出来的圆柱。

5.4.2 读图的基本方法

形体分析法是读图的最基本方法，遇到难点部分辅以线面分析法。

(1) 用形体分析法读图

形体分析法读图是以基本形体为读图单元，一般先从反映组合体形状特征较多的主视图着手，联系其他视图，将其划分为若干个封闭线框，然后利用投影关系，找出各个线框在其他视图中的投影，从而分析各部分的形状以及它们之间的相对位置，最后综合起来想象组合体的整体形状。

现以图 5-19(a) 所示组合体的三视图为例，说明运用形体分析法读图的步骤。

【例 5-2】 根据图 5-19(a) 所示组合体的三视图，想象其结构形状。

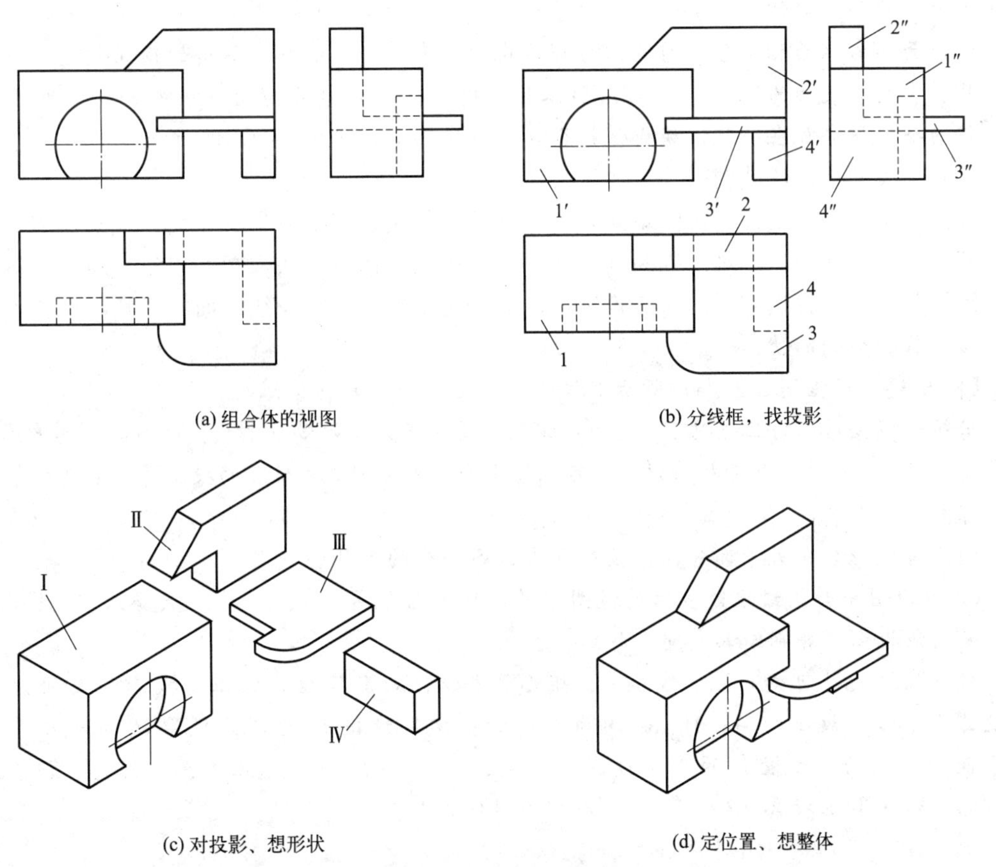

(a) 组合体的视图　(b) 分线框，找投影

(c) 对投影、想形状　(d) 定位置、想整体

图 5-19 形体分析法读图

分析 从已知的三视图看出，该形体是以四部分基本体叠加，结合切割方式组合而成的组合体。

作图

(1) 分线框，找投影。视图中的每个封闭线框一般代表一个简单形体的投影。首先从反映各部分特征的视图中，根据组合体的组成关系，按照“先粗后细、先整体后局部”的原则划分线框。从特征明显的主视图入手，将该组合体划分为四个简单的线框，并利用三等关系，找出每个线框对应的俯视图和左视图，如图 5-19(b) 所示。这四个线框可以设想为四个简单形体Ⅰ、Ⅱ、Ⅲ、Ⅳ。

(2) 对投影、想形状。由线框Ⅰ的三个投影 1、1′、1″的外轮廓均为矩形，可知该形体Ⅰ的外形为长方体，再从主视图中的圆弧、俯视图和左视图的虚线，可判断在长方体的前端面上挖去大半个圆柱而形成一个槽。线框Ⅱ的正面投影 2′反映该形体的形状特征，再根据 2、2″，可判断出形体Ⅱ为多边形棱柱体。线框Ⅲ的水平投影 3 反映该形体的形状特征，再根据 3′、3″，可判断出形体Ⅲ为带圆角的 L 形棱柱体。线框Ⅳ的三个投影 4、4′、4″均为矩形，故形体Ⅳ为长方体。想象出的这四个简单形体的形状，如图 5-19(c) 所示。

(3) 定位置、想整体。根据视图中所显示各基本形体之间的相对位置，可判断出：形体Ⅰ位于组合体的左方，形体Ⅳ位于组合体的右下方，右方中间为形体Ⅲ，其左后角的缺口与形体Ⅰ的前表面和右侧面相重合，形体Ⅱ位于组合体的右、后、上方，其左下方的缺口与形体Ⅰ的顶面和右侧面相重合，前表面与形体Ⅲ的后表面、底面与形体Ⅲ的顶面相重合。形体Ⅰ、Ⅱ、Ⅳ的后表面为同一个平面，形体Ⅱ、Ⅲ、Ⅳ的右侧面为同一个平面。按照上述位置，将四个形体叠加在一起，获得该组合体的整体形状，如图 5-19(d) 所示。

(2) 用线面分析法读图

线面分析法是以线面为读图单元，一般不独立使用。当形体带有斜面，或某些细部结构比较复杂，用形体分析法难以判断其形状时，可采用线面分析法来帮助想象。通过分析视图上的图线及线框，找出它们的对应投影，从而分析出形体上相应线、面的形状和位置，综合得出该部分的空间形状。

【例 5-3】 根据图 5-20(a) 所示形体的三视图，想象其结构形状。

分析 根据形体的三视图可以看出：该形体是由长方体被多个平面截切而成，具体读图时主要运用线面分析法进行分析。注意：可根据平面“不类似必积聚”的投影特性来进行分析。

作图

(1) 将投影分成若干部分，按投影分析出各部分的形状。

① 将视图中封闭线框最多的俯视图中的封闭线框编号（a、b、c、d、e），按投影规律找出其对应投影，并判断其空间形状。

根据投影规律可知：L 形线框 a、矩形线框 b、矩形线框 c 的正面投影和侧面投影都积聚为水平线，故平面 A、B、C 均为水平面；梯形线框 D 的侧面投影 d''为斜线，说明 D 平面为侧垂面；线框 E 的正面投影 e'为斜线，说明 E 平面为正垂面。注意：D、E 两平面的交线ⅠⅡ的投影 12、1′2′、1″2″都为斜线，故交线ⅠⅡ为一般位置直线，如图 5-20(c) 所示。

② 将主视图和左视图中剩下的封闭线框编号（f'、g'、h''），找出其对应投影，判断其空间形状。同理可以分析出：主视图中的线框 f'、g'的水平投影都为水平线，侧面投影都为竖直线，可判断 F、G 平面均为正平面；左视图中线框 h''的正面投影和水平投影都为竖直线，可知 H 平面为侧平面，如图 5-20(d) 所示。

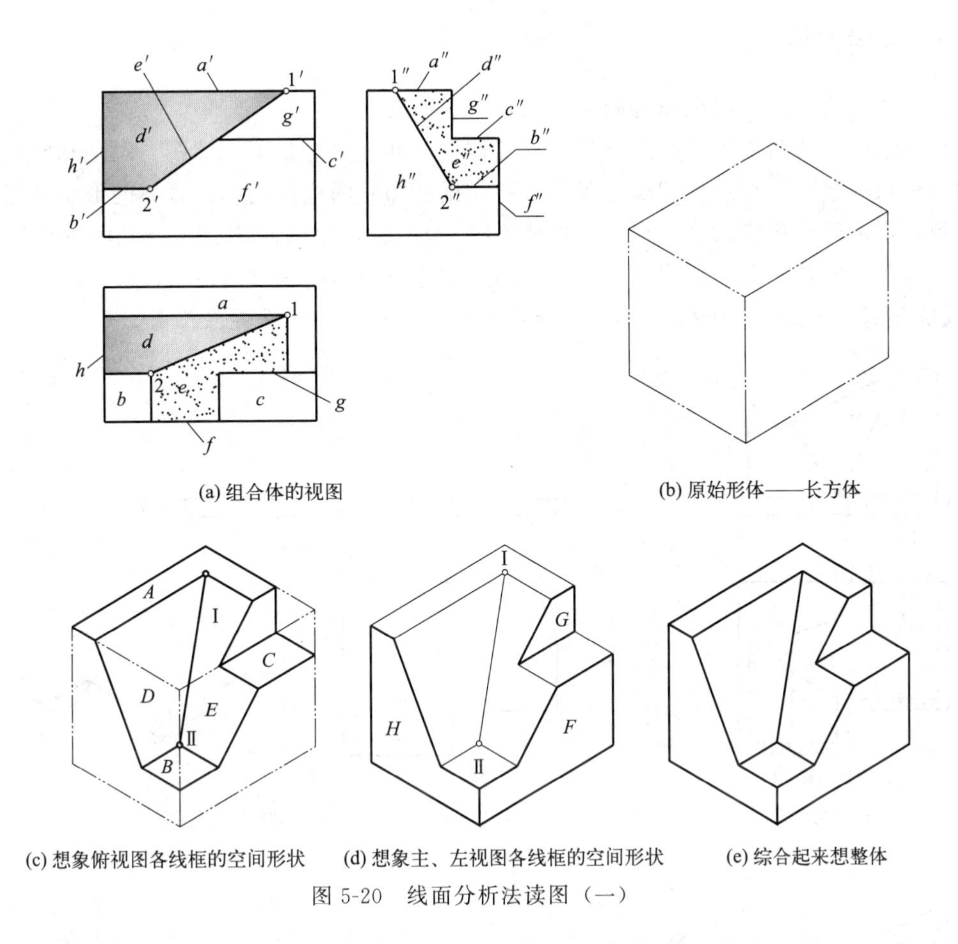

(a) 组合体的视图　　(b) 原始形体——长方体

(c) 想象俯视图各线框的空间形状　　(d) 想象主、左视图各线框的空间形状　　(e) 综合起来想整体

图 5-20　线面分析法读图（一）

（2）分析围成形体各个表面的相对位置，并综合起来想象出整体形状，如图 5-20（e）所示。

通过对形体各个表面的分析，可知组合体为长方体被正垂面 E、侧垂面 D 和水平面 B 切割左前角，又被水平面 C 和正平面 G 切掉右前上角所形成。当然，也可根据截切顺序和切割面的位置来分析，如图 5-21 所示。

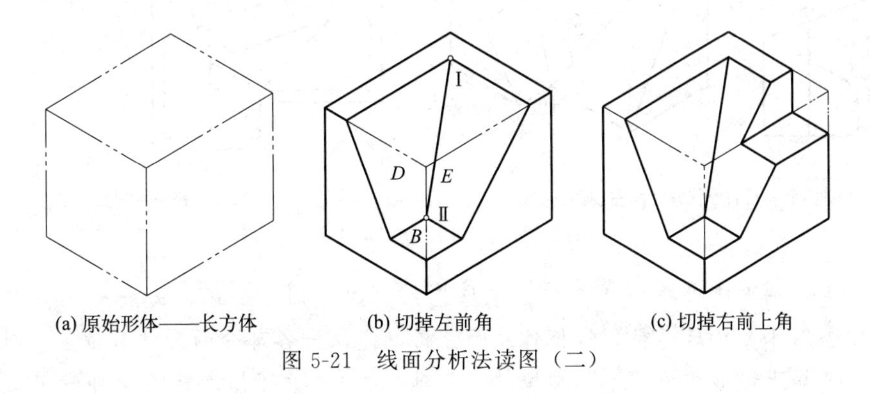

(a) 原始形体——长方体　　(b) 切掉左前角　　(c) 切掉右前上角

图 5-21　线面分析法读图（二）

由上述内容可知，读图步骤可归纳为：①先看主视分形体；②对照投影判位置；③线面分析解难点；④综合起来想整体。

5.4.3 读图训练

（1）根据组合体的两视图补画第三视图

根据组合体的两视图补画第三视图（简称“二补三”）是训练读图、画图和空间思维能力的一种基本题型。在这种训练过程中，要根据已知的两视图读懂组合体的形状，然后按照投影规律正确画出相应的第三视图（可能不唯一）。这是由图到物和由物到图的反复思维的过程，因此，它是提高综合画图能力，培养空间想象能力的一种有效手段。

【例 5-4】 如图 5-22(a) 所示，已知挡土墙的两视图，补画其左视图。

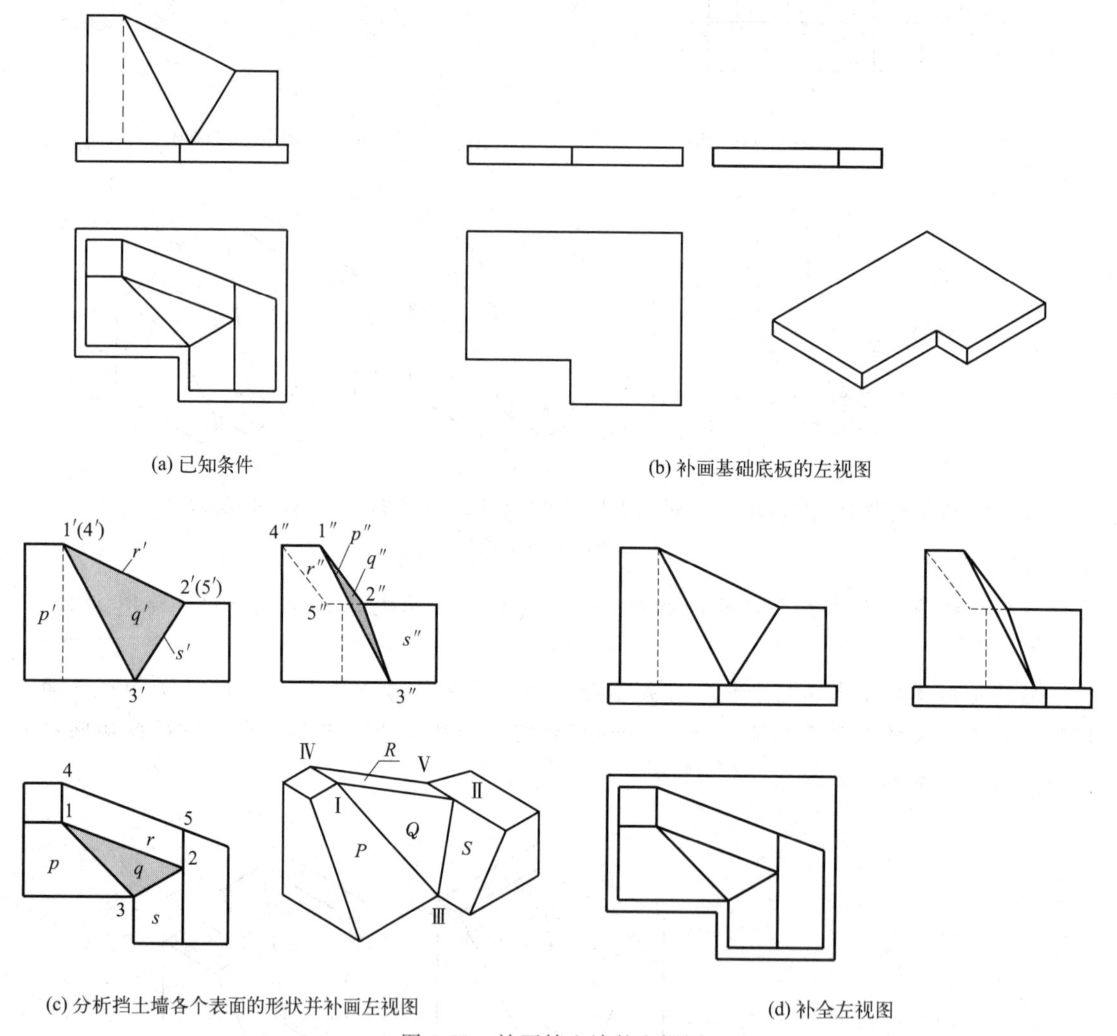

图 5-22 补画挡土墙的左视图

分析 先对挡土墙进行形体分析，根据已知视图可知该形体，大致由上、下两部分组成，属于综合形体。然后再对各线框作线面分析，想象出各部分的形状和位置。对照正面和水平投影，可知下部形体为“┓”形棱柱（基础底板）。上部挡土墙墙身部分斜面较多，可利用线面分析法分析其具体形状。

作图

（1）画出下部基础的侧面投影，如图 5-22(b) 所示。

（2）画出墙身的侧面投影，如图5-22(c)所示。

其中P平面为侧垂面，空间形状为梯形，W面投影积聚为一直线$1''3''$；Q平面为一般面，空间形状为三角形，即△ⅠⅡⅢ，W面投影为类似形△$1''2''3''$；R平面为正垂面，空间形状为平行四边形，即▱ⅠⅡⅤⅣ，W面投影为类似形▱$1''2''5''4''$；S平面为正垂面，空间形状为梯形，W面投影为类似形。

（3）检查、校核、加深图线。应特别注意，因挡土墙墙身部分左高右低，且后表面从左后方向右前方倾斜，故左视图中右侧端墙后棱线、后端面ⅣⅤ和ⅡⅤ棱线被遮挡而不可见，应画成虚线，如图5-22(d)所示。

（2）补画视图中所缺的图线

补画三视图中所缺的图线是读图、画图训练的另一种基本题型。它往往是在一个或两个视图中给出组合体的某个局部结构，而在其他视图中遗漏。这就要从给定的一个投影中的局部结构入手，依照投影规律将其他的投影补画完整。这种练习进一步强调了形体的三视图是一个统一体，必须三面投影同时对应绘制，切忌画完一个投影再画另一个投影的作图方法。

【例5-5】 如图5-23(a)所示，补画三视图中遗漏的图线。

分析 由给出的三视图可以看出，主视图反映其形状特征，该形体为左低右高的“┘”形棱柱体，形体的左侧中间部分切去一个三棱柱，形成三棱柱切口，在左视图没有画出该切口的投影以及左侧水平顶面的投影；由左视图明显看到一V形缺口，缺口交线以及与上部水平面的交线在主视图和俯视图两视图中漏画，均应根据投影规律补出相应的投影。

作图

（1）补画左侧三棱柱切口和水平面的侧面投影。

（2）补画上部V形缺口和中间侧平面的正面和水平投影。

（3）检查、校核，完成全图，如图5-23(b)所示。

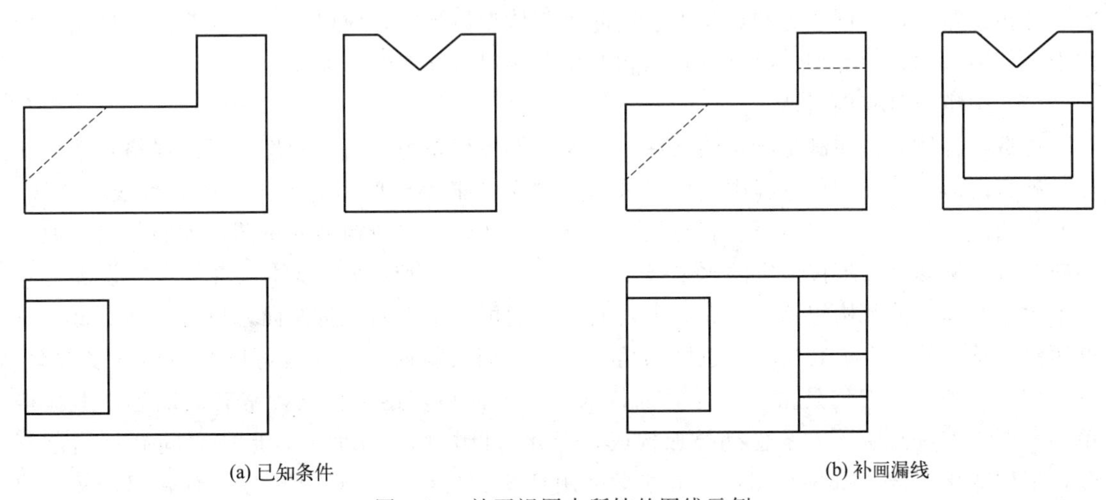

(a) 已知条件　　(b) 补画漏线

图5-23　补画视图中所缺的图线示例

补画图5-24(a)所示三视图中遗漏的图线，请读者自行分析。

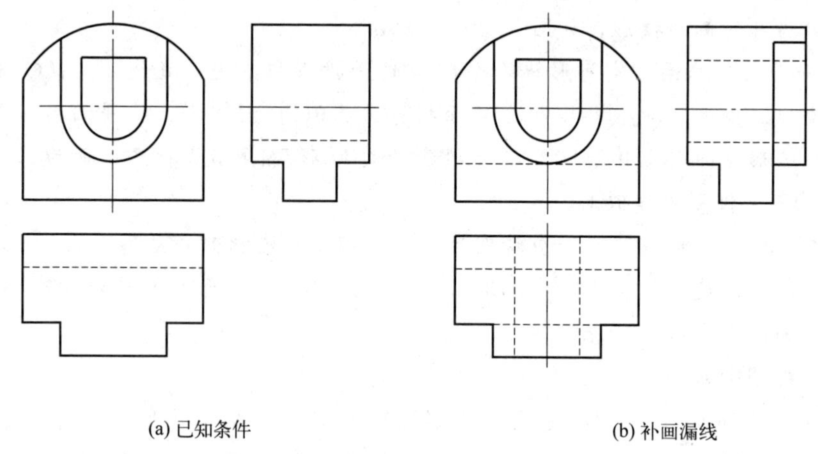
(a) 已知条件　　　　(b) 补画漏线

图 5-24　补画视图中所缺的图线作业

5.5　组合体的构型设计

根据已知条件，将基本形体按照一定的构型方法组合出一个新的几何形体，并用适当的图示方法表达出来的设计过程，称为组合体的构型设计。在掌握组合体形体分析和线面分析的基础上，进行组合体构型设计方面的学习和训练，可以进一步提高空间想象力，培养空间形体的创新能力、设计构思和表达能力，初步建立工程设计意识。

5.5.1　组合体的构型原则

（1）构型应以基本形体为主

采用平面体、回转体等基本形体进行构型，便于绘图和标注尺寸。构型设计时一方面提倡所设计的组合体，应尽可能体现工程产品的结构形状并满足其功能特点，以培养观察、分析、综合能力；另一方面又不强调必须工程化，所设计的组合体也可以是凭自己想象，以更利于开拓思路，培养创造力和想象力。因此进行构型设计时，应以基本形体为主，使组合形体中所使用基本体的类型、组合方式和相对位置应尽可能多样和变化。

（2）构型应具有创新性

构造组合体时，在满足给定的条件下，充分发挥想象力，力求构思出不同风格且造型新颖、独特的形体。在创作过程中，可以采用多种手法来表现形体的差异，例如直线与曲线、平面与曲面、凸与凹、大与小、高与低、实与虚的变化，避免构型的单调，大胆创造，敢于突破常规。例如，要求按给定的水平投影［图 5-25(a)］设计组合形体。由于水平投影含有六个封闭线框，故可构想该形体有五个表面，它们可以是平面或是曲面，位置可高可低，还可倾斜；整个外框表示底面，它也可以是平面、曲面或斜面。这样就可以构想出许多方案。图 5-25(b) 所示方案均是由平面体叠加构成，由前向后，逐层拔高，富有层次感，但显得单调；图 5-25(c) 所示方案也是叠加构成，但含有圆柱面、球面，各形体之间高低错落有致，形体变化多样；图 5-25(d) 所示方案采用切割式的组合方式，既有平面截切，又有曲面截切，构思独特。

（3）构型应遵循美学法则

形体构造过程中应遵循一定的美学法则，设计出的形体才能表现出美感。

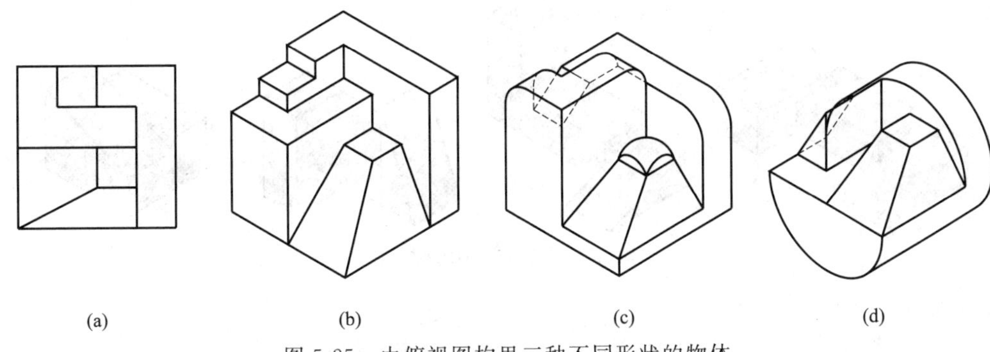

图 5-25　由俯视图构思三种不同形状的物体

① 比例与尺度　构型设计的组合形体各部分之间、各部分与整体之间的尺寸大小和比例关系应尽可能做到合理。只有形体具有和谐的比例关系（如黄金矩形、$\sqrt{2}$矩形等），视觉上才具有美感。

② 均衡与稳定　构型设计的组合形体各部分之间，前后左右相对的轻重关系要做到均衡，上下部分之间的体量关系要做到稳定。对称形体具有平衡和稳定感，而构造非对称形体时，应注意形体大小和位置分布等因素，以获得力学和视觉上的稳定和平衡感。

③ 统一与变化　在构型设计时要注意在变化中求统一，使形体各部分之间和谐一致、主次分明、相互呼应；在统一中求变化，使形体各部分之间对比分明、节奏明快、重点突出，使物体形象自由、活跃、生动。

（4）构型应具有合理性和便于成型

① 两个形体组合时，应牢固连接，不能出现点接触、线接触和面连接，如图 5-26 所示。

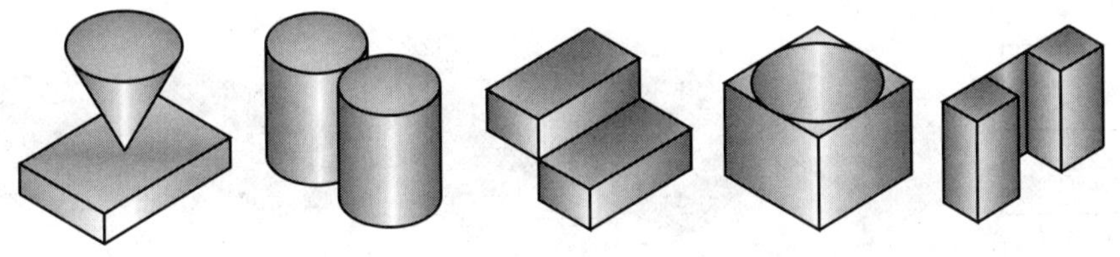
图 5-26　错误的点接触、线接触和面连接

② 一般采用平面或回转曲面造型，没有特殊需要尽量不采用其他曲面，否则会给绘图、标注尺寸和制作带来诸多不便。

③ 封闭的内腔不便于成型，一般不要采用，如图 5-27 所示。

5.5.2　组合体构型的基本方法

（1）叠加法

叠加是组合体构型的主要方式。单一形体可以通过重复、变位、渐变、相似等组合方式构成新的形体。形体间可以通过变换位置构成共面、相切、相交等相对位置关系。图 5-28 为平面立体叠加构成不同的组合体，图 5-29 为曲面立体叠加构成不同的组合体。

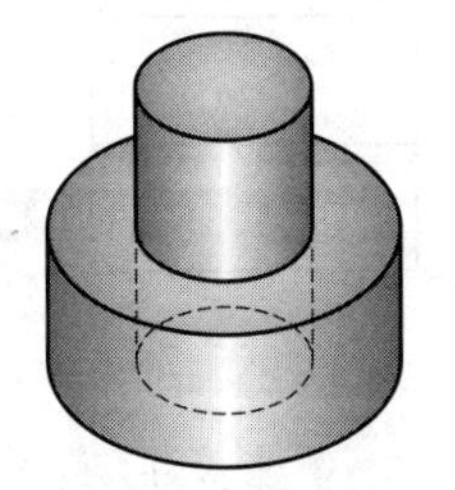
图 5-27　不允许出现封闭的内腔

（2）切割法

切割形体可以采用多种方式：平面切割、曲面切割（包括贯

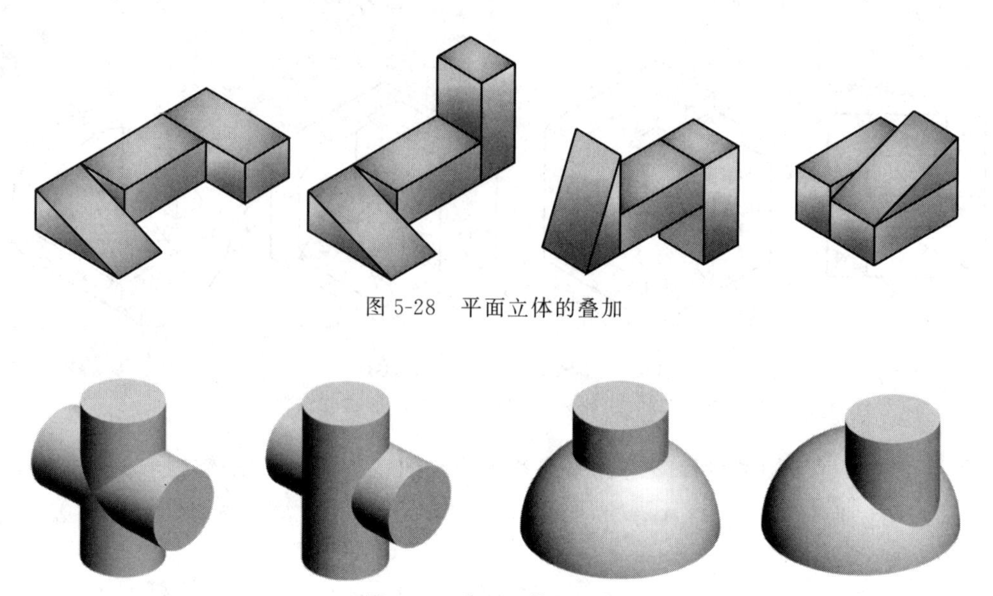

图 5-28　平面立体的叠加

图 5-29　曲面立体的叠加

通)、曲直综合切割等。将一个立体进行一次切割即得到一个新的表面，该表面可平、可曲、可凸、可凹等，变化切割方式或变换切割位置，即可生成形态各异的立体造型，图 5-30 为长方体切割，图 5-31 为圆柱体切割得到的不同形体。

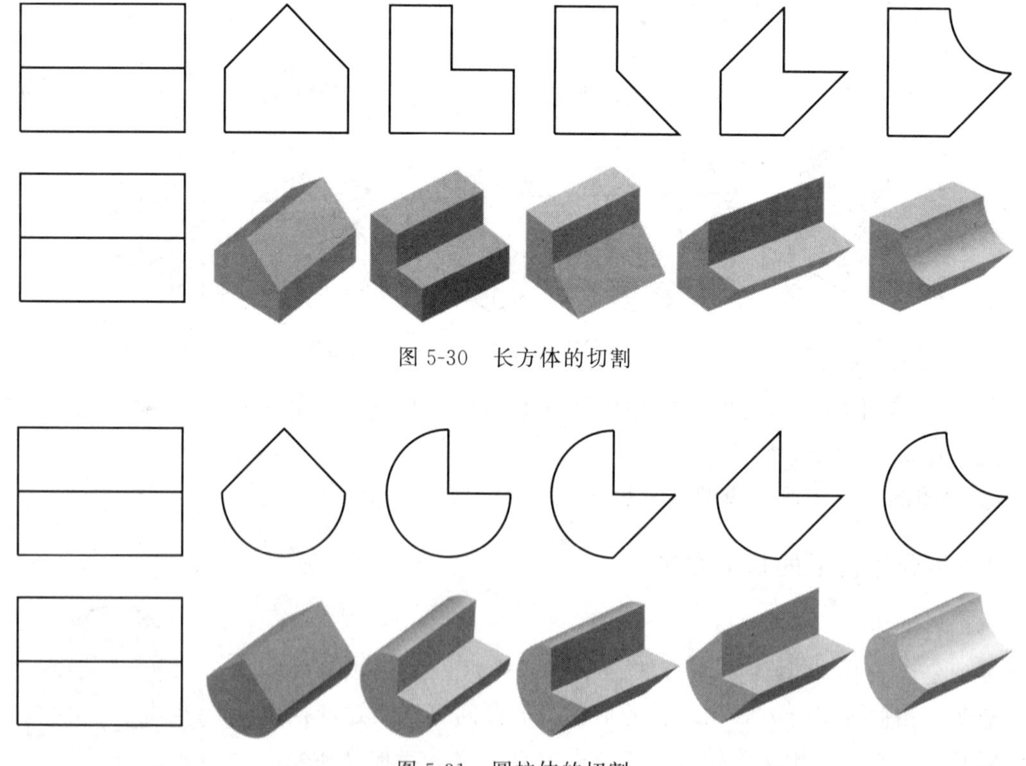

图 5-30　长方体的切割

图 5-31　圆柱体的切割

(3) 综合法

同时运用上述方法进行构型设计的方法称为综合法，这是构型设计常用的方法。

5.5.3 组合体构型设计举例

（1）通过给定的视图进行构型设计

根据给出的一个或多个视图，构思出不同结构的组合体。

【例 5-6】 已知俯视图，构思不同的组合体，并绘制出三视图。

根据给出的俯视图，利用叠加、切割等方法，考虑平面或曲面立体进行组合体构型，在构型过程中，不断进行更改和修正，得到不同的组合体，如图 5-32 所示。

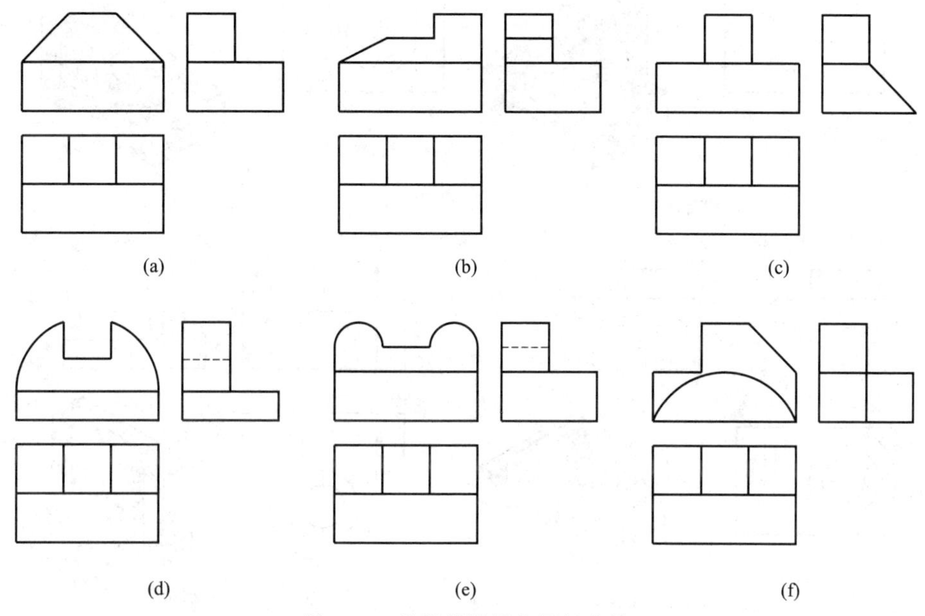

图 5-32 根据俯视图构思组合体

（2）通过给定的几个基本形体进行构型设计

【例 5-7】 如图 5-33 所示，有四个基本形体，即底板、圆筒、U 形板和肋板，要求利用给出的四个基本形体构型组合体，并绘制出三视图。

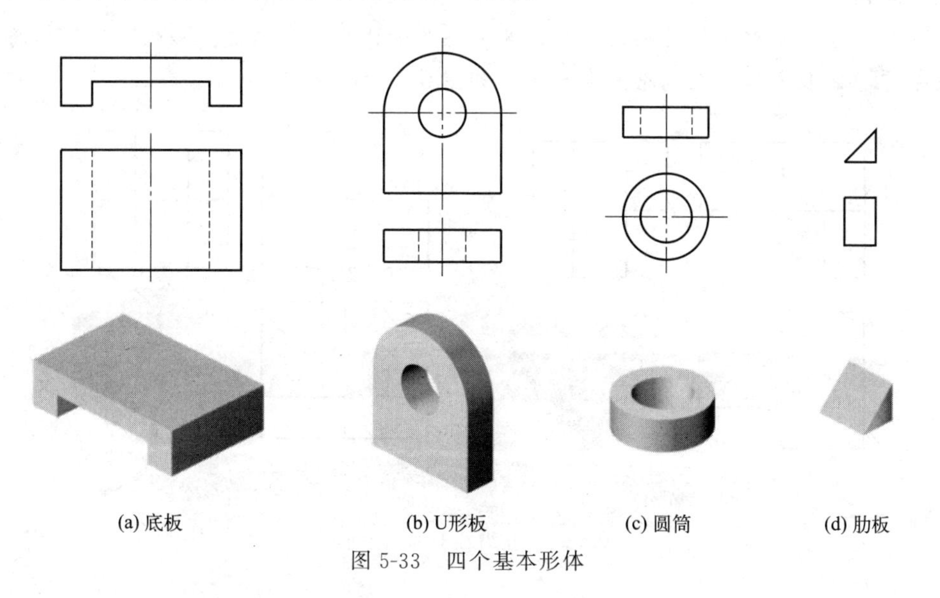

图 5-33 四个基本形体

根据已知基本形体，可以构造如图 5-34(a)～(d) 所示的组合体。

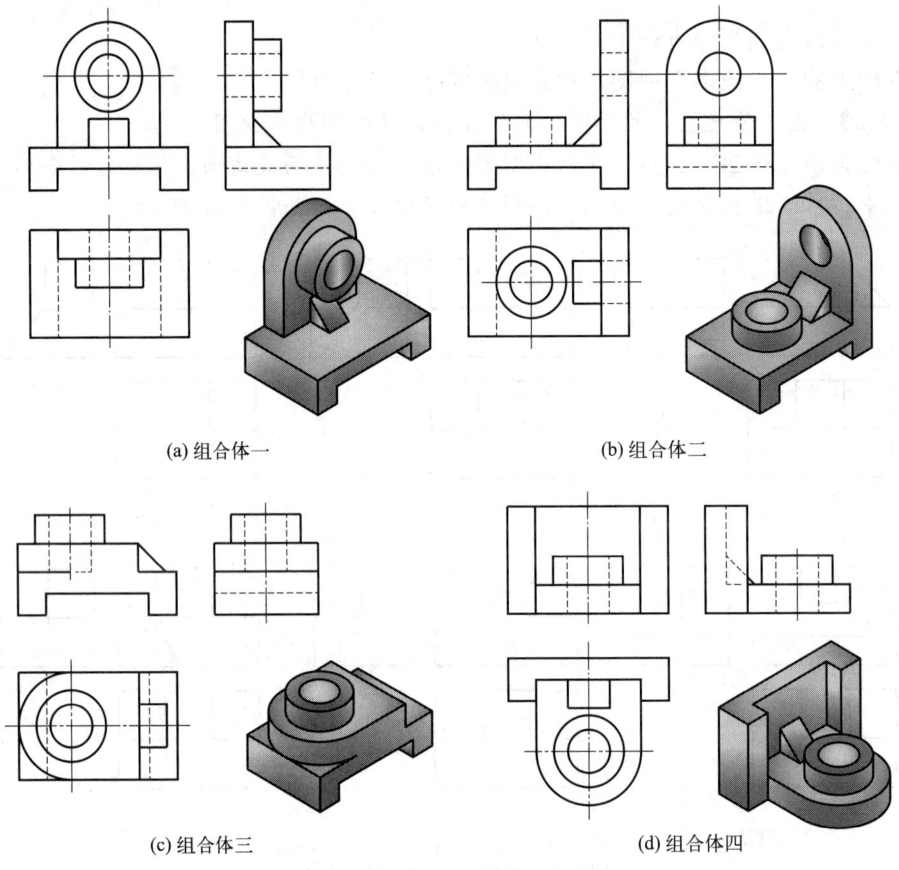

(a) 组合体一　(b) 组合体二

(c) 组合体三　(d) 组合体四

图 5-34　组合体

(3) 通过求某一已知几何体的补形进行构型设计

【例 5-8】 如图 5-35(a) 所示为给出的已知形体，要求设计出与之互补的另一形体，并绘制出三视图。

该示例为求已知形体的补形，该形体为三个长方体叠加，与之互补的另一形体将与该形体会组成完整的长方体，经构思知补形形体如图 5-35(b) 所示。

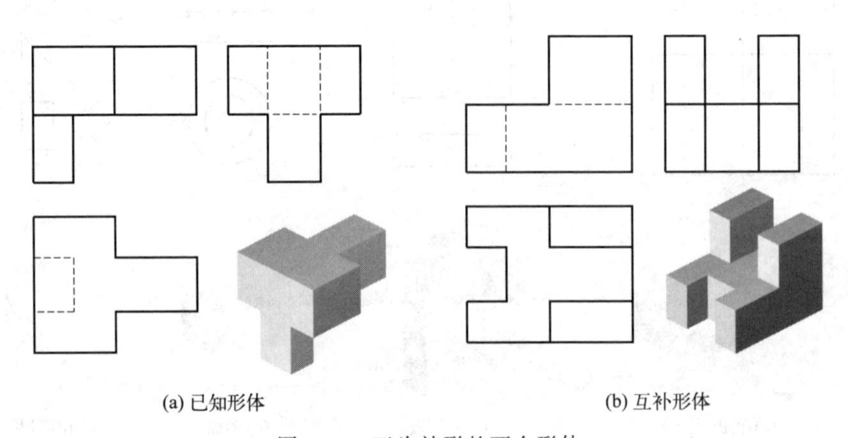

(a) 已知形体　(b) 互补形体

图 5-35　互为补形的两个形体

第6章 工程形体的表达方法

在实际工程中，由于工程建筑物形式多样、结构复杂，如仅用三视图这一表达方法，可能会出现表达重复、虚线过多、投影失真等问题，如图 6-1 所示。为此，在制图标准中规定了多种表达方法，绘图时可根据表达对象的结构特点，在完整、清晰表达各部分形状的前提下，选用适当的表达方法，并力求绘图简洁、读图方便。

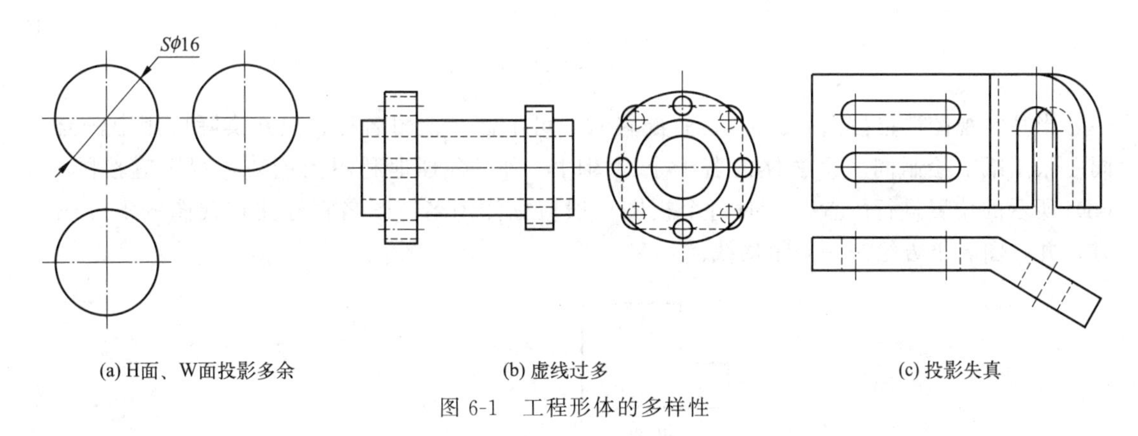

(a) H面、W面投影多余　(b) 虚线过多　(c) 投影失真

图 6-1　工程形体的多样性

6.1 视图

根据有关标准和规定，用正投影法绘制的物体的图形称为视图，视图主要用于表达形体的外部结构和形状，包括基本视图和辅助视图。

6.1.1 基本视图

在原有三个投影面 V、H、W 的基础上再增设三个与之对应平行的投影面 V_1、H_1、W_1，构成六面投影体系，这六个投影面称为基本投影面。采用第一角画法，即将形体放置在观察者和投影面之间，从形体的前、后、左、右、上、下六个方向分别向六个投影面作正投影，所得到的六个视图称为基本视图，即：

① 正立面图　由前向后投射所得到的主视图。

② 平面图　由上向下投射所得到的俯视图。

③ 左侧立面图　由左向右投射所得到的左视图。

④ 背立面图　由后向前投射所得到的后视图。

⑤ 底面图　由下向上投射所得到的仰视图。

⑥ 右侧立面图　由右向左投射所得到的右视图。

将各投影面按图 6-2 箭头所示方向展开到一个平面上，六个视图的位置如图 6-3(a) 所示，六个视图仍符合“长对正、高平齐、宽相等”的投影规律。

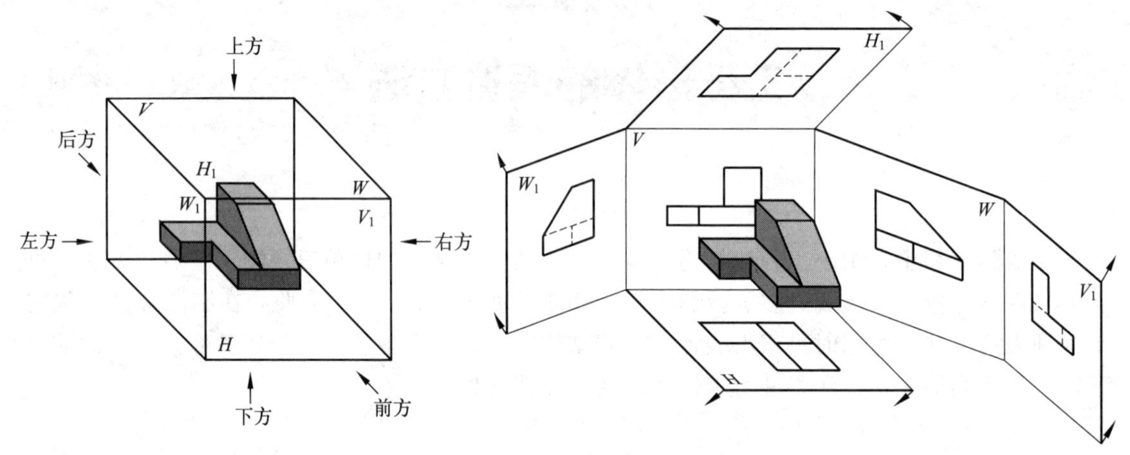

图 6-2　六个基本投影面的展开

当基本视图严格按图 6-3(a) 位置配置时，可不标注视图名称。但在实际应用中，当在同一张图纸上绘制同一个物体的若干个视图时，为了合理地利用图纸，各视图宜按图 6-3(b) 所示的位置进行配置，此时每个视图一般应标注图名。图名宜标注在视图的下方或上方，并在图名下方绘制一条粗横线。

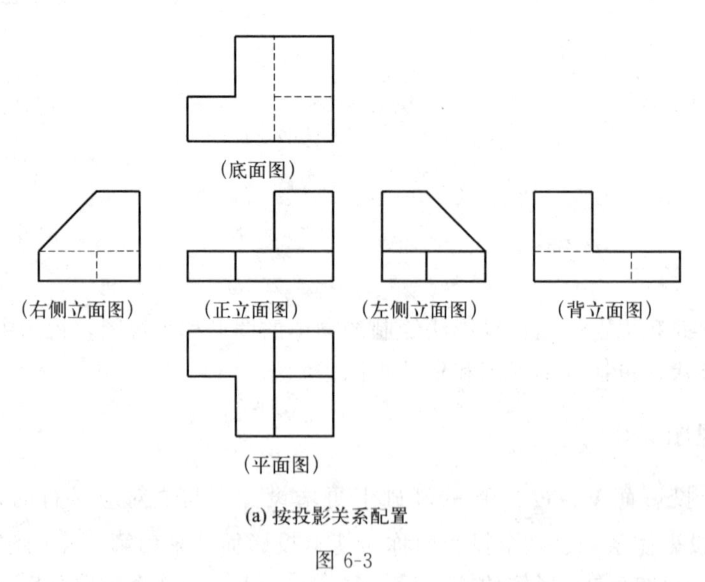

(a) 按投影关系配置

图 6-3

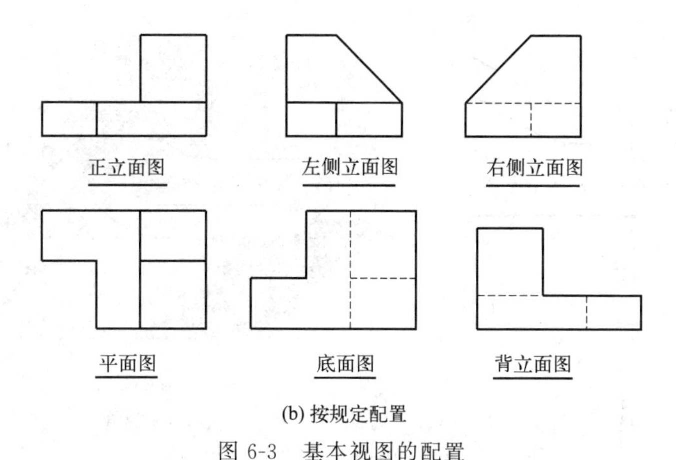

(b) 按规定配置

图 6-3　基本视图的配置

6.1.2　辅助视图

（1）局部视图

将形体的某一部分向基本投影面投射所得的视图，称为局部视图。

如图 6-4 所示形体，采用主视图和俯视图，物体的主要形状已表示清楚，只有箭头所指的局部形状还没有表示清楚，这时可不画出整个物体的左视图，而只需画出没有表示清楚的那一部分，用波浪线或折断线将其与其他部分假想断开，如图 6-4 中的视图 *A*。当所表示的局部结构是完整的，外形轮廓又是封闭图形时，可以省略波浪线或折断线，如图 6-4 中的视图 *B*。

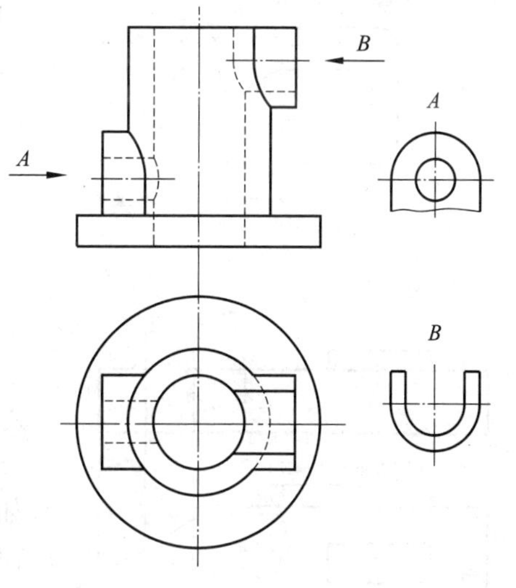

图 6-4　局部视图

局部视图一般按投影关系配置，如图 6-4 中的视图 *A*，也可以自由配置，如图 6-4 中的视图 *B*。通常需要用大写拉丁字母“X”在视图上方标注图名，并在相应视图的附近用箭头指明投射方向，注上相同的字母。

（2）斜视图

将形体向不平行于任何基本投影面的平面投射所得的视图，称为斜视图。如图 6-5 所示，为了表达支板倾斜部分的真实形状，根据换面法的原理，可设置一个与倾斜部分平行的辅助投影面，用正投影法在该辅助投影面上得到倾斜部分的实形投影，如图 6-6(a) 所示。

斜视图一般只用来表达形体上倾斜部分的局部形状，其余部分用波浪线或折断线断开。画斜视图时，须用箭头指明投射方向，并用大写拉丁字母标注（字母水平书写），在斜视图的上方注写相同的字母。斜视图通常按投影关系配置，必要时也可将其旋转，但标注时应加旋转符号⌒或⌒，且字母靠近箭头端，如图 6-6(b) 所示。

（3）展开视图

建（构）筑物的某些部分，有时与投影面不平行，如圆形、折线形、曲线形等，在画立面图时，可将该部分展开至与基本投影面平行，再以正投影法绘制，并应在图名后注写“展开”字样，如图 6-7 所示。

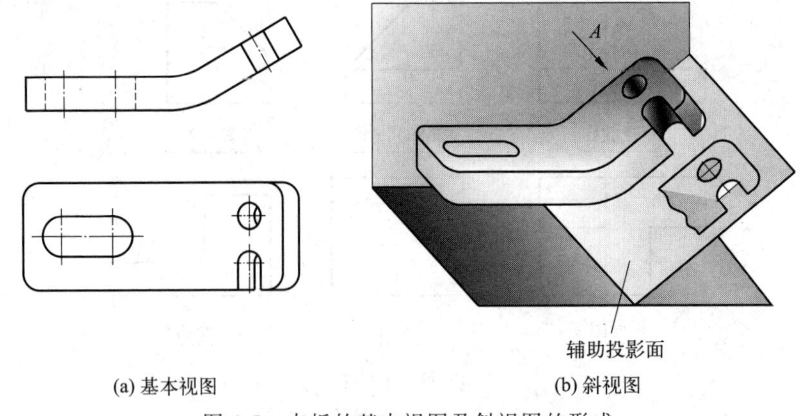

(a) 基本视图 (b) 斜视图

图 6-5 支板的基本视图及斜视图的形成

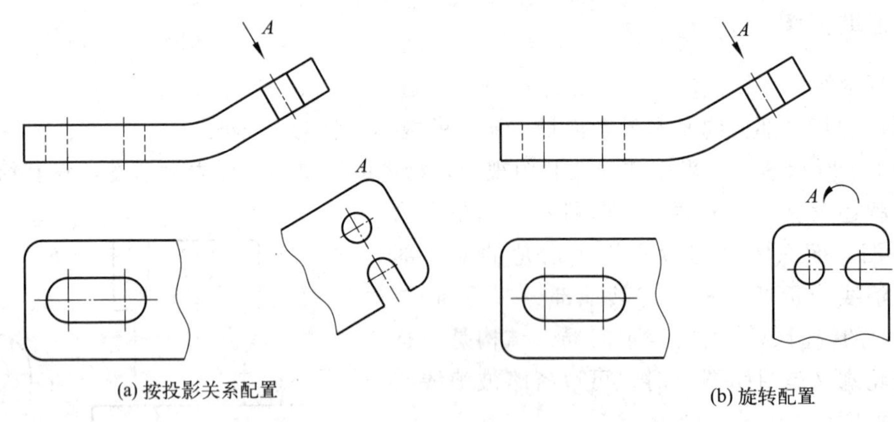

(a) 按投影关系配置 (b) 旋转配置

图 6-6 斜视图

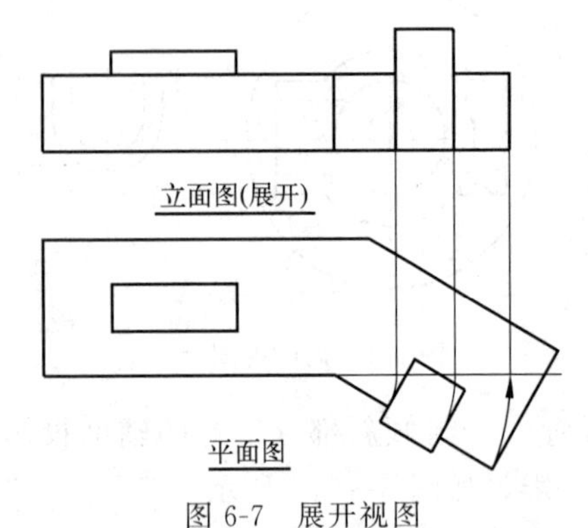

图 6-7 展开视图

（4）镜像视图

某些工程构造，如图 6-8(a) 所示的梁板柱构造节点，当按第一角画法绘制平面图时，因梁、柱在板的下方，需用虚线画出，这样既表达不清又看图不便。如果假想将一镜面放置在形体的下方，代替水平投影面，则该形体在镜面中的反射图形的正投影，称为镜像视图。用镜像投影法绘图时，应在图名后加注“镜像”二字，如图 6-8(b) 所示，必要时画出镜像投影的识别符号，如图 6-8(c) 所示。

在建筑装饰施工图中，常用镜像视图来表示室内顶棚的装修、灯具或古建筑殿堂室内房屋吊顶上藻井、图案花纹等构造。

6.1.3 第三角投影简介

《技术制图 投影法》(GB/T 14692—2008) 规定：“技术图样应采用正投影法绘制，并优先采用第一角画法。”“必要时才允许使用第三角画法。”但国际上一些国家如美国、英国、加拿大、日本等国则采用第三角画法。为了有效地进行国际间的技术交流和协作，应对第三角画法有所了解。

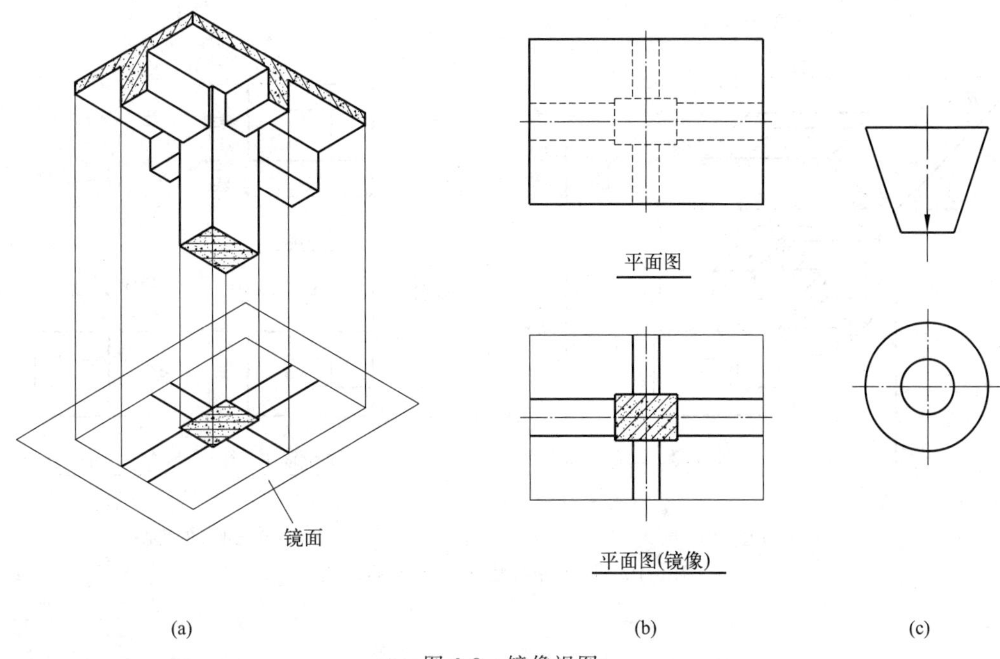

图 6-8　镜像视图

（1）第三角投影法的视图形成

如图 6-9 所示，三个相互垂直的投影面 V、H、W 将空间分为八个分角。如图 6-10(a) 所示，将形体置于第三分角之内，即投影面处于观察者与形体之间，分别向三个投影面进行投射得到三面投影图的方法，称为第三角投影法。

三个投影面的展开方法为：V 面不动，H 面绕 X 轴向上转 90°，W 面绕 Z 轴向前转 90°，三视图的位置如图 6-10(b) 所示，三视图之间仍符合“长对正、高平齐、宽相等”的投影规律。

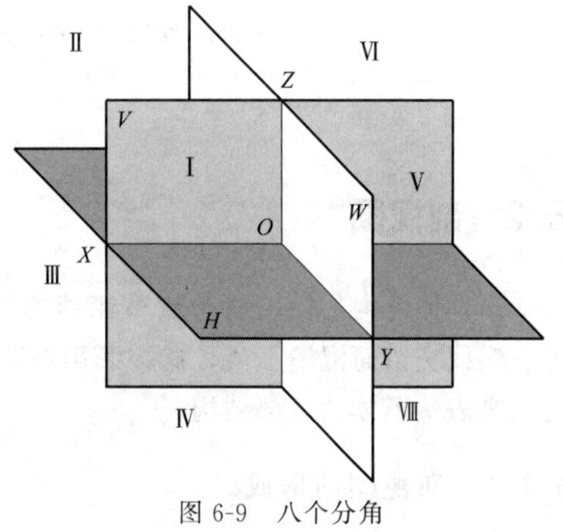

图 6-9　八个分角

（2）第三角投影法与第一角投影法的区别

① 投影面与形体的相对位置不同。第一角投影法是将形体置于 V 面之前、H 面之上；而第三角投影法是将形体置于 V 面之后、H 面之下。

② 观察者、形体与投影面的相对位置不同。第一角投影法的投射顺序是：观察者—形体—投影面；而第三角投影法的投射顺序则是：观察者—投影面—形体，这种画法假设投影面是透明的。

③ 视图的排列位置不同。第一角投影法中 H 投影在 V 投影的下方，W 投影（左侧立面图）在 V 投影的右方；而第三角投影法中 H 投影在 V 投影的上方，W 投影（右侧立面图）在 V 投影的右方，如图 6-9 所示。

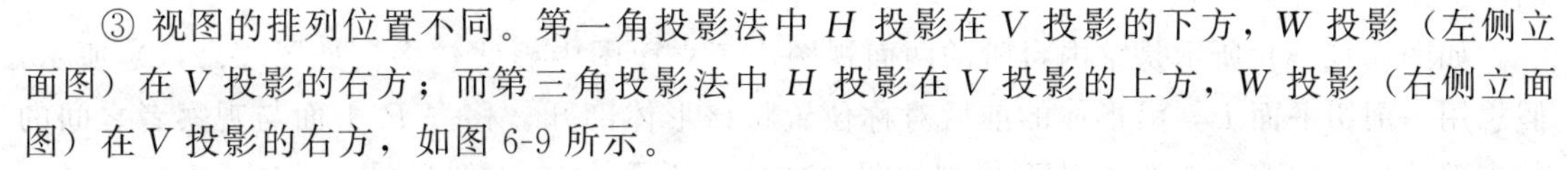

（3）第三角投影法的标志

国家标准（GB/T 14692—2008）中规定，采用第三角画法时，必须在图样中画出第三角投影的识别符号，而采用第一角画法时，如有必要亦可画出第一角投影的识别符号，如图 6-11 所示。

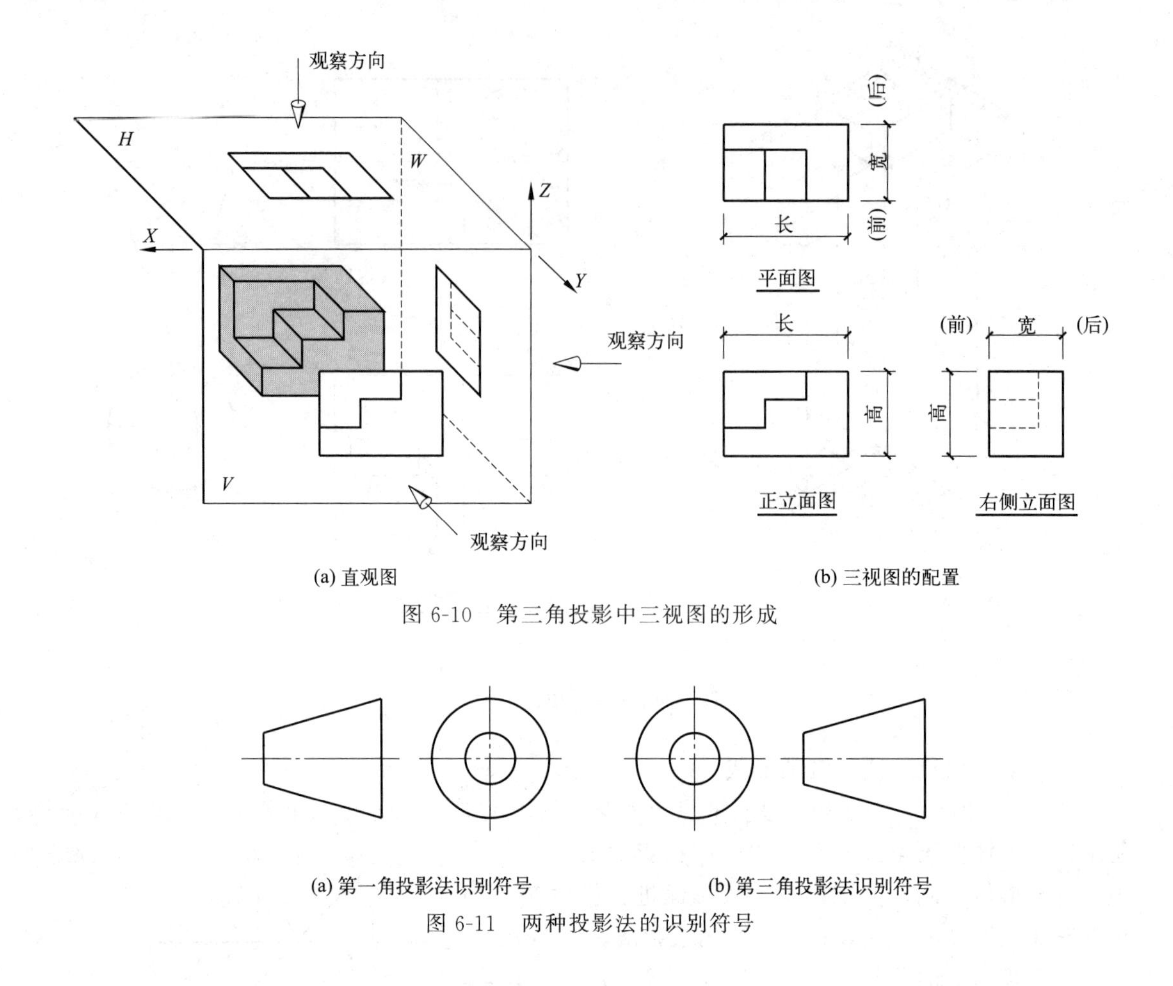

(a) 直观图　　(b) 三视图的配置

图 6-10　第三角投影中三视图的形成

(a) 第一角投影法识别符号　　(b) 第三角投影法识别符号

图 6-11　两种投影法的识别符号

6.2　剖视图[1]

当物体的内部结构复杂或被遮挡的部分较多时，视图上就会出现较多的虚线，使图上虚、实线交错而混淆不清，这样既影响图形的清晰又不便标注尺寸，因此国家标准规定用剖视图来表达形体的内部结构。

6.2.1　剖视图的形成

假想用剖切面（平面或柱面）剖开物体，将处在观察者与剖切面之间的部分移去，而将剩余部分向投影面投射所得到的图形，称为剖视图；剖切面与物体接触的实体区域称为断面图。

如图 6-12(a) 所示是室内台阶的两面视图，正立面图中虚线较多。如图 6-12(c) 所示，假想用一剖切平面 P，沿形体的前后对称位置将该形体剖开，移去 P 平面与观察者之间的前半部分，再向 V 面投射，从而得到如图 6-12(b) 所示的 1—1 剖视图。

[1] “剖视图”图名取自《技术制图　图样画法　剖视图和断面图》(GB/T 17452—1998)，除房屋建筑图外的各专业图均采用“剖视图”，在房屋建筑图中则习惯称之为“剖面图”，本书在第 8～10 章将使用“剖面图”。

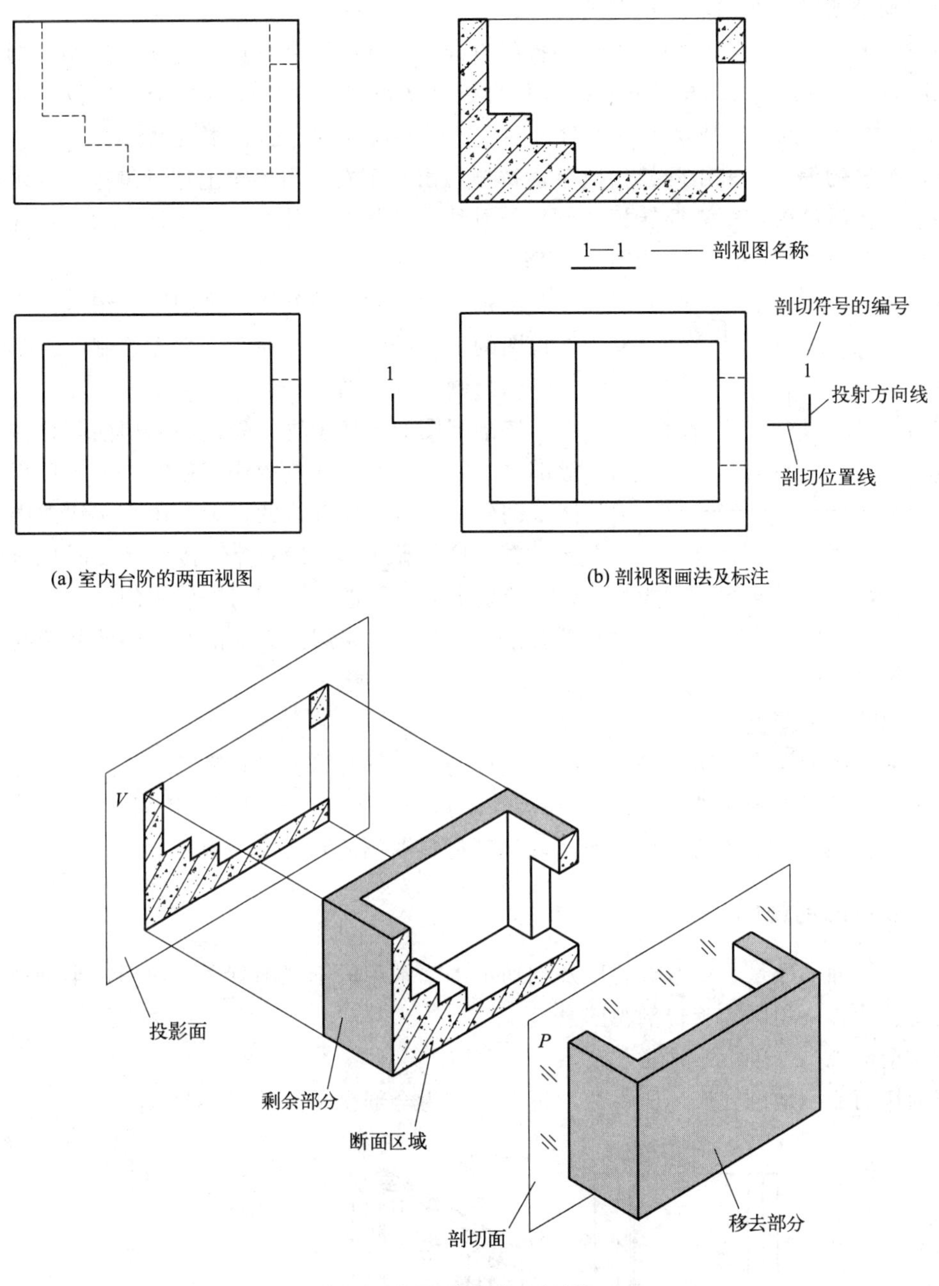

(a) 室内台阶的两面视图

(b) 剖视图画法及标注

(c) 室内台阶剖视图的形成过程

图 6-12 剖视图的形成

6.2.2 剖视图的画法

(1) 确定剖切位置

剖视图的剖切面位置应根据需要来确定。为了完整、清晰地表达内部形状，一般情况下剖切面应平行于某一基本投影面，且尽量通过形体内部孔、洞、槽等不可见部分的中心线或对称面，必要时也可用投影面垂直面或柱面作剖切面。如图 6-12 所示，为了清楚地表示出正面投影中反映内部形状的虚线，采用平行于 V 面的正平面 P 沿前后对称面进行剖切。

（2）画剖切符号及注写剖视图名称

剖视图的剖切符号由剖切位置线及投射方向线组成，两者均应以粗实线绘制。剖切位置线的长度宜为 6～10mm；投射方向线应垂直于剖切位置线，长度应短于剖切位置线，宜为 4～6mm，如图 6-12(b) 所示。绘图时，剖切符号不应与其他图线相接触。

剖切符号的编号宜采用阿拉伯数字，按顺序由左至右、由下至上连续编排，并水平地注写在投射方向线的端部。需要转折的剖切位置线，若易与其他图线发生混淆时，应在转角外侧加注与该符号相同的编号，如图 6-13 所示。

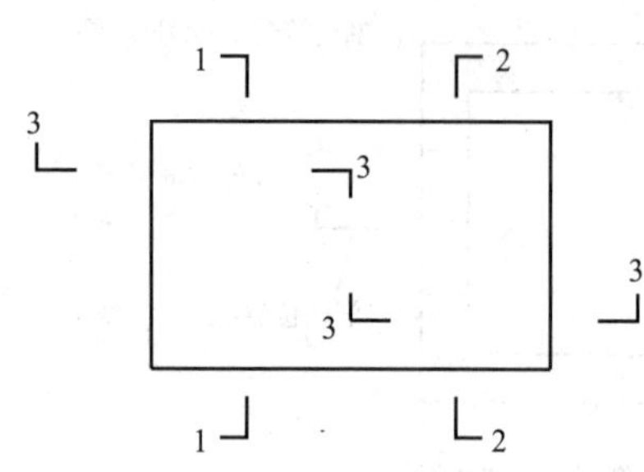

图 6-13　剖视图的剖切符号及其编号

剖视图的名称用与剖切符号相同的编号注写在相应剖视图的下方或上方，并在图名下方绘制一条粗实线。

（3）画出剖视图

按剖视图的剖切位置，先绘制剖切面与物体实体接触部分的投影，其断面轮廓线用粗实线画出；再绘制物体未剖到部分可见轮廓线的投影，用粗实线或中实线画出；看不见的虚线，一般省略不画，必要时也可画出虚线。特别需要注意的是，剖切是假想的，实际上形体并没有被切开和移去，因此，除剖视图外的其他视图应按原状完整画出。

（4）填绘材料图例

为了使剖视图层次分明，进一步区分实体与空心部分，要求在断面轮廓线内填绘材料图例，常用的建筑材料图例见第 1 章表 1-8。当未指明物体的材料时，可用同向、等距的 45°细实线来表示。同一个形体的多个断面区域，其材料图例的画法应一致。

6.2.3　常用的剖视图

根据剖切面的数量、相对位置以及剖切范围，常用的剖视图有全剖视图、半剖视图、局部剖视图、阶梯剖视图、旋转剖视图。

（1）全剖视图

用剖切面完全地剖开形体所得的剖视图，称为全剖视图，如图 6-14 所示。

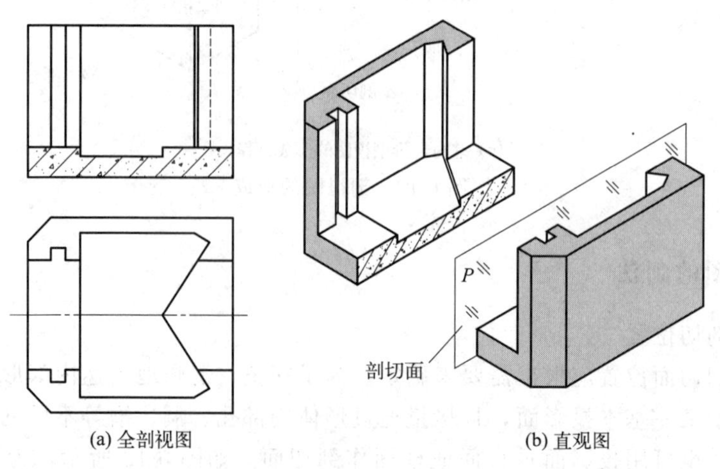

(a) 全剖视图　　(b) 直观图

图 6-14　船闸闸首的全剖视图

全剖视图一般适用于外形简单、内部结构复杂的形体。

当剖切平面通过形体的对称面，视图按投影关系配置，中间又没有其他图形隔开时，可省略标注，如图 6-14 所示。

【例 6-1】 如图 6-15(a) 所示，已知房屋模型的三面视图，分别绘制其 1—1、2—2 剖视图。

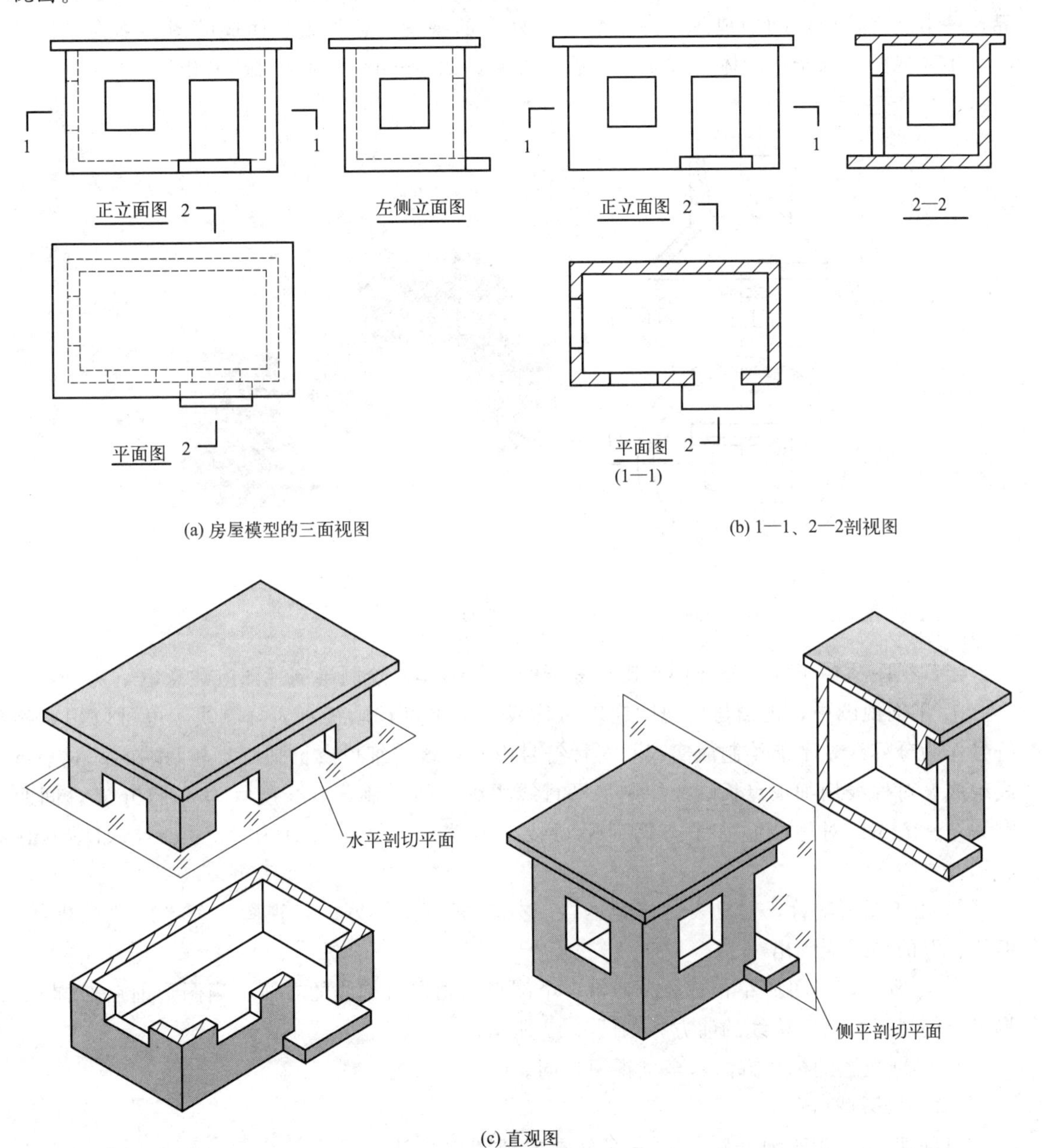

(a) 房屋模型的三面视图　　(b) 1—1、2—2剖视图

(c) 直观图

图 6-15　房屋模型的全剖视图

分析

该房屋模型的前墙面上有一个门洞和一个窗洞，门洞前面有一步台阶，屋顶、墙体和地面视为同一材料构成的整体。编号为 1 的水平面通过门窗洞剖切，向下投影；编号为 2 的侧平面通过前墙面上的门洞和台阶进行剖切，向左投影。

作图

其中1—1为房屋在窗台以上位置，用水平面剖切后的全剖视（面）图，此图样在建筑施工图中仍称之为平面图，且省略剖切符号。因2—2剖视图的投影方向向左，注意其画法。

（2）半剖视图

当形体对称或基本对称时，在垂直于对称平面的投影面上的投影，以对称中心线为分界，一半画表示内形的剖视图，一半画表示外形的视图，这种组合而成的图形称为半剖视图，半剖视图相当于把形体切去1/4之后的投影，如图6-16所示的锥壳基础。

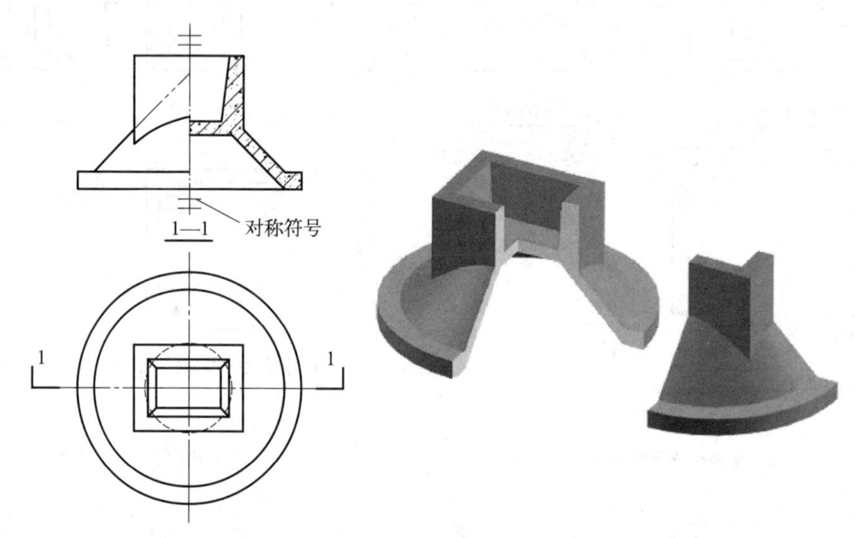

图6-16　锥壳基础的半剖视图

半剖视图适用于内、外结构都比较复杂的对称形体。绘制半剖视图应注意以下几点：

① 半剖视图中，视图与剖视图应以对称线（细单点长画线）为分界线，也可以用对称符号作为分界线，不能绘制成实线。对称符号由对称线（细单点长画线）和两端的两对平行线组成。对称线用细单点长画线绘制；平行线用细实线绘制，其长度宜为6～10mm，间距宜为2～3mm；对称线垂直平分两对平行线，两端超出平行线宜为2～3mm，如图6-16所示。

② 由于图形对称，对已表达清楚的内、外轮廓，在其另一半视图中就不应再画虚线，但孔、洞的轴线应画出。

③ 习惯上，当图形左右对称时，将半个剖视图画在对称线的右侧；当图形前后对称时，将半个剖视图画在对称线的前方，如图6-17所示。

④ 半剖视图的标注方法与全剖视图相同。

（3）局部剖视图

用剖切面局部地剖开物体，一部分画成视图以表达外形，其余部分画成剖视图以表达内部结构，这样所得的图形称为局部剖视图。如图6-18所示的杯形基础的局部剖视图，在图中假想将杯形基础局部地剖开，从而清楚地表达了其基础底板内部钢筋的配置情况。

局部剖视图适用于内外结构都需要表达，且又不具备对称条件或仅局部需要剖切的形体。绘制局部剖视图应注意以下几点：

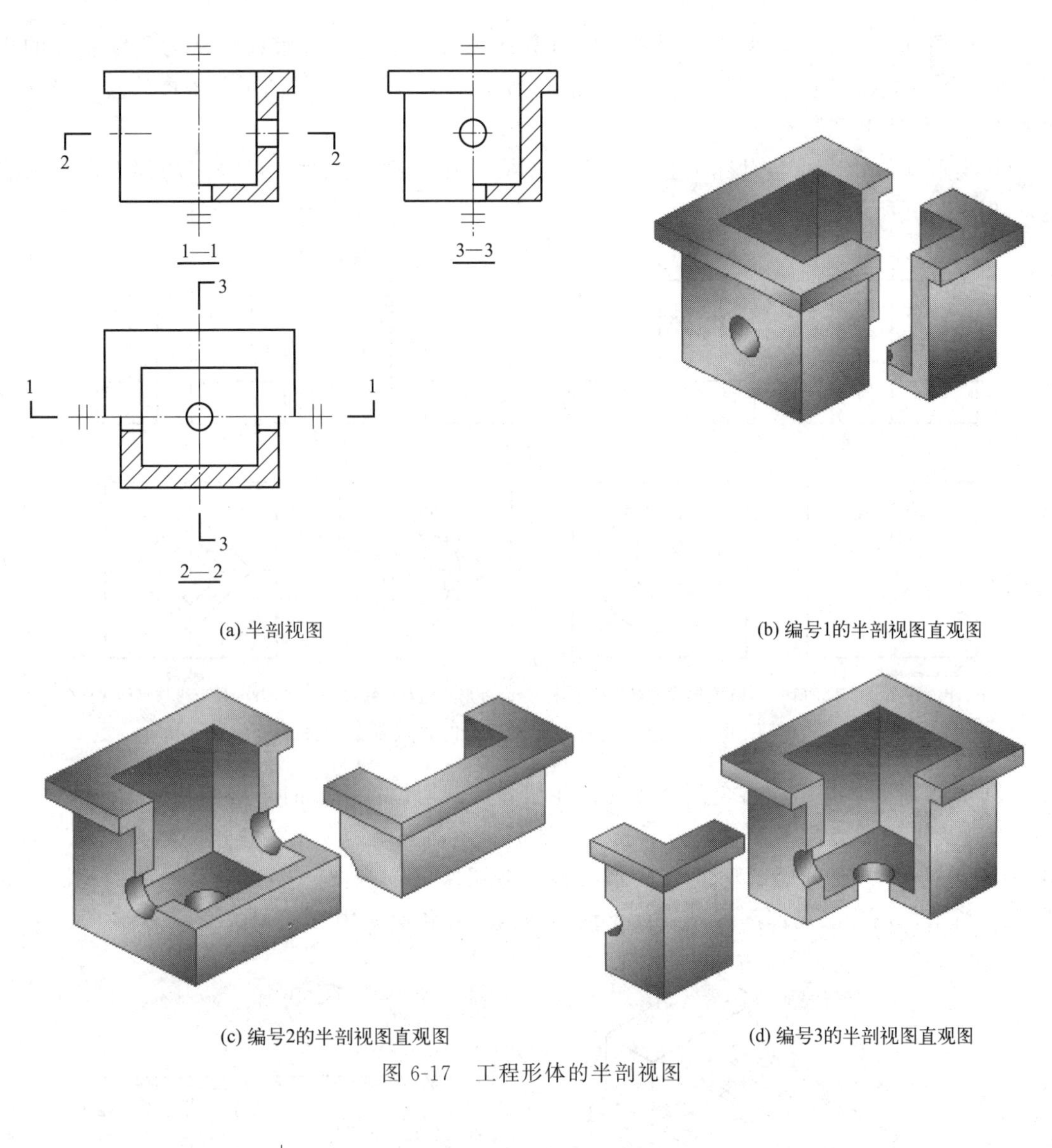

(a) 半剖视图

(b) 编号1的半剖视图直观图

(c) 编号2的半剖视图直观图

(d) 编号3的半剖视图直观图

图 6-17　工程形体的半剖视图

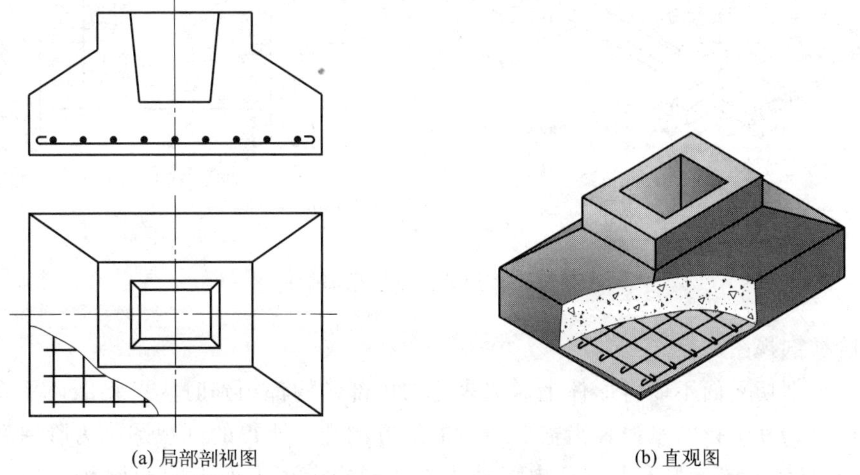

(a) 局部剖视图

(b) 直观图

图 6-18　杯形基础的局部剖视图

① 在局部剖视图中，视图与剖视图的分界线为细波浪线，波浪线可认为是断裂面的投影。波浪线只能画在形体的实体部分，不能超出轮廓线，也不能与图上其他图线重合或在其他图线的延长线上。

② 当形体的轮廓线与对称中心线重合，不宜采用半剖视图时，可采用局部剖视图来表达，如图 6-19 所示。

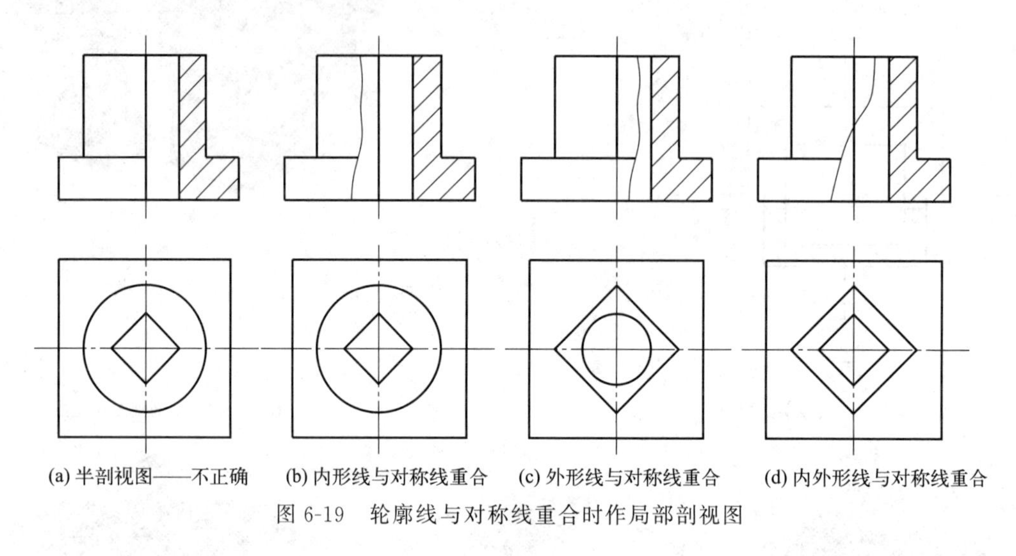

(a) 半剖视图——不正确
(b) 内形线与对称线重合
(c) 外形线与对称线重合
(d) 内外形线与对称线重合

图 6-19　轮廓线与对称线重合时作局部剖视图

③ 局部剖视图的标注与全剖视图的标注相同，剖切位置明显时不必标注。

在建筑工程和装饰工程中，为了表示楼地面、屋面、墙面及水工建筑的码头面板等的材料和构造做法，常用分层剖切的方法画出各构造层次的剖视图，称为分层局部剖视图。如图 6-20 所示，用分层局部剖视图表示了地面的构造、各层所用材料和做法。

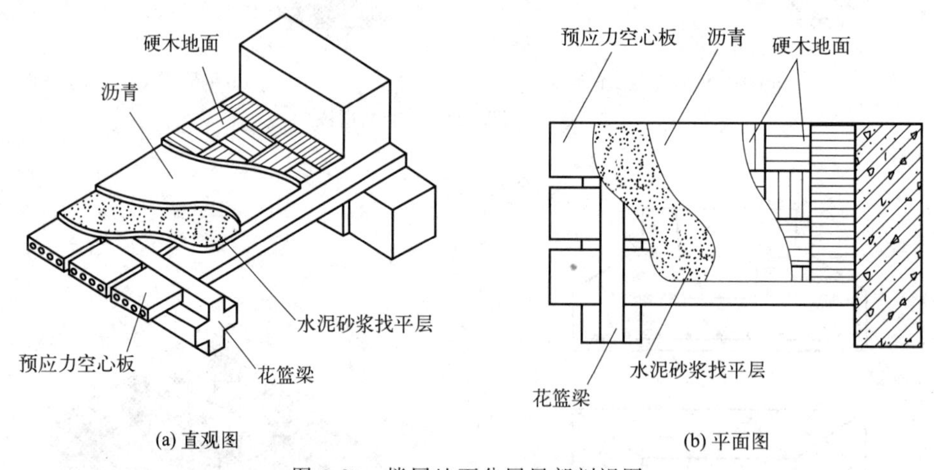

图 6-20　楼层地面分层局部剖视图

（4）阶梯剖视图

当用一个剖切平面不能将形体上需要表达的内部结构都剖到时，可将剖切平面转折成两个或两个以上相互平行的平面，沿需要表达的地方剖开，所得的剖视图称为阶梯剖视图。如图 6-21 所示的组合体，为了表示其内部轴线不在同一个正平面内的凹槽和通孔，主视图采用阶梯剖的方法。

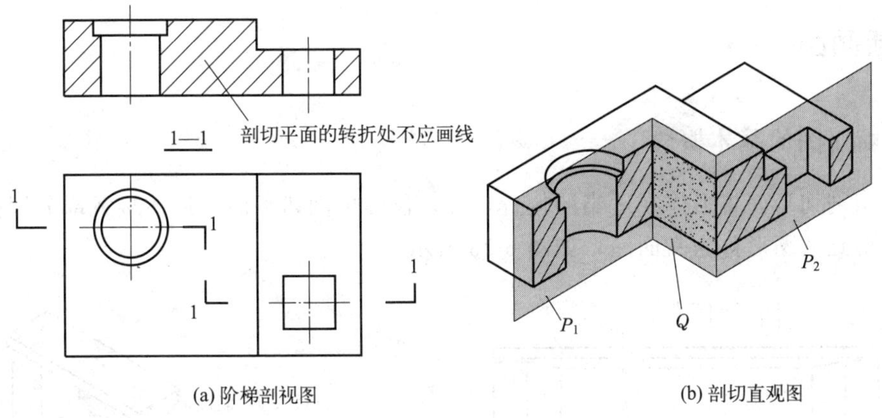

(a) 阶梯剖视图　　(b) 剖切直观图

图 6-21　阶梯剖视图剖切凹槽和通孔

绘制阶梯剖视图应注意以下几点：

① 由于剖切面是假想的，故在阶梯剖视图中，两个剖切平面的转折处不画分界线。

② 在剖切平面的转折处，若易与图中其他图线发生混淆时，应在转角外侧加注与该符号相同的编号，如图 6-21 所示。

（5）旋转剖视图

当形体在不同的角度都要表达其内部构造时，假想用两个相交的剖切平面（交线垂直于基本投影面，且其中一个剖切平面与基本投影面平行）剖切形体，再将倾斜于基本投影面所剖开的部分旋转到与投影面平行后再进行投影所得到的剖视图，称为旋转剖视图。如图 6-22 所示的检查井，为了能清楚地反映底部圆孔和方孔，采用两相交于检查井轴线的正平面和铅垂面分别沿孔的轴线切开，再将右侧与 V 面倾斜的铅垂面剖切得到的图形，一起绕轴旋转到与 V 面平行的位置，再进行投影，便得到 2—2 旋转剖视图。

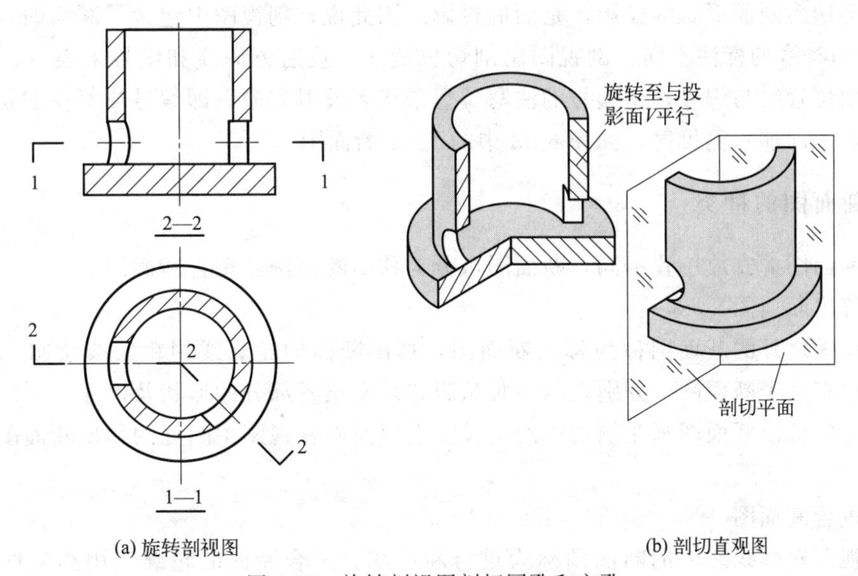

(a) 旋转剖视图　　(b) 剖切直观图

图 6-22　旋转剖视图剖切圆孔和方孔

同样，绘制旋转剖视图时，也不应画出两相交剖切平面的交线。

6.3 断面图

6.3.1 断面图的基本概念

假想用剖切平面将形体在适当的位置切开，仅画出剖切平面与形体接触部分即截断面的形状，所得到的图形称为断面图，如图 6-23 所示。

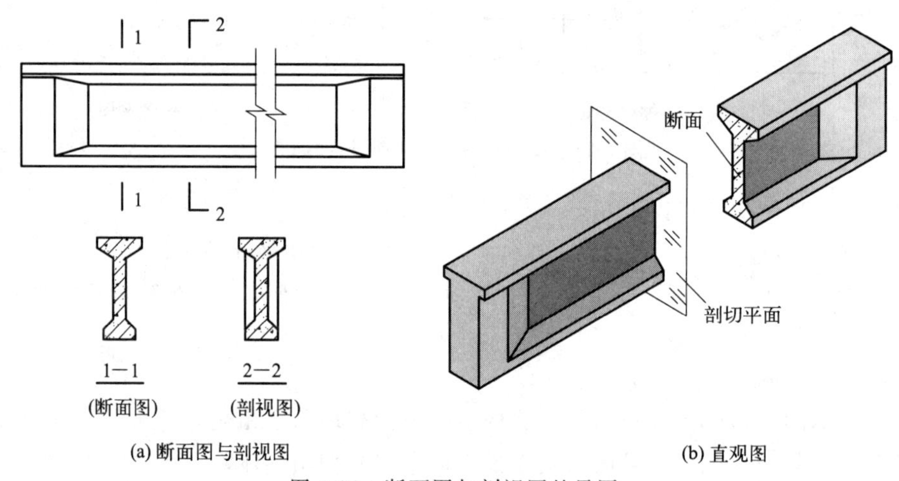

(a) 断面图与剖视图　　(b) 直观图

图 6-23　断面图与剖视图的异同

断面图主要用来表示形体（如梁、板、柱等构件）上某一局部的断面形状，它与剖视图的区别在于：

① 表达的内容不同。剖视图是形体被剖切后剩余部分的投影，是体的投影；而断面图是形体被剖切后断面形状的投影，是面的投影。因此说，剖视图中包含了断面图。

② 剖切符号的标注不同。剖视图用剖切位置线、投射方向线和编号来表示；而断面图则只画剖切位置线与编号，用编号的注写位置来代表投射方向。即编号注写在剖切位置线哪一侧，就表示向那一侧投射，如图 6-23 中的 1—1 断面图。

6.3.2 断面图的种类

根据断面图的安放位置不同，断面图可分为移出断面图和重合断面图。

（1）移出断面图

画在视图之外的断面图称为移出断面图，移出断面的轮廓线用粗实线绘制。如图 6-24 所示，图中有六个断面图，分别表示空腹鱼腹式吊车梁各部分的形状及尺寸。

当对称的移出断面图画在剖切线的延长线上以及画在视图中断处的移出断面图，可省略标注，如图 6-25 所示。

（2）重合断面图

画在视图轮廓线之内的断面图称为重合断面图，重合断面的轮廓线用细实线绘制。如图 6-26 所示为楼面的重合断面图，它将断面图（图中涂黑部分）画在了平面图上。该重合断面图是假想用一个侧平面剖切楼面后，再将截断面旋转 90°，与基本视图重合后形成的。

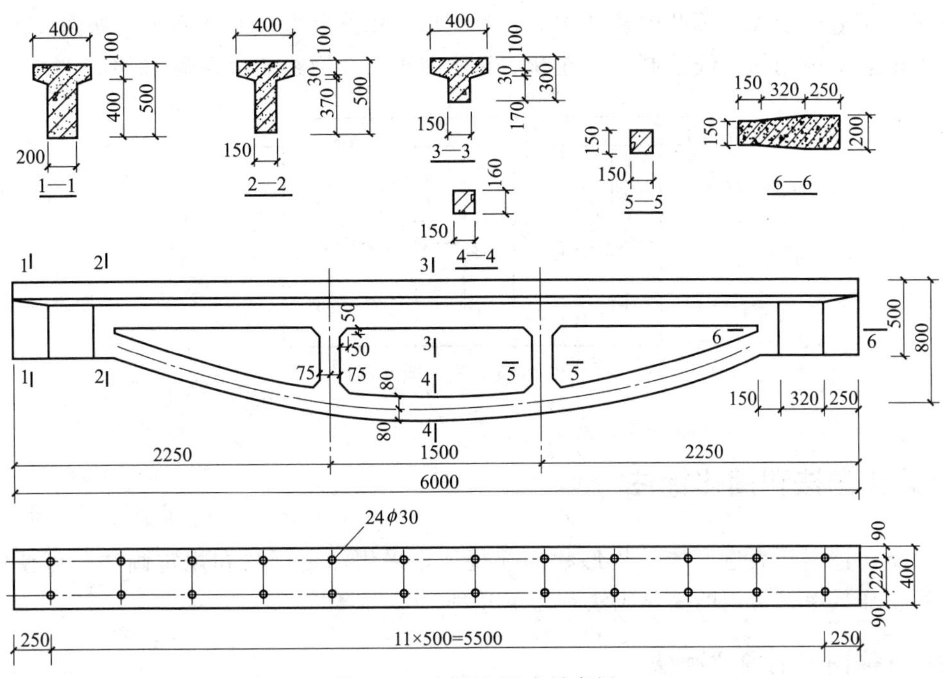

图 6-24　空腹鱼腹式吊车梁

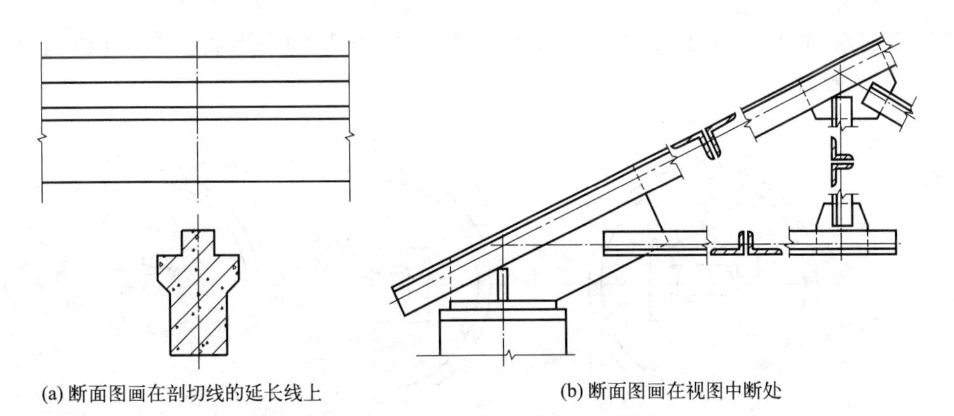

(a) 断面图画在剖切线的延长线上
(b) 断面图画在视图中断处

图 6-25　移出断面图省略标注的情况

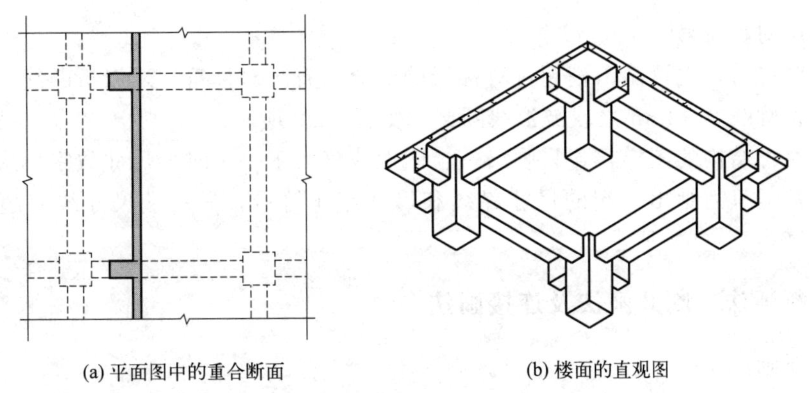

(a) 平面图中的重合断面
(b) 楼面的直观图

图 6-26　楼面的重合断面图

有时为了表示墙面上凹凸的装饰构造，也可以采用这种形式的断面图，如图 6-27 所示，此时断面的轮廓线用粗实线绘制，并在断面轮廓线内沿轮廓线的边缘画 45°细实线。

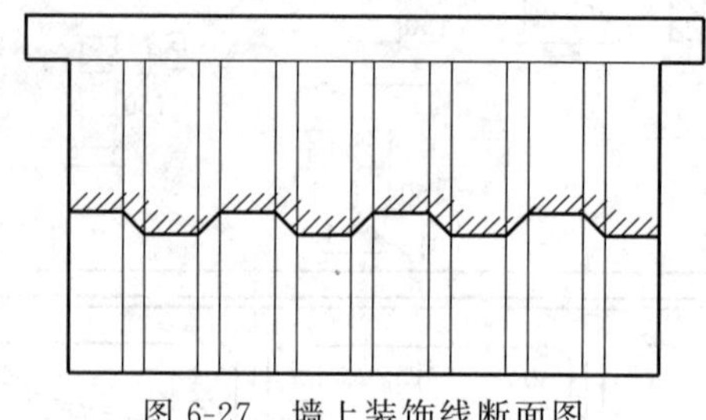

图 6-27 墙上装饰线断面图

6.4 简化画法和简化标注

在完整、清晰地表达形体结构形状的前提下，采用简化画法和规定画法，可使绘图简便，提高工作效率。常用的简化画法有以下几种。

6.4.1 对称图形的简化画法

（1）用对称符号

构配件的对称图形，可以对称线为分界，只绘制该图形的一半或 1/4，并绘制出对称符号，如图 6-28 所示。

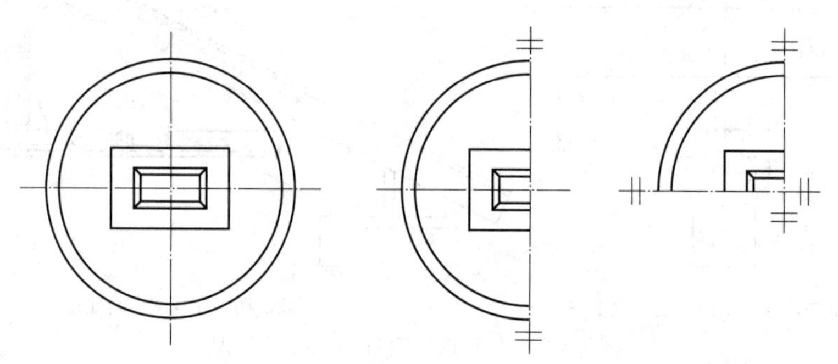

图 6-28 对称图形的简化画法（一）

（2）不用对称符号

当视图对称时，也可画出稍超过对称线的部分，省去对称符号，以折断线（折断线两端应超出图形轮廓线 2～3mm）或波浪线断开，如图 6-29 所示。

注意：对称结构的图样，若只画出一半图形或略大于一半时，尺寸数字仍应注出构件的整体尺寸数，但只需画出一端的尺寸界线和尺寸起止符号，另一端尺寸线应超过对称中心线，如图 6-29(a)、(b) 所示。

6.4.2 折断画法、断开画法及连接画法

（1）折断画法

当只需表达形体某一部分的形状时，可假想将不要的部分折断，只画出需要的部分，并在折断处画出折断线。不同材料的形体，折断线的画法如图 6-30 所示。

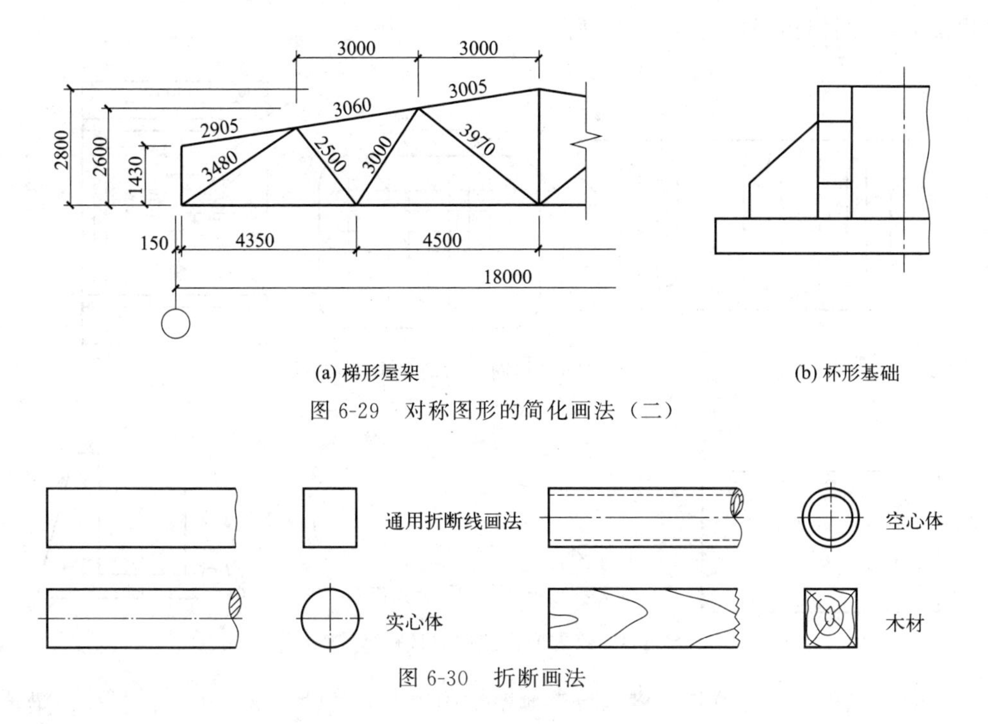

(a) 梯形屋架　　(b) 杯形基础

图 6-29　对称图形的简化画法（二）

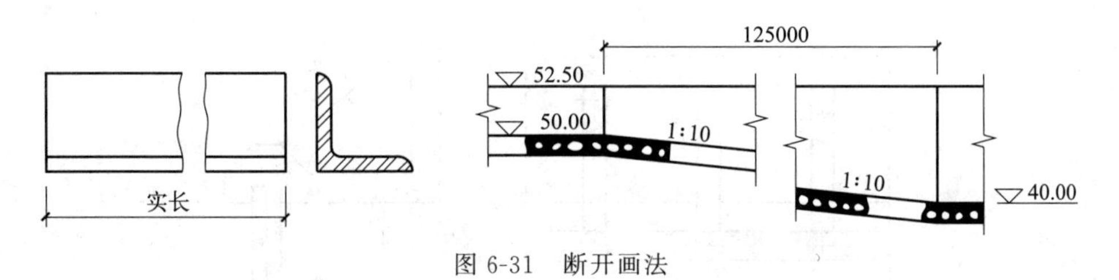

图 6-30　折断画法

（2）断开画法

对于较长的等断面构件，或按一定规律变化的物体，可断开后缩短绘制，断裂处用波浪线或折断线表示，但尺寸应按总长标注，如图 6-31 所示。

图 6-31　断开画法

（3）连接画法

当构件较长，图纸空间有限，但需全部表达时，可分段绘制，并标注连接符号（折断线）和字母（需注写在折断线旁的图形一侧）以示连接关系，如图 6-32 所示。

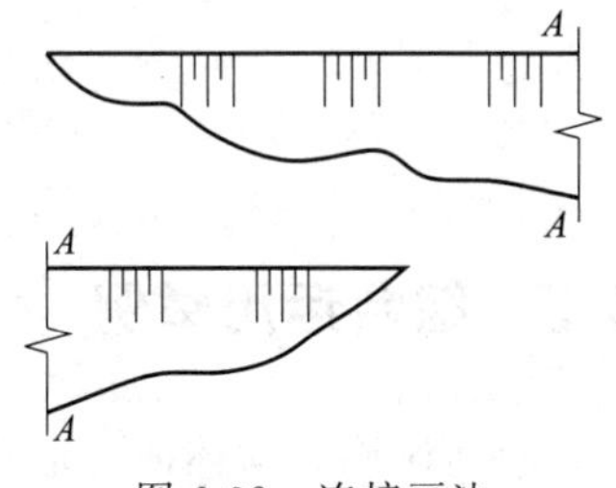

图 6-32　连接画法

6.4.3　相同要素的简化画法

当形体内有多个完全相同且连续排列的构造要素时，可仅在两端或适当位置画出其完整图形，其余部分以中心线或中心线交点表示，如图 6-33 所示。均匀分布的相同构造，可只标注其中一个构造图形的尺寸，构造间的相对距离用“间距数量×间距尺寸数值”的方式标注，如图 6-33 右图所示。

6.4.4　规定画法

（1）在画剖视图、断面图时，如剖面区域比较大，允许沿着断面区域的轮廓线或某一局部画出部分剖面材料符号，如图 6-34 所示。

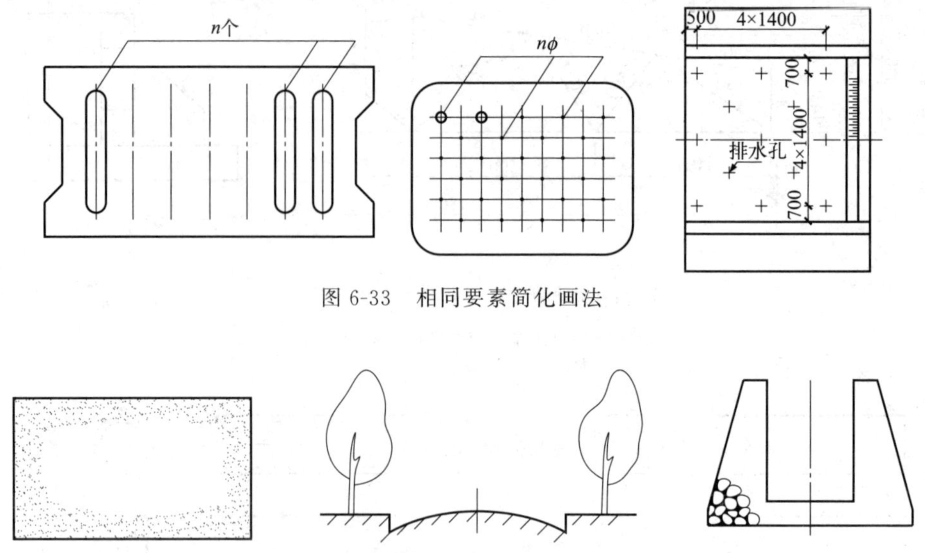

图 6-33　相同要素简化画法

图 6-34　较大面积的剖面材料符号画法

（2）对于构件上的支撑板、横隔板等薄壁结构和实心的轴、墩、桩、杆、柱、梁等，当剖切平面通过其轴线或对称中心线，或与薄板板面平行时，这些构件按不剖处理，如图 6-35 所示。

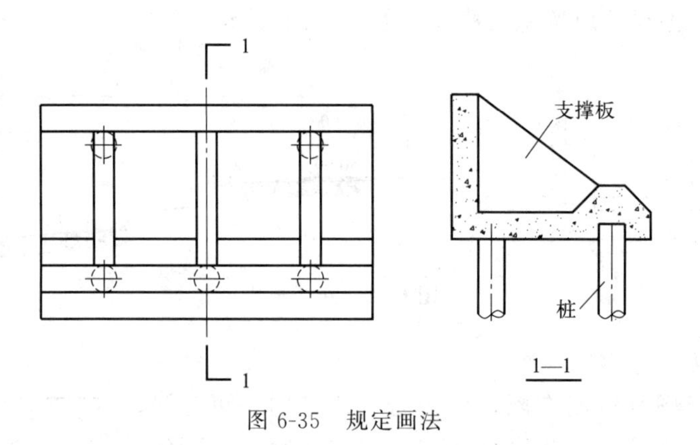

图 6-35　规定画法

6.5　综合运用举例

前面讨论了形体内外形状的各种表达方法，包括各种视图、剖视图和断面图等，着重说明其形成、应用条件和标注方法。在绘制工程图时，要根据不同形体的具体结构形状特点，正确、灵活地综合运用制图标准规定的各种图示方法（包括简化画法和规定画法等），以便在准确表达设计意图的前提下，使视图、剖视图、断面图等数目最少，且能将物体完整、清晰、简明地表达出来。本节将结合实例的分析和读图对此加以介绍。

【例 6-2】 如图 6-36 所示，试阅读化污池的两面投影，选择合适的表达方法并补绘 W 投影（比例 1∶100）。

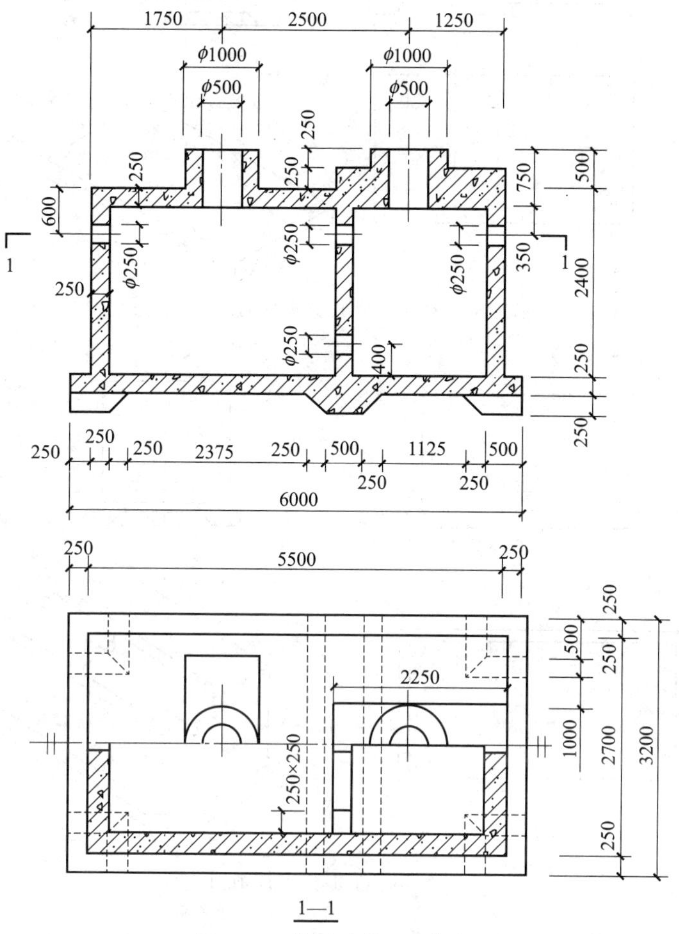

图 6-36　化污池的两面投影

分析

（1）分析投影图。V 面投影采用全剖视图，剖切平面通过该形体的前后对称平面，省略标注。H 面投影采用半剖视图，从 V 面投影上所标注的剖切位置线和名称可知，水平剖切平面通过小圆孔的中心线和方孔。

（2）形体分析。该形体由四个主要部分组成，现自下至上逐个分析：

① 长方体底板。长方形底板（6000×3200×250）的下方，近中间处有一个与底板相连的梯形断面，左右各有一个没有画上材料图例的梯形线框，它们与 H 面投影中的虚线线框各自对应。可知底板下近中间处有一四棱柱加劲肋，底板四角有四个四棱台的加劲墩子。由于它们都在底板下，所以画成虚线，如图 6-37 所示。

② 长方体池身。底板上部有一箱形长方体池身（5500×2700×2400），分隔为两个空间，构成一个两格的池子。四周池壁及横隔板厚度均为 250。左右池壁上及横隔板上各有一个 ϕ250 的小圆柱孔，位于前后对称的中心线上，其轴线距池顶面高度为 600。横隔板的前后端，又有对称的两个方孔，其大小是 250×250，其高度与小圆柱孔相同。横隔板正中下方距底板面 400 处，还有一个 ϕ250 的小圆柱孔，如图 6-38 所示。

③ 长方体池身顶面。顶面有两块四棱柱加劲板。左边一块横放，其大小是 1000×2700×250；右边一块纵放，其大小是 2250×1000×250，如图 6-39 所示。

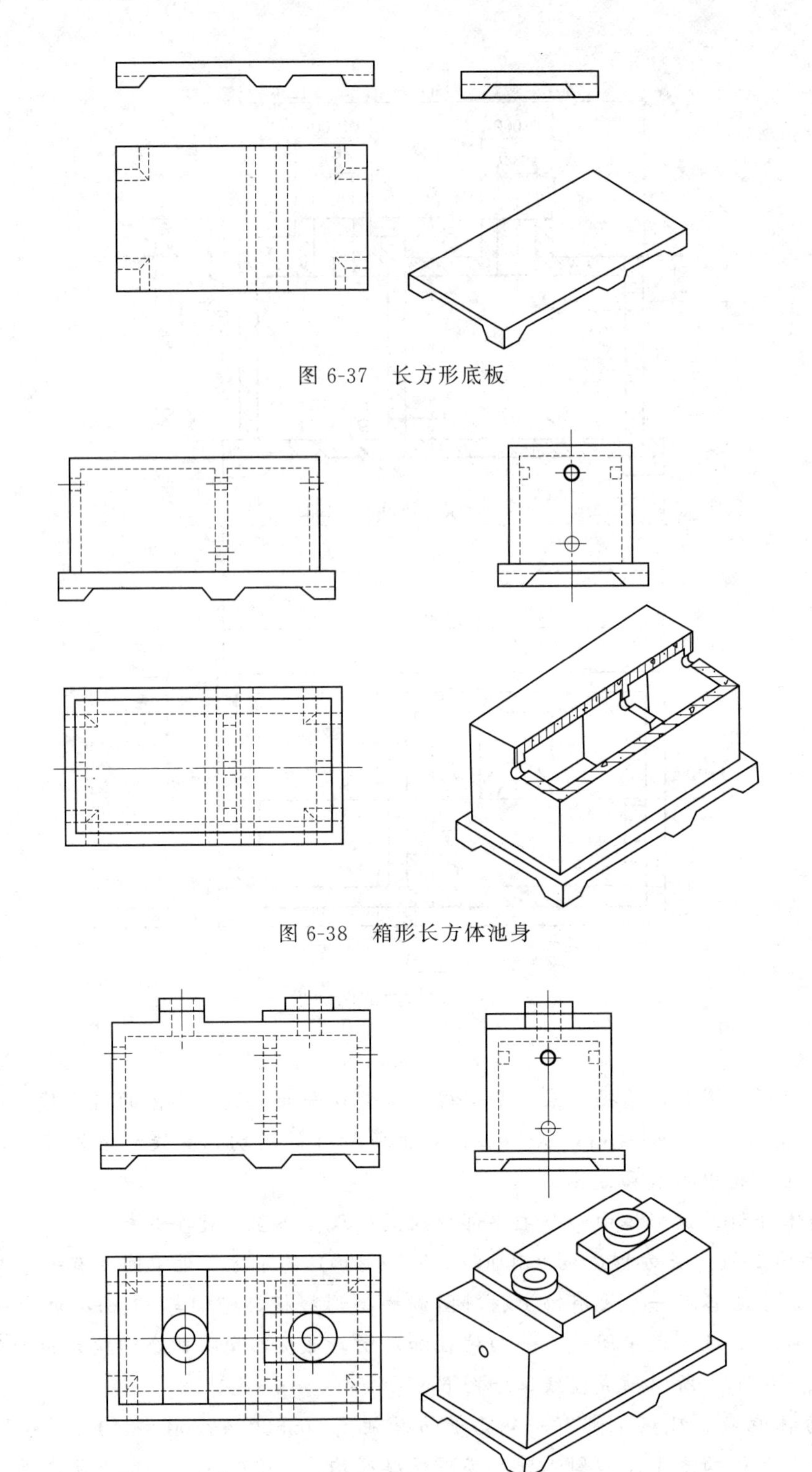

图 6-37　长方形底板

图 6-38　箱形长方体池身

图 6-39　化污池整体形状

④ 圆柱通孔。两块加劲板上方，各有一个 ϕ1000 的圆柱体，高 250，其中挖去一个 ϕ500 的圆柱通孔，孔深 750，与箱内池身相通，如图 6-39 所示。

(3) 综合分析。把以上逐个分解开的形体综合起来，即可确定化污池的整体形状，如

图 6-39 所示。

作图

在形体分析过程中，自下而上逐个补出各基本形体的 W 面投影，如图 6-36～图 6-39 所示。最后把 W 面投影画成半剖视图，剖切位置选择通过左边垂直圆柱孔的轴线。当向右投射时，即可反映出横隔板上的圆孔和方孔等的形状和位置，如图 6-40 所示。

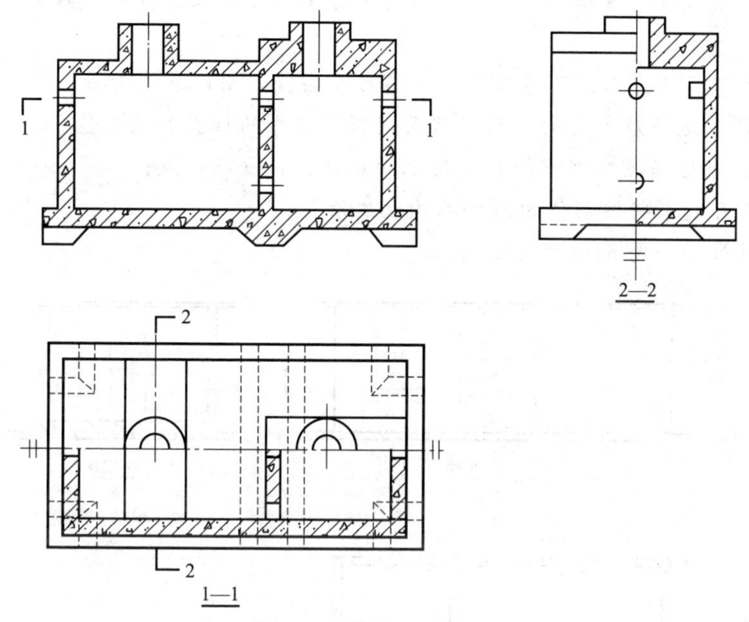

图 6-40 补绘 W 面投影

【例 6-3】 图 6-41 为建筑模型的投影图及轴测图，请选择适当的表达方案。

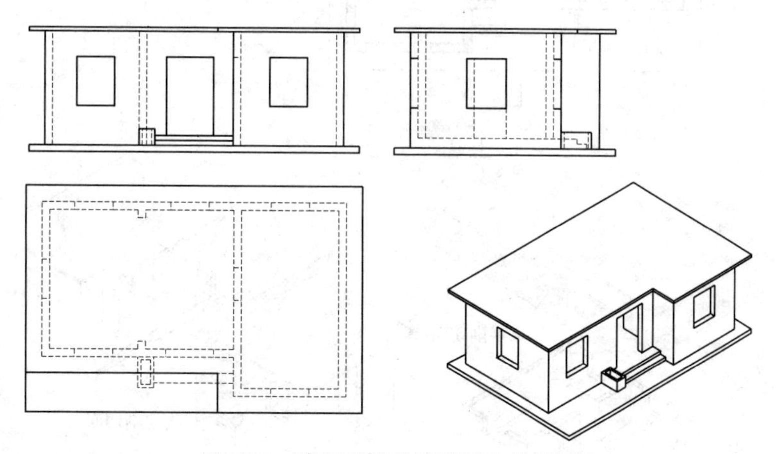

图 6-41 建筑模型的投影图及轴测图

分析

(1) 分析形体。从建筑模型的三面投影图及轴测图可知，该建筑模型为一 L 形小房屋，由长方形底座、两步台阶及其左侧的花池、墙体、门窗洞、L 形屋顶组成，模型的前后、左右立面均不相同，外形及内部均需要表达，因此，应采用视图和剖视图结合的表达方案。

(2) 分析视图。由平面图与两立面图对应看出，虚线反映了该形体墙体、屋顶的厚度。

平面图反映出小房屋左边窄、右边宽；左前墙上开门窗洞，门洞前方有两步台阶和一个花池；左墙上开一个窗洞，后墙上有三个窗洞，内墙上有一个门洞。

正立面图和左侧立面图表明小房屋左、右同高，同时表明门洞及窗洞在高度方向的尺度与定位。

作图

(1) 确定视图数目。根据上述分析，若将小房屋内外形表达清楚，需要两个剖面图及一个立面图。

(2) 视图内容。正立面图删除虚线，保留可见实线，用以表达外形。

1—1 剖视图表达房屋内部的平面形状及门窗洞口等的位置和尺度。

2—2 剖视图表达房屋内部空间在高度上的形状、位置及尺度。

这三个图配合起来将该形体的内外结构表达清楚。

(3) 作图结果，如图 6-42 所示。

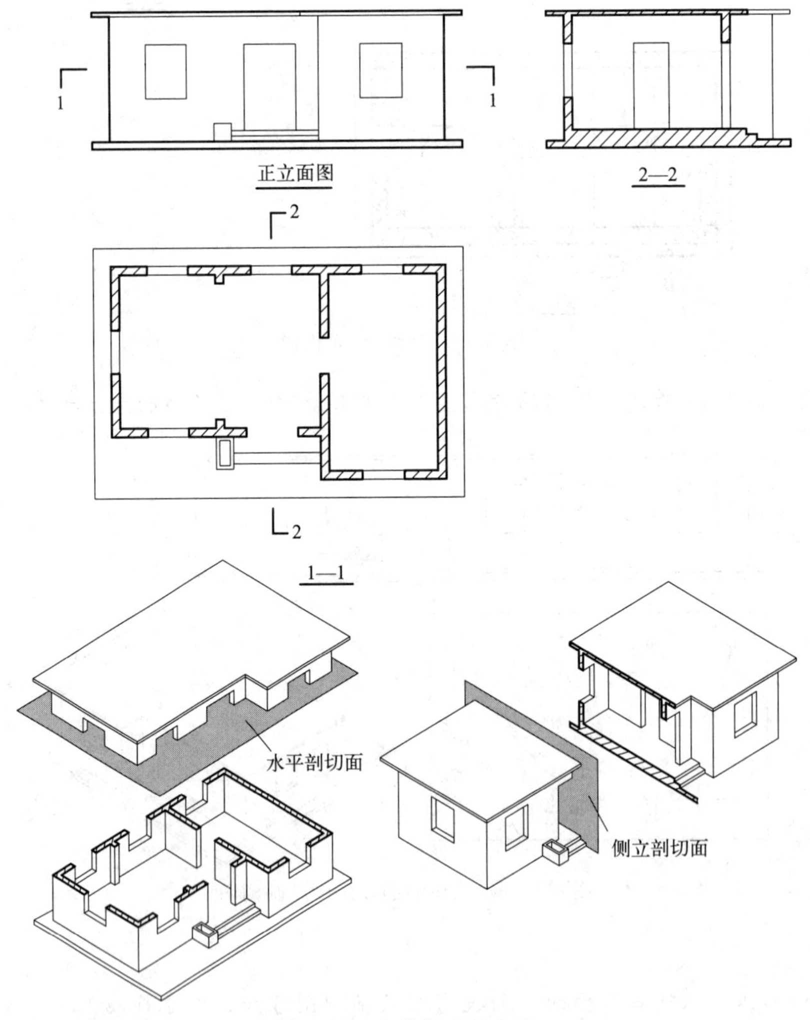

图 6-42　建筑模型的表达

第7章 阴影、透视投影

7.1 阴影概述

我们知道在生活中，物体在光线照射下会产生影子。在建筑立面图和透视图中加绘阴影，会增加建筑立面图的立体感和真实感，使建筑物生动明快，也增进了图面的美感，表现效果更好。

7.1.1 阴和影的概念

物体在光的照射下，直接受光的部分，称为阳面（简称阳）；背光的部分，称为阴面（简称阴）。把阳面和阴面的交线，称为阴线。当照射在阳面的光线受到阻挡，物体上原来迎光的表面部分出现阴暗部分，称为影或落影。影的轮廓线称为影线，影所在的阳面，不论是平面或曲面，都称为承影面，阴和影合并称为阴影。

如图7-1所示为一形体在平行光线照射下所产生的阴影。可以看到，通过阴线上各点（称为阴点）的光线与承影面的交点，即为该点在影线上的点（称为影点）。所以，一般情况下阴和影是相互对应的，影线即为阴线的落影。

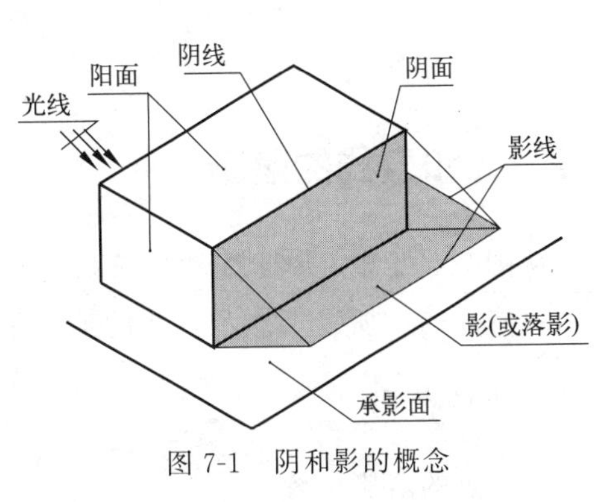

图7-1 阴和影的概念

7.1.2 正投影中加绘阴影的作用

人们可凭借光线照射下物体所产生的阴影，判断出物体的形状及空间组合关系。因此，在建筑立面图中加绘阴影，可判别出建筑物形状，并增强立体感和真实感。

在建筑设计的一些表现图中，在立面图上加绘阴影，可丰富图样的表现力，增强立体感，使图面生动而有助于进行建筑空间造型和立面装修效果评价。图 7-2 中，图 7-2(a) 没有画阴影，图面单调呆板，造型组合关系不明显；图 7-2(b) 画了阴影，图面较自然、生动、美观，有助于体现建筑造型的艺术感染力。

在正投影图中加绘阴影，是画出阴和影的正投影，而且只着重于绘出阴和影的轮廓形状，不考虑明暗强弱变化。

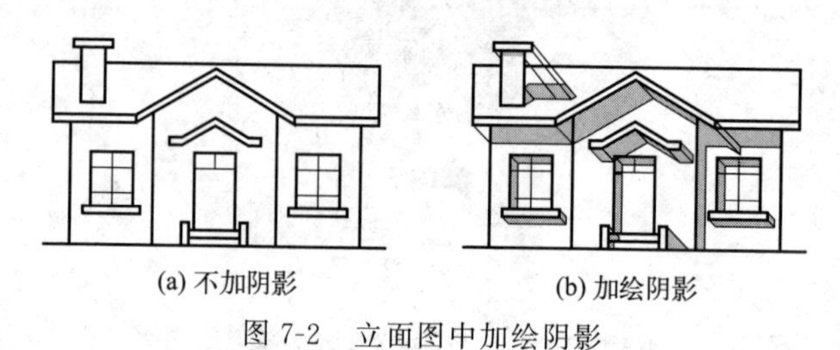

(a) 不加阴影　　(b) 加绘阴影

图 7-2　立面图中加绘阴影

7.1.3　常用光线

自然光线照射下，物体的阴影是不断变化的，为作图方便统一，可采用特定的平行光线，称为常用光线。常用光线的方向是和正方体从左前上至右后下对角线的方向一致的。如图 7-3(a) 所示，投影即正方体各投影中的对角线，均与轴成 45°夹角，习惯称 45°光线，如图 7-3(b) 所示。该光线与各投影面实际倾角相等，约等于 35°，如图 7-3(c) 所示为旋转法求倾角的作图过程。

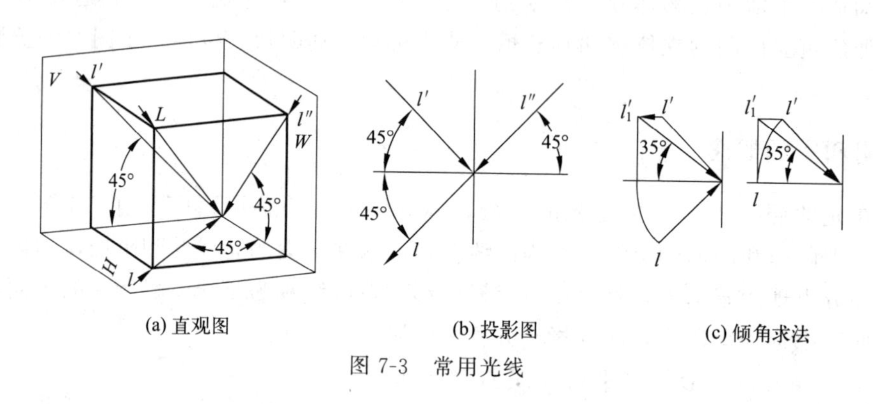

(a) 直观图　　(b) 投影图　　(c) 倾角求法

图 7-3　常用光线

7.2　点和直线的落影

从图 7-1 可知，求影线就是求阴线的落影，而阴线一般是由直线或曲线构成，而曲线又是由点构成的。所以求点和直线的落影是求建筑物阴影的基础。

7.2.1 点的落影

（1）点的落影位置

① 空间点在承影面上的落影，是通过该点的光线延长后与该承影面的交点。

如图 7-4 所示，求作 A 在 P 上的落影，过点 A 的光线 L 延长后于 P 相交于 A_P，A_P 即为 A 在 P 上的落影。点 B 位于 P 平面上，则落影与自身重合，即 B_P 与 B 重合。

② 空间点在投影面上的落影，是通过该点的光线对投影面的迹点，过空间点的光线与投影面首先相交的迹点为点在投影面上的落影。如图 7-5 所示，过 A 的光线先与 V 相交于 A_V，A_V 为落影，假设 V 投影面是透明的，光线延伸后与 H 相交于 A_H，A_H 为虚影。同理过 B 的光线与 H、V 的交点 B_H、B_V 分别为落影和虚影。

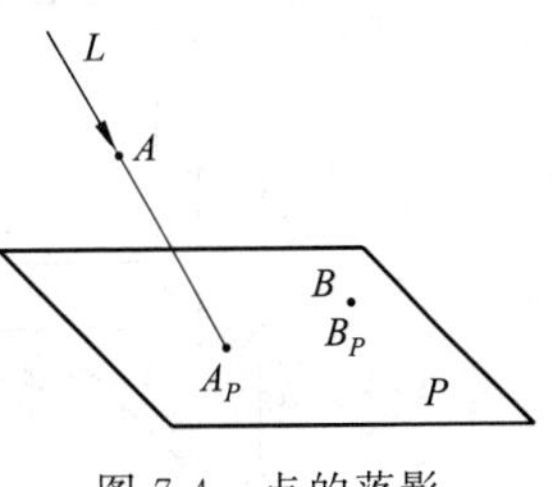

图 7-4　点的落影

图 7-5(b) 所示为展开的落影投影，由投影可知 A_V 在 V 面上，所以 A_V 的 V 面投影 a'_V 与 A_V 重合，H 面投影 a_V 在 OX 轴上，且 $a'_V a_V$ 连线垂直于 OX 轴，并且 $a'_V a_V$ 又必在光线的投影 l' 及 l 上。

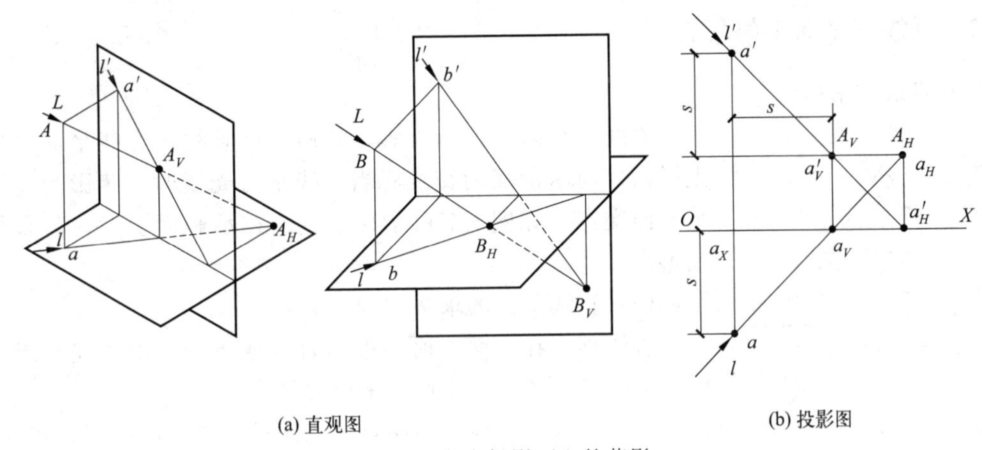

(a) 直观图　　(b) 投影图

图 7-5　点在投影面上的落影

l 先交于 OX 轴，为 A 在 V 面落影 A_V 的 H 投影 a_V，过 a_V 作垂线交于 l'，为 A_V 及 a'_V。若图中光线投影继续延长，l' 与 OX 轴相交于 a'_H，为 A 在 H 面上虚影的 V 面投影，作垂线与 l 的延长线相交，为 A 在 H 面上虚影 A_H 及投影 a_H。

（2）点的落影规律

空间点在投影面上（及其投影面平行面）的落影与投影之间的垂直距离与水平距离相等，即等于空间点到该投影面的距离。如图 7-5(b) 所示，因 l'、l 与 OX 轴均成 45°角，若 $aa_X = S$，则 $a'a'_V$ 的水平距离为 S；同理，$a'a'_V$ 的垂直距离亦为 S。

（3）点的落影求法

点在投影面上的落影求法图 7-5(b) 已作了介绍，下面介绍在投影面平行面、垂直面和曲面上落影的求法。

① 点在投影面平行面上的落影，必在该平面的积聚投影上，可按规律或光线投影求出，如图 7-6(b) 所示。当给定两投影时，求光线 l 交于 P_H 上为 A_P 的水平投影 a_P，作垂线与 l' 相交，为 A_P 及 a'_P，如图 7-6(a) 所示。

② 当承影面为投影面垂直面时的落影，可利用投影面垂直面的积聚性求出。求光线 l 交于 P_H 上为 B_P 的水平投影 b_P，作垂线与 l' 相交为 B_P 及 b'_P，如图 7-6(c) 所示。

③ 点在曲面上的落影，当承影面为曲面时，落影同样可利用曲面的投影积聚性求出。求光线 l 交于 P_H 上为 D_P 的水平投影 d_P，作垂线与 l' 相交为 D_P 及 d'_P，如图 7-6(d) 所示。

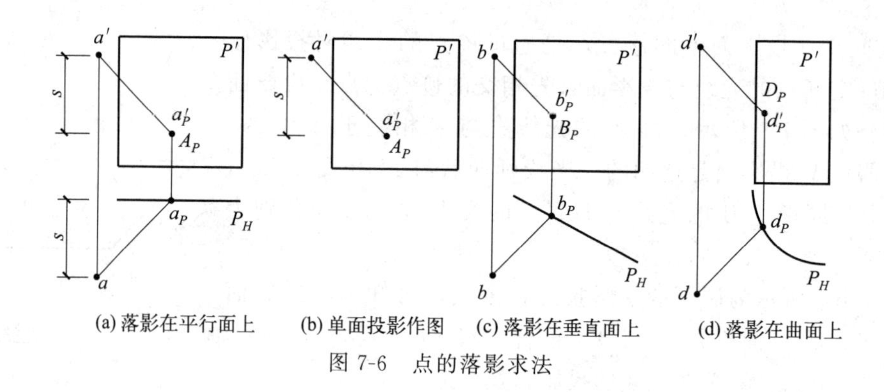

图 7-6　点的落影求法

7.2.2　直线在平面上的落影

（1）直线的落影

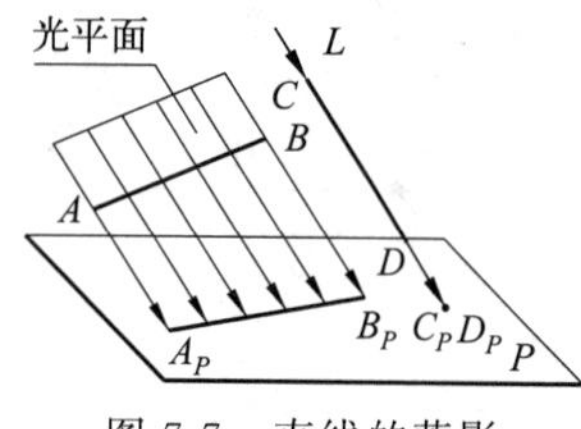

图 7-7　直线的落影

直线在承影面上的落影，是通过该直线的光线平面（称为光平面）与承影面的交线；当直线平行光线时，落影为光线与承影面交点，如图 7-7 所示。若直线在承影面上时，落影与直线重合。

（2）直线落影的求法

直线落影在平面上时一般为直线或折线。求直线落影，实际上是求过直线的光平面与承影面交线。

① 直线落影在一个承影面上　只要求出直线上两端点（或任意两点）的落影，再连线，即为直线的落影。

图 7-8(a) 所示为直线在投影面上的落影，求 a'_V、b'_V，再连线，即 AB 在 V 面落影的 V 面投影，连 $a_V b_V$，为 H 面投影；图 7-8(b) 所示为直线在投影面垂直面上的落影，同样利用投影面垂直面积聚性求两端点落影，再连线。

② 直线落影在两个承影面上　直线落影在两投影面上，落影为折线。求出两端点后，不能直接连线，如图 7-9 所示。可用虚影法求得 B_H，连 $A_H B_H$ 交于 OX 轴上为折影点 k，连 $A_H k$、kB_V 为所求；也可用任意点法求得直线上任意点 C 的落影 C_V，连 $B_V C_V$ 交于轴上为折影点 k，再连 kA_H 完成落影。

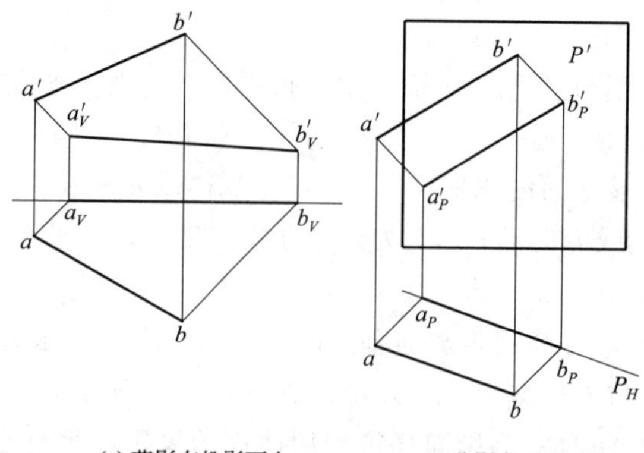

图 7-8　直线落影在一个承影面上

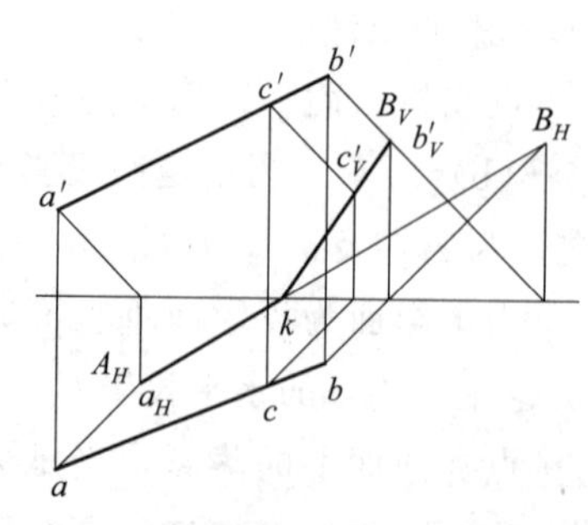

图 7-9　直线落影在两个承影面上

7.2.3　直线的落影规律

掌握直线的落影规律，对求直线的落影会有很大的帮助，尤其是后面求解形体阴影时可以直接应用这些规律。

（1）直线落影的平行规律

① 直线平行承影平面时，则直线的落影与空间直线平行且等长　如图 7-10(a) 所示，AB 平行 P 平面，A_PB_P 必平行 AB，则 $a'_Pb'_P$ 必平行 $a'b'$ 且其长度与 $a'b'$ 相等，所以可以任求一个端点落影，再根据平行等长求另一端点落影。

② 空间两条平行直线在同一承影面上落影仍平行　如图 7-10(b) 所示，$AB//CD$ 则 $A_VB_V//C_VD_V$，落影的同面投影也一定互相平行。因此，先求一直线落影及另一直线一个端点的落影，再根据平行求另一端点的落影。

③ 一条直线在两个平行的承影面上的落影互相平行　如图 7-10(c) 所示，承影面 P 平行于 V 面，过 AB 的光平面与 P、V 的交线必平行，所以 AB 在 P、V 面上的落影一定平行，落影的同面投影也一定平行。可先求出两端点落影 A_V、B_P，但不能直接连线，直线在两承影面上落影可用下列方法之一求得：任意点法，求线上任意点 C 落影 C_P，连 B_PC_P 为所求 P 平面落影，过 A_V 作 $b'_PC'_P$ 平行线即为 V 面上落影；虚影法，将 V 面扩大并求虚影 B_V，连 A_VB_V 为所求，根据平行求得 P 平面上落影；返回光线法，直线上必须有一点落影在 P 平面的边框上，过 P_H 端点作返回光线交于直线上为 d，则 d' 落影在 P 边框上得 d'_P，连 b'_P 为所求，根据平行规律求 V 面落影。

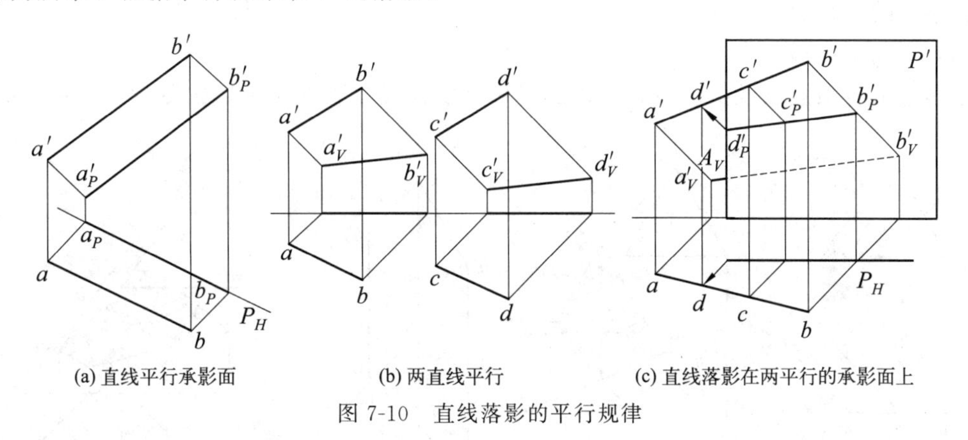

图 7-10　直线落影的平行规律

（2）投影面垂直线的落影规律

① 某投影面垂直线在任何承影面上落影，此落影在该投影面上的投影是与光线投影方向一致的 45°直线。

如图 7-11(a) 所示，铅垂线 AB 在地面和台阶上落影为过该直线的光平面与地面、台阶的交线，该光平面为铅垂面，且与 V 面的倾角为 45°，所以落影的水平投影为 45°直线，如图 7-11(b) 所示。

② 某投影面垂直线在另一投影面（或其平行面）上的落影，不仅与原直线的同面投影平行，且其距离等于该直线到承影面的距离。

如图 7-11(c) 所示，AC 垂直于 H 面，AB 垂直于 W 面，其 V 面落影分别平行于 $a'b'$、$a'c'$，且其距离等于这两条直线与 V 面的距离 S。

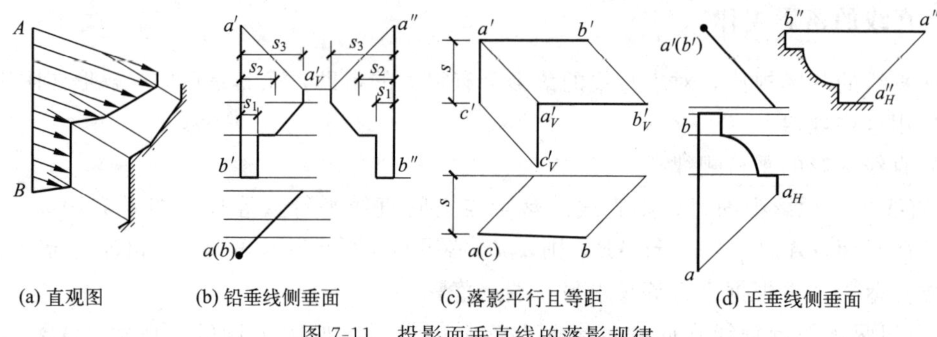

(a) 直观图　(b) 铅垂线侧垂面　(c) 落影平行且等距　(d) 正垂线侧垂面

图 7-11　投影面垂直线的落影规律

③ 某投影面垂直线落影在另一投影面的垂直面上（平面或曲面）时，落影在第三投影面上的投影总是与该承影面有积聚性的投影成对称形状。

如图 7-11(b) 所示，铅垂线 AB 落影在侧垂面上，落影的 V 面投影与台阶的积聚投影成对称形状，图中落影的 V 面投影与 W 面投影对称，OZ 轴为对称平面轴，作图时量取 AB 线的 W 面投影到承影面的距离 s_1、s_2、s_3 即为直线的 V 面投影到其落影的距离。图 7-11 (d) 为正垂线，落影在侧垂面上，落影的水平投影与侧垂面的积聚投影成对称形状。

7.2.4　直线构成的平面多边形的落影

求直线构成的平面多边形落影，就是求构成平面多边形各边线的落影，该落影的集合即为平面落影的影线。

(1) 平面多边形落影求法

求多边形各顶点（及折影点）的落影，再顺次连线，阴影涂黑，如图 7-12(a) 所示。

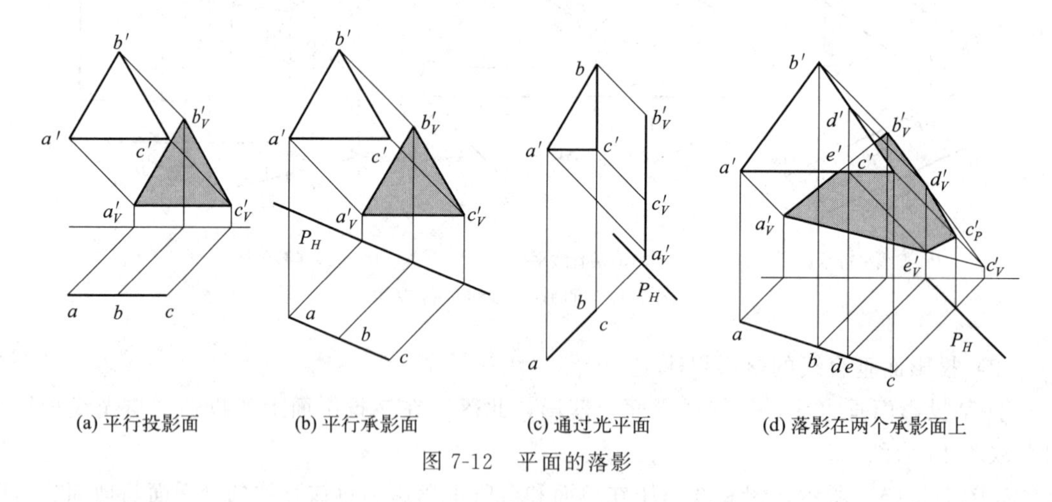

(a) 平行投影面　(b) 平行承影面　(c) 通过光平面　(d) 落影在两个承影面上

图 7-12　平面的落影

(2) 平面多边形的落影

① 当平面平行于投影面（或承影面），落影反映平面实形或其投影与平面的同面投影相同。如图 7-12(a) 所示，平面平行正立面，则落影与平面投影相同且反映平面实形；图 7-12(b) 所示为平面平行于承影面 P，则在 P 平面上的落影与平面的同面投影相同。

② 当平面与光线平行时，平面的积聚投影通过光线投影，则其落影为直线。

如图 7-12(c) 所示，平面平行于光线，过平面的光平面与承影面交线即为落影。

③ 当平面落影在两个相交的承影面上时，影线在两个承影面的交线上产生折影点。

图 7-12(d) 所示为平面 ABC 落影在两个相交承影面 V 和 P 上，折影点可按前述直线落影求法求得。本例选用返回光线法求得 d、d'、e、e'，求得落影 d'_V 和 e'_V 即为折影点。也可利用虚影求得 c'_V 而得折影点 d'_V、e'_V。

7.2.5　平面图形阴面和阳面的判别

在光线照射下，平面图形的一侧迎光，称为阳面，另一侧背光，称为阴面，因而平面投影有阳面和阴面投影之分，这是确定形体上阴线的基础。

(1) 投影面平行面

如图 7-13(a) 所示，投影面平行面沿光照方向的一侧为迎光面，其投影为阳面投影。水平面 P 迎光，水平投影为阳面投影；正平面 R 迎光，V 面投影为阳面投影。

(2) 投影面垂直面

当平面为投影面垂直面时，利用平面的积聚投影与光线的同面投影加以检验。

如图 7-13(b) 所示，正垂面夹角不同，当倾角小于 45°时，光线照在上面，水平投影为阳面投影；当倾角为 45°时，平面通过光平面，平面的两个面均呈阴面，水平投影为阴面投影；当倾角在 45°～90°之间时，光线照在下面，水平投影为阴面投影；当倾角大于 90°时，光线照在上面，水平投影为阳面投影。图 7-13(c) 所示为铅垂面的投影情况，读者可自行分析。

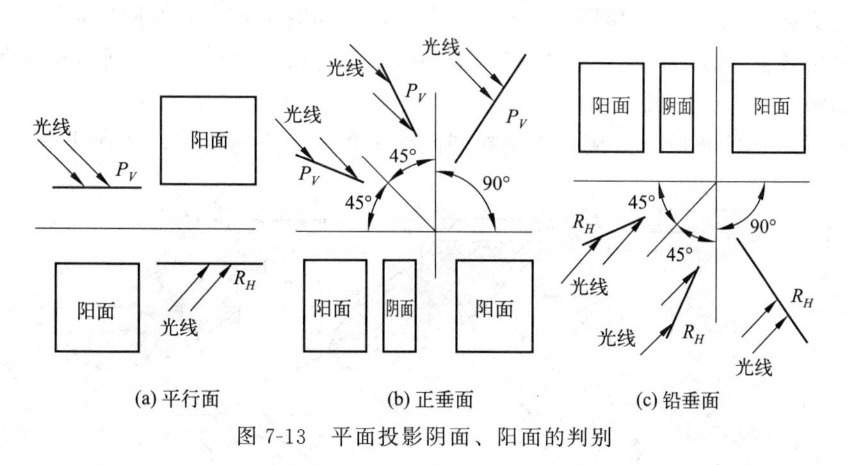

图 7-13　平面投影阴面、阳面的判别

7.2.6　曲线及曲线平面图形的落影

7.2.6.1　曲线的落影

曲线为不规则曲线时，可求一系列特征点的落影，再圆滑地连线，如图 7-14 所示，求 A、B、C 各点落影再圆滑连线即为曲线的落影。当曲线为圆时，参见下述曲线平面的落影求法。

7.2.6.2　曲线平面的落影

(1) 非规则曲线平面的落影

非规则曲线平面的落影可求曲线上一系列特征点的落影，再圆滑地连线，参见图 7-14 曲线落影求法。

（2）圆曲线平面图形的落影

① 当圆平面落影在所平行的投影面（或承影面）上时，落影反映圆实形或其投影与圆的同面投影相同。如图 7-15 所示，与 V 面平行的圆落影在 V 面上，落影为圆实形。求出圆心落影 O'_V，以原来半径作圆即为圆的落影。

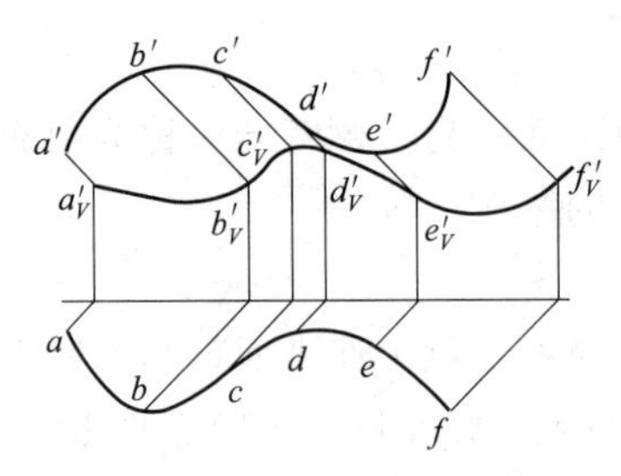

图 7-14　不规则曲面的落影

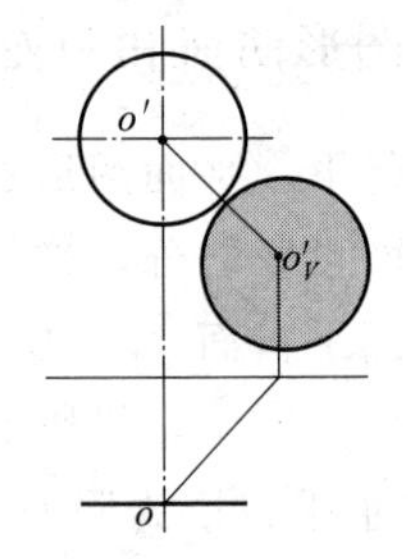

图 7-15　圆曲线落影在平行的承影面上

② 当圆平面落影在与其不平行的承影面上时，圆的落影通常为椭圆。圆心的落影即为落影的椭圆中心，圆的一对互相垂直的直径，成为落影椭圆的一对共轭轴。图 7-16 所示为一水平圆，其在 V 面上的落影是一个椭圆，可利用圆的外切正方形作为辅助作图线来图解求得，方法如下。

首先作圆外切正方形的投影 $abcd$，并与圆相切于 1、2、3、4 各点，求圆外切正方形的 V 面落影及切点 1、2、3、4 落影 $1'_V$、$2'_V$、$3'_V$、$4'_V$，如图 7-16(a) 左图所示。

再求对角线上点 5、6、7、8 的落影 $5'_V$、$6'_V$、$7'_V$、$8'_V$，将各影点圆滑地连线，即为圆的落影，如图 7-16(a) 右图所示。

也可用图 7-16(b) 所示方法，直接在圆曲线上作八个点的落影，再连线求得。

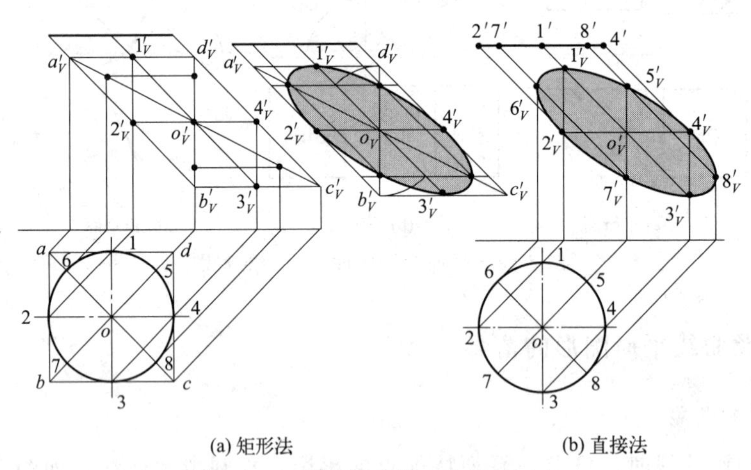

图 7-16　圆曲线落影在非平行面上

当水平半圆形平面垂直贴于 V 面上时，在 V 面上的落影也是半个椭圆，通常采用五点法作出，如图 7-17(a) 所示。求出平面上五个特殊点 1～5 的投影和落影，点 1、5 在 V 面上，落影 $1'_V$、$5'_V$ 与 1、5 重合；点 3 在前方，落影 $3'_V$ 在 $5'$ 的垂线上；点 2 在圆左前方，落影 $2'_V$ 在圆的中线垂线上；右前方的点 4 落影 $4'_V$ 在过 $2'_V$ 的水平线上，又从水平投影知 4_V、4、O 为等腰三角形，所以 $4'_V$、$4'$ 到中心线上 $2'_V$ 为等腰三角形，即 $4'_V$ 到中心线 2 倍于 $4'$ 到中线的距离。圆滑连接各落影点即为半圆的落影——半个椭圆。

掌握上述方法后可利用半圆单面投影求其落影，如图 7-17(b) 所示。在 V 投影上作半圆，求得半圆上五个点的 V 面投影 $1'$～$5'$，落影 $1'_V$、$5'_V$与 1、5 重合；点 3 在前方，落影 $3'_V$ 在 $5'$的垂线上；点 2 在圆左前方，落影 $2'_V$在圆的中线垂线上；右前方的点 4 落影 $4'_V$在过 $2'_V$的水平线上，圆滑连接各落影点即为半圆的落影。

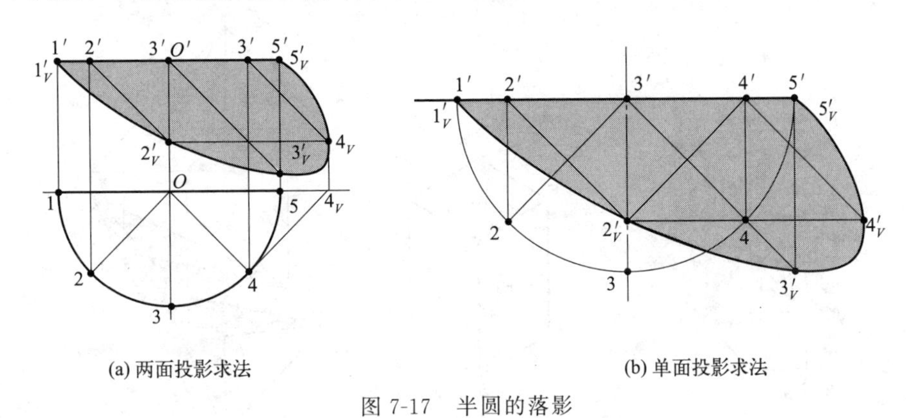

(a) 两面投影求法　　(b) 单面投影求法

图 7-17 半圆的落影

7.3 平面立体与建筑形体的阴影

平面立体是由构成立体棱面的棱线组成，求平面立体的阴影，就是求平面立体上阴线（阴线为直线）的落影。

建筑物由一些建筑形体构成，建筑立面通常包含门窗、雨篷、阳台、台阶、屋檐等建筑形体。本节主要介绍建筑形体阴影及建筑立面阴影的加绘方法。

7.3.1 平面立体阴影的求法

7.3.1.1 平面立体阴影分析

（1）一般步骤

① 识读正投影图，分析清楚形体各组成部分的形状、大小及相对位置。

② 判明立体阴面、阳面，从而确定阴线。

③ 分析阴线与承影面及投影面的相对位置关系，运用直线落影规律，逐段求出阴线落影——影线。

④ 在阴面及影线范围内均匀涂黑表示。

（2）阴线的确定

确定立体的阴线是求立体落影的基础，对于初学者一定要很好掌握。

① 根据积聚投影确定阴线　若构成形体的平面是投影面平行面或垂直面，可根据平面是迎光面还是背光面确定是阴面还是阳面（图 7-13），并根据阴面与阳面交线确定阴线（图 7-1）。如图 7-18(a) 所示棱柱由水平面、正平面和侧平面构成，在光线照射下，左、前、上三个面为阳面，右、后、下三个面为阴面，所以棱线 CD、DE、EF、FG、GB、BC 为阴线。

② 画立体图确定阴线　对于直接判定有困难的读者，也可绘出立体图确定阴线，如

图 7-18(b) 所示，根据阳面与阴面从而确定阴线。

③ 根据落影包络线确定阴线　若形体由一般位置平面构成，投影没有积聚性，阳面和阴面不好判定，可求出形体各棱线的全部落影，构成落影的外包络线为影线，返回到形体上确定阴线，从而确定阴面，如图 7-18(c) 所示。棱线 AD、AB、BD 为阴线，所以平面 ABD 为阳面，其余平面为阴面。

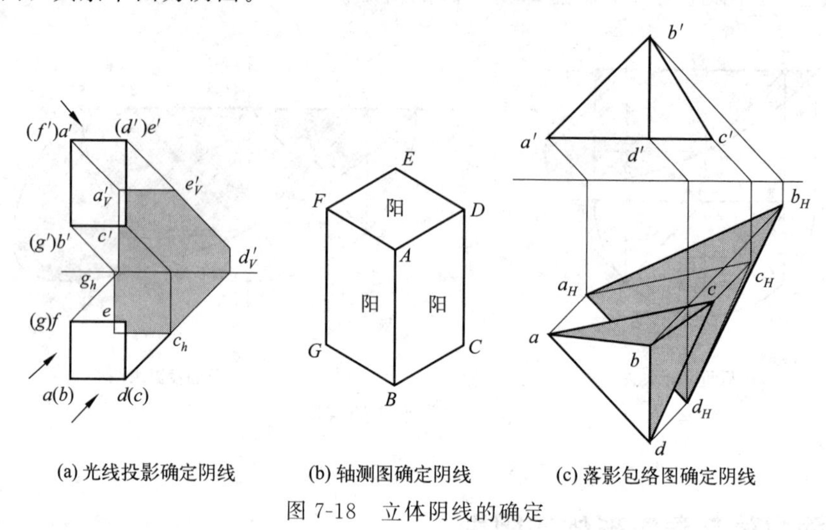

图 7-18　立体阴线的确定

7.3.1.2　平面立体阴影求法

(1) 投影面平行面构成立体

图 7-18 所示四棱柱已确定阴线，侧垂线 BC 在 H 面上的落影平行且等长，落影与其投影的距离等于 BC 到 H 面距离；同理求得正垂线 BG 的落影。铅垂线 CD 在 H 面上的落影是与光线投影一致的 45°线，其在 V 面上的落影平行且等距；其他各阴线的落影如图 7-18(a) 所示。最后将阴影均匀涂黑。

(2) 投影面垂直面构成立体

图 7-19(a) 所示为贴于墙面上的三棱柱饰物，求其墙面上的落影。经检验投影面垂直面为阳面，其阴线为 AB、BC，A、C 两点在墙面上，落影与自身重合，求得 B 点落影 B_V，落影的投影 $a'b'_V$、b'_Vc' 即为所求影线，最后将落影均匀涂黑。

图 7-19(b) 所示同样为贴于墙上的三棱柱饰物，但右侧铅垂面为阴面，其阴线为 AB、BC 及 CD，分别求得各阴线落影的投影 $a'b'_V$、$b'_Vc'_V$、c'_Vd'，最后将阴面和落影均匀涂黑。

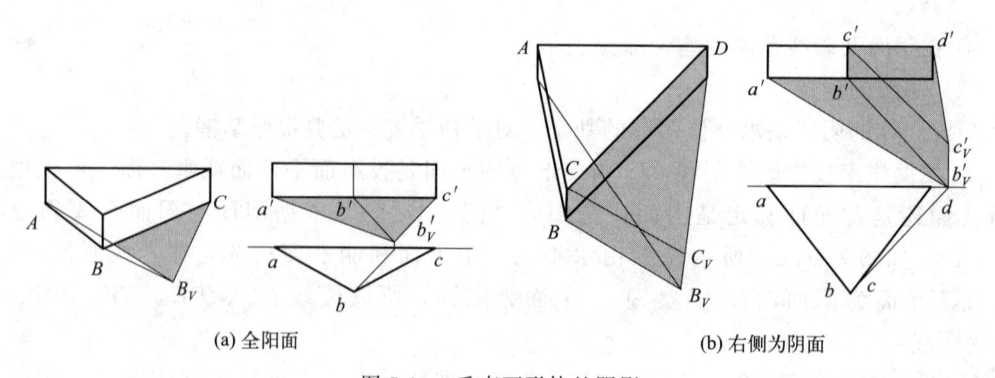

图 7-19　垂直面形体的阴影

7.3.2　窗洞口的阴影

首先确定窗洞口的阴线，再按直线的落影规律求出影线，主要求出正立面图的阴影。图 7-20 给定了几种常见的窗洞口的阴影，从实例中分析可见，窗口阴影宽度 m 等于窗口深度 m，挑台落影宽度 n 等于其挑出宽度 n，挑檐落影在洞口宽度 s 等于其挑出宽度 s_1 加上洞口深度 s_2。也可利用光线的投影求出阴线各端点落影，再连线完成阴影。

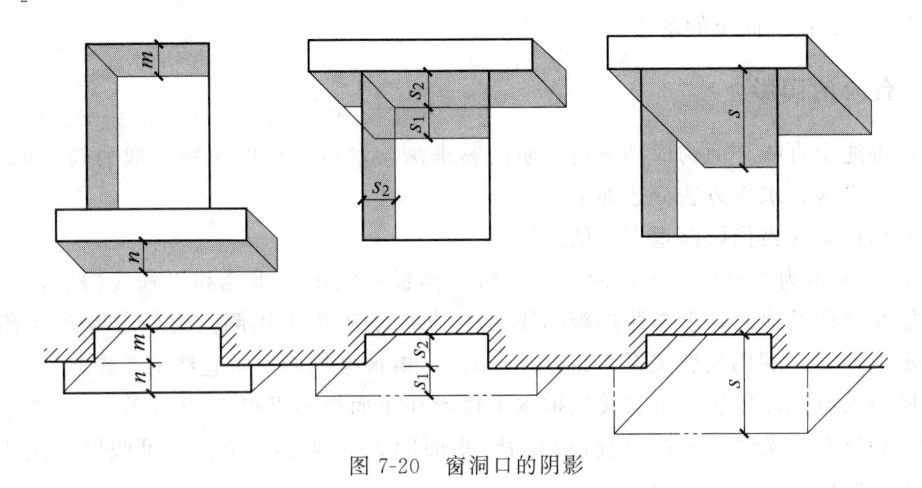

图 7-20　窗洞口的阴影

7.3.3　门洞、雨篷的阴影

因为门洞的造型较窗口要复杂，加之雨篷的造型较多，致使其阴线常常发生变化，所以阴影求作较为复杂，但仍可利用规律求得阴影。图 7-21 介绍了两种门洞、雨篷的阴影，求作方法分述如下。

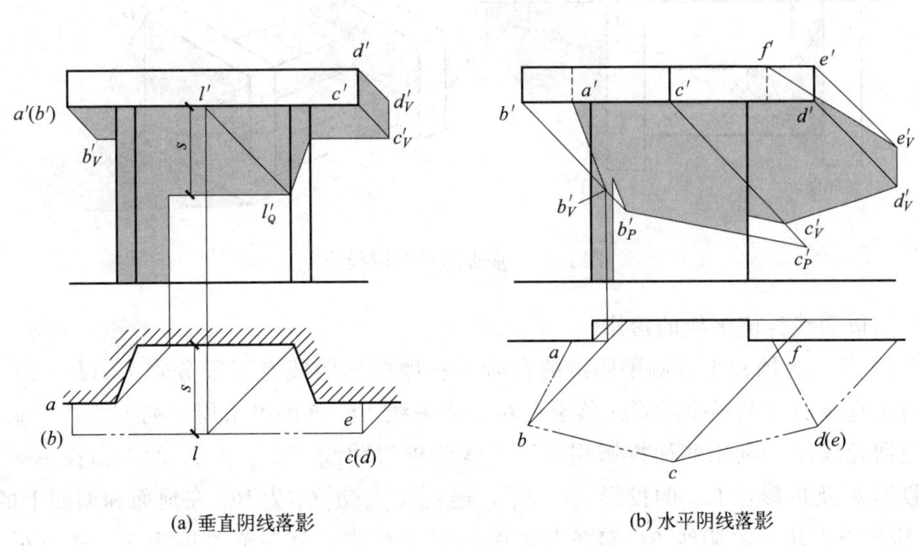

图 7-21　门洞、雨篷的阴影

（1）雨篷阴线为投影面垂直线的落影

图 7-21(a) 中门脸为阴面，门洞有阴影，落影用 45°线求得；而雨篷上正垂线 AB 在墙

上落影为45°线，侧垂线 BC 在墙面（本例将墙面用 V 面代替，门面设为 Q 平面）及门洞落影利用对称性求得；也可利用返回光线求得 l' 及落影 l'_Q，再作平行线求得落影。

（2）雨篷阴线为投影面平行线的落影

图7-21(b) 中雨篷阴线 AB 为水平线，其落影不是45°线，需求出 b'_V，连 $a'b'_V$ 为 AB 在墙面上落影（本例将墙面用 V 面代替，门面设为 P 平面），再求得 b'_P 作 $a'b'_V$ 的平行线为 AB 在门洞口上落影；求得 C 点在门洞口上虚影 c'_P，连 $b'_Pc'_P$ 为 BC 在门洞落影；同理求得阴线 BC、CD、DE 在墙面上的落影。

7.3.4 台阶的阴影

本节讲述由直线平面构成挡板的台阶阴影求法，台阶挡板的阴线一般为投影面垂直线、侧平线、水平线，求作方法分述如下。

（1）挡板阴线为投影面垂直线的落影

图7-22所示为常见的一种台阶形式，台阶挡板阴线由正垂线和铅垂线构成，右侧挡板阴线落影在墙面及地面，求左侧挡板阴线 AB、BC 的落影可用侧面投影求得 B 点落影，其侧面投影为 b''_{P1}，利用投影关系求得 b'_{P1} 及 b_{P1}，再根据投影面垂直线的落影规律求得落影。若投影图中没有侧面投影，可直接根据水平投影和正面投影求得 B 点落影 b_{P1}，即过 b' 作光线投影 l' 和过 b 作光线投影 l，同时相交 P_1 平面即为 B 点落影 B_{P1}。可假设其光线投影交于任一台阶面检验。

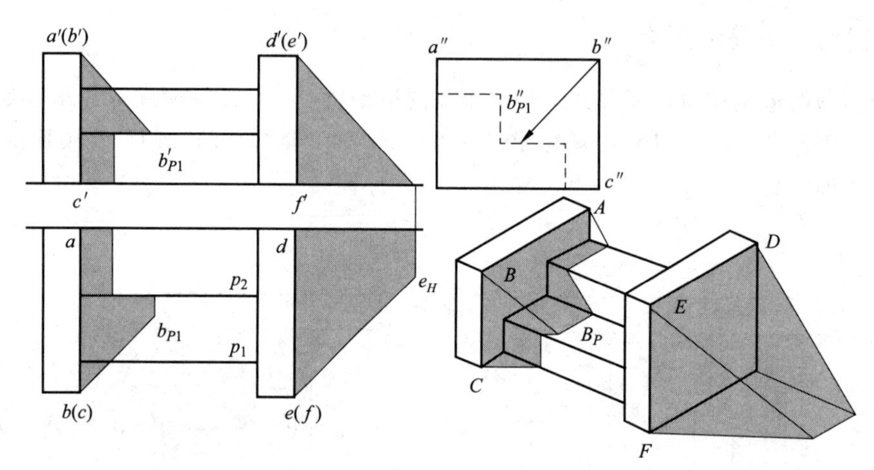

图7-22 垂直阴线台阶投影

（2）挡板阴线为侧平线的落影

图7-23所示为挡板带有侧平阴线的台阶，右侧挡板阴线有三段分别为 AB、BC、CD，首先求得正垂线 AB 及铅垂线 CD 落影；对于侧平线 BC 落影可采用下列方法之一求得：

①返回光线法　利用侧面投影用返回光线法求得阴线 BC 上点 K 的侧面投影 k''，再求得正面投影 k' 及折影点 K_V 的投影 k'_V、k_V，连 c_Hk_V、$b'_Vk'_V$ 为 BC 在地面和墙面上的落影。

② 线面交点法　将阴线 BC 延长与墙面相交于 E 点，其正面投影为 e'，连 $e'b'_V$ 并延长与地面和墙面交线相交于 k'_V 即为折影点的投影。

③ 虚影法　求得 B 点或 C 点的虚影 B_H 或 C_V 连线得折影点的投影 k_V、k'_V。

左侧挡板阴线同样为12、23和34，对于正垂线12和铅垂线34，落影求法参见上例

图 7-22，不再详述。而侧平线 23 的落影，同样可采用返回光线法求得，如求得 P_1R_3 棱线上影点 f''_W，返回光线到阴线求得 $f''f'$，并求得落影 f'_V，同理可以求得其他台阶棱线上的落影点，连线可求其在台阶上的落影。

下面介绍一种新方法，返回光线虚影法。如图 7-23 所示，求阴线 23 在台阶踢面 R_2 上落影，3 点在平面 R_2 的前方求得其在平面 R_2 上的落影 3_{R2} 及 $3'_{R2}$，而 2 点在平面 R_2 的后面，可利用返回光线求得 2 点在平面 R_2 上的虚影 2_{R2}、$2'_{R2}$，连线即为阴线 23 在平面 R_2 上落影，取图形内有效部分。同理，可求得台阶踢面 R_1、R_3 上落影，并根据正投影关系求得台阶踏面 P_1、P_2、P_3 上落影。

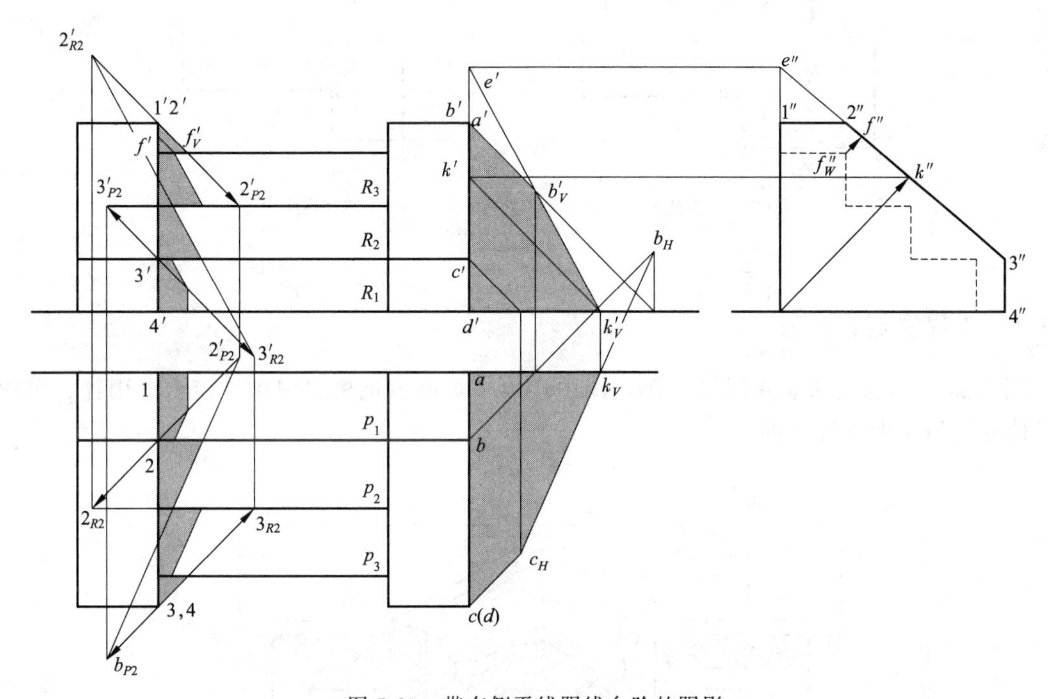

图 7-23 带有侧平线阴线台阶的阴影

7.3.5 坡屋面及屋檐的阴影

坡屋面及屋檐阴线虽然仍为直线，但因其与承影面相对位置的不同，落影也各不相同，下面介绍两种常见坡屋面及屋檐阴影的求法。

（1）单坡屋面及屋檐阴影

图 7-24(a) 所示为一单坡屋面，檐口前后错落，确定可求落影阴线为 AB、BC、CD、EF。AB 落影在前墙面上平行且等距，求 a'_V 作平行线；AB 落影在后墙面上为平行且等距；BC 落影在后墙面上为 b'_V、c'_V，再连线；CD 为侧平线，求得点 C 在屋檐上落影 c'_P，连 c'_Pd' 为 CD 在檐上落影，过 c'_V 作 c'_Pd' 的平行线为 CD 在墙面上落影，也可从 CD 在檐上落影处 l' 引光线投影交于檐口的落影 l'_V，连 $l'_Vc'_V$ 即为 CD 在墙面上落影（或求点 D 在墙面上虚影 d'_V，连 $d'_Vc'_V$ 为 CD 在墙面上落影）；最后完成墙角阴线落影。

（2）双坡屋面及屋檐阴影

图 7-24(b) 所示为双坡屋面，檐口前后错落，檐口阴线确定为 AB、BC、CD、DE 等。根据平行规律求得 AB、BC 在前墙面上落影。CD 在后墙面上落影平行，DE 为正垂线，在

墙面上及屋檐上落影的投影为 45°线，BC 线在墙面上落影可求出点 B 在墙上虚影 b'_V，连 $b'_Vc'_V$ 为所求，也可采用重影点的概念求得，完成阴影。

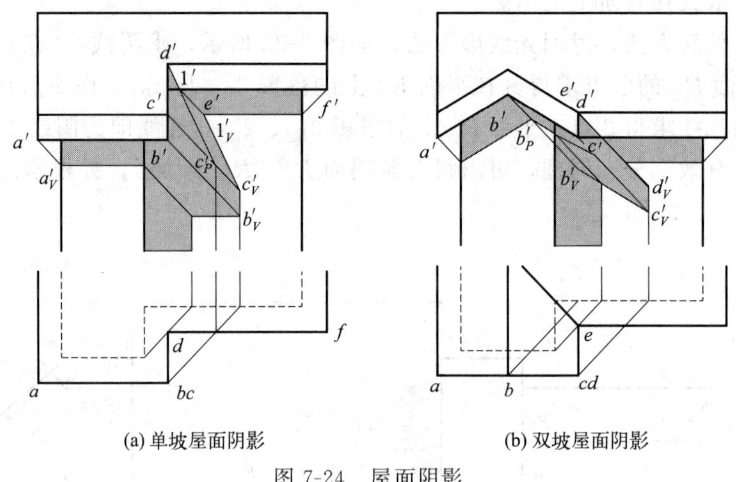

(a) 单坡屋面阴影　　(b) 双坡屋面阴影

图 7-24　屋面阴影

7.3.6　工程实例

图 7-25 所示为建筑立面阴影实例，图中绘出了烟囱、挑檐、门窗、窗台、雨篷、台阶等处阴影，请读者自行分析。

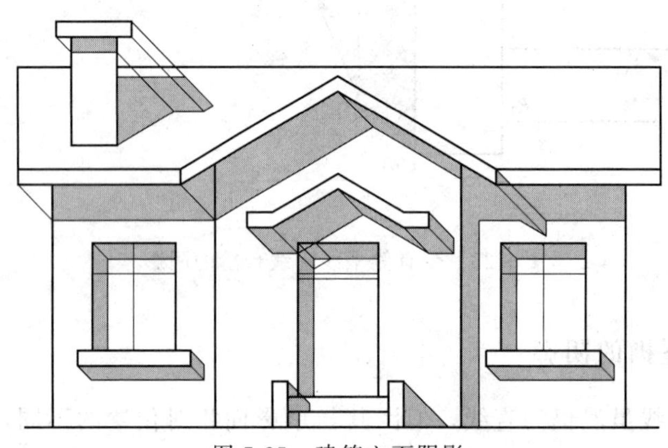

图 7-25　建筑立面阴影

7.4　曲面立体的阴影

曲面立体的阴线可能是直线、平面曲线或空间曲线；承影面可能是平面或曲面等情况，所以阴线的确定及阴影求法均比较复杂，有时采用描点法来确定。本书只介绍正圆柱阴线、阴影及在正圆柱面上的落影的求法。

7.4.1　圆柱面的阴线

(1) 圆柱面阴线的概念

圆柱面上的阴线是光平面与圆柱面相切的素线，如图 7-26 所示。在常用光线照射下，一系列与圆柱面素线相切的光线形成了光平面，这样相切的光平面有两个，将圆柱面分成阳面和阴面相等的两部分，而光平面与圆柱面相切素线正好是阳面与阴面的分界线，所以该素线为圆柱面阴线，如图 7-26 中 AB、CD 素线。又因圆柱垂直 H 面放置，故圆柱上顶面为阳面，下底面为阴面，又产生两半圆阴线 AC、DB（图 7-26 中逆时针半圆方向）。

（2）圆柱面阴线的求法

图 7-27 所示是根据投影求圆柱面阴线的几种方法。当圆柱垂直于 H 面放置时，根据正面及水平投影求阴线，从图 7-26 知，圆柱面上阴线有对称两条且为与光平面相切的素线，该素线水平投影积聚的点必与光平面积聚的 45°线相切，所以切点在过水平投影圆心的 45°线上。图 7-27(a) 所示为通过水平投影圆心作 45°线与圆柱面积聚投影相交，素线 ab、cd 即阴线的投影，引到圆柱面得 $a'b'$、$c'd'$ 为阴线 V 面投影。图 7-27(b) 所示为利用单面投影作半圆与 45°线相交求圆柱面阴线的方法。

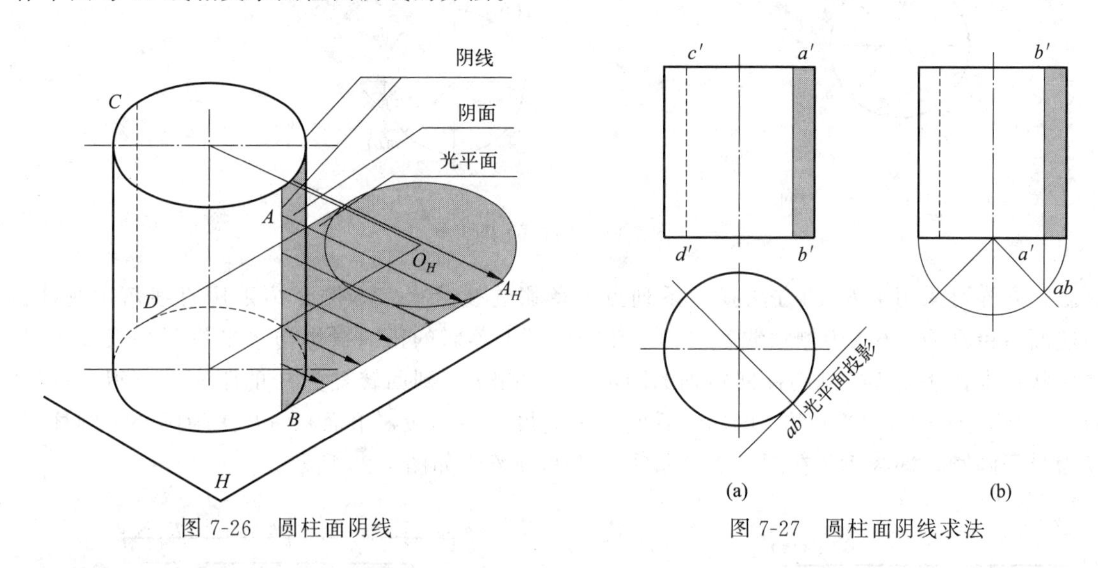

图 7-26 圆柱面阴线　　　　图 7-27 圆柱面阴线求法

7.4.2 圆柱面的阴影

求圆柱面的阴影需求出圆柱面阴线及阴线落影。图 7-28(a) 为圆柱面半圆阴线落影在平行面上时的阴影求法。从图 7-15 知，圆在平行面上的落影仍为圆；而垂直于 H 面的素线阴线水平落影投影为 45°线。具体作法：①求圆柱阴线 AB、CD；②求圆心落影 O_H，并以 O_H 为圆心、圆柱的半径为半径画圆；③作阴线落影的投影 45°线与圆相切为圆柱落影。图 7-28(b) 所示为半圆落影在非平行面上时的阴影，求法如图 7-16 所示。具体作法：①求得圆心落影 O'_V；②求圆外切正方形落影；③求椭圆及椭圆与素线阴线落影的切点完成落影。

7.4.3 在圆柱面上的落影

当圆柱面垂直某投影面时，可利用其积聚性求出圆柱面阴影。

（1）圆柱方柱帽的阴影

图 7-29 所示为圆柱方柱帽的阴影。具体作法：①求圆柱面阴线及落影；②方柱帽阴线为 AB、BC、CD、DE；③正垂线 AB 在 V 面落影投影为 45°线，所以利用水平投影积聚性求得 b_P，作垂线与过 b' 的 45°线相交为 b'_P，连 $a'b'_P$ 为 AB 的落影；④BC 线在圆柱面上的

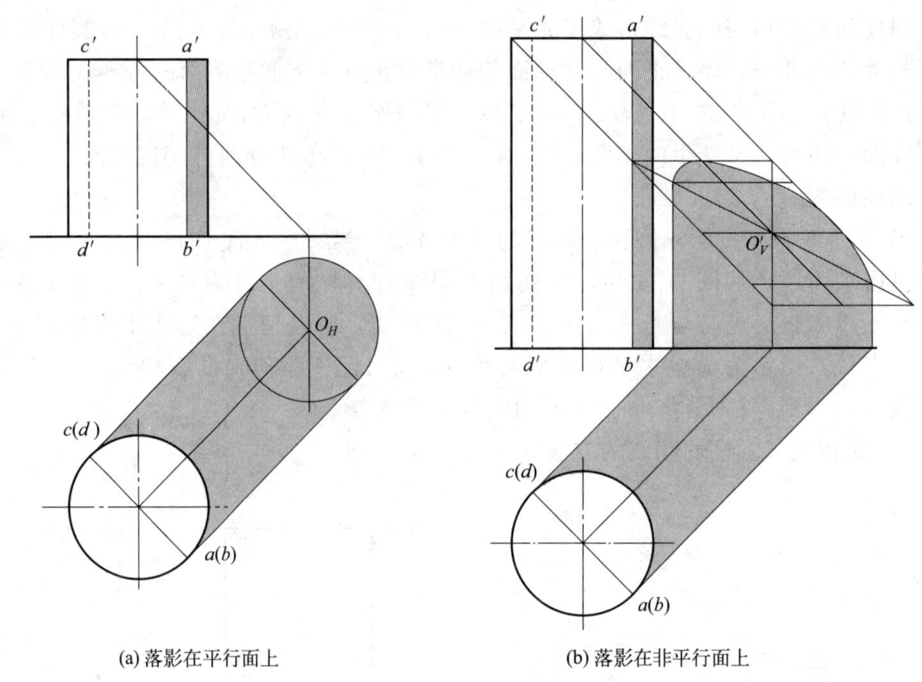

(a) 落影在平行面上　　(b) 落影在非平行面上

图 7-28　圆柱的阴影

落影，同样可采用求 b'_P 的方法找一系列点的落影连线求得。本例介绍采用直线落影规律：圆柱面为铅垂面、BC 为侧垂线，故 BC 在圆柱面上落影的正面投影与水平投影积聚线成对称形状；求得阴线 BC 到圆柱回转轴的距离 S，量出 $b'c'$ 到回转轴为 S 的距离即求得对称圆的圆心 O'（注意，水平投影 O 在 bc 后面，正面投影 O' 在 $b'c'$ 下面）。以 O' 为圆心、圆柱半径为半径画圆，即为 BC 在圆柱面上落影；⑤其他落影如图 7-29 所示。

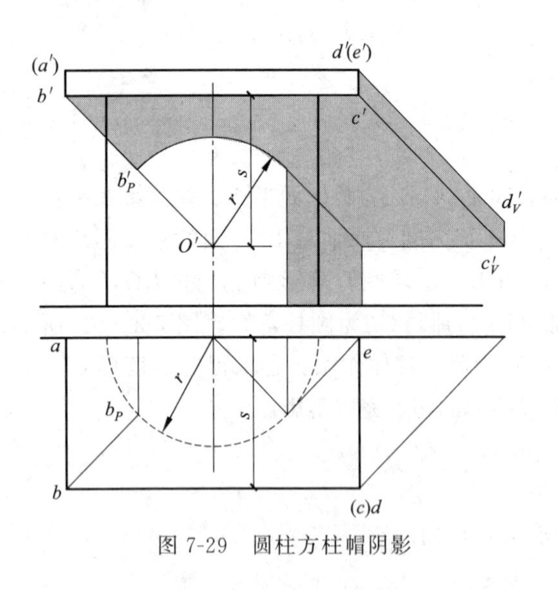

图 7-29　圆柱方柱帽阴影

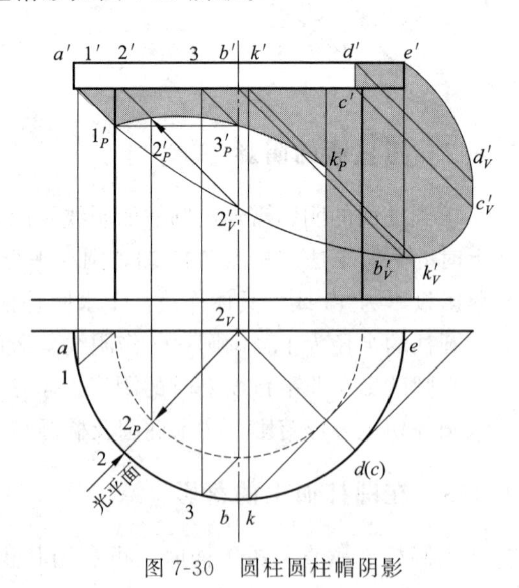

图 7-30　圆柱圆柱帽阴影

（2）圆柱圆柱帽的阴影

图 7-30 所示为圆柱圆柱帽的阴影。具体作法：①求得圆柱帽阴线 ABC、CD、DE 及圆柱上阴线；②按五点法求出圆柱帽在墙面上落影，求得圆柱阴线在墙面上落影；③圆曲线阴

线 ABC 在圆柱面上落影求法：利用圆柱积聚投影求，过圆柱中心作对称光平面将柱分成对称两部分，所以阴线及落影也成对称两部分。而对称平面上阴线上的点2到承影圆柱面距离最短，所以过 $2'$ 作出落影 $2p'$ 为落影的最高点，而最前素线上的点3与最左素线上的点1对称，故该两点的落影对称，所以过 $1p'$ 作水平线得 $3p'$，并从 ABC 在墙面上落影与圆柱面上落影的重影点 k'_V 处返回到圆柱面上得落影点 k'_P，圆滑连线完成落影。

7.5 透视投影的基本知识

7.5.1 透视图的形成及特点

（1）透视图的形成

透视投影就是以人眼为投射中心的中心投影，它相当于人们透过一个透明的画面来观看物体，观看者的视线与画面的交点所组成的图形就是形体的透视图，如图7-31所示，透视投影和透视图都简称为透视。

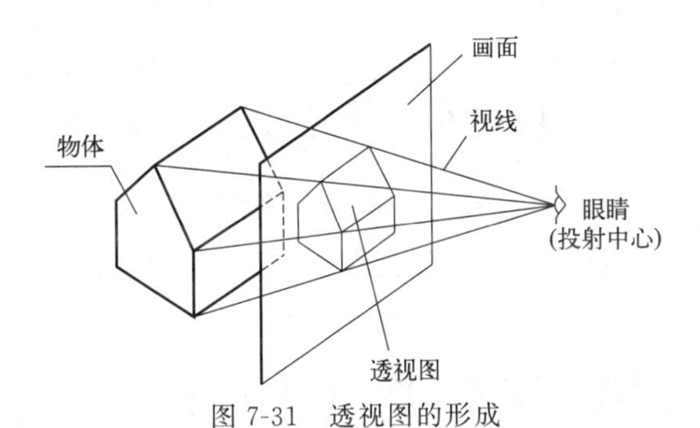

图7-31 透视图的形成

透视图和轴测图一样，都是单面投影图，但轴测图是用平行投影法绘制的，而透视图是用中心投影法绘制的，因此透视图的立体感更强，形象逼真，如同目睹实物一样。因此被广泛用于建筑设计中，用来研究空间造型、立面处理、室内装饰，进行方案比较。在道路工程中，常利用透视图进行选线规划。此外，在艺术造型、广告设计中也常用到透视图，如图7-32所示。

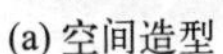

(a) 空间造型

(b) 室内设计

(c) 广告设计

图7-32 透视图的应用

（2）透视图的特点

① 近高远低。物体上本来同样高的竖直线，在透视图中距画面近的显得高，远的显

得低。

② 近大远小。同样大小的物体，在透视图中距离画面越近，视角越大，在透视图上的尺度也就越大。

③ 与画面平行的平行线在透视图中仍然相互平行。

④ 与画面相交的平行线在透视图中相交线汇交于一点。

（3）透视图的基本术语

在绘制透视图时，常用到一些专门的术语和符号，弄清楚它们的含义，有助于理解透视图的形成过程和掌握透视图的作图方法，如图 7-33 所示。

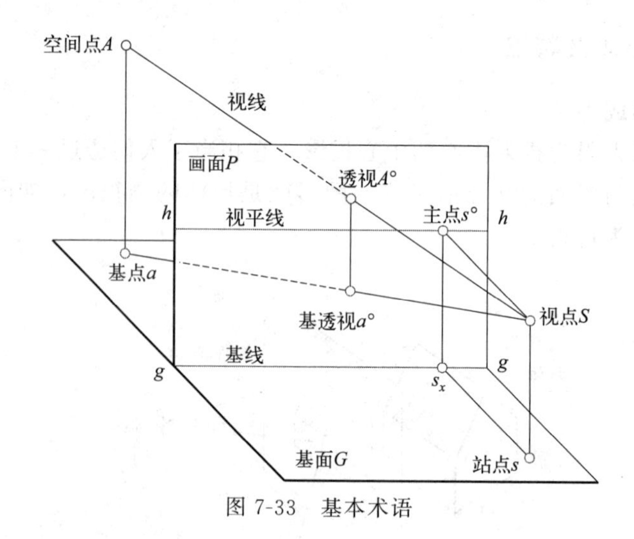

图 7-33 基本术语

① 基面 G 建筑物坐落的水平地面，相当于 H 投影面。

② 画面 P 透视图所在的平面，一般以铅垂面作为画面，相当于 V 投影面。

③ 基线 g-g 画面与基面的交线，在画面上用 g-g 表示，在基面上用 p-p 表示，相当于 OX 投影轴。

④ 视点 S 投射中心，相当于人眼所在的位置。

⑤ 站点 s 视点 S 在基面上的正投影，相当于人站立的位置。

⑥ 视平线 h-h 过视点的水平面与画面的交线。

⑦ 心点 s° 视点 S 在画面上的正投影 s°，也称主点，Ss°称为主视线。当画面为铅垂面时，主点 s°一定位于视平线上。

⑧ 视高 Ss 视点到基面的距离，即人眼离地面的高度。当画面为铅垂面时，视平线与基线的距离反映视高。

⑨ 视距 Ss° 视点到画面的距离。当画面为铅垂面时，站点与基线的距离反映视距。

点 A 为空间任一点，点 a 为 A 点在基面 G 上的正投影，称之为点 A 的基点。自视点 S 向点 A 作视线 SA 与画面 P 的交点即为点 A 的透视 A°，自视点 S 向基点 a 作视线 Sa 与画面 P 的交点即为点 A 的基透视 a°。

7.5.2 点、直线和平面的透视

7.5.2.1 点的透视

图 7-34(a) 表达了点 A 透视作图的空间分析情况。当画面与画面垂直时，为了求

出点 A 的透视和基透视，自视点 S 分别向 A 和 a 引视线 SA 和 Sa，这两条视线的画面投影分别为 $s°a'$ 和 $s°a_x$，而这两条视线的基面投影重合成一条直线 sa，sa 与基线 g-g 相交于一点 a_g，由该点向上作竖直线分别与 $s°a'$、$s°a_x$ 相交，得点 A 的透视 $A°$ 和基透视 $a°$。

具体作图时，将画面 P 与基面 G 沿基线 g-g 分开后画在一张图纸上，并保持两投影面的上下对应关系，基面可以画在画面的正上方或正下方，如图 7-34(b) 所示。去掉投影边框后如图 7-34(c) 所示。

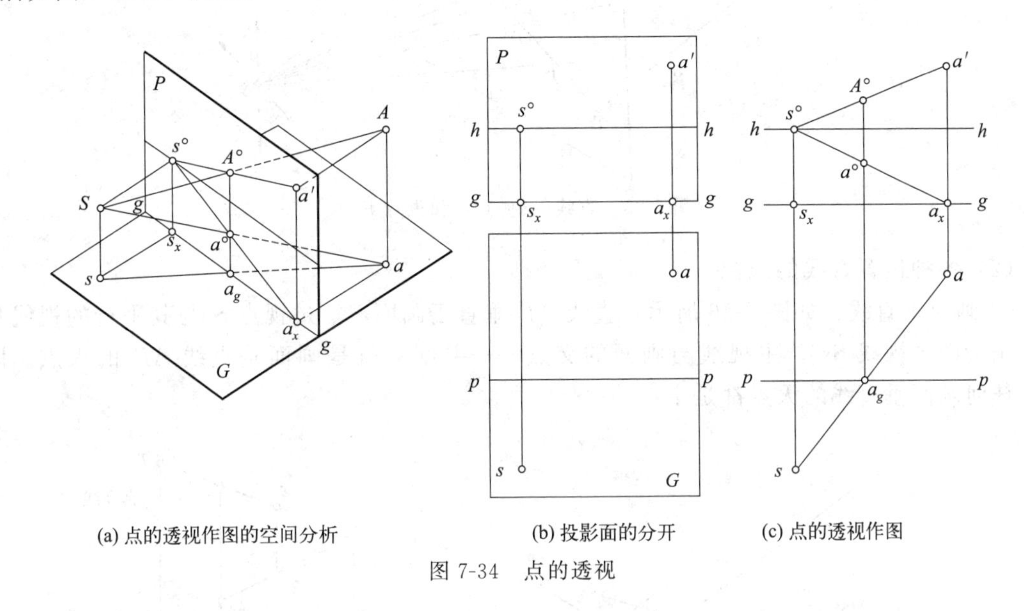

(a) 点的透视作图的空间分析　　(b) 投影面的分开　　(c) 点的透视作图

图 7-34　点的透视

由图 7-34 可以看出，点的透视具有以下特性：

① 点 A 的透视 $A°$ 位于通过该点视线的画面投影 $s°a'$ 上。

② 点 A 的基透视 $a°$ 位于通过该点的基点 a 的视线的画面投影 $s°a_x$ 上。

③ 点 A 的透视 $A°$ 与基透视 $a°$ 位于同一条铅垂线上，且通过该点视线的基面投影 sa 与基线 g-g 的交点 a_g。

④ 位于画面上的点，其透视为该点本身，基透视必在基线上。

7.5.2.2　直线的透视

(1) 直线的迹点和灭点

① 直线的迹点　直线（或延长）与画面的交点 T 称为直线的画面迹点。如图 7-35 所示，将直线 AB 向画面延长，与画面的交点 T_1 即为直线 AB 的画面迹点；同理，T_2 为直线 CD 的画面迹点。迹点是属于画面的点，其透视就是其本身。

② 直线的灭点　直线上距画面无穷远点的透视 F 称为直线的灭点。根据几何原理，平行两直线在无穷远处相交，因此，过视点 S 作视线 SF 与直线 AB 平行，SF 与画面的交点 F 即为直线 AB 的灭点。

直线的迹点和灭点的连线称为直线的全长透视，如图 7-35 中的 T_1F，直线 AB 上所有点的透视必然在直线的全长透视 T_1F 上。

显然，一组平行线共有一个灭点，如图 7-35 中的两平行直线 AB 与 CD 共有一个灭点 F；与画面平行的线没有灭点，如图 7-36 中的直线 MN 与 KL。

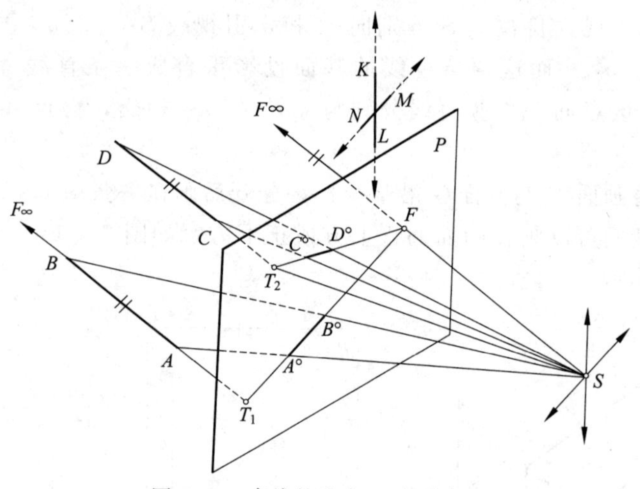

图 7-35 直线的迹点 T 和灭点 F

（2）各种位置直线的透视

① 画面垂直线　如图 7-36 所示，直线 AB 垂直于画面 P，过视点 S 与其平行的视线只有一条，即主视线 Ss°。主视线与画面的交点——主点 s° 就是画面垂直线 AB 的灭点。因此，任何画面垂直线的灭点都是主点。

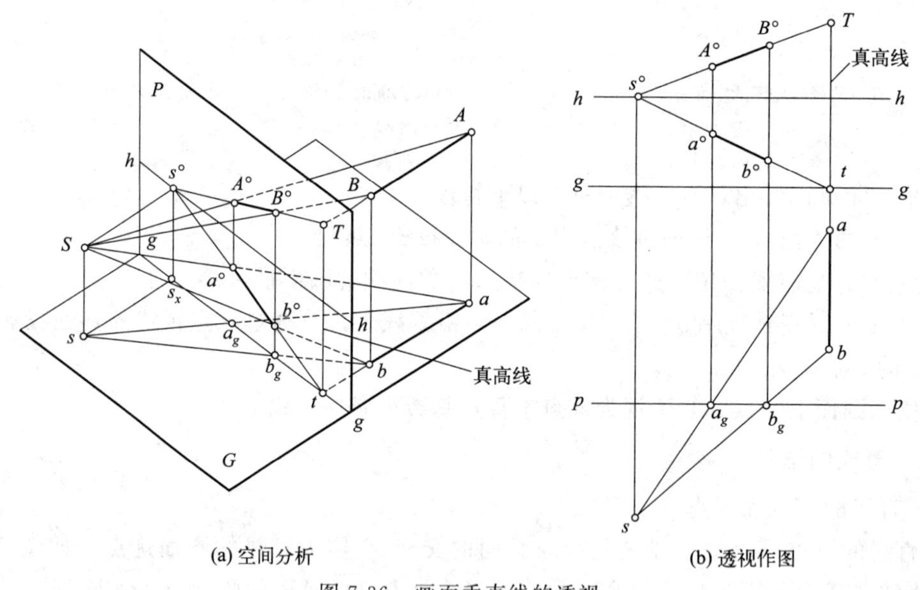

(a) 空间分析　　(b) 透视作图

图 7-36 画面垂直线的透视

② 基面垂直线　我们可以把图 7-36 中的 Aa 和 Bb 看成铅垂直线，不难看出其透视 A_Pa_P 和 B_Pb_P 仍为铅垂线，但长度都比原来短，且 $A^\circ a^\circ < B^\circ b^\circ$。因此在透视图中，位于画面后方的同样高度的直线随着距离画面远近的不同，其透视高度也不同。距离画面越远，其透视越短，距离画面越近，其透视越长。位于画面上的直线其透视长度不变，因此位于画面上的铅垂线称为真高线（如图 7-36 中铅垂线 Tt）。不在画面上的铅垂线，可以通过真高线来确定其透视高度。

③ 画面平行线　如图 7-37 所示，由于直线 AB 与画面 P 平行，AB 没有画面迹点，也

没有灭点。从图中还可以看出直线 AB 的透视 $A^{\circ}B^{\circ}$ 与 AB 平行，其透视与基线的夹角反映了直线对基面的夹角 α。同样，平行于基线 g-g 的直线 $a^{\circ}b^{\circ}$，其基透视 ab 与基线平行。

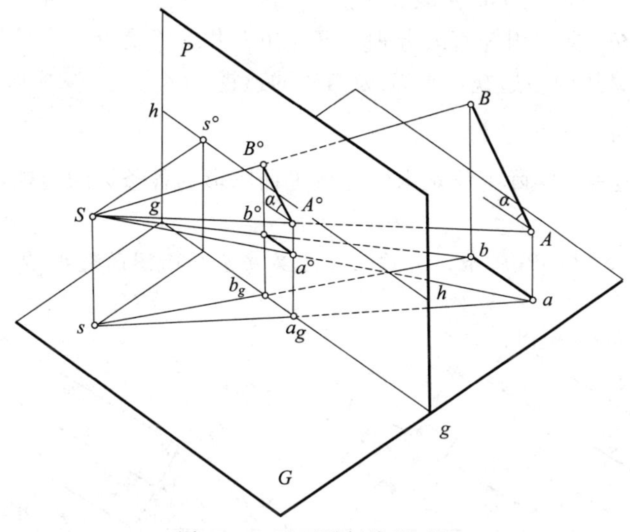

图 7-37　画面平行线的透视

④ 基面平行线　如图 7-38(a) 所示，直线 AB 平行于基面，也必平行于基面上的投影 ab，过视点 S 引与其平行的视线 SF 与画面相交，交点 F 为 AB 和 ab 的灭点且位于视平线 h-h 上。延长 ab 与基线交于点 t，点 t 为 ab 的画面迹点。过点 t 作 p-p 的垂线与 AB 的延长线相交，其交点 T 即为 AB 的画面迹点，图中 Tt 是位于画面上的铅垂线，反映了水平线 AB 到基面的真实距离，因此 Tt 为真高线，连线 FT 和 Ft 分别为 AB 和 ab 的全透视。图 7-38(b) 为具体的投影作图过程：

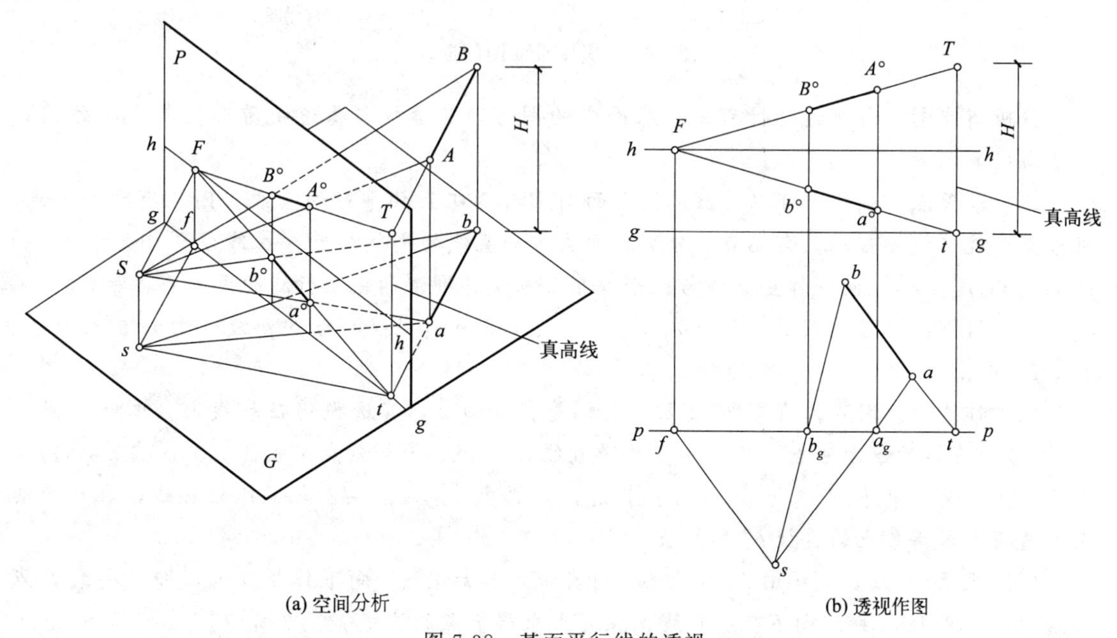

(a) 空间分析　　(b) 透视作图

图 7-38　基面平行线的透视

a. 过 s 作 $sf /\!/ ab$，与 p-p 线交于 f，再过 f 作竖直线与视平线 h-h 相交，得灭点 F；

b. 延长 ab 与 p-p 线交于点 t，过点 t 向上作竖直线，在高度 H 处作出 AB 的迹点 T，其中 Tt 为真高线；

c. 由站点 s 连 sa、sb，与 p-p 线交于点 a_g 和 b_g；

d. 分别过 a_g、b_g 向上引竖直线分别与 Ft、FT 相交于交点 a°、b°和 A°、B°；

e. 连线 $a^\circ b^\circ$为 AB 的基透视，$A^\circ B^\circ$为 AB 的透视。

7.5.2.3 平面的透视

作平面图形的透视，实际上就是求作组成平面图形的各条边的透视，或作出平面多边形上各个顶点的透视。

【例 7-1】 如图 7-39(a) 所示，求作基面上某房屋平面图的透视。

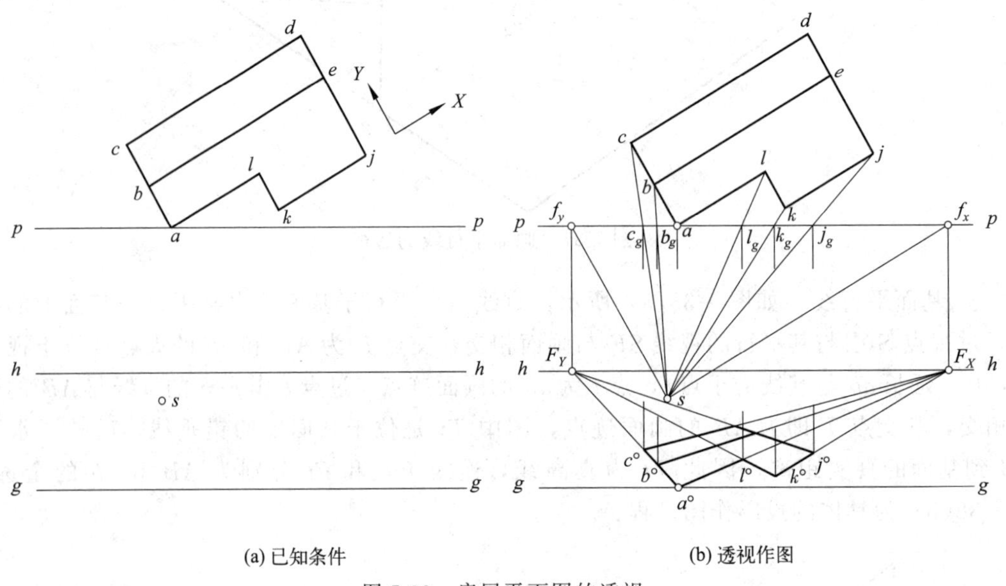

图 7-39 房屋平面图的透视

分析与作图 由透视特性可知，基面上的图形，其透视与基透视重合。其透视作图如图 7-39(b) 所示。

(1) 求灭点。从图中可以看出，该平面图上有两组互相平行的直线，因此有两个灭点，且灭点在视平线 h-h 上。自站点 s 分别作两主方向直线的平行线与 p-p 线分别相交于 f_x 和 f_y，再由 f_x 和 f_y 向下作竖直线与视平线 h-h 相交，即得两组平行线的灭点 F_X 和 F_Y。

(2) 引视线。过站点 s 分别向 b、c、j、k、l 各点引视线，与 p-p 线交于 b_g、c_g、j_g、k_g、l_g 点。

(3) 作透视。因 a 点在 p-p 线上，也就是在画面上，其透视仍在基线上，因此 a 点是 ac 和 al 两直线的画面迹点。自 a 向下作竖直线，在 g-g 上得到点 a 的透视 a°。自 a_P 向 F_X 和 F_Y 引直线，即得 al 线和 ac 线的全长透视，再由 b_g、c_g、l_g 向下作竖直线，在相应的全长透视上求得各点的透视 b°、c°、l°。

(4) 至于 jk 线，直接由 l_g 点向 F_Y 引直线，然后自 k_g 向下作竖直线，即可得到 k 点的透视 k°。同理，由 k°向 F_X 引直线，在其上求得 j 点的透视 j°。

【例 7-2】 如图 7-40(a) 所示，求作基面上方格网的透视。

分析 该方格网有两组方向的直线，一组为画面垂直线，其灭点是主点 s°，另一组为画

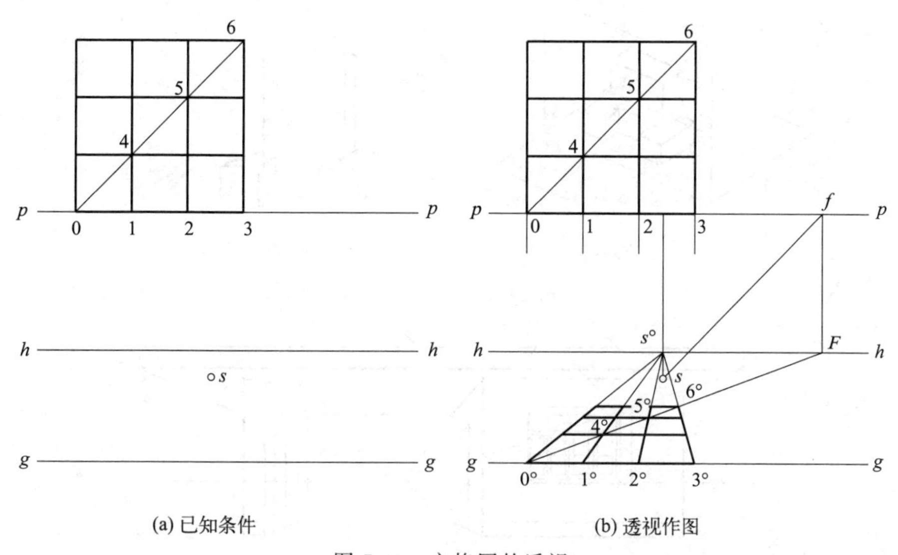

图 7-40 方格网的透视

面平行线，其透视仍与 g-g 线平行。为作出该方格网的透视，需引用对角线作为辅助线，再求对角线的灭点。

作图 如图 7-40(b) 所示。

(1) 作主点和对角线的灭点。在视平线 h-h 上作出画面垂直线的灭点——主点 $s°$；过站点 s 作对角线 06 的平行线与 p-p 线相交于 f，再由 f 在 h-h 线上得到对角线 06 的灭点 F。

(2) 作透视。方格网的一端在基线上，故可直接在 g-g 上得到各点的透视 0°、1°、2°、3°，并将各点与主点 $s°$ 相连，可得到画面垂直线的透视。再利用对角线找出画面平行线与画面垂直线的交点 4、5、6 各点的透视 4°、5°、6°，然后过各交点作 g-g 线的平行线，即可完成整个方格网的透视。

7.5.3 透视图的分类

由于建筑物与透视画面的相对位置不同，其长、宽、高三组主要方向的轮廓线可能与画面平行或相交，平行的轮廓线没有灭点，相交的轮廓线有灭点。透视图一般以画面上灭点的多少分为以下三类。

(1) 一点透视

如图 7-41(a) 所示，当画面与画面垂直时，建筑物一个主要立面（长度和高度方向）与画面平行，另一个方向（宽度方向）轮廓线与画面垂直，只有一个方向的灭点——主点，这样画出的透视图称为一点透视或平行透视，如图 7-41(b) 所示。

一点透视的特点是建筑形体的主立面不变形，纵深感强，作图相对简易，多用于表现建筑门廊、入口、室内及街景等需显示纵向深度的景观，图 7-41(c) 所示为一点透视实例。

(2) 两点透视

如图 7-42(a) 所示，当画面与画面垂直时，建筑物两相邻主立面与画面倾斜，高度方向的轮廓线与画面平行，在画面上形成两个方向的灭点 F_1、F_2，这样画出的透视图称为两点透视或成角透视，如图 7-42(b) 所示。

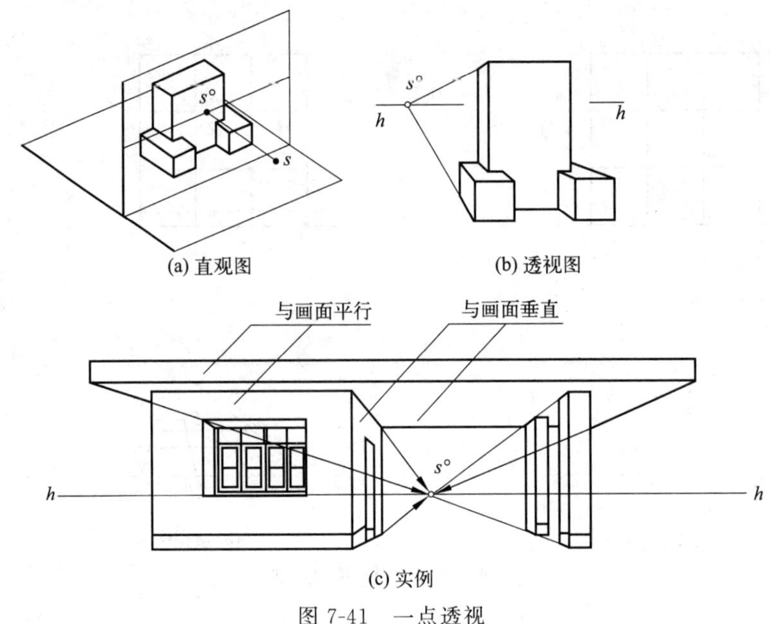

(a) 直观图

(b) 透视图

(c) 实例

图 7-41　一点透视

两点透视的特点是图面效果活泼、自由，比较接近人的一般视觉习惯，因此在建筑设计、室内设计中广泛应用，图 7-42(c) 所示为两点透视实例。

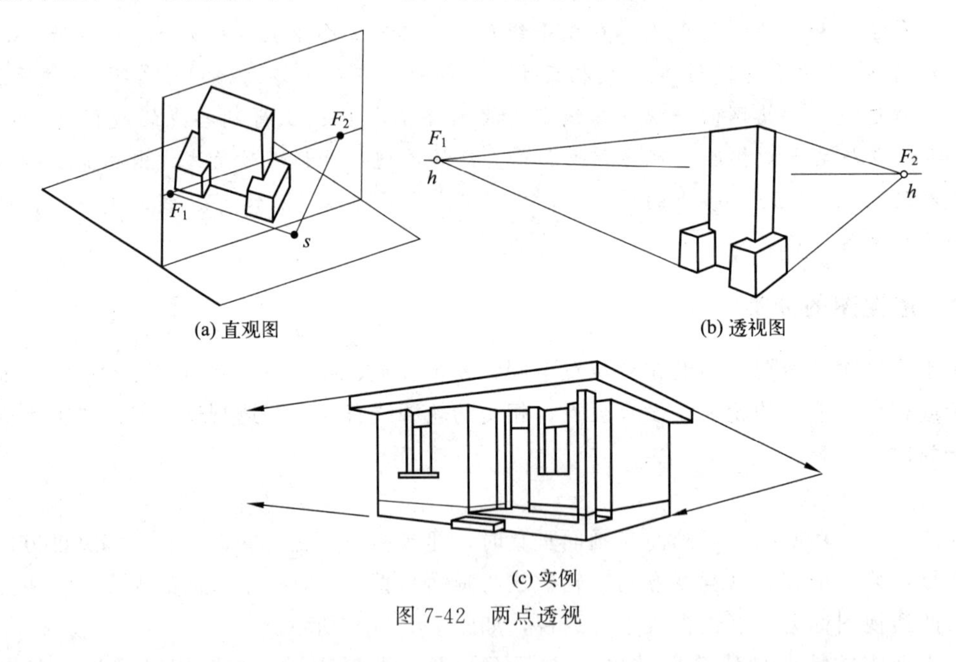

(a) 直观图

(b) 透视图

(c) 实例

图 7-42　两点透视

(3) 三点透视

如图 7-43(a) 所示，当画面倾斜基面时，建筑物长、宽、高三个方向轮廓线均与画面相交，有三个方向的灭点，这样画出的透视图称为三点透视或斜透视，如图 7-43(b) 所示。

三点透视的图面效果更活泼、自由，符合人的视觉习惯，适宜用来表达高大建筑物的仰视或俯视效果，但因作图太复杂，只是在为了取得某种特殊效果时才采用，图 7-43(c) 所示为三点透视实例。

本教材只介绍一点透视和两点透视的画图方法。

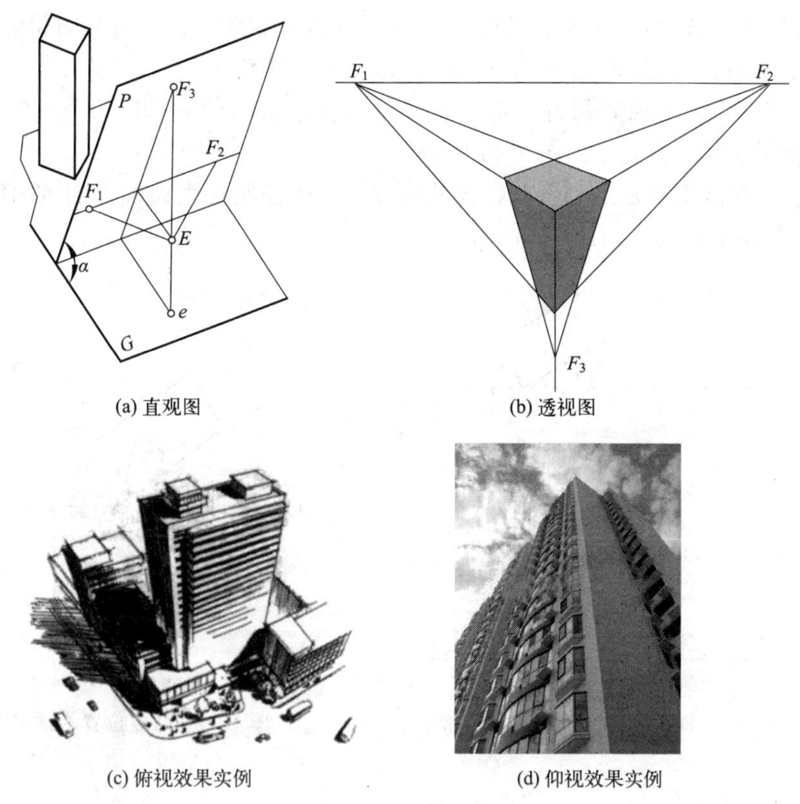

(a) 直观图　(b) 透视图

(c) 俯视效果实例　(d) 仰视效果实例

图 7-43　三点透视

7.5.4 视点、画面和建筑物相对位置的选择

视点、画面、建筑物是透视成图的三要素，它们之间的相对位置关系决定了透视图的形象。在画透视图之前，就要进行筹划，恰当地安排三者间的相互位置，使所绘的透视图既能反映出设计意图，又能使图面达到最佳效果。

7.5.4.1 人眼的视觉范围

当人以一只眼睛直视前方，其视觉范围是一个以人眼为顶点、以主视线为轴线的椭圆视锥，其视域对应的水平视角 α 在 120°～148°，垂直方向的视角 β 在 110°～125°，如图 7-44 所示。然而清晰可见的范围只是其中一小部分，因此在绘制透视图时，常将视角控制在 60°以内，以 28°～37°为最佳。在特殊情况下，如画室内透视，由于受到空间的限制，视角可稍大于 60°，但也不宜超过 90°。

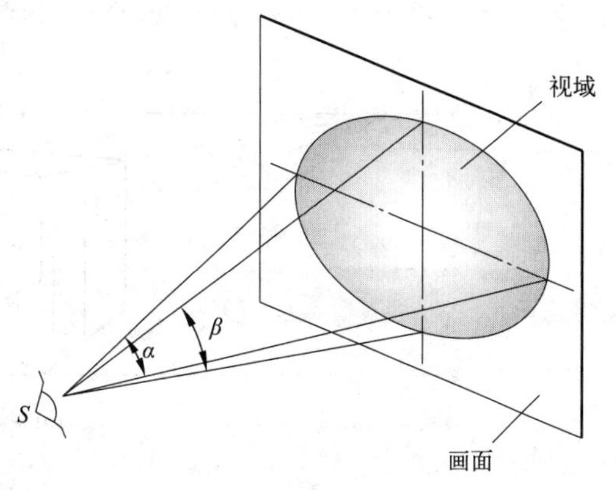

图 7-44　人眼的视觉范围

7.5.4.2 视点的选择

视点的选择实际体现在站点的位置和视高的选择两方面。

(1) 站点的位置

站点的位置的选择原则是：

① 保证视角大小适宜。如图 7-45 所示，

站点在 s_1 位置，视距较小，其水平视角 α_1 较大，两灭点相距过近，透视图轮廓线收敛得过于急剧，透视效果较差；如将站点 s_1 移至 s_2 处，此时视角 α_2 在 30°左右，两灭点相距较远，透视图真实感强，透视效果好。通常情况下，视距 D 的大小以（1.5～2.0）B 为宜，其中 B 称为画面幅度或画宽，如图 7-46 所示。

② 站点应选在能反映建筑物形状特征的地方，一般控制在画面幅度 B 的中部 1/3 范围以内，以保证画面不失真，如图 7-46 所示。

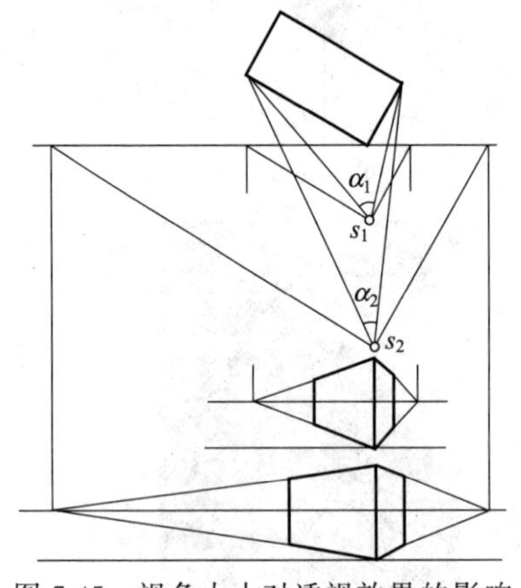

图 7-45　视角大小对透视效果的影响

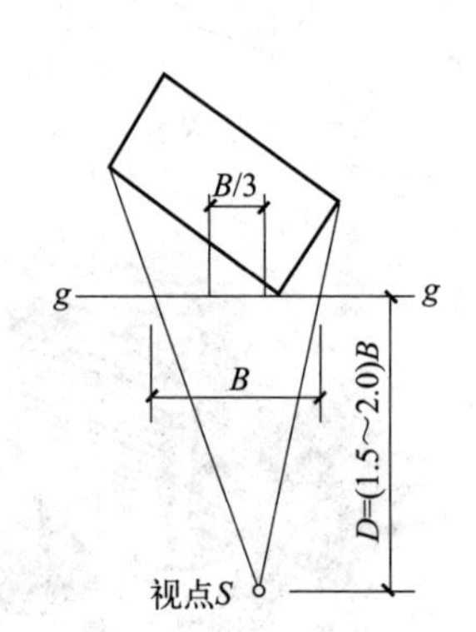

图 7-46　站点位置的选定

（2）视高的选择

视高的选择及视平线高度的选择，通常取人的身高 1.5～1.8m，此时会获得一般视平线的透视效果，给人以亲切、自然的感觉，如图 7-47(a) 所示。但有时为了使透视图取得某种特殊效果，可将视平线适当提高或降低。提高视平线可获得俯视效果，给人以舒展、开阔，居高临下的远视感觉，如图 7-47(b) 所示；降低视平线可获得仰视效果，给人以高耸、雄伟、挺拔的感觉，如图 7-47(c) 所示。

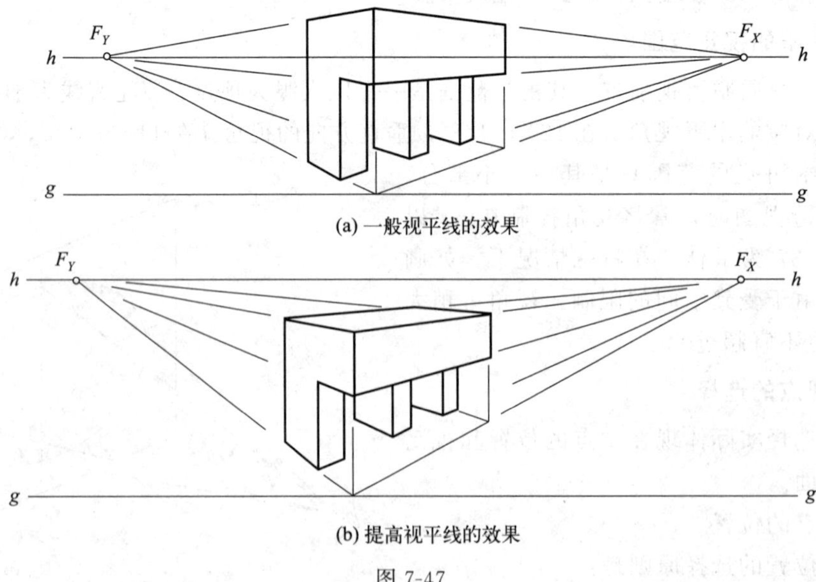

图 7-47

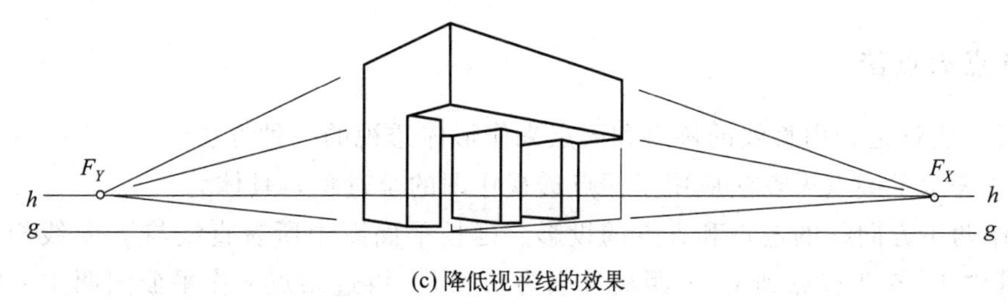

(c) 降低视平线的效果

图 7-47　视高的变化对透视效果的影响

7.5.4.3　画面与建筑物的相对位置

画面与建筑物主立面偏角的大小对透视图的形象有直接的影响，其偏角 θ 越小，该立面上水平线的灭点越远，立面的透视越宽阔。随着 θ 角的增大，立面上水平线的灭点越近，立面的透视就逐渐变窄，如图 7-48 所示。因此，为使建筑物的两个立面在透视中的宽度较为符合实际，一般选择画面与建筑物主立面的夹角 $\theta=20°\sim40°$，以 30°左右为宜。

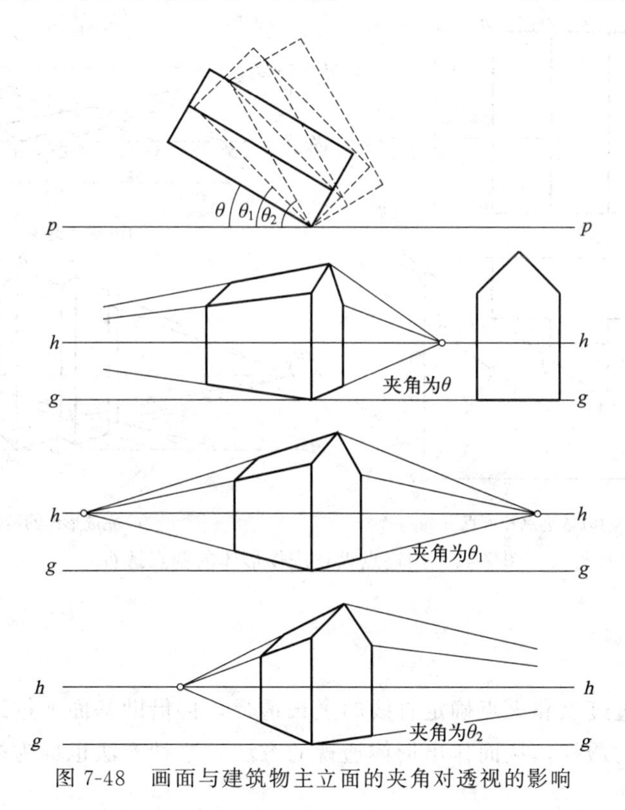

图 7-48　画面与建筑物主立面的夹角对透视的影响

7.6　建筑形体透视图的画法

作建筑形体的透视图，一般分两步进行：

① 先作建筑形体的基透视，即建筑平面图的透视，解决长度与宽度两个方向的度量问题。

② 利用重合于画面上的真高线作形体高度的透视图，解决高度方向上的度量问题。透视图的作图方法很多，下面介绍两种方法。

7.6.1 迹点灭点法

迹点灭点法就是利用直线的迹点和灭点来作形体透视的一种方法。

图 7-49 表示了迹点灭点法应用于两点透视作图的全过程，具体为：

① 求作两主方向线的迹点和灭点的投影。延长平面图中所有直线与 p-p 线相交，得全部迹点，其中 1、5 两迹点到 s_g 的距离分别为 m、n；再过站点 s 作平面图两主方向线的平行线与 p-p 线相交，得 f_x、f_y，如图 7-49(a) 所示。

② 求平面图的基透视。改变作图条件，将画面旋转为水平，并将 p-p 线上各点的相对位置移至 g-g 线上，同时在 h-h 线上确定灭点的位置。将各迹点分别与相应的灭点相连，得平面图的基透视，如图 7-49(b) 所示。

③ 完成形体的透视。角点 $A°$ 在画面上，过 $A°$ 作真高线 $A°B°=H$，以此即完成整个形体的透视图，如图 7-49(c) 所示。

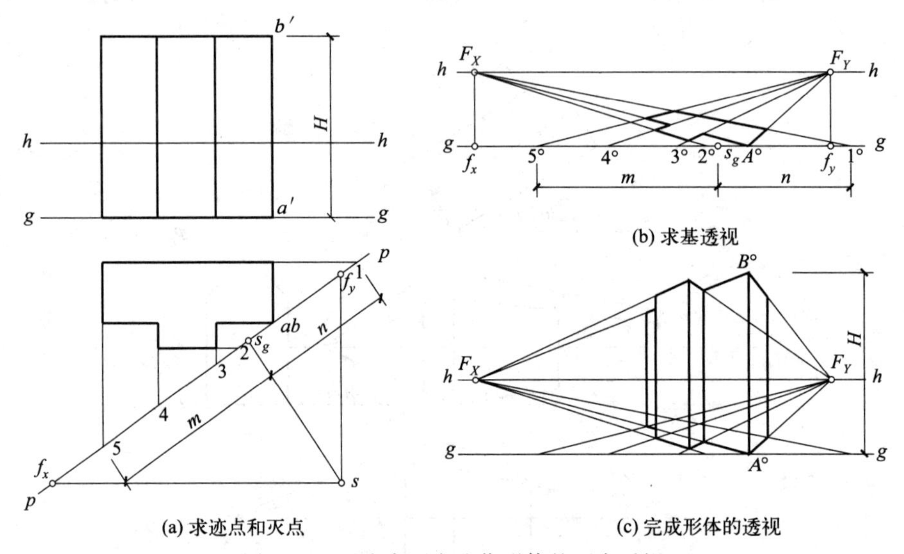

(a) 求迹点和灭点　(b) 求基透视　(c) 完成形体的透视

图 7-49　用迹点灭点法作形体的两点透视

7.6.2 建筑师法

建筑师法是通过迹点和灭点确定直线的全长透视，再借助基面上过站点的视线的水平投影求得平面上各点的透视，从而作出形体透视的方法，这种方法也称为视线法，它是建筑师经常采用的一种方法。

(1) 两点透视举例

【例 7-3】 如图 7-50 所示，完成房屋的透视图。

分析与作图 具体作图步骤如下：

(1) 求基面上房屋平面图的透视。具体过程如例 7-1。

(2) 利用真高线，求屋脊和矮檐的透视。屋脊的透视通过延长 eb 与画面相交，利用该处的真高线求得；矮檐的透视通过延长 jk 与画面相交求得，如图 7-50 (b) 所示。

(3) 擦去多余线，完成整个房屋的透视。

【例 7-4】 如图 7-51 所示，完成带挑檐房屋的透视图。

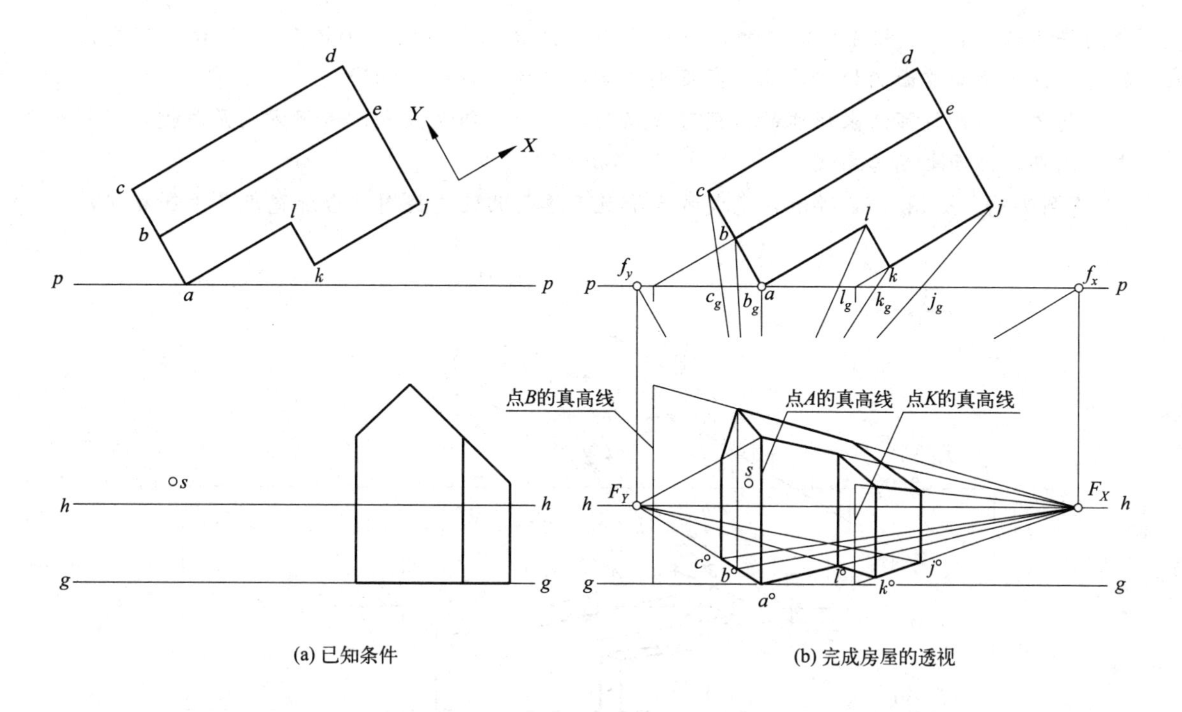

图 7-50　用建筑师法作房屋的两点透视

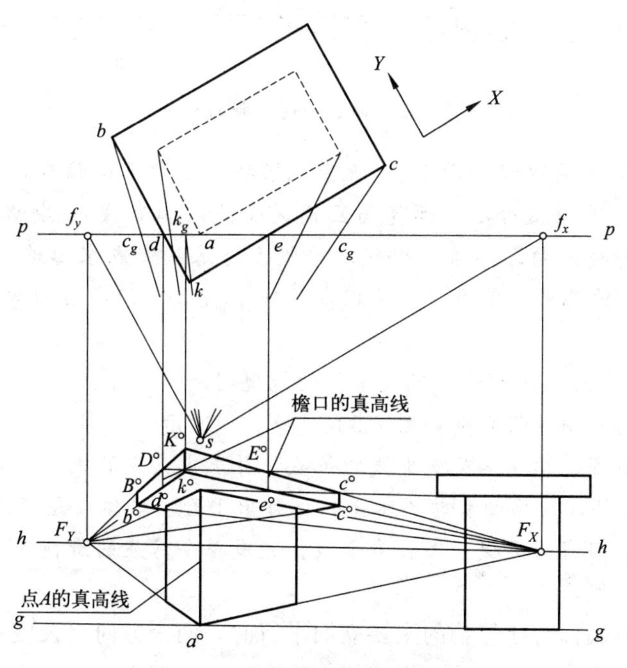

图 7-51　带挑檐房屋的两点透视

分析与作图　具体作图步骤如下：

(1) 用同样的方法完成下部墙体的透视。

(2) 作挑檐的透视。前挑檐 kc 与画面相交于 e，此处 $e^\circ E^\circ$ 反映实际檐高，分别将其与灭点 F_X 相连即为透视方向；同理，左挑檐 kb 与画面相交于 d，此处 $d^\circ D^\circ$ 反映实际檐高，

分别将其与灭点 F_Y 相连确定透视方向，即可完成挑檐的透视，如图 7-51 所示。值得注意的是，位于画面前面的挑檐其透视高度大于实际尺寸，但作法相同。

总之，用建筑师法求形体的透视可概括为：平行线组共灭点，透视方向是关键，视线交点求端点，画面上定真高线。

【例 7-5】 如图 7-52 所示，完成带台阶及雨篷门洞的透视图（台阶宽度与雨篷相同）。

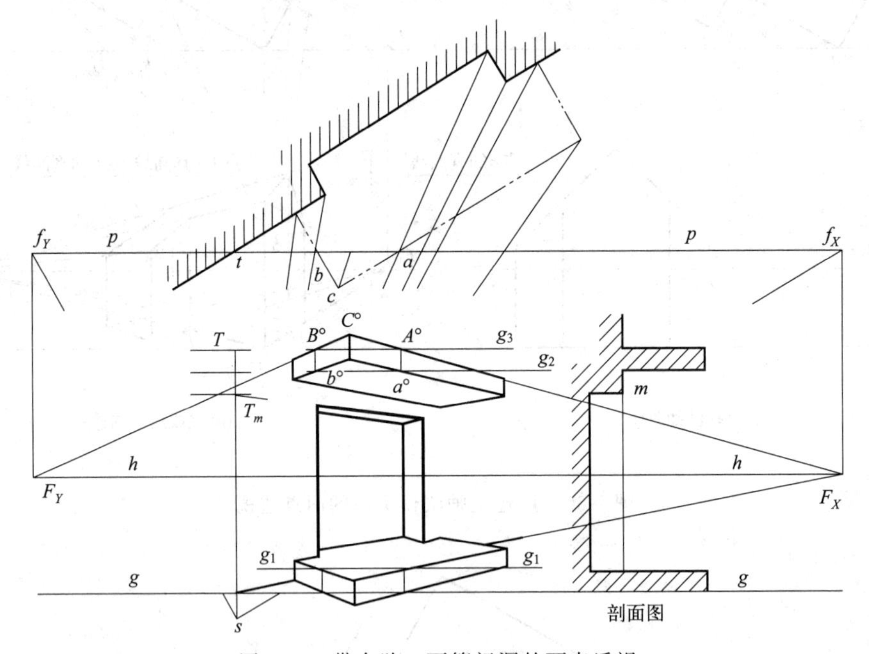

图 7-52 带台阶、雨篷门洞的两点透视

分析与作图 其作图过程如图 7-52 所示。根据设定的画面位置，求出灭点 F_X、F_Y，利用辅助基线 g_1-g_1 等以及台阶、雨篷与画面的交线（真高线），将其分别与相应的灭点 F_X、F_Y 连线确定透视方向，再通过视线水平投影与基线交点求出透视长度，完成台阶和雨篷的透视。同理，真高线上截取 T_m 为门高，作 T_mF_Y 为门高透视方向，截取透视长度，求出门的透视。

【例 7-6】 如图 7-53(a) 所示，完成房屋的透视图。

分析与作图 其作图过程分别如图 7-53(b)、(c) 所示。

(1) 确定画面位置、站点 s 及视平线的位置，并求出灭点的投影 f_X、f_Y。

(2) 改变作图条件，将画面旋转为水平，先作出平台、墙体及屋顶的透视。

(3) 作出柱子、门窗的透视，擦去多余线，完成整个房屋的透视。

(2) 一点透视举例

前面曾提过，当画面与建筑物的主要立面平行时，两个方向（长度和高度方向）直线的透视没有灭点，只有垂直于画面的一组直线（宽度方向）有灭点，这个灭点就是主点，这样的透视称为一点透视。

同样可以利用建筑师法求作一点透视。其作图过程为：先求透视方向，迹点与灭点连线；再求透视长度，利用视线的水平投影与基线交点确定透视长度；最后根据画面上的真高线确定透视高度。

图 7-54 所示为某室外台阶的一点透视图。台阶两侧的挡墙在画面上，其透视反映前面

实形。台阶宽度方向的直线垂直于画面，其灭点就是主点 S°，将立面图上的各点与主点相连，即为踏步及两侧挡墙上所有与画面垂直的棱线的全长透视。然后利用视线的水平投影与基线交点分别画出台阶踏步各踢面与踏面的透视。需注意的是，由于各踢面均为画面平行面，其透视均为类似形。

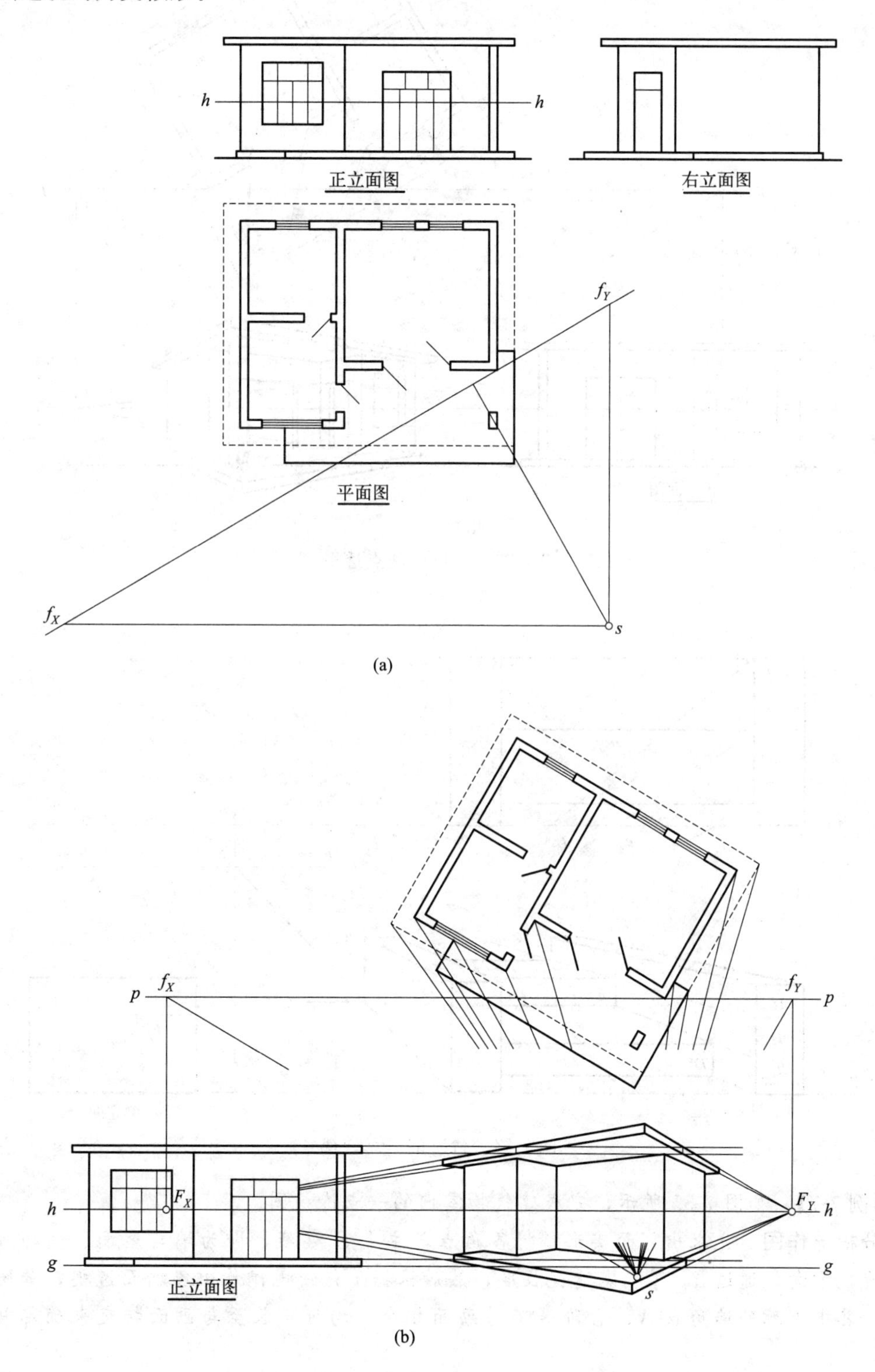

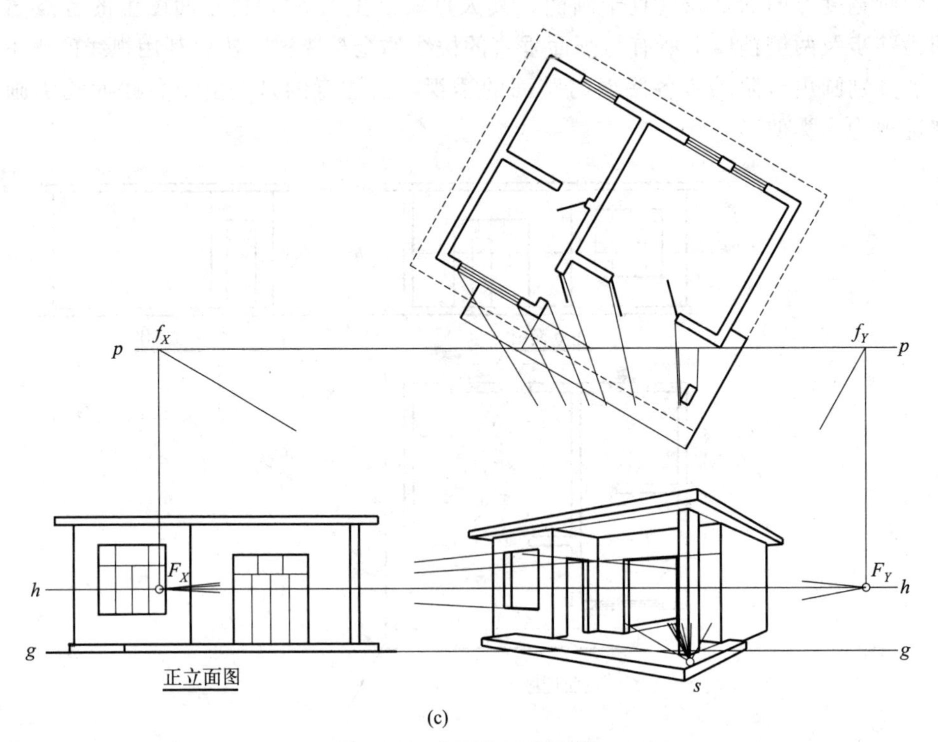

(c)

图 7-53　房屋的两点透视

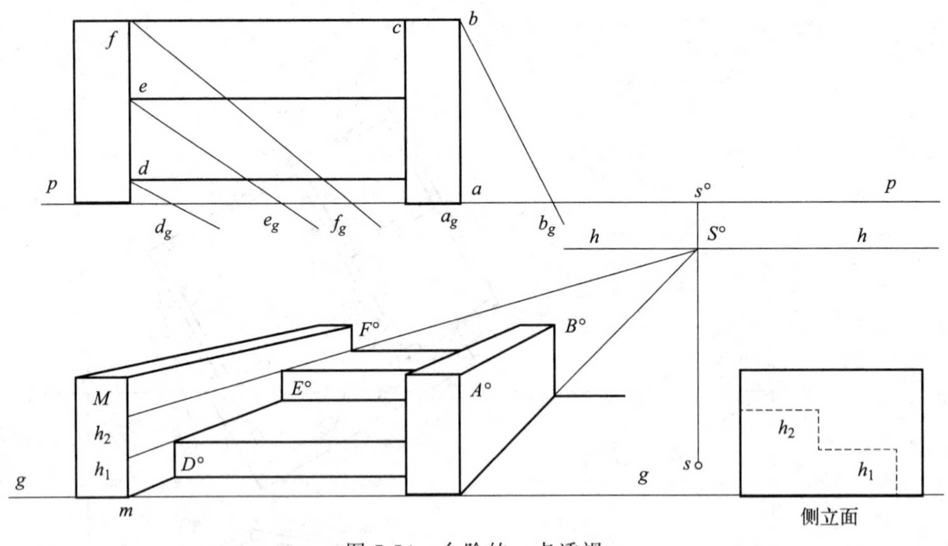

图 7-54　台阶的一点透视

【例 7-7】 如图 7-55 所示，完成建筑物室内的一点透视图。

分析与作图 先求出剖面实形，将各角点与主点 S° 连线，即为墙与地面、墙与顶棚交线的透视方向，通过 d_g 等确定透视长度，然后根据平行线规律作出各墙面透视，如图 7-55 所示。其中走廊处墙角点 A、台阶等不与画面相交，均可延长至与画面相交来确定其透视高度。

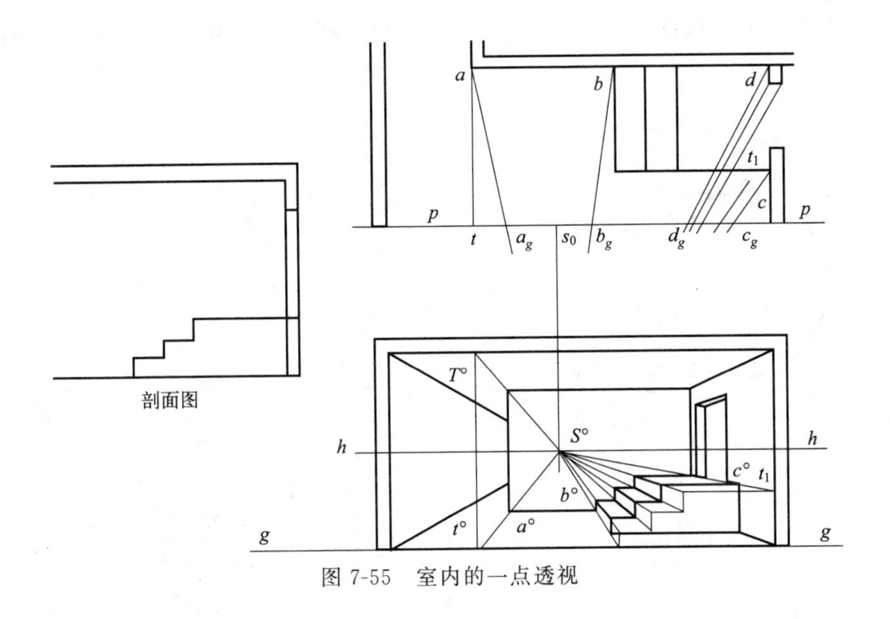

图 7-55　室内的一点透视

7.7　圆和曲面体的透视

求曲线、曲面及曲面形体的透视，方法和步骤同求平面立体透视一样，首先通过迹点、灭点解决透视方向，用视线法解决透视长度，但因曲面的特殊性，求作透视图的方法又不完全相同，现分述如下。

7.7.1　圆的透视

（1）平行于画面的圆

平行于画面圆的透视仍为一个圆，其透视的大小依圆距画面的远近而定。作图时只要找出圆心的透视和半径的透视长度，便可画出透视圆来。

如图 7-56 所示为正垂圆柱的一点透视作图。圆柱的前端位于画面上，其透视为本身；其后端面位于画面后，且与画面平行，其透视为半径缩小的圆。圆柱的全部直素线（包括轴线）与画面垂直，它们的灭点为主点 s°。为此，后端面圆的透视可用建筑师法在轴线的透视方向上定出圆心 o_2°，在过圆的中心线上定出半径 $o_2^{\circ}a^{\circ}$，就得到后端面圆的透视。最后，作出圆柱的轮廓线，即得圆柱的透视。

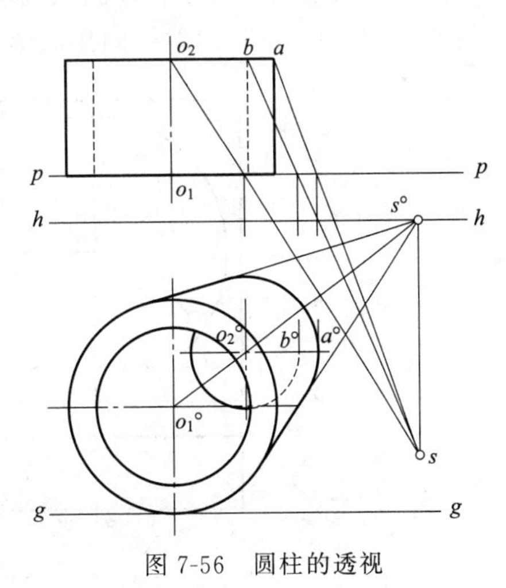

图 7-56　圆柱的透视

（2）不平行于画面的圆

不平行于画面圆的透视一般情况下为椭圆。为了画出椭圆，通常是利用“以方求圆”的方法求出圆周上八个点（外切正方形与圆周的四个切点以及对角线与圆周的四个交点）的透视，然后把它们光滑地连接成椭圆，其作图方法如图 7-57 所示，这种方法也称为八点法。此时需注意的是，圆的透视仍然是真正的椭圆，但圆心的透视位置与椭圆本身的中心（即长、短轴的交点）不重合。

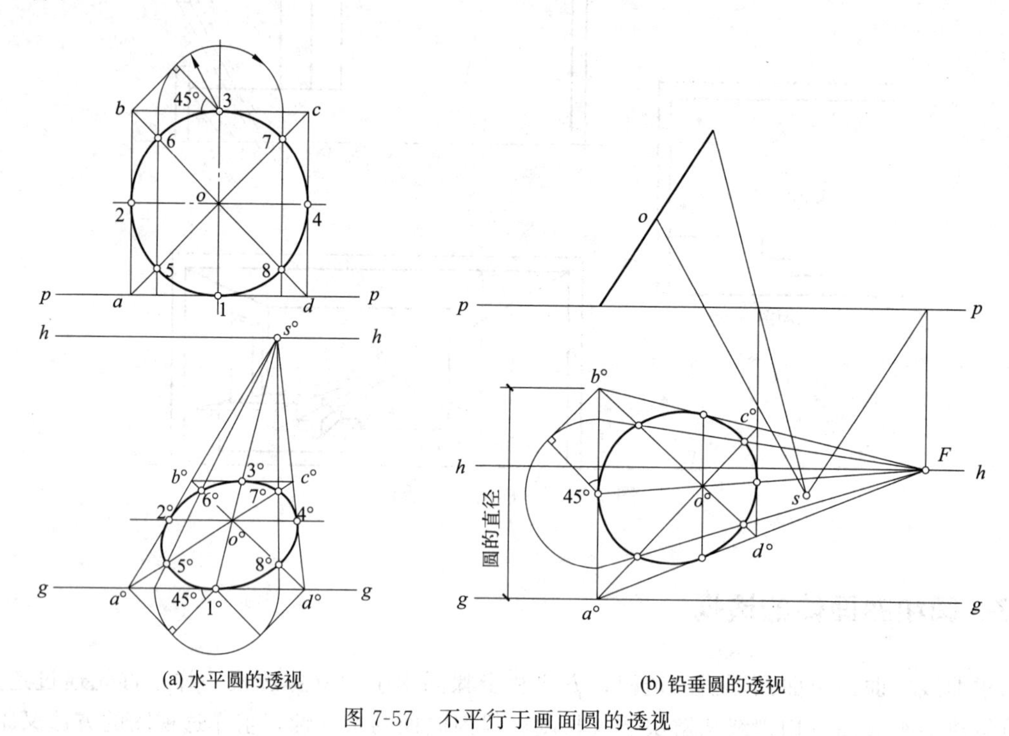

(a) 水平圆的透视

(b) 铅垂圆的透视

图 7-57　不平行于画面圆的透视

7.7.2　曲面体的透视

（1）一点透视

① 拱柱型门洞的一点透视　图 7-58 所示为拱柱型门洞的透视。在平面图上设画面 p-p、站点 s 及圆心投影 o，圆拱的前侧位于画面上，其透视为其本身。在视平线上确定主点 $s°$，后端面圆拱的透视可用建筑师法在轴线的透视方向上定出圆心 $o_1°$，在过圆的中心线上定出半径 $2°o_1°$，就可得到后端面圆拱的透视。最后，再作出台阶、交线及墙角的透视。

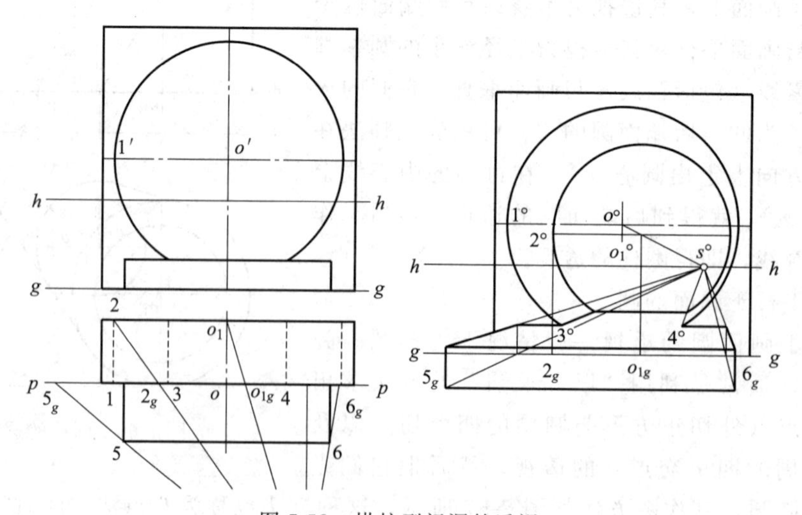

图 7-58　拱柱型门洞的透视

② 圆柱拱券的一点透视 图 7-59 所示为圆柱拱券的透视。其作图方法与拱柱型门洞类似，首先在平面图上求出各点视线投影与基线的交点 1_g、2_g ……，o、o_{1g}、o_{2g} ……，直接确定位于画面上的前拱圆的透视。连接轴线的透视方向 $s°o°$，并在其上确定后墙面处拱的透视圆心 $o_1°$、$o_2°$，过圆心作水平线求出相应圆拱的半径 $o_1°3°$、$o_1°4°$和 $o_2°5°$，最后完成整个拱券的一点透视。

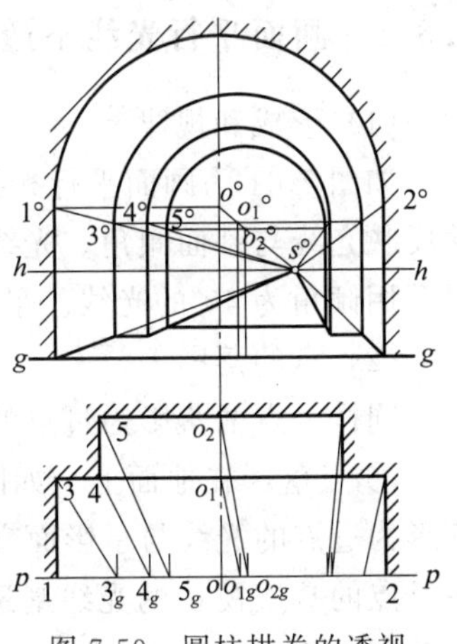

图 7-59 圆柱拱券的透视

(2) 两点透视

图 7-60 为圆拱两点透视实例。采用图 7-57(b) 的方法作外切正方形透视，并确定各切点及正方形对角线与圆交点透视 $a°b°c°d°e°$；光滑地连接各点为前拱面透视。同理，可作出前拱面其他点透视。对于后拱面透视求法，可将后拱面的外切正方形透视求出，连线并作两拱线切线完成透视。

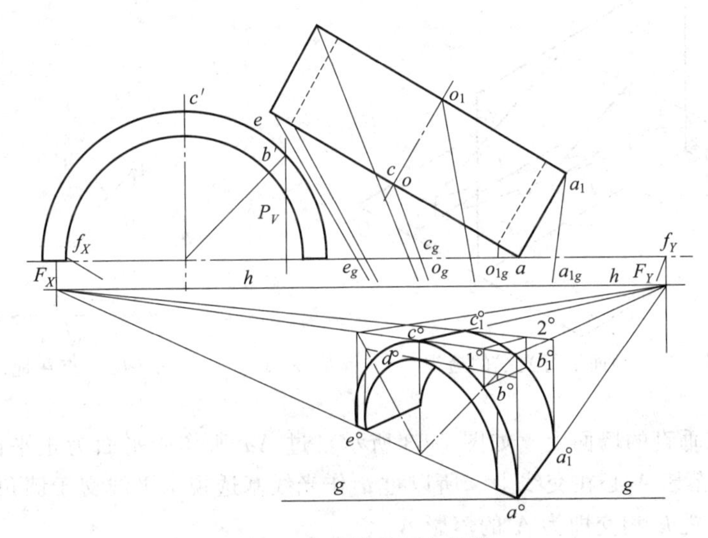

图 7-60 圆拱的两点透视

本例也采用辅助截平面法完成透视。如图 7-60 所示：a_1 的透视 $a_1°$在 $a°F_Y$ 线，截取 a_{1g} 得 $a_1°$；$c_1°$在矩形的透视方向线上，过 b 点作辅助截平面 P_V，求得截交线透视 $b°1°$、$1°2°$，而 $b_1°$必在 bb_1 的透视方向线与过 2°垂线上；求得 b_1 点的透视 $b_1°$。用同样的方法求得其他各点透视。

7.8 透视图中的阴影与虚像

透视图中的阴影是在已绘好的透视图中，按所选定的光线，结合阴线落影的透视规律，直接绘制阴影，而不是在立面图中画好阴影再求其透视。

我们在透视图中加绘阴影，一般仍采用平行的光线，平行光线因与画面相对位置不同，可分为两大类：画面平行光线、画面相交光线。

7.8.1 画面平行光线下透视阴影

(1) 形成和规律

如图 7-61 为画面平行光线的透视图。如图所示，平行于画面的平行光线，透视后平行并反映光线与基面倾角。光线的水平投影平行 gg 线，即光线的基透视成水平线。我们一般仍采用倾角为 45°的光线。平行光线可从左上方射向右下方，也可从右上方射向左下方。

(2) 点的落影

同样，点的落影为过点的光线与承影面的交点。

① 点落影在地面上　如图 7-62 所示，已知空间点 A 的透视 A 基透视 a 求落影。因点的落影为过点的光线与承影面交点，所以，点的落影必在过点的透视 A 的光线透视 L 上，又在过点的基透视 a 的光线基透视 l 上，因此，过 A 作 45°线与过 a 作水平线交点 $\overline{A}$ 即为 A 点落影。

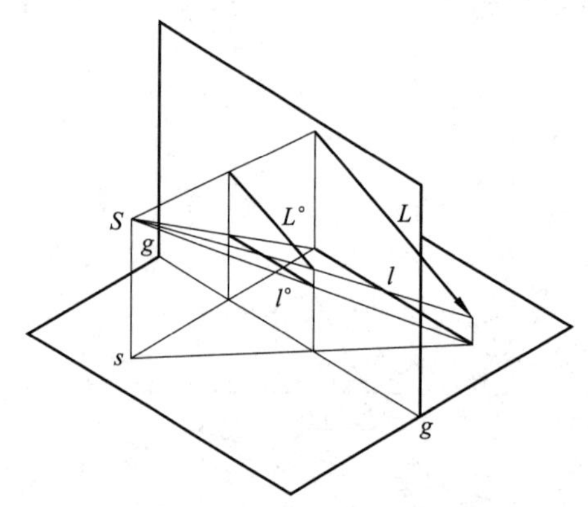

图 7-61　画面平行光线的透视

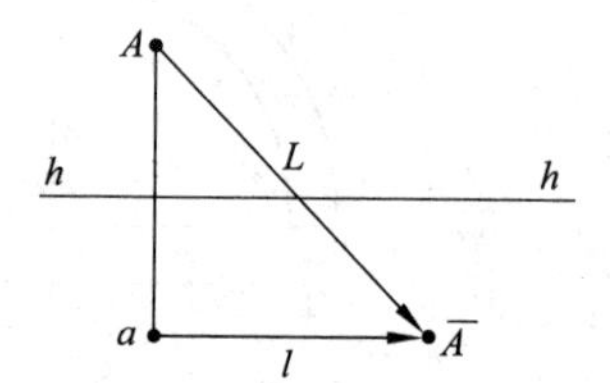

图 7-62　点在地面落影

② 点落影在垂直的墙面上　如图 7-63 所示，过 Aa 所作光平面为正平面，与墙面交线为铅垂线，A 点落影 $\overline{A}$ 必在交线上。所以过 a 作光线基透视水平线交于墙角 1，过 1 作垂线与过 A 的光线透视 L 相交即为 A 的落影 $\overline{A}$。

③ 点落影在坡屋面上　如图 7-64 为点落影在一般面上的透视求法，同样，过 Aa 作光平面截形体截交线 1234，过 A 的光线 L 必落影在 23 截交线上。且注意到 23 必平行平面灭线 F_XF_1（因光平面平行于画面）。所以过 a 作光线基透视水平线交墙角于 1，交墙上为 12，过 2 作平行 F_XF_1 的线 23，与过 A 的光线透视 L 相交为 A 在一般面上落影 $\overline{A}$。

(3) 直线的落影

直线与画面、基面的相对位置不同，落影也不同。

① 垂直基面直线的落影　直线落影为过直线光平面与承影面的交线。如图 7-64 中所示，Aa 为垂直基面的直线，过 Aa 的光平面与画面平行，与基面交线为和基线相平行的线 $a1$，与墙面交线为铅垂线 12，与一般面交线为 23，23 平行平面灭线 F_XF_1。所以落影为 $a1$、12、$2\overline{A}$。

② 平行画面斜线的落影　如图 7-65 所示，过平行画面的直线 AB 的光平面同样与画面平行，与承影面交线分别为 $\overline{B}1$、12 及 23，求法同前，不再详述。

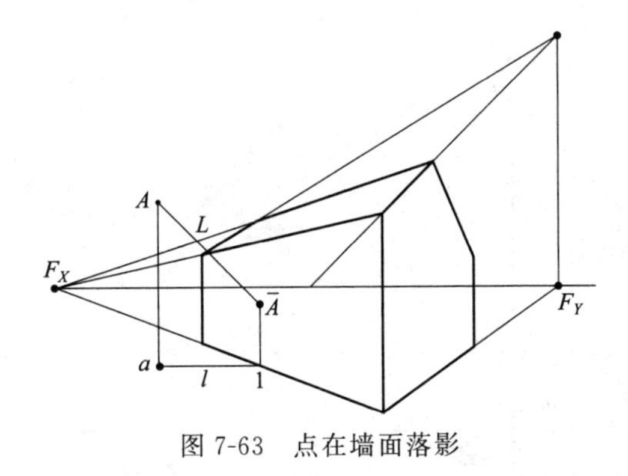

图 7-63　点在墙面落影

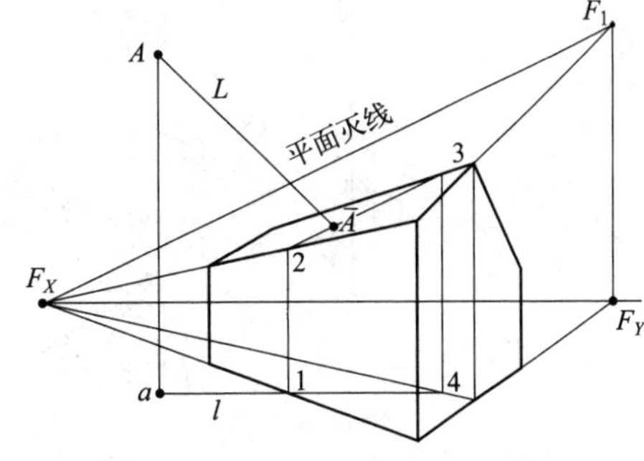

图 7-64　点、直线在一般面落影

③ 画面相交线的落影　画面相交线的落影同样为过直线的光平面与承影面交线。但该光平面必为一般斜面。并且画面相交线透视有灭点，落影的透视空间平行直线，所以消失在同一灭点。

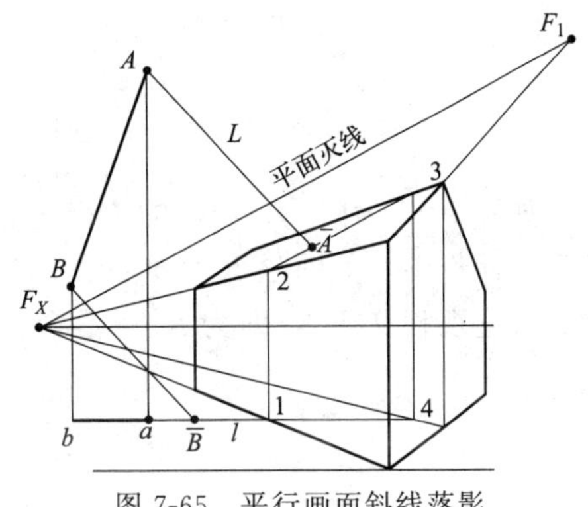

图 7-65　平行画面斜线落影

如图 7-66 为画面相交线的落影求法。图中 AB 为画面垂直线，灭点为心点 $s°$。求得 A 点在地面上落影 $\overline{A}$，空间 AB 平行基面，AB 在基面落影 $\overline{AB}$ 平行 AB，透视平行，消失在同一灭点。所以 $\overline{AB}$ 的灭点为 $s°$，作 $\overline{A}s°$ 相交于墙角 1 处为 AB 在基面上落影。AB 线在墙面上落影可用下列方法之一求得。灭点法：过直线光平面灭线与承影面灭线交点即为落影灭点。墙面为承影面、墙面灭线为过 F_X 的铅垂线。包含 AB 的光平面灭线必通过灭点 $s°$，与画面的交线为通过 $s°$ 的 45°线，该灭线与墙灭线交点 V_1 即为 AB 在墙上落影的灭点。作 $V_1 1$ 线为 AB 在墙上落影，交屋檐上为 2 点。扩大平面法：将墙面扩大与 AB 相交于 C 点，则 C 在墙上落影 C 与本身重合，所以连 $C1$ 为 AB 在墙上落影。AB 线在坡屋面上落影同样可求得灭点，承影屋面灭线为 $F_X F_1$，过 AB 光平面灭线为 $s°V_1$，交点 V_2 即为 AB 在屋面上落影灭点。作 $2V_2$ 线与过 B 的光线透视交点为 B，$2\overline{B}$ 即为 AB 在坡屋面落影。

图 7-66 中 EF 为与画面相交的一般斜线，同样可采用上述方法求得落影。作过 E 的光线透视与过 D 的光线基透视相交于 $\overline{E}$ 即为 E 点落影，连 $D\overline{E}$ 为 ED 在基面落影。EF 落影可采用灭点法：EF 灭线为过 F_1 的 45°线与承影面灭线相交于 V_3 即 EF 在基面落影灭点，连 $\overline{E}V_3$ 与过 F 的光线透视线相交即为 F 的落影 $\overline{F}$；也可求 F 的基透视 f 并求得 $\overline{F}$，连 $\overline{EF}$ 为落影。同样，可将 EF 扩大与基面相交，通过交点连 $\overline{E}$ 的延长线为落影。

同理，求得 FG 灭点 V_4，作 $\overline{F}V_4$ 与过 G 的 45°线相交为 FG 在基面上落影。后檐与基面平行，落影平行，所以消失在灭点 F_X，作 $\overline{G}F_X$ 为落影。与画面相交的斜线落影在垂直面，一般面求法同 AB，不再详述。请读者自行分析。

(4) 建筑形体的透视阴影

求建筑形体的透视阴影与求建筑立面阴影一样，在确定了光线后，首先确定建筑物上阴线，再根据阴线与画面、阴线与承影面的相对位置在透视图上绘出阴影。

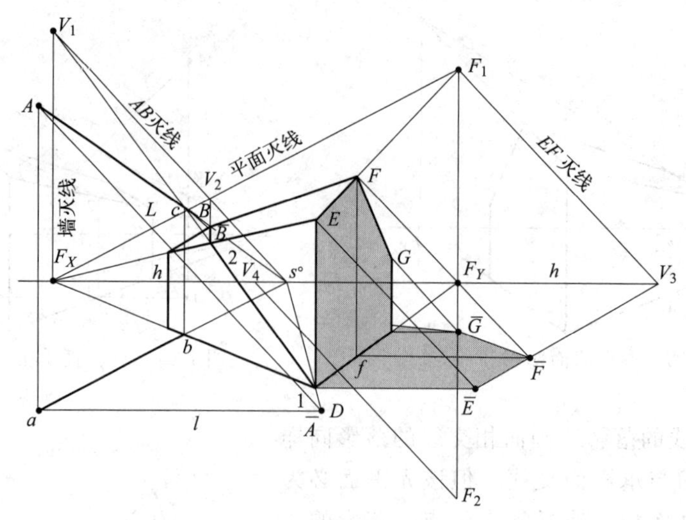

图 7-66 画面相交线的落影

如图 7-67 为门洞、雨篷的透视阴影作法实例。图中没画出基面，可能利用雨篷底面作升高基面作图。如图过 K 作光线的基透视交于 AE 线上 1 点，过 1 在墙面上作垂线与过 K 的光线透视相交于 $\overline{K}$ 即为 K 点落影。BC 平行墙面，落影平行，所以透视消失在同一灭点 F_X。

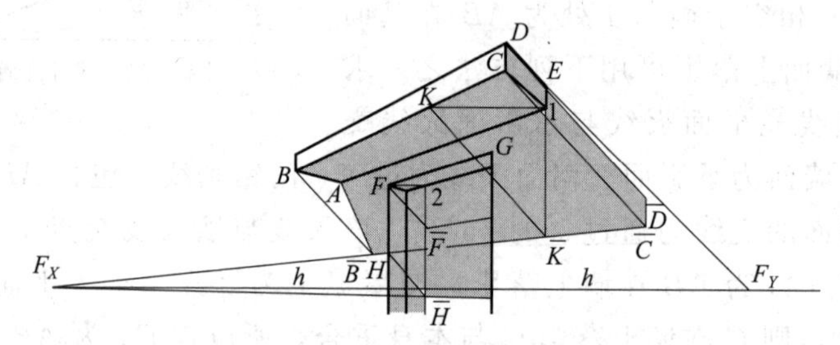

图 7-67 门洞、雨篷的阴影

过 B、C 作光线透视交于 $\overline{K}F_X$ 线上为透视点 $\overline{B}$、$\overline{C}$。同理，求出各点透视，连线为雨篷在墙上落影。门洞落影可采用同样方法求得。过 F 作光线基透视交于 2 点，过 2 点作垂线与过 F 的光线透视相交于 $\overline{F}$ 为落影。FG 落影消失在 F_X，FH 落影 $\overline{FH}$ 平行 FH，BC 在门洞上落影通过 $\overline{H}$，过 $\overline{H}$ 作 $\overline{H}F_X$ 线为 BC 在门洞上落影。

7.8.2 画面相交光线下透视阴影

(1) 形成和规律

画面相交光线本身仍是互相平行的。所以光线与画面相交，光线的透视汇交于灭点 F_L，光线的基透视汇交于基灭点 F_l，且 F_l 必在 HH 线上。F_LF_l 在一条垂线上，如图 7-68 所示。

画面相交光线的投射有两类共四种情况。

① 迎面射向画面　如图 7-68(a) 所示，光线迎着观察者射向画面，此时，光线透视灭点 F_L 在 HH 线上方。

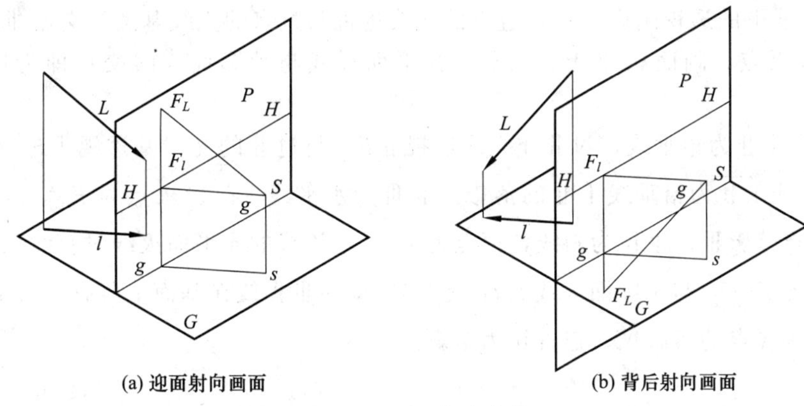

(a) 迎面射向画面　　(b) 背后射向画面

图 7-68　画面相交光线

② 背后射向画面　如图 7-68(b) 所示，光线从观察者背后射向画面，此时光线透视灭点 F_L 在 HH 线下方。

③ 阴线的确定　画面相交光线下的物体阴面、阳面因光线射来方向及角度不同而变成，需仔细判别，如图 7-69 所示。图 7-69(a) 为光线从左后方射向画面，所以左前面为阳面，右前面为阴面，柱前方棱线为阴线，但若光线主向灭点 F_L 在形体主向灭点范围以内，则两前面均为阳面，如图 7-69(b) 所示，柱前方棱线就不是阴线。图 7-69(c)、(d) 为光线迎面射向画面时的阴线情况，请读者自行分析。

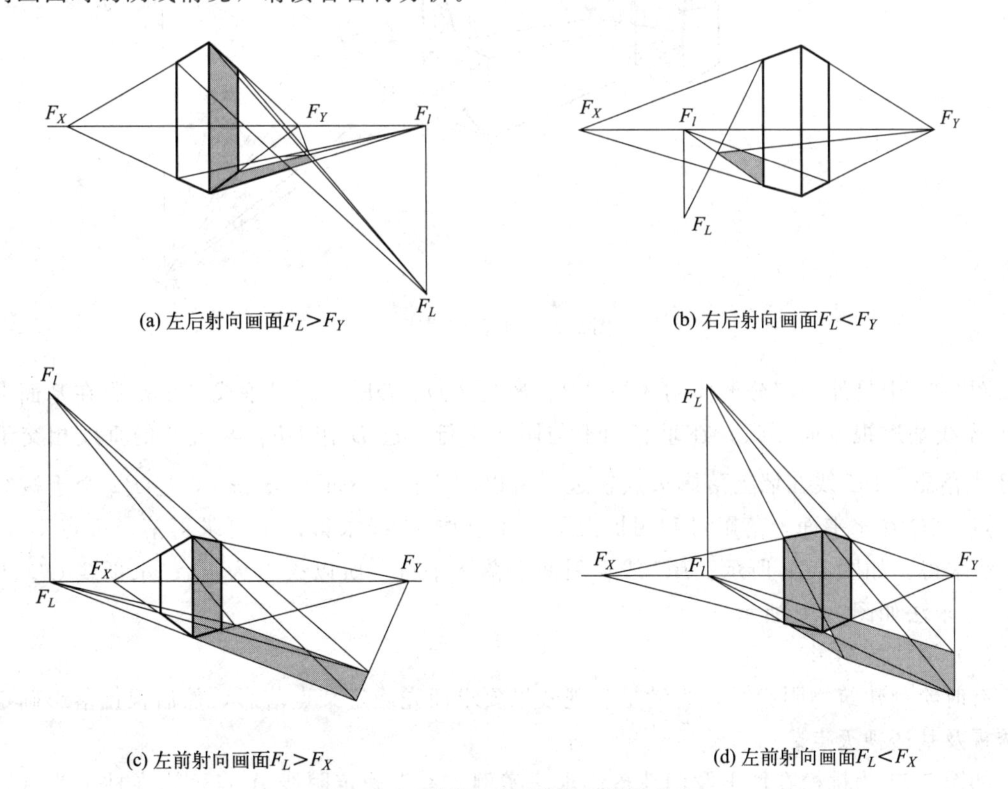

(a) 左后射向画面$F_L>F_Y$　　(b) 右后射向画面$F_L<F_Y$

(c) 左前射向画面$F_L>F_X$　　(d) 左前射向画面$F_L<F_X$

图 7-69　不同光线下形体的阴影确定

(2) 形体上各种位置阴线的落影

图 7-70 为一组合形体，上有各种位置阴线及在不同承影面落影作法。

同平行光线下的透视阴影一样，过点的光线透视与过点的光线基透视交点即为落影。画面平行线没有灭点，画面相交线有灭点，光平面灭线与承影面灭线交点即为透视阴影的灭点。

图 7-70 中ⅠⅡ为铅垂线，过Ⅱ作光线透视ⅡF_L 与过Ⅱ的光线基透视ⅠF_l 交点即为Ⅱ点落影$\overline{\text{Ⅱ}}$，连线Ⅰ$\overline{\text{Ⅱ}}$为铅垂线ⅠⅡ的落影。ⅡⅢ为水平线，落影灭点为 F_Y，连$\overline{\text{Ⅱ}}F_y$ 与ⅢF_L 相交为Ⅲ点落影$\overline{\text{Ⅲ}}$。ⅢⅣ为斜线，灭点为 F_1。过该线的光平面灭线过直线灭点 F_1 和光线灭点 F_L，连 F_1F_L 与承影面灭线 HH 交点 V_1 即为ⅢⅣ线在基面上落影灭点。连$\overline{\text{Ⅲ}}V_1$ 与ⅣF_L 相交即为Ⅳ点的落影$\overline{\text{Ⅳ}}$，连$\overline{\text{ⅢⅣ}}$为落影。

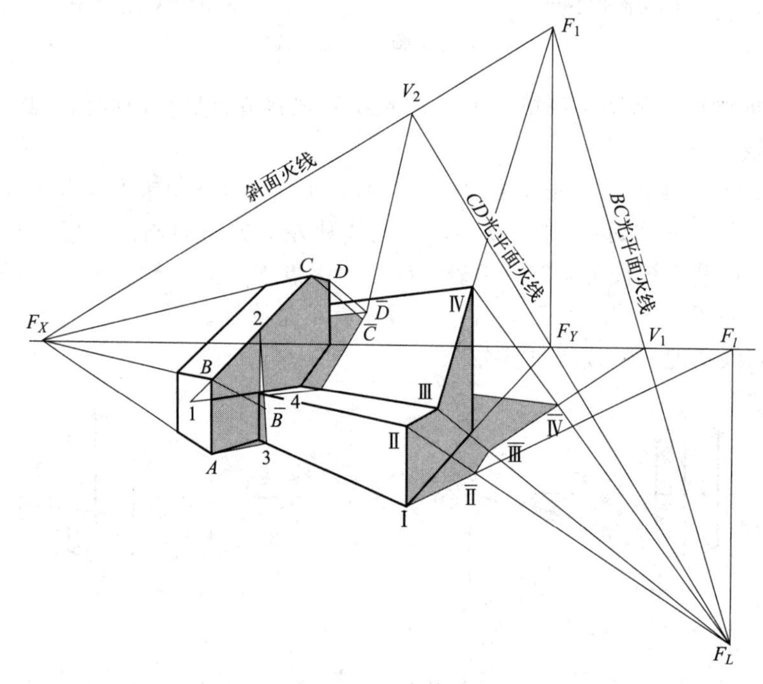

图 7-70 组合体阴影

图 7-70 中另外一部分形体阴线为 AB、BC、CD、DE 等。铅垂线 AB 落影在基面上与过 A 光线基透视方向一致，在垂直面上与阴线平行。过 B 作 BF_L 与过 3 的垂线相交于 $\overline{B}$ 为 B 点落影。BC 线在墙上落影灭点较远，所以利用扩大平面法求得 2，连 $\overline{B}2$ 交于棱线上为 4 点，$2C$ 在水平面上落影可利用扩大平面 1 点作 41 线求得；也可求得落影灭点 V_1，作 $4V_1$ 线求得，如图 7-70 所示。BC 线在斜面上落影平行，所以灭点为 F_1；水平线 CD 灭点为 V_2，求法如图 7-70 所示。

(3) 屋檐的阴影

有时绘制建筑物阴影时，为满足表现效果要求而先确定某点落影，然后根据落影确定光线透视及基透视灭点。

如图 7-71 为挑檐在墙上及门斗落影求法实例。首先确定阴线 A 点落影在柱上为 $\overline{A}$。根据升高基面的作法，利用挑檐底面作为基面，过 $\overline{A}$ 作垂线与挑檐底面相交于 1 点，作 $A1$ 与 hh 线相交为光线基灭点 F_l；过 F_l 作垂线与 $A\overline{A}$ 线相交为光线透视灭点 F_L。并根据光线灭点与主向灭点的关系确定阴线为 AB、AC。

求 AB 阴线在右侧墙上落影，因空间平行，所以有共同灭点 F_Y，过 $\overline{A}$ 作 $\overline{A}F_Y$ 线为 AB 在右墙上落影。将柱面扩大与 AC 相交于 2 点，作 $2\overline{A}$ 线为 $A2$ 线在右侧柱面的落影，方向线 $2\overline{A}$ 线与柱棱线相交于 3 点，所以 $3\overline{A}$ 为落影。同理，作 $3F_X$ 线为 $C2$ 在左侧墙上及柱上落影方向线。阴线在门斗的落影可采用扩大平面的方法求得：

① 将门斗墙扩大与檐口阴线相交于 4 点，作 45 线为 AB 的落影方向线。同理，求作 67 线求得 AC 的落影方向线，再与 A 在门斗落影 $\overline{A_0}$ 相交得到落影。

② 也可利用光线透视和基透视求得 A 点在门斗墙上落影 $\overline{A_0}$，再求出柱阴线落影。

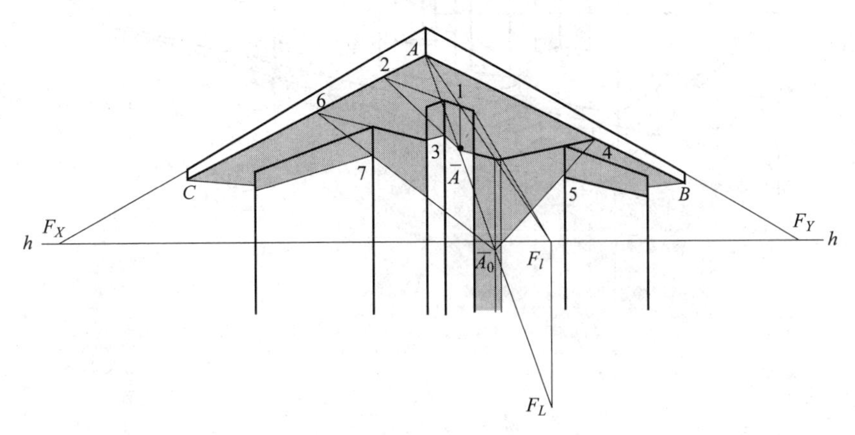

图 7-71 挑檐的阴影

7.8.3 透视图中的倒影与虚像

在水面上我们可以看到物体的倒影，在镜中可以看到物体的虚像，在建筑透视图中，为了增强透视效果，一般根据实际情况画出倒影和虚像以加强真实感。

(1) 形成和规律

如图 7-72 所示为一平静的水面上设有的灯柱。自灯泡 A 处发出诸多光线，设其中某一条射向水面（反射面）上某点 A_1，由 A_1 反射进入 S_1 处的视点。由物理学中知，AA_1 为入射光线，A_1S_1 为反射光线，法线垂直反射面，且入射角等于反射角。同理，可有 A_2、A_3……。

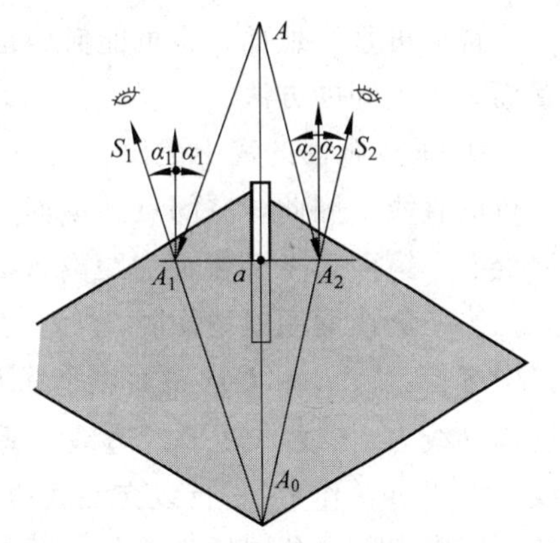

图 7-72 虚像的形成

将反射光线 S_1A_1、S_2A_2 延长，相交于 A_0 处。且 AA_0 垂直反射平面，垂足为 a，且有 $A_0a=Aa$，A_0 称为 A 的虚像。虚像对于水平的反射平面来说称为倒影。

(2) 水中倒影

由于水面是水平的，空间一点与水中倒影的连线是铅垂线，并对称于水面。

如图 7-73 所示为临岸的坡顶小房在水中的倒影求法实例。

① 水岸线倒影 Dd 垂直水面，d 为垂足，取 $D_0d=Dd$ 为倒影，岸边棱线与水面平行，倒影灭点为 F_Y。同理，可求其他各岸边线倒影，如图 7-73 所示。

② 房屋倒影 墙角线 FE 不在岸边与水面相交，过 E 作 F_XE 交于岸边 1 点，过 1 作垂

线交于水面上2点，过2作F_X2线为侧墙面的对称线，将FE延长与F_X2相交于e点为对称点，量取$eF_0=eF$，F_0为水中倒影。FG灭点为F_1，倒影灭点为F_2，同样GK的倒影灭点为F_1，如图7-73所示。

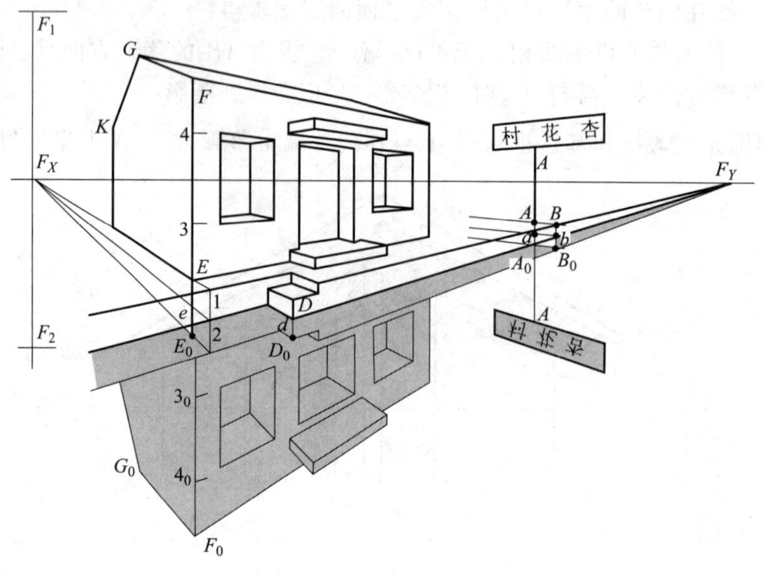

图7-73　水中倒影

门、窗、雨篷的倒影求法如图7-73所示，将窗线延长与墙相交于3、4点，求出倒影3_0、4_0进而完成作图。

③ 标志牌的倒影　同样过A作F_XA临岸线求得对称点a_0，进而根据平行关系完成作图。值得注意的是，标志牌上文字同样是倒置的且对称。

（3）镜中虚像

镜面可垂直地面，也可能倾斜地面放置，求镜中虚像要根据镜面与画面及地面的相对位置而采用不同的方法。

① 垂直画面的镜中虚像　当镜面垂直画面时，则空间一点与虚像的连线是一条与画面平行的直线，因此，空间点到镜面的距离仍与虚像到镜面距离相等，如图7-74所示。右侧墙上有一镜面，A到镜面的距离$AA_1=A_1A_0$，作法如图7-74所示。

当左侧镜面倾斜地面时，上下边灭点为心点$S°$，而侧边平行于画面，现求空间B点在镜中虚像，自B和b向镜面作垂线$B\overline{B}$和$b\overline{b}$平行画面，所以设想包含垂线BB作平面T与镜面交线为12线，12平行边线。垂足B_0、b_0必在该交线上。该平面与地面交线平行hh线，所以过b作hh平行线交镜底边于1点，过1作边框平行线与Bb线相交C点，夹角为β角，镜中虚像夹角同样为β角，所以作与$C1$夹角为β的线Cd，取$1b=1\overline{b}$，$\overline{b}$为b的虚像。同样取$2B=2\overline{B}$，$\overline{B}$为B的虚像。

如图7-75为求镜中虚像实例，镜面垂直画面，虚像距离与实际距离相等。门窗的对称线为两墙交线AB。吊灯的对称线为天棚与墙的交线。对称点为A_1，完成室内虚像如图7-75所示。

② 平行画面的镜中虚像　镜面平行画面，镜面法线必垂直画面，灭点为心点$S°$。因此，空间点与其虚像对镜面成对称等距关系，成透视变形而不能直接量取，可用透视关系作出。

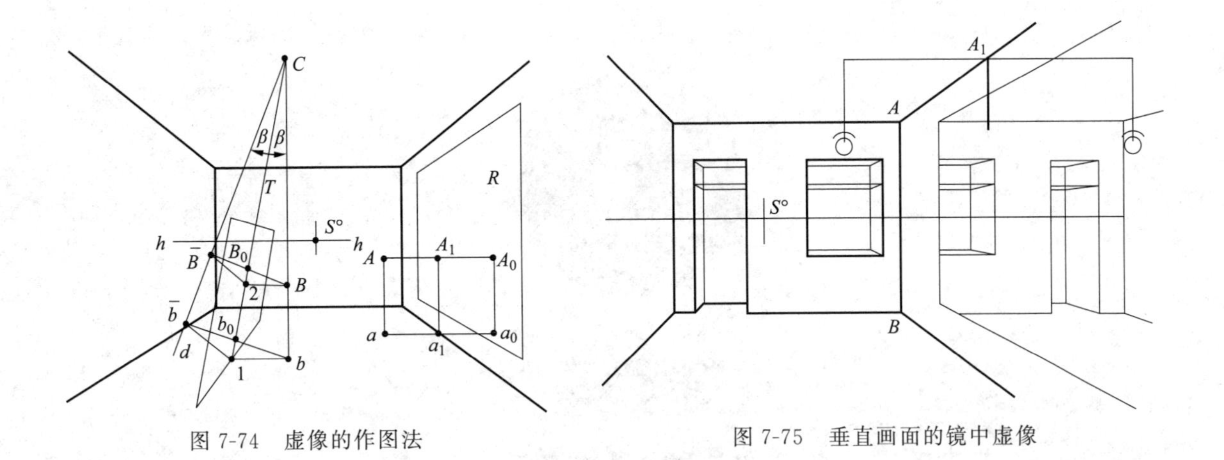

图 7-74　虚像的作图法　　　　图 7-75　垂直画面的镜中虚像

如图 7-76 为平行画面镜中虚像实例，在正面墙上有平行画面的镜面，墙与地面、墙与天棚交线灭点为心点 $S°$，所以镜中虚像灭点也是心点 $S°$，如图 7-76 所示。镜面的对称平面为两墙交线 CD，求得中点 K，过 1 作线与墙角线交于 A，作 AK 线与地面线交于 $A°$为对称点虚像，过 $A°$作垂线为窗边线的虚像。12 线虚像灭点为心点 $S°$，同理求得其他线的虚像如图 7-76 所示。

③ 倾斜画面的直立镜中虚像　贴于主向墙面上的镜面在室内两点透视中为倾斜画面的直立镜面。该镜面的法线是水平线且与画面相交，所以有灭点。

如图 7-77 为镜中虚像作图实例，在右侧墙面上贴有一镜面，左侧墙上有门等。如图 7-77 所示，垂直镜面的水平线灭点为 F_Y，平行镜面的水平线灭点为 F_X。同样采用对称点的方法求出镜中虚像。作两平面交线 KK_1 为对称平面线，求得中点 D，作 AD 线与 BCF_Y 线相交为 B 点的虚像 $B°$，其余求法如图 7-77 所示。

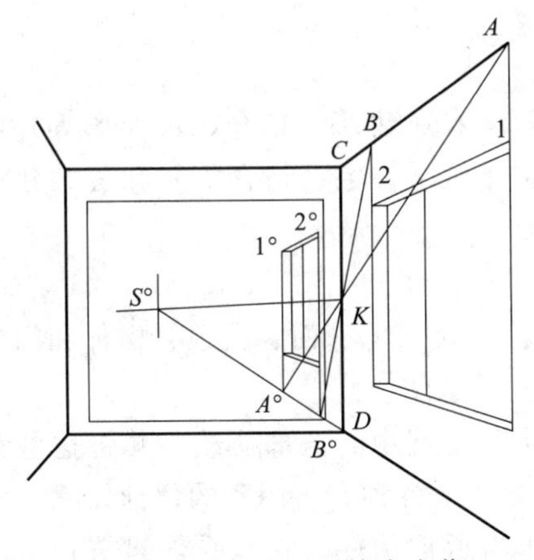

图 7-76　平行画面的镜中虚像

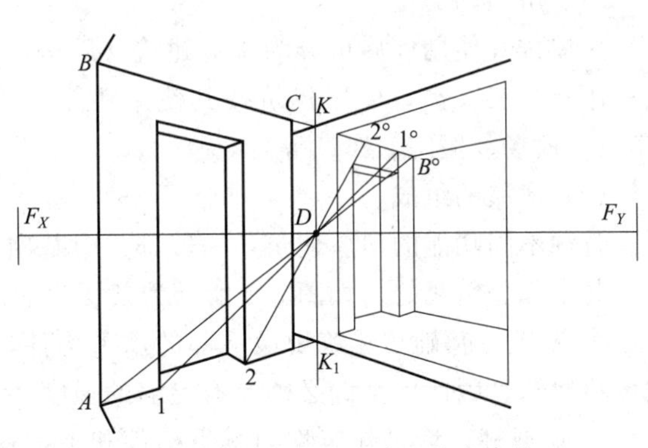

图 7-77　倾斜画面的直立镜中虚像

第8章

建筑施工图

供人们生活、生产、工作、学习和娱乐的各类房屋，一般称为建筑物。用来表达建筑物内外形状、大小尺寸以及各部分的结构形式、构造做法、装修材料和各类设备等内容，按照“国标”的规定，用正投影方法详细、准确画出的图样，称为房屋建筑图。它是用来指导房屋建筑施工的依据，所以又称为房屋施工图。

8.1 概述

8.1.1 房屋的组成及其作用

（1）房屋的类型

房屋按其使用性质可分为工业建筑（厂房、仓库等）、农业建筑（粮仓、饲养场等）以及民用建筑三大类，民用建筑按其使用功能又分为居住建筑（住宅、宿舍等）和公共建筑（学校、商场、医院、车站等）。

（2）房屋的组成

各种不同功能的房屋建筑，一般都是由基础、墙或柱、楼（地）面、屋顶、楼梯和门窗六大基本部分组成的，如图 8-1 所示为某楼房的剖切轴测示意图。

① 基础　基础是建筑物最下部的承重构件，它承受着建筑物的全部荷载，并将这些荷载传给地基。因此，基础必须具有足够的强度，并能抵御地下各种有害因素的侵蚀。

② 墙或柱　墙是建筑物的承重构件和围护构件，作为承重构件，它承受着建筑物由屋顶、楼板层等传来的荷载，并将这些荷载再传给基础；作为围护构件，外墙起着抵御自然界各种有害因素对室内侵袭的作用；内墙起着分隔空间、组成房间、隔声及保证舒适环境的作用。因此，要求墙体具有足够的强度、稳定性、保温、隔热、隔声、防火等功能，并符合经济性和耐久性的要求。

柱是框架或排架结构的主要承重构件，和承重墙一样，承受着屋顶、楼板层等传来的荷载。柱所占空间小，受力比较集中，因此它必须具有足够的强度和刚度。

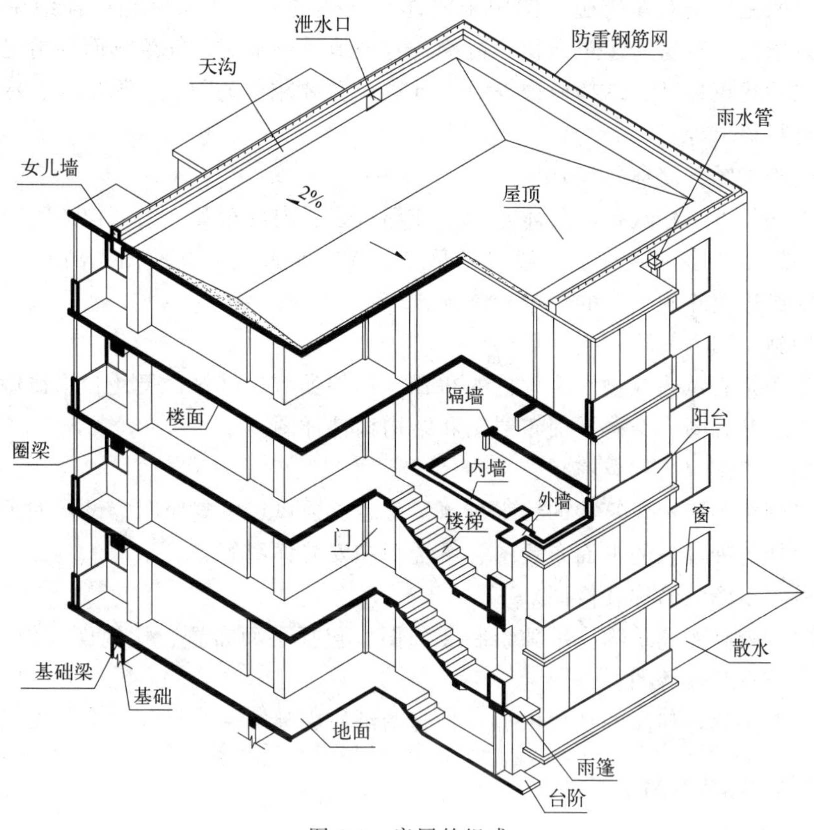

图 8-1 房屋的组成

③ 楼（地）面 楼（地）面是水平方向的承重构件，将整幢建筑物沿竖直方向分为若干部分，楼（地）面承受着家具、设备和人体荷载及本身自重，并将这些荷载传给墙或柱，同时它还对墙身起着水平支撑的作用。因此要求具有足够的强度、刚度和隔声能力。对有水侵蚀的房间，则要求楼（地）面具有防潮、防水的能力。

④ 屋顶 屋顶是建筑物顶部的围护结构和承重构件，由屋面层和结构层所组成，屋面层抵御自然界风、雨、雪及太阳热辐射与寒冷对顶层房间的侵袭，结构层承受房屋顶部荷载，并将这些荷载传给墙或柱。因此，屋顶必须满足足够的强度、刚度及防水、保温、隔热等要求。

⑤ 楼梯 楼梯是建筑的垂直交通设施，供人们上下楼层和紧急疏散之用。因此，要求楼梯具有足够的通行能力，并采取防火、防滑等技术措施。

⑥ 门窗 门主要供人们内外交通和分隔房间之用；窗则主要起采光、通风、分隔、围护的作用。对某些有特殊要求的房间，还要求门窗具有保温、隔热、隔声、防射线等能力。

另外一般建筑还有阳台、雨篷、台阶、女儿墙、散水及明沟等其他构配件和设施。

8.1.2 房屋施工图的分类

一套完整的房屋建筑施工图依其专业内容和作用的不同，一般分为以下几种。

(1) 首页图（包括图纸目录和设计总说明）

图纸目录主要表明整套图纸的类别，各类图纸的名称、张数，及图纸编号、所选用的标准图集等，供读图时查询用。

设计总说明主要是对建筑施工图中未能详细表达的内容用文字加以详细说明，主要包括：工程设计依据（对房屋建筑面积、造价、有关地质、水文、气象方面的情况进行说明）；设计标准（包括建筑标准、结构荷载等级、抗震设防要求等）；施工要求（主要包括施工的技术要求和材料要求等）。

（2）建筑施工图（简称建施）

建筑施工图是表示建筑物的总体布局、外部造型、内部布置、细部构造、内外装修、固定设施及有关施工要求的图样。一般包括总平面图、平面图、立面图、剖面图和构造详图等。本章主要讲述建筑施工图的绘制和阅读方法。

（3）结构施工图（简称结施）

结构施工图是表示建筑物承重构件的布置、构件类型、材料、尺寸和构造做法等，包括结构设计说明、基础图、结构平面布置图和结构构件详图。

（4）设备施工图（简称设施）

设备施工图主要表示建筑物的给水排水、采暖、通风、电气照明等设备的平面布置和施工要求等，包括各种设备的平面布置图、系统图和安装详图等。

（5）装修施工图（简称装修图）

对装修要求较高的建筑物应单独绘制装修图，包括平面布置、楼地面装修、天花平面、墙柱面装修、节点装修等图样。

房屋施工图是建造房屋的技术依据，整套图纸应完整统一、尺寸齐全、准确无误。

8.1.3 房屋施工图的图示特点

（1）采用正投影法按国家标准绘制

所有施工图都是按照正投影原理，并严格遵照国家颁布的《建筑制图标准》（GB/T 50104—2010）、《房屋建筑制图统一标准》（GB/T 50001—2017）、《总图制图标准》（GB/T 50103—2010）等绘制的，有时也采用一些镜像投影图、轴测投影图、透视投影图等作为辅助用图。

（2）选用适当的比例

由于建筑形体较大，施工图一般都用缩小比例绘制，如建筑施工图所用比例见表 8-1。

表 8-1 建筑施工图可选比例

图名	比例
建筑物或构筑物的平、立、剖面图	1∶50、1∶100、1∶150、1∶200、1∶300
建筑物或构筑物的局部放大图	1∶10、1∶20、1∶25、1∶30、1∶50
配件及构造详图	1∶1、1∶2、1∶5、1∶10、1∶15、1∶20、1∶25、1∶30、1∶50

（3）选用标准图集

施工图中有些构配件及节点构造选自标准图集。标准图集分为部委颁布的全国通用的国家标准图集（如“G”表示结构构件图集，“J”表示建筑配件图集）、省市等颁布的地方标准图集和各设计单位编制的标准图集。

（4）采用大量的图例和符号

由于建筑构配件和材料种类繁多，为作图简便，国家标准规定了一系列图例和符号，来表示建筑构配件、卫生设备、建筑材料等。

8.1.4 建筑施工图概述

（1）图线

建筑施工图选用不同的线型和线宽，以适应不同的用途和表示建筑物轮廓线的主次关系，从而使图面清晰分明。具体规定详见《建筑制图标准》（GB/T 50104—2010），表8-2摘录了有关实线和虚线的规定。

表8-2 建筑专业制图中所采用的实线和虚线

名称	线型	线宽	用途
粗实线	————	b	①平、剖面图中被剖切的主要建筑构造(包括构配件)的轮廓线 ②建筑立面图或室内立面图的外轮廓线 ③建筑构造详图中被剖切的主要部分的轮廓线 ④建筑构配件详图中的外轮廓 ⑤平、立、剖面的剖切符号
中粗实线	————	$0.7b$	①平、剖面图中被剖切的次要建筑构造(包括构配件)的轮廓线 ②建筑平、立、剖面图中建筑构配件的轮廓线 ③建筑构造详图及建筑构配件详图中的一般轮廓线
中实线	————	$0.5b$	小于$0.7b$的图形线、尺寸线、尺寸界线、索引符号、标高符号、详图材料做法引出线、粉刷线、保温层线、地面、墙面的高差分界线等
细实线	————	$0.25b$	图例填充线、家具线、纹样线等
中粗虚线	- - - - - -	$0.7b$	①建筑构造详图及建筑构配件不可见的轮廓线 ②平面图中的起重机(吊车)轮廓线 ③拟建、扩建建筑物轮廓线
中虚线	- - - - - -	$0.5b$	投影线、小于$0.5b$的不可见轮廓线
细虚线	- - - - - -	$0.25b$	图例填充线、家具线等

注：室外地坪线线宽为$1.4b$。

（2）常用符号

房屋建筑施工图中常用的符号见表8-3。

表8-3 房屋建筑施工图中常用的符号

名称	画法		说明
定位轴线	一般标注	通用详图的轴线号 1 2 用于两根轴线时 1 3，6… 用于三根或三根以上轴线时 1/2 2/C 附加定位轴线	①定位轴线是用来确定房屋主要承重构件如墙、柱、梁、屋架等构件位置的基准线。 ②定位轴线用细点画线绘制，编号圆用细实线绘制，直径为8mm，详图可增至10mm。 ③平面图中横向轴线的编号，应用阿拉伯数字从左至右顺次编写；竖向轴线的编号，用大写拉丁字母(I、O、Z除外)从下至上顺次编写。字母数量不够时，可用双字母或单字母加数字注脚等。 ④附加轴线编号用分数表示，分母表示前一轴线的编号，分子表示附加轴线的编号(用阿拉伯数字顺序编写)
	编号排序	B 1/A A 1 2 3 4	

续表

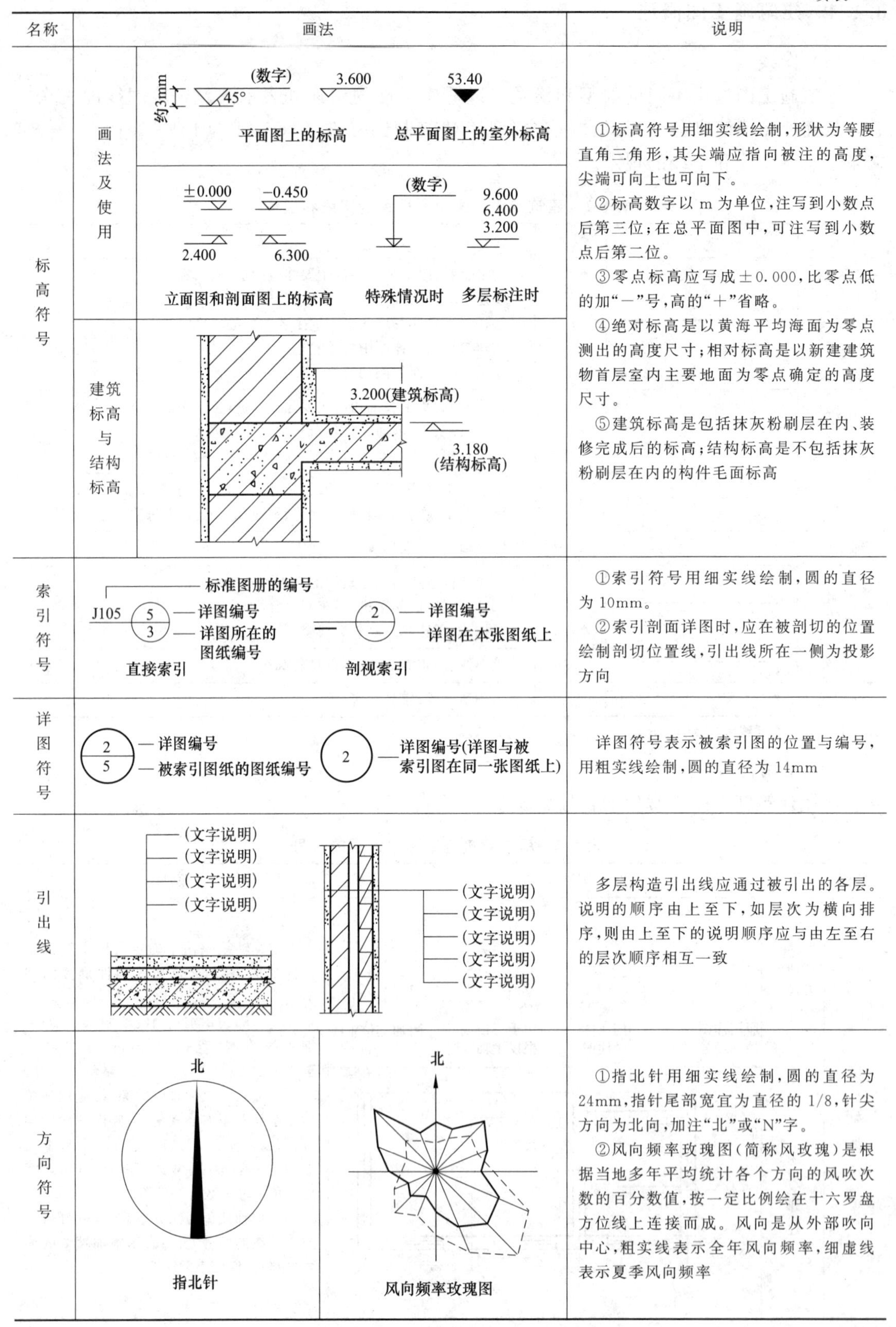

名称		画法		说明
标高符号	画法及使用	(数字) 约3mm 45° 3.600 平面图上的标高	53.40 总平面图上的室外标高	①标高符号用细实线绘制，形状为等腰直角三角形，其尖端应指向被注的高度，尖端可向上也可向下。 ②标高数字以m为单位，注写到小数点后第三位；在总平面图中，可注写到小数点后第二位。 ③零点标高应写成±0.000，比零点低的加“－”号，高的“＋”省略。 ④绝对标高是以黄海平均海面为零点测出的高度尺寸；相对标高是以新建建筑物首层室内主要地面为零点确定的高度尺寸。 ⑤建筑标高是包括抹灰粉刷层在内、装修完成后的标高；结构标高是不包括抹灰粉刷层在内的构件毛面标高
		±0.000 −0.450 2.400 6.300 立面图和剖面图上的标高	(数字) 9.600 6.400 3.200 特殊情况时　多层标注时	
	建筑标高与结构标高	3.200(建筑标高) 3.180 (结构标高)		
索引符号		标准图册的编号 J105 5 3 — 详图编号 — 详图所在的图纸编号 直接索引	2 — — 详图编号 — 详图在本张图纸上 剖视索引	①索引符号用细实线绘制，圆的直径为10mm。 ②索引剖面详图时，应在被剖切的位置绘制剖切位置线，引出线所在一侧为投影方向
详图符号		2 5 — 详图编号 — 被索引图纸的图纸编号	2 — 详图编号(详图与被索引图在同一张图纸上)	详图符号表示被索引图的位置与编号，用粗实线绘制，圆的直径为14mm
引出线		(文字说明) (文字说明) (文字说明) (文字说明)	(文字说明) (文字说明) (文字说明) (文字说明) (文字说明)	多层构造引出线应通过被引出的各层。说明的顺序由上至下，如层次为横向排序，则由上至下的说明顺序应与由左至右的层次顺序相互一致
方向符号		北 指北针	北 风向频率玫瑰图	①指北针用细实线绘制，圆的直径为24mm，指针尾部宽宜为直径的1/8，针尖方向为北向，加注“北”或“N”字。 ②风向频率玫瑰图(简称风玫瑰)是根据当地多年平均统计各个方向的风吹次数的百分数值，按一定比例绘在十六罗盘方位线上连接而成。风向是从外部吹向中心，粗实线表示全年风向频率，细虚线表示夏季风向频率

（3）建筑施工图的一般阅读方法

阅读建筑施工图，应具备投影理论和图示方法的知识，熟识有关国家标准中规定的建筑施工图中常用的图例、符号、线型等的意义，了解房屋的基本构造，掌握各种建筑施工图样的形成原理和图示内容。此外，因图中涉及许多专业内容，还应注意学习积累专业知识。

阅读建筑施工图的基本方法是：先概括了解，后深入细读；先整体后局部，先文字说明后图样，先图形后尺寸；最后综合分析，形成对房屋建筑的全面认识。

8.2 总平面图

8.2.1 总平面图的形成和用途

总平面图是将拟建工程四周一定范围内的新建、拟建、原有和拆除的建筑物、构筑物连同其周围的地形、地物状况，用水平投影和相应的图例所画出的图样。它表明新建房屋的位置、朝向、平面形状、与原有建筑物和道路的位置关系、周围环境、地貌地形、道路和绿化的布置等情况，是新建房屋施工定位和规划布置场地的依据，也是土方计算和其他专业（如水、暖、电等）的管线总平面图规划布置的依据。

8.2.2 总平面图的图例

总平面图中常用的图例如表 8-4 所示。

表 8-4　总平面图常用图例

名称	图例	备注	名称	图例	备注
新建建筑物	8 ▲	1. 用粗实线表示，可用▲表示主要出入口 2. 需要时，在图形右上角的点数或数字表示层数	新建的道路	0.6　101.00　R9　150.00	“R9”表示道路转弯半径，“150.00”为路面中心控制点标高，“0.6”表示 0.6% 的纵向坡度，“101.00”表示变坡点距离
原有建筑物		用细实线表示	围墙及大门		上图为实体性质的围墙，下图为通透性质的围墙
计划扩建的预留地或建筑物		用中虚线表示	护坡		边坡较长时，可在一侧或两端局部表示
拆除的建筑物		用细实线表示	原有道路		
铺砌场地			计划扩建道路		

续表

名称	图例	备注	名称	图例	备注
坐标	X125.00 Y450.00	表示测量坐标	树木		左图表示针叶类树木，右图表示阔叶类树木
	A128.34 B258.25	表示建筑坐标	草坪		

8.2.3 总平面图的图示内容

8.2.3.1 图名、比例、图例

总平面图因图示的地方范围较大，只能选用 1∶500、1∶1000、1∶2000 等较小比例，故图中采用较多的图例。如《总图制图标准》(GB/T 50103—2010) 指定的图例不敷应用时，可以另行设定图例，但应在图中画出自定的图例，并注明其名称。图名应标注在图形的正下方，下方加画一条粗实线，比例标注在图名右侧，其字高比图名字高小一号或二号。

8.2.3.2 基地范围内的总体布局

如红线范围（由有关机构批准使用土地的地点及大小范围）、周围建筑物和构筑物的相对位置、地形地物（如等高线、池塘、河流、电线杆等）、道路和绿化的布置等。

8.2.3.3 新建建筑物的具体位置

确定新建建筑物与周边地形、地物间的位置关系，可以从以下三个方面表示。

(1) 定向

在总平面图中，用指北针或风向频率玫瑰图来确定建筑物的朝向。

(2) 定位

新建建筑物的定位方式有三种：

① 用坐标定位 建筑物、构筑物有两种坐标定位：一是测量坐标，用细实线画成交叉十字坐标网格，网格间距为 100m 或 50m，X 为南北方向轴线，Y 为东西方向轴线；二是建筑坐标，当房屋朝向与测量坐标不一致时，沿建筑物主墙方向用细实线画成网格通线，横墙方向轴线标为 A，纵墙方向轴线标为 B。用坐标确定建筑物的位置时，宜标注三个角的坐标，如建筑物与坐标轴线平行，可标注其对角坐标，如图 8-2 所示。

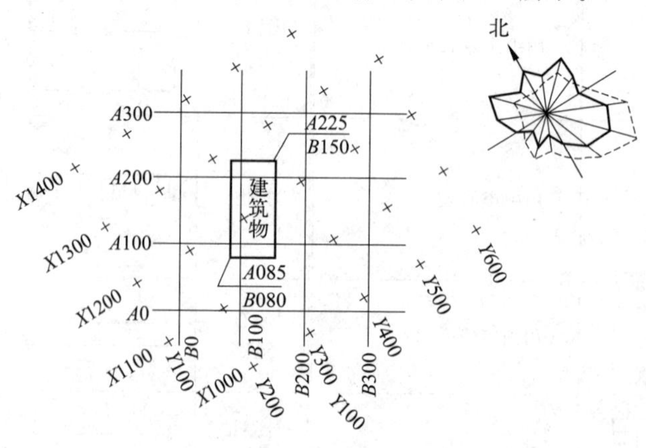

图 8-2 建筑坐标与测量坐标

② 用定位尺寸定位　对于一般中小型建筑物也可根据与原有建筑物外墙或道路中心线的联系尺寸来定位（以米为单位），如图 8-3 中的新建住宅距原有建筑的距离为 25.00m，距原有道路的距离为 6.50m，两栋新建住宅距离为 25.00m。

（3）定高

在总平面图中应注明新建房屋底层室内地面和室外地坪的绝对标高。

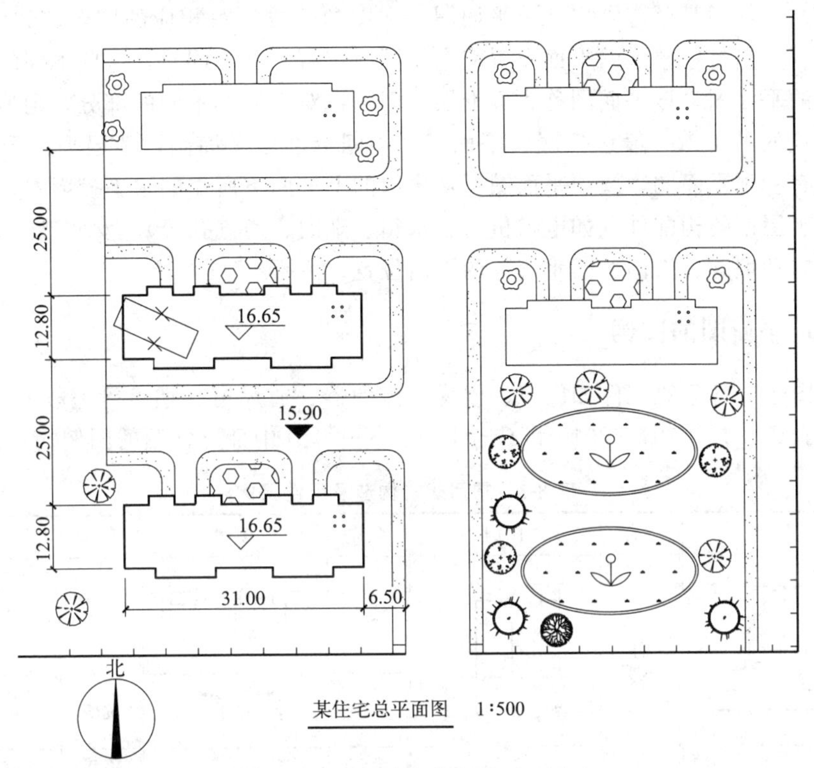

图 8-3　××单位住宅总平面图

8.2.4　总平面图的识读

图 8-3 所示为某单位住宅楼的总平面图，比例 1∶500。由指北针可知该小区住宅建筑的朝向，图中用粗实线画出来新建建筑物的整体轮廓，其位置根据已有住宅楼和已有道路的尺寸确定。从图中可以看到，有两栋四层新建住宅，每幢长 31.00m，宽 12.80m，其室内首层地面的绝对标高为 16.65m，室外绝对标高为 15.90m，每幢室内外高差 0.75m。小区设有围墙和绿化，有一需要拆除建筑物，用细实线画出了原有建筑物。

8.3　建筑平面图

8.3.1　建筑平面图的形成、作用及分类

（1）建筑平面图的形成和作用

建筑平面图（除屋顶平面图外）是假想用一水平剖切平面，沿窗台以上部位剖开整幢房屋，移去剖切平面以上部分，将余下部分向水平面作正投影，所得到的水平剖视图，称为建

筑平面图，简称平面图。

建筑平面图主要用来表达建筑物的平面形状、房间的尺寸和布置、门窗的类型和位置、设备和设施等的平面布置，是施工放线、砌墙、门窗安装、预留孔洞和施工预算的主要依据，是建筑施工图中最基本的图样。

（2）建筑平面图的分类

房屋有几层，通常就应画出几个平面图，在图的下方注写相应的图名，如底层平面图、二层平面图等。当有些楼层的平面布置完全相同或仅有局部不同时，这些不同的楼层可以合用一个共同的平面图，该平面图称为标准层平面图；对于局部不同的部分，则另画局部平面图。多层建筑的平面图一般包括底层平面图、中间标准层平面图、顶层平面图、局部平面图。此外还有屋顶平面图，屋顶平面图是从房屋的上方向下所作的水平投影图，主要表达屋顶的形状、出屋面的构配件（如电梯机房、水箱、烟囱、通气孔等）、女儿墙、屋面分水线、屋面排水方向和坡度、天沟、落水管等的平面位置。

8.3.2 建筑平面图的图例

在平面图中，各建筑配件如门窗、楼梯、坐便器、通风道、烟道等一般都用图例表示，表 8-5 列出了 GB/T 50104—2010 和 GB/T 50106—2010 中部分常用的图例。

表 8-5 常用建筑构造及配件图例

名称	图例	名称	图例	名称	图例	名称	图例
单扇门		空门洞		坡道	下	电梯	
				孔洞		坑槽	
双扇门		固定窗		坐式大便器		蹲式大便器	
				洗脸盆		污水池	
推拉门		推拉窗		名称	图例		
双面单扇门		烟道		楼梯	上 底层；上 下 中间层；下 顶层		
双面双扇门		通风道		墙预留槽和洞	宽×高×深或φ 底(顶或中心)标高××.×××；宽×高或φ 底(顶或中心)标高××.×××		

8.3.3 建筑平面图的图示内容

(1) 图名及比例

内容见8.2.3.1节。

(2) 定位轴线及编号

内容见表8-3。

(3) 墙、柱的断面，门窗的位置、类型及编号，各房间的名称或编号

“国标”规定，当比例为1∶100～1∶200的平（剖）面图，可画简化的材料图例（砌体墙涂红，钢筋混凝土涂黑），剖面图中宜画出楼地面、屋面的面层线；比例大于1∶50的平（剖）面图，应画出抹灰层的面层线，并宜画出材料图例；比例小于1∶50的平（剖）面图，可不画抹灰层，剖面图中宜画出楼地面的面层线；比例等于1∶50的平（剖）面图，抹灰层的面层线应根据需要而定。

门的代号为M，窗的代号为C，代号后面是编号。同一编号表示同一类型的门窗，其构造和尺寸完全相同。

房间的编号应注写在直径为6mm细实线绘制的圆圈内，并应列出房间名称表。

(4) 其他构配件和固定设施的图例或轮廓形状

在平面图上应绘出楼（电）梯间、卫生器具、水池、橱柜、配电箱等。底层平面图还会有入口（台阶或坡道）、散水、明沟、雨水管、花坛等，楼层平面图则会有本层阳台、下一层的雨篷顶面和局部屋面等。

(5) 各种有关的符号

在底层平面图上应画出指北针和剖切符号。在需要另画详图的局部或构件处，画出详图索引符号。

(6) 平面尺寸和标高

建筑平面图上的尺寸分为外部尺寸和内部尺寸。

① 外部尺寸　为了便于读图和施工，外部通常标注三道尺寸：最外面一道是总尺寸，表示房屋外墙轮廓的总长、总宽；中间一道是定位轴线间的尺寸，一般表明房间的开间、进深（相邻横向定位轴线间的距离称为开间，相邻纵向定位轴线间的距离称为进深）；最靠近图形的一道是细部尺寸，表示房屋外墙上门窗洞口等构配件的大小和位置。

室外台阶或坡道、花池、散水等附属部分的尺寸，应在其附近单独标注。

② 内部尺寸　标注房间的净空尺寸，室内门窗洞口及固定设施的大小与位置尺寸、墙厚、柱断面的大小等。在建筑平面图中，宜注出室内外地面、楼地面、阳台、平台、台阶等处的完成面标高。若有坡度应注出坡比和坡向。

8.3.4 建筑平面图的线型

凡是被剖切到的主要建筑构造如墙、柱断面的轮廓线用粗实线（b）；被剖切到的次要建筑构造如玻璃隔墙、门扇的开启线、窗的图例线以及为剖切到的建筑配件的可见轮廓线如楼梯、地面高低变化的分界线、台阶、散水、花池等用中实线（$0.5b$）或细实线（$0.25b$）；图例线、尺寸线、尺寸界线、标高、索引符号等用细实线绘制（$0.25b$）。如需表示高窗、洞口、通气孔、槽、地沟等不可见部分，则用虚线绘制。

8.3.5 建筑平面图的识读

平面图的读图顺序按“先底层、后上层，先外墙、后内墙”的思路进行。

图 8-4 为某住宅底层平面图，图 8-5 和图 8-6 为其标准层平面图和顶层平面图。这些图都是按国家制图标准用 1∶100 的比例绘制的。从底层平面图可以看出，该住宅的朝向为正南方向，平面形状接近矩形，是一栋一梯两户住宅，两户对称布置，总长 15.50m，总宽 12.80m。两户的单元门入口分别设在④轴线墙和⑥轴线墙的 D～E 轴线之间。每层每户均为三卧室、一客厅、一厨房、一卫生间。入口处上一级台阶通过单元门进入楼梯间，再通过四级台阶进入室内，每步台阶宽 250，室外地坪标高为－0.75m。四周设有 800 宽散水。北侧书房的开间尺寸为 3300，进深尺寸为 3600。

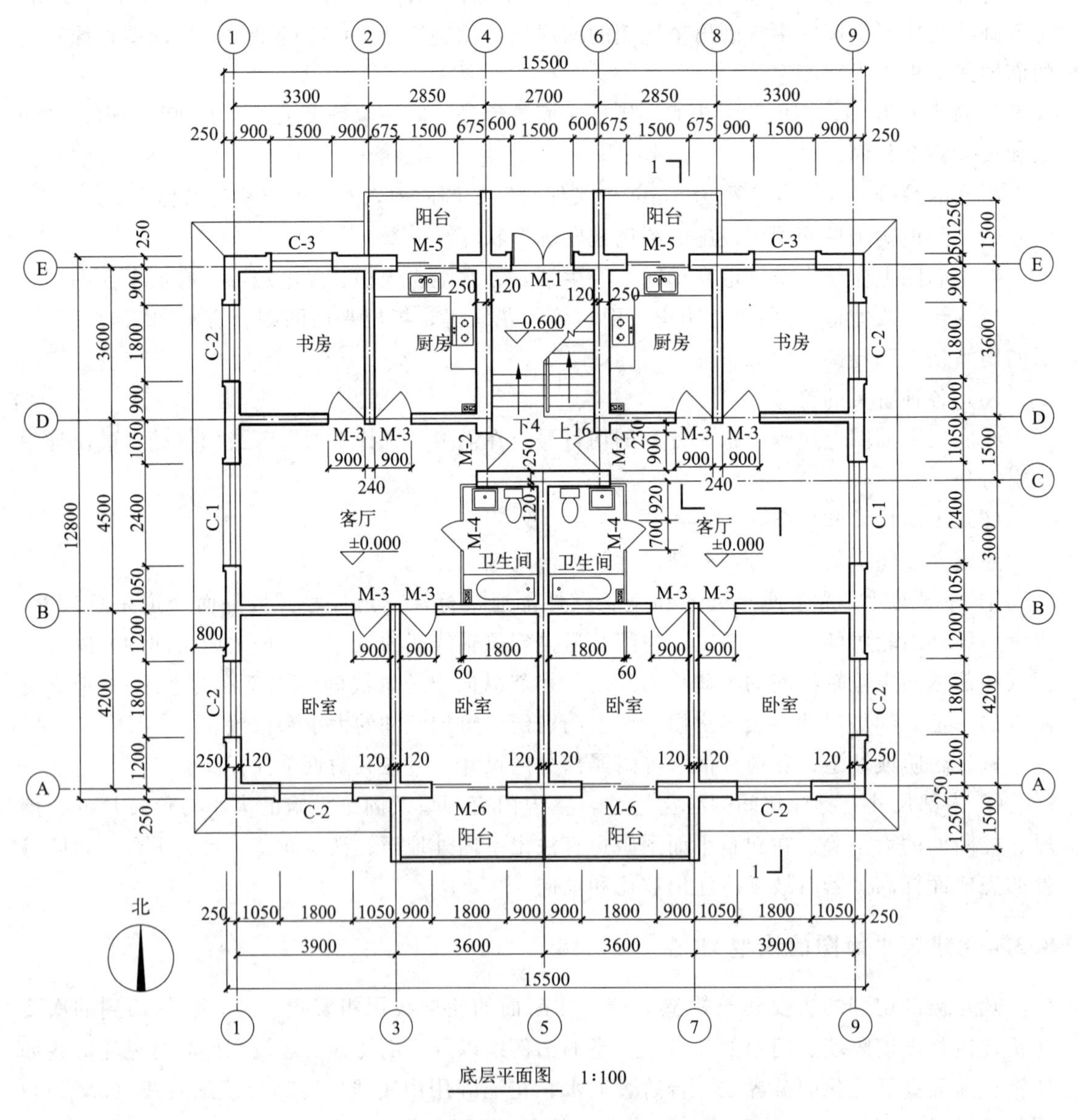

图 8-4 底层平面图

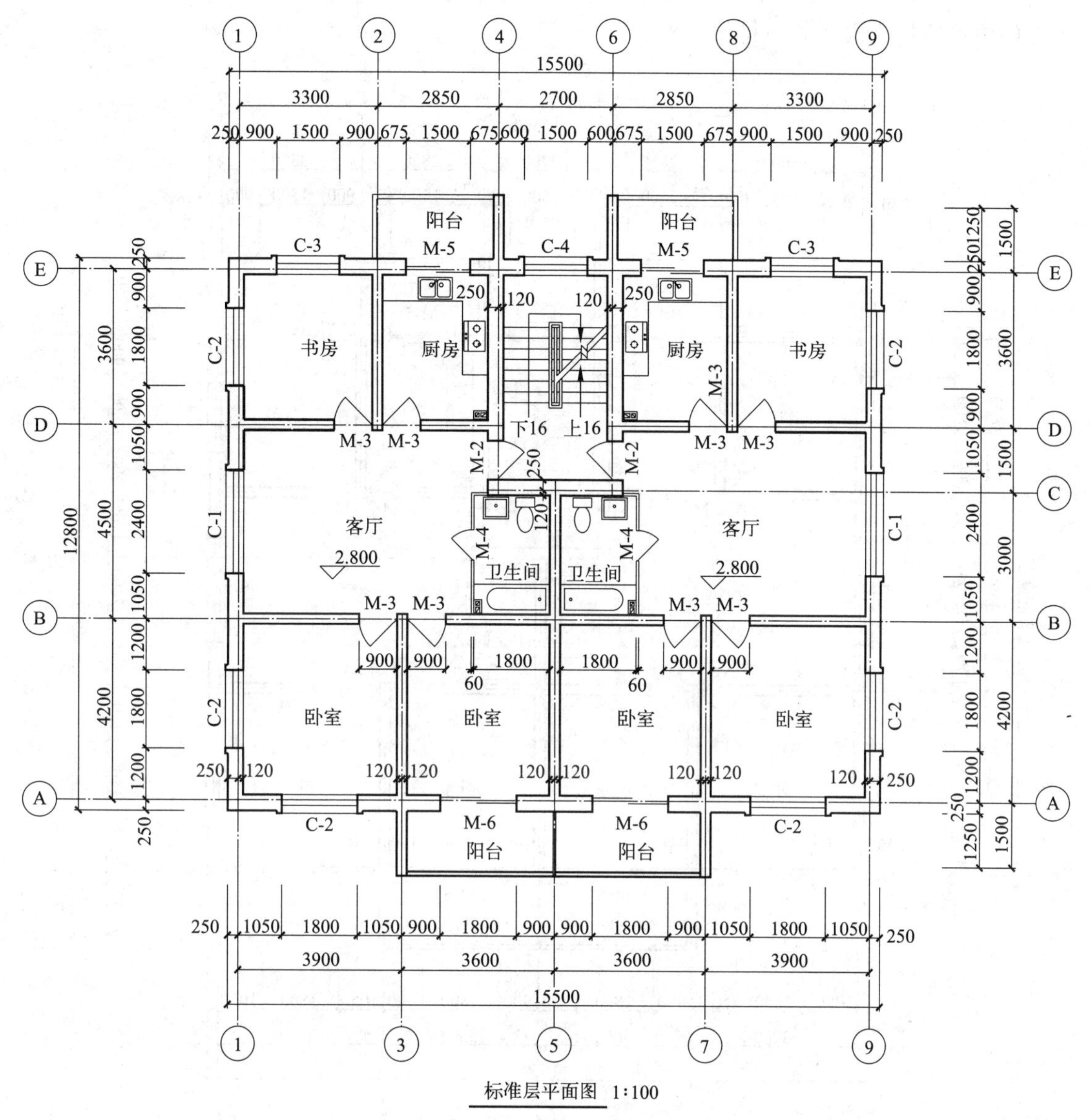

图 8-5 标准层平面图

通过垂直交通设施楼梯可上二层，楼梯间的开间 2700，进深 5100，形式为双跑楼梯，为了提高楼梯口单元门的净高，一楼至二楼楼梯梯段设置长短跑。从各个平面图中还可以看出，共有六种门即单元门 M-1（宽 1500）、入户门 M-2（宽 900）、卧室门 M-3（宽 900），卫生间门 M-4（宽 700）、厨房门 M-5（宽 1500）、阳台门 M-6（宽 1800）；三种窗即客厅窗 C-1（宽 2400）、卧室窗 C-2（宽 1800）、卧室窗 C-3（宽 1500）。该住宅的底层室内地坪标高为±0.000m，室外地坪标高为−0.750m，即室内外高差为 750。由 1—1 阶梯剖面图的剖切符号可知剖面图的剖切位置，投射方向向左；底层平面图左下角设置了指北针，表明了建筑物的朝向。从图中我们注意到，一至四层平面图中的楼梯表达方式是不同的。

图 8-7 为该住宅的屋顶平面图。屋顶平面图的比例常用 1∶100，也可用 1∶200 绘制，只需标注出主要的轴线尺寸和必要的定位尺寸。从图中可看出，该屋顶为平屋顶屋面，雨水从屋脊分水线沿两边屋面排下，图中标注了排水坡方向和排水坡度为 1.5%，经檐口排水天

沟上的雨水口排入雨水管后排出室外。

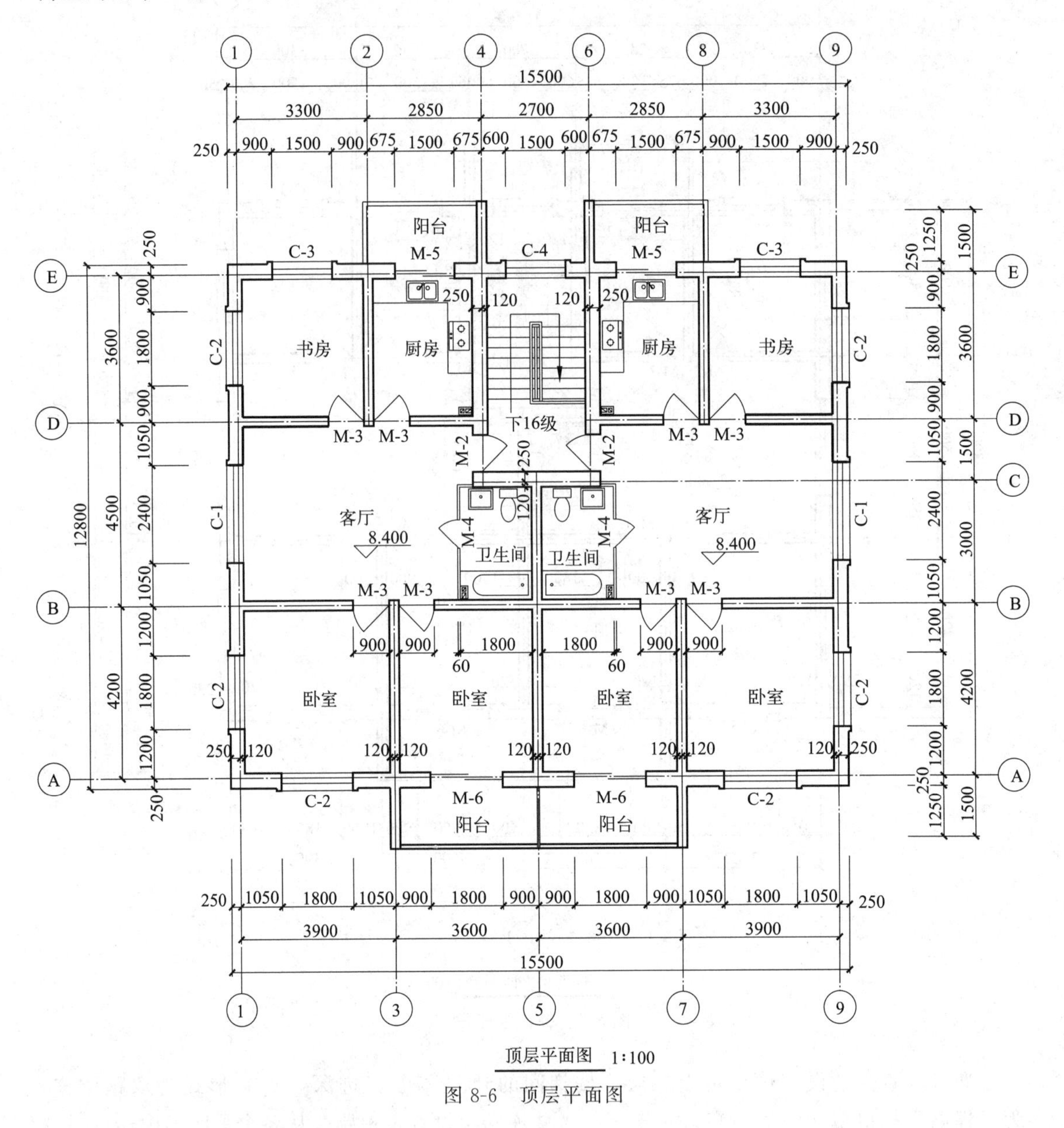

顶层平面图 1:100

图 8-6 顶层平面图

8.3.6 建筑平面图的绘图步骤

现以本节的底层平面图为例，说明一般绘制平面图的步骤如下。

(1) 第一步：确定绘图比例和图幅。

首先根据建筑物的长度、宽度和复杂程度选择比例，再结合尺寸标注和必要的文字说明所占的位置确定图纸的幅面。

(2) 第二步：画底稿。

① 画图框线和标题栏。

② 布置图面确定画图位置，画定位轴线，如图 8-8 所示。

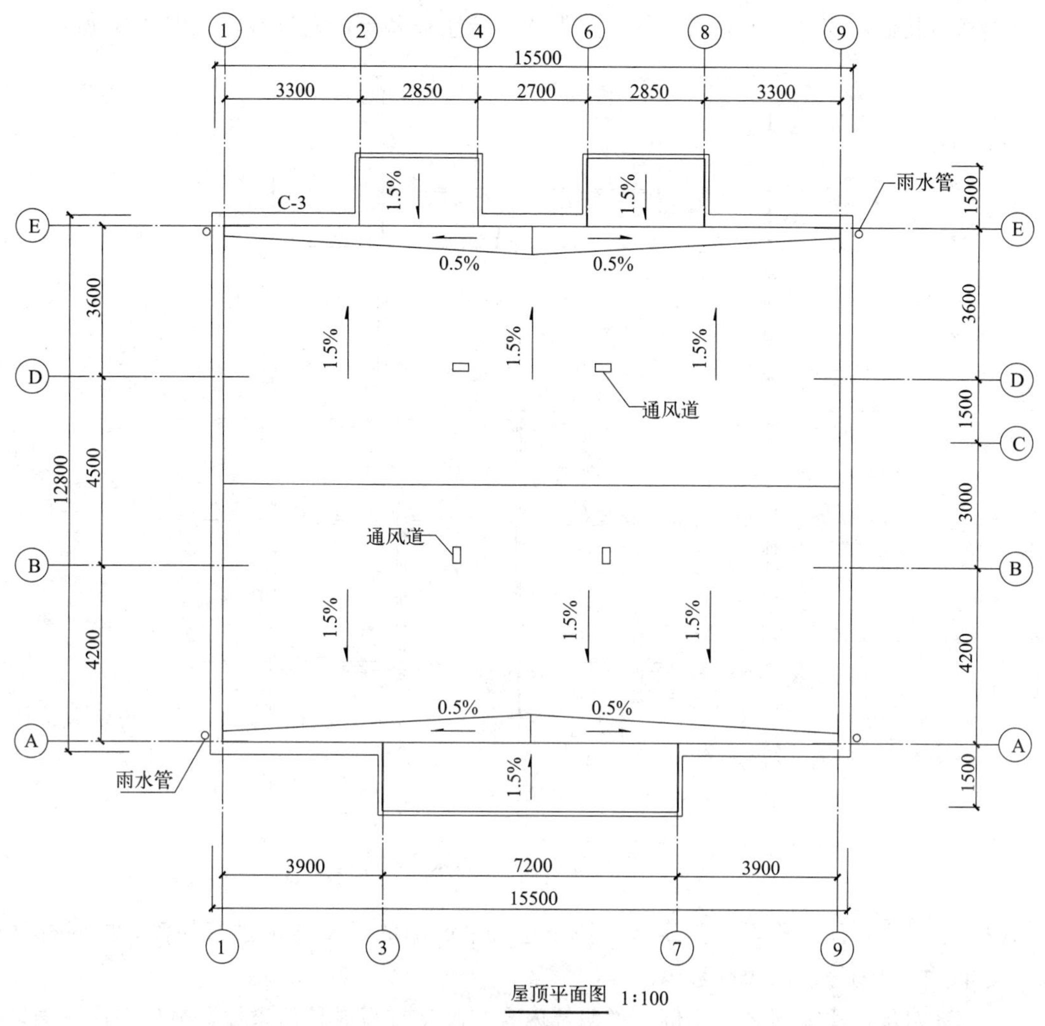

图 8-7　屋顶平面图

③ 绘制墙（柱）轮廓线及门窗洞口线等，如图 8-9 所示。

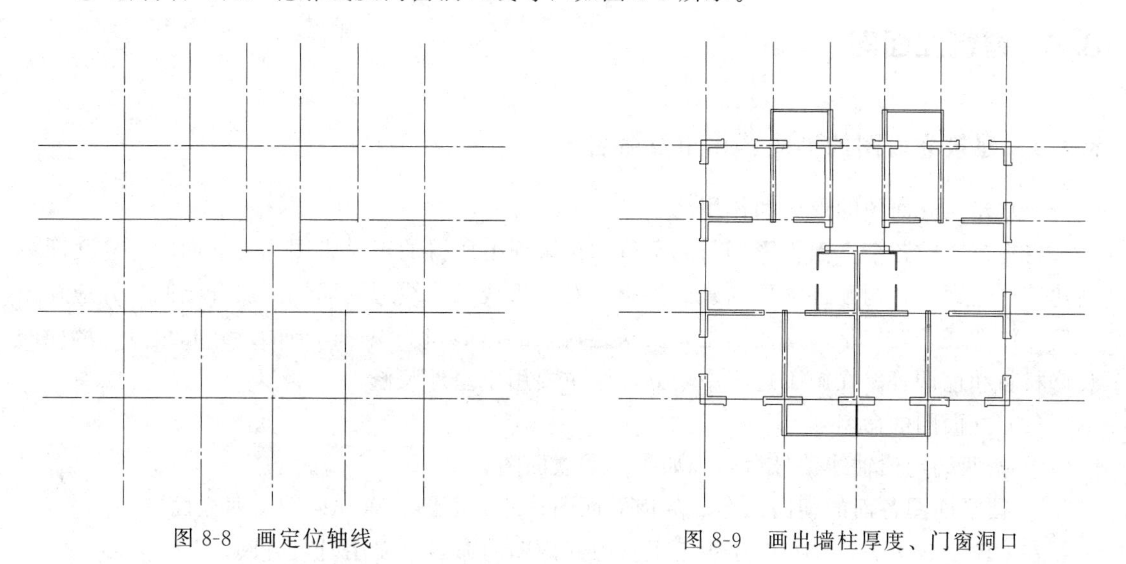

图 8-8　画定位轴线

图 8-9　画出墙柱厚度、门窗洞口

④ 画出其他构配件，如台阶、楼梯、散水、卫生设备等的轮廓线，如图 8-10 所示。

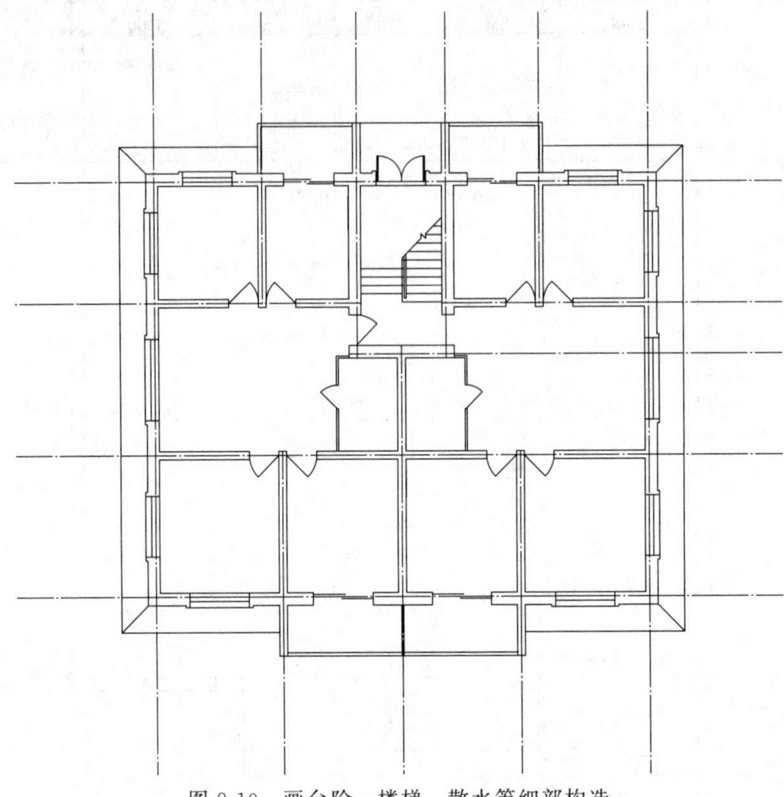

图 8-10　画台阶、楼梯、散水等细部构造

（3）第三步：仔细检查，无误后，按照建筑平面图的线型要求进行加深，同时标注轴线、尺寸、门窗编号、剖切符号等。

（4）第四步：注写图名、比例、说明等内容。汉字宜写成长仿宋体，最后完成全图，如图 8-4 所示。

8.4 建筑立面图

8.4.1 建筑立面图的形成、作用及命名

（1）建筑立面图的形成和作用

将建筑物的各个立面投影到与之平行的投影面上所得的正投影图称为立面图。立面图只画建筑外轮廓及各构配件可见轮廓的投影。对于折线或曲线型立面，可展开绘制，并应在图名后加注“展开”二字。立面图主要反映建筑物的体形和外貌、门窗的形式和位置、墙面的装修材料和色调等。在施工过程中，立面图主要用于室外装修。

（2）立面图的命名

① 按两端定位轴线编号命名，如①～⑨立面图。

② 按平面图各面的朝向命名，如南立面图、北立面图、东立面图、西立面图。

在 GB/T 50104—2010 中还规定了室内立面图的命名，需用时可查阅。

8.4.2 建筑立面图的图示内容

① 图名、比例及立面两端的定位轴线和编号。

② 室外地面线、屋顶外形、外墙面的体形轮廓和门窗的形式、位置及开启方向。值得说明的是：在建筑立面图上，相同的门窗、阳台、外檐装修、构造做法等可在局部重点表示，绘出其完整图形，其余部分只画轮廓线。

③ 外墙面上的其他构配件、装饰物的形状、位置、用料和做法。

④ 标高及必须标注的局部尺寸。立面图上宜标注室内外地坪、楼地面、地下层地面、阳台、平台、檐口、屋脊、女儿墙、台阶等处的高度尺寸和建筑标高以及门窗洞的上下口、构件（如阳台、雨篷）下底面的结构标高和尺寸。除了标高，有时还补充一些局部的建筑构造或构配件的尺寸。

8.4.3 建筑立面图的线型

为了使建筑立面图主次分明，有一定的立体感，通常室外地坪线用特粗实线（1.4*b*）；建筑物外包轮廓线（俗称天际线）和较大转折处轮廓的投影用粗实线（*b*）；外墙上明显凹凸起伏的部位如壁柱、门窗洞口、窗台、阳台、檐口、雨篷、窗楣、台阶、花池等用中实线（0.5*b*）；门窗及墙面的分格线、落水管、引出线用细实线（0.25*b*）绘制。

8.4.4 建筑立面图的识读

图 8-11、图 8-12 为某住宅不同立面的立面图，这些图都采用与平面图相同的比例 1∶100 绘制，反映建筑物相应立面的造型和外墙面的装修。从图中还可以看出，该住宅为四层，总高 12.51m。每单元入口处设有一步台阶，上方设置雨篷，室内外高差为 750；屋

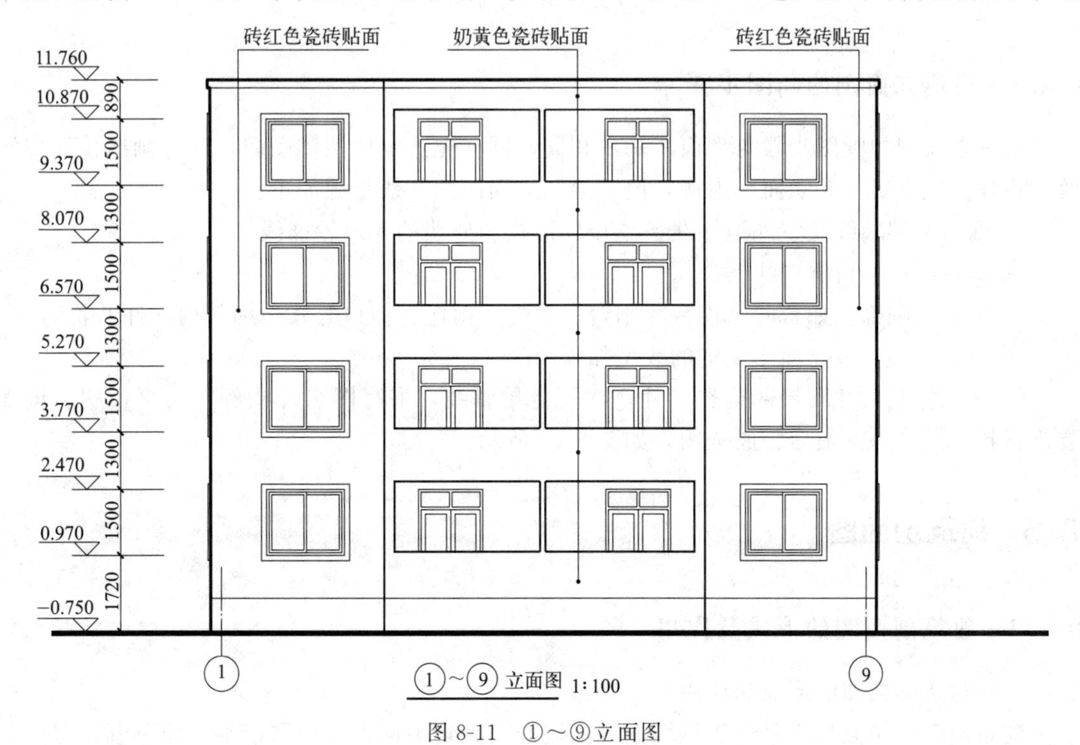

图 8-11 ①～⑨立面图

顶采用平屋顶；所有窗采用塑钢窗，窗口外加窗套、凸出的窗楣和装饰的线脚，以求立面变化，使整个立面更加简洁、生动、活泼。立面装修中，主要墙体全部采用砖红色瓷砖贴面，突出的阳台栏板部分采用奶黄色瓷砖贴面，使整个建筑色彩协调、明快。

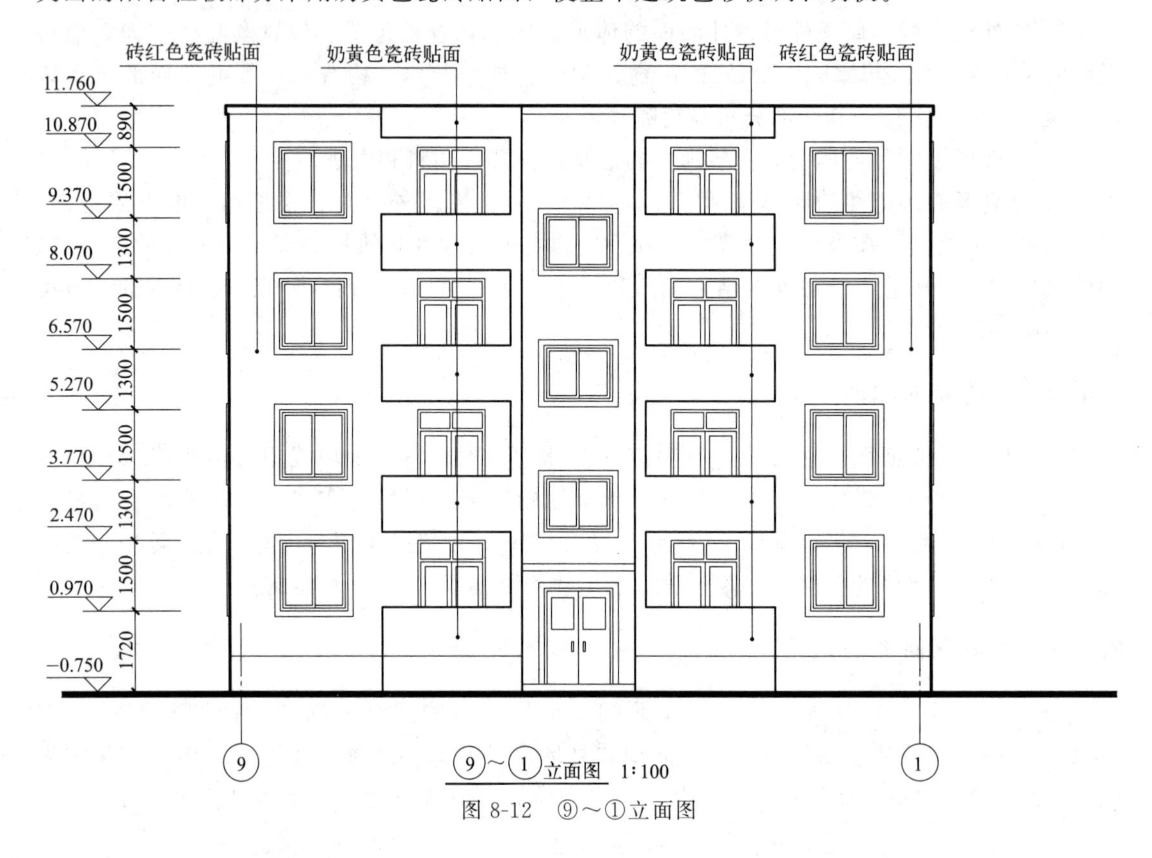

图 8-12 ⑨～①立面图

8.4.5 建筑立面图的画图步骤

建筑立面图的画图步骤与平面图基本相同，同样先选定比例和图幅，经过画底稿和加深两个步骤。现以①～⑨立面图为例，说明绘制立面图的一般步骤如下：

① 画出两端轴线及室外地坪线、屋顶外形线和外墙的体形轮廓线。

② 画各层门、窗洞口线。

③ 画立面细部，如台阶、窗台、阳台、窗楣、雨篷、檐口等其他细部构配件的轮廓线。

④ 检查无误后按立面图规定的线型加深图线。

⑤ 标注标高尺寸和局部构造尺寸，注写首尾轴线，书写图名、比例、文字说明、墙面装修材料及做法等。最后完成全图，如图 8-11 所示。

8.5 建筑剖面图

8.5.1 建筑剖面图的形成及作用

（1）建筑剖面图的形成和作用

建筑剖面图是假想用平行于纵墙面或横墙面的剖切平面，将房屋沿某部位剖开，移去剖切平面与观察者之间的部分，将剩余部分按剖视方向向投影面作正投影，所得的投影图称为建筑剖面图。

建筑剖面图主要用来表达房屋内部的竖向分层、结构形式、构造方式、材料做法、各部位之间的联系及高度等情况。在施工过程中，建筑剖面图是进行分层、砌筑内墙、铺设楼板、屋面板和楼梯、内部装修的依据，它与建筑平面图、建筑立面图相互配合，是表示房屋全局的三大基本图样之一。

(2) 建筑剖面图的剖切位置

建筑剖面图的剖切位置应选在能反映房屋全貌、构造特征以及有代表性的部位，并经常通过门窗洞和楼梯间剖切。剖面图的数量应根据房屋的复杂程度和施工需要而定，其剖切符号标注在底层平面图上。

8.5.2 建筑剖面图的图示内容

(1) 图名、比例、轴线及编号

建筑剖面图一般采用与平面图相同的比例。凡是被剖切到的墙、柱都应标出定位轴线及其编号，以便与平面图对照和对建筑进行定位。

(2) 剖切到的构配件及构造

剖切到的室内外地面、楼面、屋顶，剖切到的内外墙及其墙身内的构造（包括门窗、墙身的过梁、圈梁和防潮层等），剖切到的各种梁、楼梯梯段及楼梯平台，阳台、雨篷、孔道、水箱等的位置和形状，除了有地下室外，一般不画出地面以下的基础，在基础墙部位画折断线。

(3) 未剖切到的可见的构配件

按剖视方向可见的墙面、梁、柱、阳台、雨篷、门、窗、未剖切到的楼梯梯段（包括栏杆与扶手）和各种装饰线、装饰物等的位置和形状。

(4) 尺寸标注

① 标高尺寸　在室内外地面、各层楼地面、台阶、楼梯平台、檐口、女儿墙顶等处标注建筑标高；在门窗洞口等处标注结构标高。

② 竖向构造尺寸　外墙通常标注三道尺寸：洞口尺寸、层高尺寸、总高尺寸。内部标注门窗洞口、其他构配件高度尺寸。

③ 轴线尺寸　需要标注出剖切到的相邻墙或柱之间的轴线尺寸。

(5) 其他图例、符号、文字说明

对于因比例较小不能表达的部分，可用图例表示，如钢筋混凝土可涂黑，画出详图索引符号等。对于一些材料及做法，可用文字加以说明。

8.5.3 建筑剖面图的线型

室内外地坪线用特粗实线（$1.4b$）；凡是被剖切到的主要建筑构造、构配件的轮廓线以及很薄的构件如架空隔热板用粗实线（b）；次要构造或构件以及未被剖切到的主要构造的轮廓线如阳台、雨篷、凸出的墙面、可见的梯段用中实线（$0.5b$）；细小的建筑构配件、面层线、装修线（如踢脚线、引条线等）用细实线（$0.25b$）。

1∶100～1∶200 比例的剖面图，可画简化的材料图例（砌体墙涂红，钢筋混凝土涂黑），不画抹灰层，但宜画出楼地面、屋面的面层线，以便准确地表示出完成面的尺寸及标高。

8.5.4 建筑剖面图的识读

图 8-13 为住宅楼的剖面图。对照图 8-4 底层平面图，可知 1—1 剖面图是采用阶梯剖面图，向左投影所得的横剖面图，剖切到 A、B、D、E 轴线的纵墙及其墙上的窗，图中表达了住宅地面至屋顶的结构形式和构造内容。从图中可以看出，此建筑物共四层，各层的层高都为 2800，建筑总高 12510，室内外高差 750。从左边的外部尺寸还可看出，各层窗台至楼地面高度为 970，窗洞口高 1500。此住宅垂直方向的承重构件为砖墙，水平方向的承重构件为钢筋混凝土梁和板（图中涂黑断面），故为砖混结构。在需另见详图的部位，画出了详图索引符号。

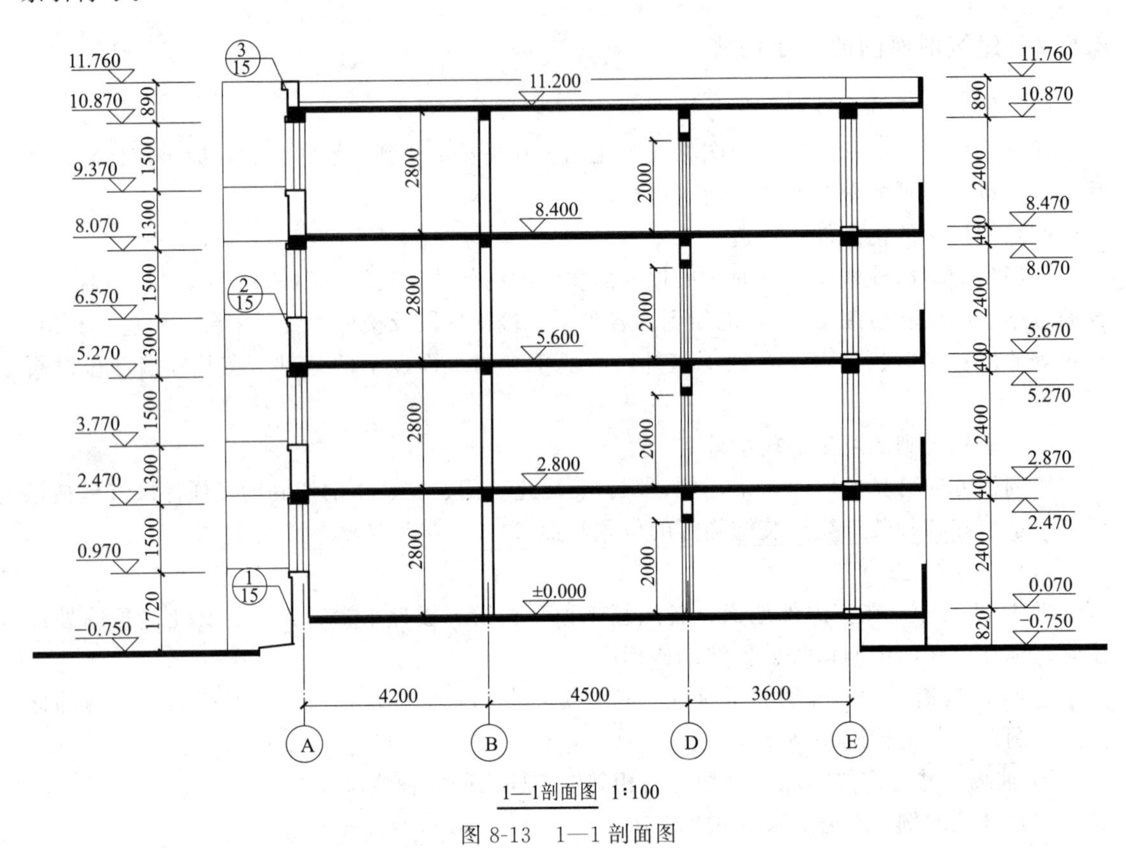

图 8-13 1—1 剖面图

8.5.5 建筑剖面图的画图步骤

剖面图的比例、图幅的选择与建筑平面图和立面图相同，其画图步骤如下：

① 画定位轴线、室内外地坪线、楼面线、屋面、楼梯踏步的起止点、休息平台面等。

② 画出剖切到的墙身、门窗洞口、楼板、屋面、平台板厚度等；再画楼梯、梁等。

③ 画出未剖切到的可见轮廓，如墙垛、梁、门窗、楼梯栏杆扶手、雨篷、檐口等。

④ 检查无误后，按规定线型加深图线；标注标高和构造尺寸，注写定位轴线编号，书写图名、比例、文字说明等，最后完成全图如图 8-13 所示。

8.6 建筑详图

由于建筑平面、立面、剖面图一般所用的绘图比例较小，建筑中许多细部构造和构配件很难表达清楚，需另绘较大比例的图样，将这部分节点的形状、大小、构造、材料、尺寸和做法等用较大比例全部详细表达出来，这种图样称之为建筑详图，也称为大样图或节点图。建筑详图是建筑平、立、剖面图的补充，其特点是比例大、图示清楚、尺寸标注齐全、文字说明详尽。

建筑详图通常采用1∶1、1∶2、1∶5、1∶10、1∶20、1∶50等比例绘制。

一套施工图中，建筑详图的数量视建筑工程的大小及复杂程度来决定，常用的建筑详图有三种：外墙剖面详图、局部平面详图、楼梯详图。

8.6.1 外墙剖面详图

（1）形成和作用

外墙剖面详图实际上是建筑剖面图中外墙部位的局部放大图，它主要表示外墙与地面、楼面、屋面的构造连接情况以及檐口、门窗顶、窗台、散水、明沟等处的构造情况，是施工的重要依据。外墙剖面详图一般按1∶20的比例绘制，其线型与建筑剖面图相同。

（2）图示内容

在多层房屋中，各层的构造情况基本相同，可只表示墙脚、中间部分和檐口三个节点，各节点在门窗洞口处断开，在各节点详图旁边注明详图符号和比例。其主要内容有：

① 墙脚　外墙墙脚主要表示一层窗台及以下部分，包括室外地坪、散水（或明沟）、防潮层、勒脚、底层室内地面、踢脚、窗台等部分的形状、尺寸、材料和构造做法。

② 中间部分　主要表示楼面、门窗过梁、圈梁、阳台等处的形状、尺寸、材料和构造做法，此外，还应表示出楼板与外墙的关系。

③ 檐口　主要表示屋顶、檐口、女儿墙、屋顶圈梁的形状、尺寸、材料和构造做法。

（3）外墙剖面详图的识读

以图8-14所示的外墙剖面详图为例，说明外墙剖面详图识读方法。图8-14画出来从1—1剖面图（图8-13）中索引过来的檐口、窗台、墙脚三个节点的详图，绘图比例1∶20。

① 墙脚和窗台的节点构造　由节点详图可知，Ⓐ轴线外墙厚370。为迅速排出雨水以保护外墙墙基免受雨水侵蚀，沿建筑物外墙地面设有坡度为5%、宽800的散水，散水与外墙面接触处缝隙用沥青油膏填实，其构造做法见图8-14。为防止土壤中的水分渗入墙体，侵蚀上面的墙身，在标高为－0.060m处设置1∶2水泥砂浆掺5%防水剂刚性防潮层。底层室内地面的详细构造用引出线分层说明，其做法如图8-14所示，为保护内墙，设有150高踢脚。窗台高970，外窗台顶面抹灰内高外低，防止雨水流入室内；窗台底面抹灰有一定的坡度（俗称鹰嘴），以防止窗台流下的雨水侵蚀墙面，其构造尺寸如图8-14所示。

② 中间节点窗顶和楼面构造　由节点详图$\frac{2}{14}$可知，楼板与窗过梁浇筑成整体，挑出部分形成窗楣，过梁抹灰在外侧形成外低里高的滴水线，以防止墙面雨水向里侵蚀。装饰线脚和楼面的构造做法如图8-14所示。

③ 檐口部分构造　由节点详图可知，此住宅建筑采用钢筋混凝土平屋面，不设挑檐，为女儿墙有组织排水做法，女儿墙及泛水构造尺寸如图所示，屋顶基层为钢筋混凝土楼板，

上设有找平层、隔气层、保温层、找坡层、防水层及屋面保护层用来防水和隔热，具体做法见详图。

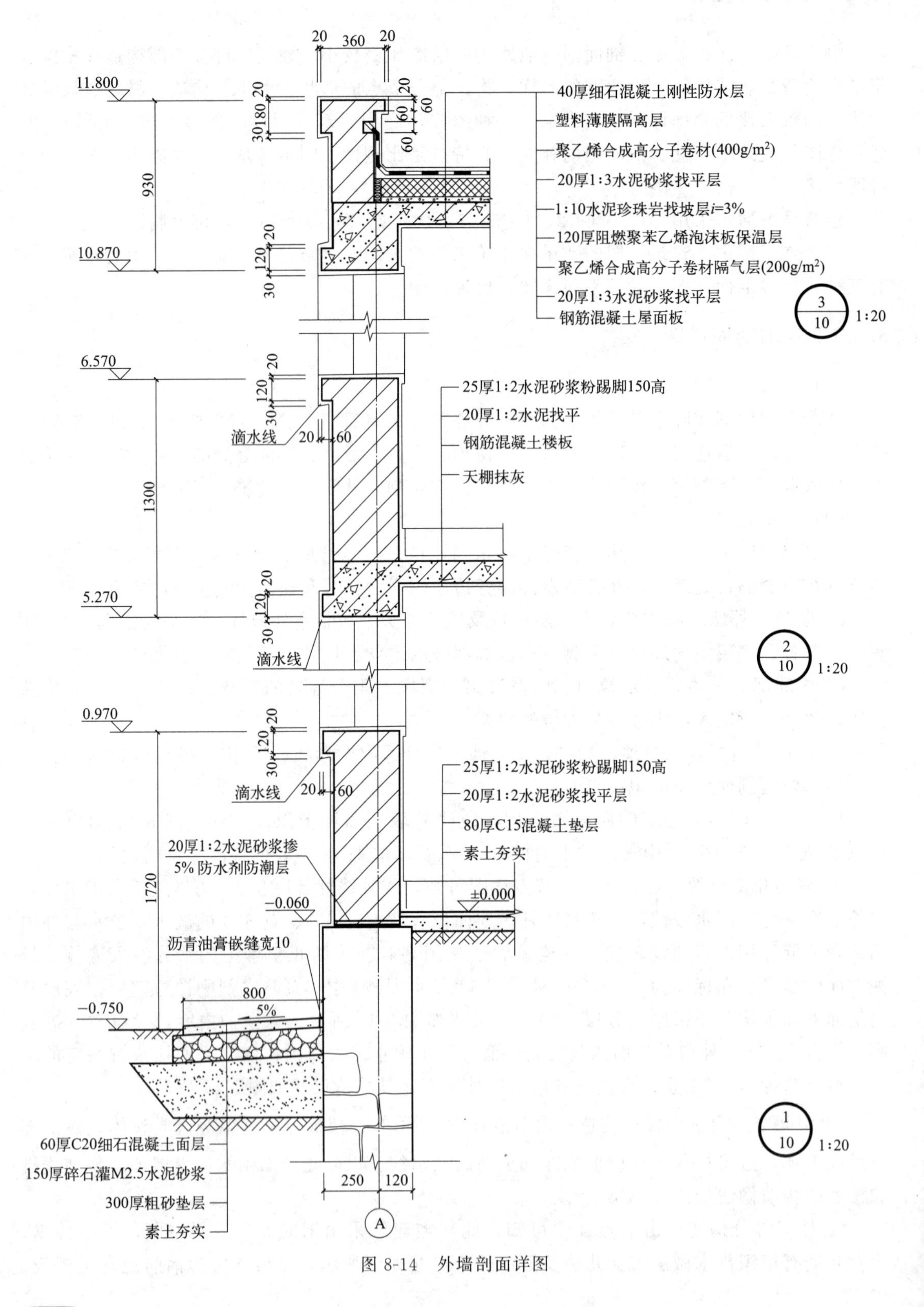

图 8-14　外墙剖面详图

8.6.2 楼梯详图

8.6.2.1 楼梯详图概述

楼梯是多层房屋上下交通的重要设施和防火疏散的重要通道。一般民用建筑的楼梯采用钢筋混凝土材料浇筑，以满足使用并保证坚固、耐久、防火等要求。

（1）楼梯的组成

一般楼梯由楼梯梯段（包括踏步、梯板和斜梁等构件）、休息平台、栏杆（或栏板）扶手等组成。楼梯梯段是联系两个不同标高平面的倾斜构件，上面做有踏步，踏步的水平面称为踏面，垂直面称为踢面；栏杆与扶手起维护、安全作用；休息平台起休息和转换行走方向的作用。

（2）楼梯的结构形式和分类

钢筋混凝土楼梯的施工制作形式有预制和现浇两种施工形式，因现浇楼梯整体性好，近年来被广泛应用，所以本书以现浇楼梯为例介绍楼梯详图。

① 结构形式。楼梯的结构形式分为板式（梯段就是踏步板，梯段直接搭置在两端梯梁上）和梁板式（踏步板搭置在两侧斜梁上，斜梁搭置在两端的梯梁上），如图 8-15 所示。板式结构常用于民用住宅楼，梁板式结构多用于商场、教学楼等大型公共建筑物的宽大楼梯。

② 楼梯的分类。楼梯按平面布置形式分为单跑楼梯、双跑楼梯、多跑楼梯、剪刀楼梯、弧形楼梯、螺旋楼梯。

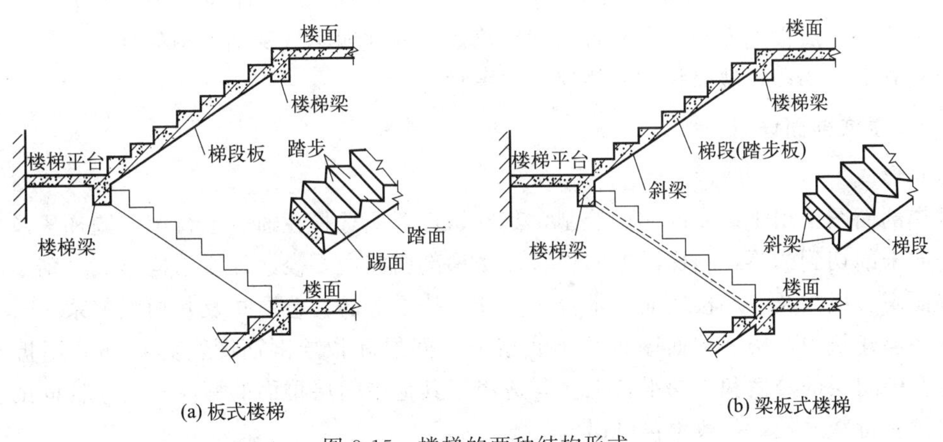

图 8-15 楼梯的两种结构形式

（3）楼梯详图的作用

楼梯详图主要是表明楼梯的平面布置形式、结构形式、材料、尺寸以及踏步、栏杆扶手防滑条的详细构造和装修做法，是指导楼梯施工的依据。

楼梯详图一般由楼梯平面图、楼梯剖面图以及楼梯踏步、栏杆、扶手节点详图组成。

8.6.2.2 楼梯平面图

（1）形成

楼梯平面图实际上是建筑平面图中楼梯间按比例放大后画出的图样，比例通常为1∶50。楼梯平面图的水平剖切位置，除顶层在安全栏板（或栏杆）之上外，其余各层均在上行的第一跑梯段处（略高于同层窗台的上方、休息平台以下的部位）。各楼层被剖切到的梯段，在楼梯平面图中用一条与踢面线成30°或45°的折断线表示。

一般每一层楼梯都要画出平面图，但三层以上的房屋，若中间各层构造做法相同，可画一个标准层平面表达。因此，多层房屋楼梯一般应绘制底层、标准层和顶层三个平面图。

（2）图示内容

各层楼梯平面图宜上下（或左右）对齐，这样既便于阅读，又便于尺寸标注和省略重复尺寸。平面图上应标注：

① 该楼梯间的定位轴线编号及开间和进深尺寸。

② 各层楼地面和休息平台的标高尺寸。

③ 梯段长、踏步宽、楼梯井和休息平台等的细部尺寸以及上、下行指示方向箭头。需要注意的是梯段的水平投影长度应标为：踏面数×踏步宽＝梯段长。

④ 在楼梯底层平面上应标出楼梯剖面图的剖切符号及楼梯节点详图索引符号。

（3）楼梯平面详图的识读

以图8-16所示住宅的楼梯平面图为例，说明其识读方法。由图定位轴线编号对照图8-4可知楼梯间的位置，楼梯的形式为双跑楼梯，为了提高楼梯口单元门的净高，一楼至二楼楼梯梯段设置长短跑。其开间为2700，进深为5100，梯井宽100，梯段宽1180，休息平台宽1200，楼梯间墙厚370。该楼梯每层有两个梯段，为双跑楼梯，图中注有上、下行方向的箭头，“上16级”表示从本层到上一层或下一层的总踏步级数均为16级。其中“7×250＝1750”表示该梯段有7个踏面（8步台阶），每个踏面宽250，梯段水平投影长度为1750。图中还标注了各层楼地面和休息平台的标高尺寸，并注明了楼梯剖面图的剖切符号“2—2”。在顶层只有下行梯段，楼面临空一侧装有水平栏杆。

8.6.2.3 楼梯剖面详图

（1）形成

楼梯剖面图常用1∶50的比例绘制，其剖切位置应选择在通过上行第一跑梯段及门窗洞口，并向未剖切到的第二跑梯段方向投影。楼梯剖面图主要表达梯段结构形式、踏步的踏面宽、踢面高、级数及各层楼地面、平台、栏杆与扶手等的构造形式及其相互关系。

在多层建筑中，楼梯剖面图可只画底层、中间层和顶层剖面图，其余部分用折断线断开，并在中间层的楼面和楼梯平台上注写适用于其他中间层楼面的标高。若楼梯间的屋面构造做法没有特殊之处，一般不再画出。

（2）图示内容

① 水平方向应标注被剖切墙的轴线编号、轴线尺寸及中间休息平台宽、梯段长等细部尺寸。

② 竖直方向应标注被剖切墙的墙段、门窗洞口尺寸及梯段高度、层高尺寸。梯段高度应标注成：步级数×踢面高＝梯段高。

③ 楼梯剖面图上应标出各层楼面、地面、平台面及平台梁下口的标高。如需画出踏步、扶手等的详图，则应标出其详图索引符号和其他尺寸，如栏杆（或栏板）高度。需要说明的是，栏杆高度尺寸是从踏面中间算至扶手顶面，一般为900，扶手坡度与梯段坡度一致。

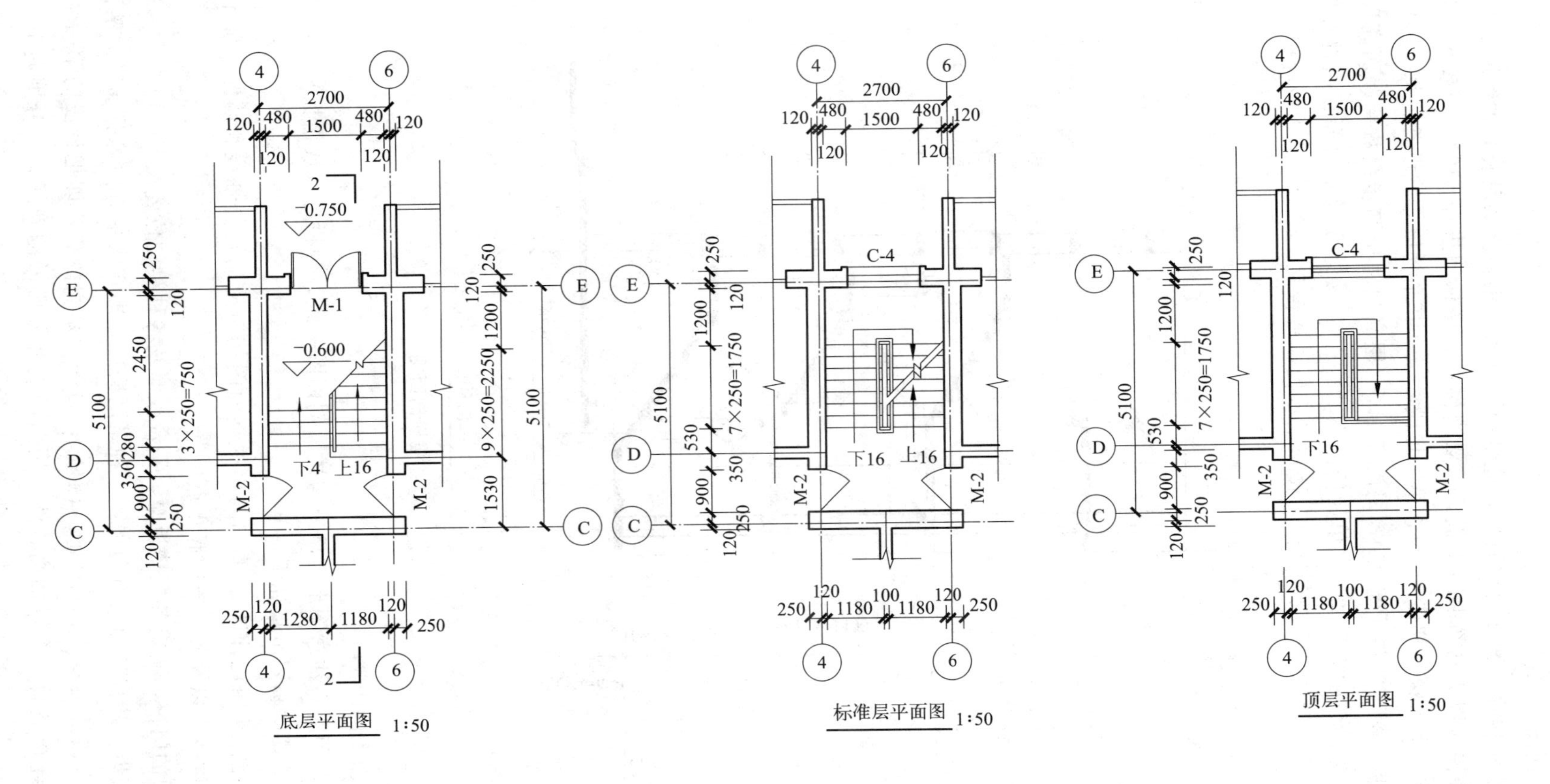

底层平面图 1:50
标准层平面图 1:50
顶层平面图 1:50
M-1
M-2
C-4
上16
下16
下4
-0.750
-0.600
2700
1500
480
120
250
1180
1280
100
5100
3×250=750
9×250=2250
7×250=1750
2450
1200
1530
900
530
350
280
E
D
C
4
6

图 8-16　楼梯平面图

（3）楼梯剖面图的识读

从图 8-17 所示楼梯剖面图可以看出，此剖面图是通过第一跑梯段及Ⓔ轴线墙上的窗 C-4 进行剖切。该楼梯为现浇钢筋混凝土板式、双跑楼梯，楼梯间进深 5100，一楼至二楼楼梯梯段设置长短跑，上行第一梯段 10 级，第二梯段 6 级；其余梯段等跑设置，每个梯段 8 级，每层共 16 级踏步，踏步的踏面宽 250，踢面高 175（层高尺寸÷踏步级数＝踢面高度），栏杆高 900。Ⓔ轴线上各窗洞高 1200，单元门洞高 2050。各楼地面及平台面标高都在图中清楚表达，栏杆、扶手做法另有剖面详图，楼板平台板、平台梁、梯梁、踏步板等构造以结构施工图为准。

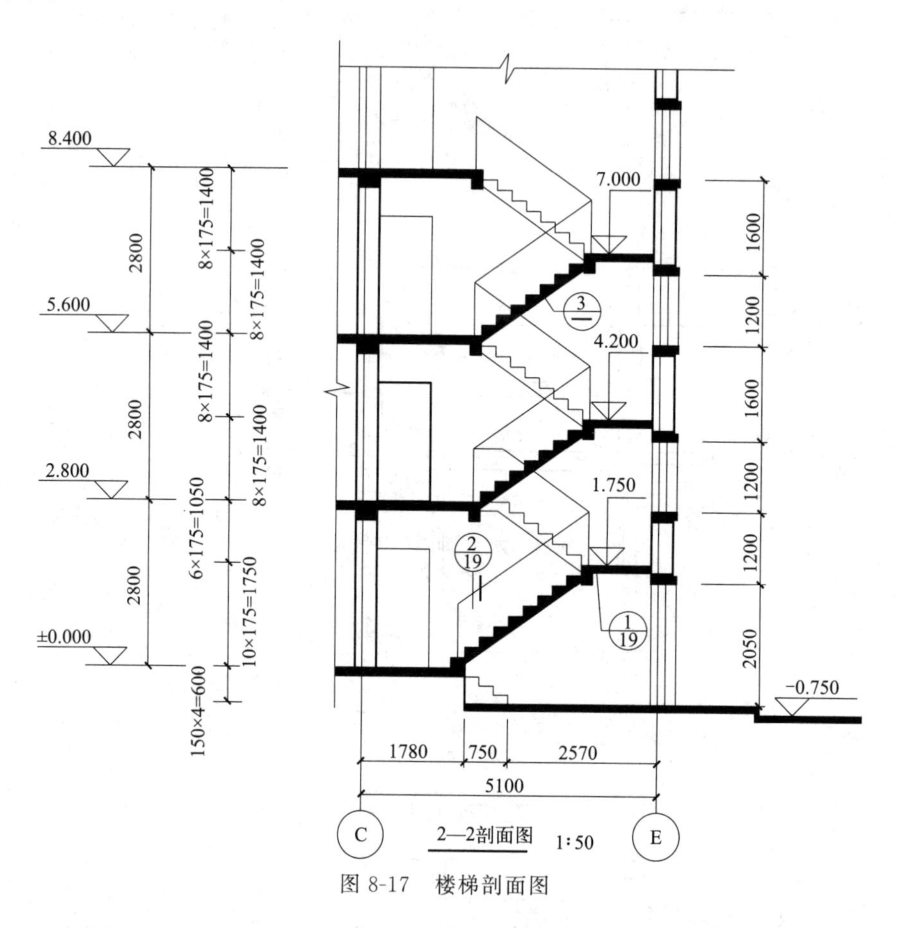

图 8-17　楼梯剖面图

（4）楼梯剖面图的画法

绘制楼梯剖面图时，注意图形比例应与楼梯剖面图一致；画栏杆（或栏板）时，其坡度应与梯段一致。其具体画图步骤如下：

① 根据楼梯剖面图的剖切位置画出与楼梯剖面图相对应的定位轴线和墙厚，确定各层楼地面、平台高度线，以及各梯段的起止点位置。

② 画墙体中的门窗，确定各层楼板厚、平台板厚及各种梁的位置。

③ 画楼梯踏步。踏步的画法有两种：一种是网格法，即在水平方向等分梯段的踏面数、在竖直方向等分梯段的踏步数后做成的“网格”；另一种是斜线法，即把梯段的第一个踢面高作出后用细线连接最后一个踢面高，然后用踏面数等分所做的斜线，再分别向下、向左（右）画水平线即得踢面和踏面的投影，如图 8-18 所示。

④ 画楼梯板厚、栏杆、扶手等，完成其他各部分的投影。标注轴线编号、尺寸、标高、图名、比例等，最后完成全图（图 8-17）。

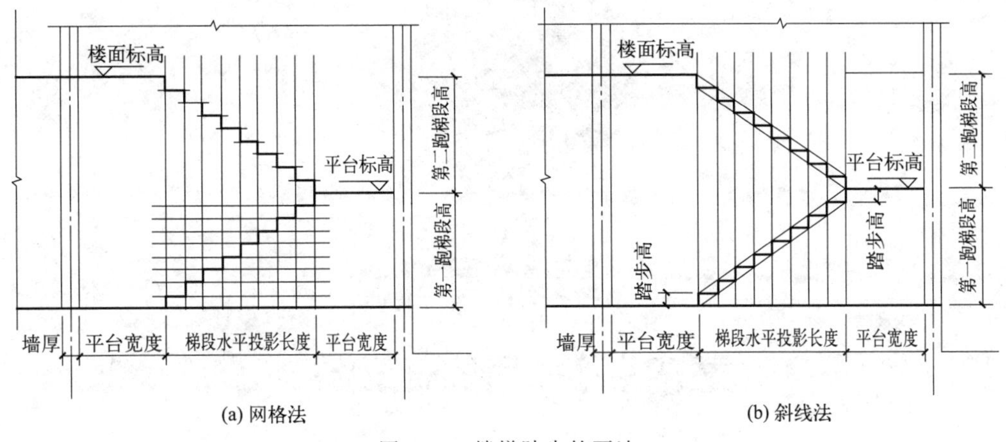

图 8-18　楼梯踏步的画法

8.6.2.4　楼梯节点详图

楼梯节点详图主要表达楼梯栏杆、踏步、扶手的做法，如采用标准图集，则直接引注标准图集代号，如采用的形式特殊，则用 1∶10、1∶5、1∶2 和 1∶1 的比例详细表示其形状、大小、材料和做法。从图 8-19(a) 所示详图可知，该楼平台梁宽 300，高 300，休息平台厚 120，梯段板厚 150；采用木扶手，以 40×5 扁钢与金属栏杆焊接，内部预埋木螺钉，如图 8-19(b) 所示；楼梯踏步采用金刚砂做防滑条，具体构造见图 8-19(c)。

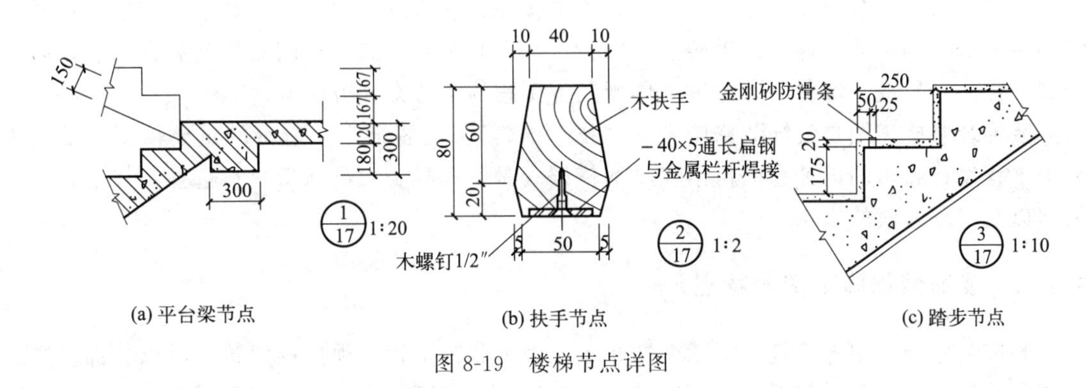

图 8-19　楼梯节点详图

第9章

室内装饰装修施工图

9.1 概述

9.1.1 房屋建筑室内装饰装修施工图的形成和作用

房屋建筑室内装饰装修施工图是设计人员按照投影原理，用线条、数字、文字、符号及图例在图纸上画出的图样。用来表达装饰设计构思和艺术观点、空间布置与装饰构造，以及造型、饰面、尺度、选材等，并准确体现装饰工程施工方案和方法。

装饰装修施工图是装饰装修施工的“技术语言”，是装饰工程造价的重要依据；是建筑装饰工程设计人员的设计意图付诸实施的依据；是工程施工人员从事材料选择和技术操作的依据以及工程验收的依据。

9.1.2 装饰装修施工图的特点

装饰装修施工图与建筑施工图密切相关，因为装饰工程必须依赖建筑，所以装饰装修施工图和建筑施工图既有相似之处，又有不同之处，两者既有联系又有区别。装饰施工图主要反映的是“面”，即外表的内容，但构成和内容较复杂，多用文字或其他符号作为辅助说明。而对结构构件及内部组成反映得较少。在学习了建筑施工图的内容后，对装饰装修施工图原则性的知识已经大致掌握。

装饰装修施工图的主要特点如下：

① 装饰装修施工图是按照投影原理，用点、线、面构成各种形象，表达装饰内容。

② 装饰装修施工图套用了建筑设计的制图标准，如图例、符号等。

③ 装饰装修施工图中采用是行业标准，图例符号尚未完全规范。

④ 装饰装修施工图中大多数采用文字注写来补充图的不足。

9.1.3　装饰装修施工图的组成和要求

建筑室内装饰装修施工图一般包括图纸目录、装饰装修施工工艺说明、装饰装修平面布置图、楼地面装修平面图、装饰装修顶棚平面图、装饰装修立面图、装修细部构造的节点详图以及室内效果图和表现图等内容。室内设计图样是交流设计思想、传达设计意图的技术文件，是室内装饰装修施工的依据，所以，应该遵循统一制图规范，室内设计图样也采用正投影法按国家标准绘制，必须按照《建筑制图标准》(GB/T 50104—2010)、《房屋建筑制图统一标准》(GB/T 50001—2017)、《房屋建筑室内装饰装修制图标准》(JGJ/T 244—2011) 等制图标准进行绘制，有时也采用一些镜像投影图、轴测投影图、透视投影图等作为辅助用图。

9.2　装饰装修平面布置图

装饰装修平面布置图是装饰施工图的主要图样，它是根据装饰设计原理、人体工程学及用户要求画出的用于反映建筑平面布局、装饰空间、功能区域的划分、家具设备的布置、绿化及陈设布局等内容的图样，是确定装饰空间平面尺度及装饰形体定位的主要依据。装饰装修平面布置图即室内家具陈列布置图，平面布置图与建筑平面图相比，省略房间名称、门窗编号和与室内布置无关紧要的尺寸标注，增加表达各种室内陈设品如家具、厨具、洁具、家电、灯饰、绿化、装饰构件等。一些重要或特殊的部位需标注其定形或定位尺寸。为了美化图面效果，还可在无陈设品遮挡的空域部位画出地面材料的铺装形式。由于表达的内容较多较细，一般选用 1∶50 的比例。

9.2.1　装饰装修平面布置图的图示内容

现以某户型平面布置图为例，如图 9-1 所示，说明其图示内容：

① 建筑平面图的基本内容，如墙柱与定位轴线、房间布局、门窗位置等。

② 室内地面标高，装饰装修工程图样一般采用相对标高。

③ 室内固定家具、活动家具、家用电器等的位置。

④ 装饰陈设、绿化美化等位置及图例符号。

⑤ 室内立面图的内视投影符号（按顺时针从上至下在圆圈中编号)。

⑥ 室内现场制作家具的定形和定位尺寸。

⑦ 索引符号、图名及必要的说明等。

9.2.2　平面布置图的画法步骤

① 选比例、定图幅。

② 画出建筑主体结构，如墙、柱、门窗等的平面图。当比例大于 1∶50 时，应用细实线画出饰面材料轮廓线。

③ 画出家具、厨房设备、卫生间洁具、电器设备、隔断、装饰构件等的布置。

④ 标注尺寸、剖面符号、详图索引符号、图例名称、文字说明等。

⑤ 画出地面的拼花造型图案、绿化等。

⑥ 规定：墙、柱用粗实线绘制；门窗、楼梯等用中实线绘制；装修轮廓线如隔断、家具、洁具、电器等主要轮廓线用中实线绘制；拼地面的花造型图案、绿化等次要轮廓线用细实线绘制。

9.2.3 平面布置图的识读

现以某住宅户型平面布置图为例，如图9-1所示，说明其识读方法。

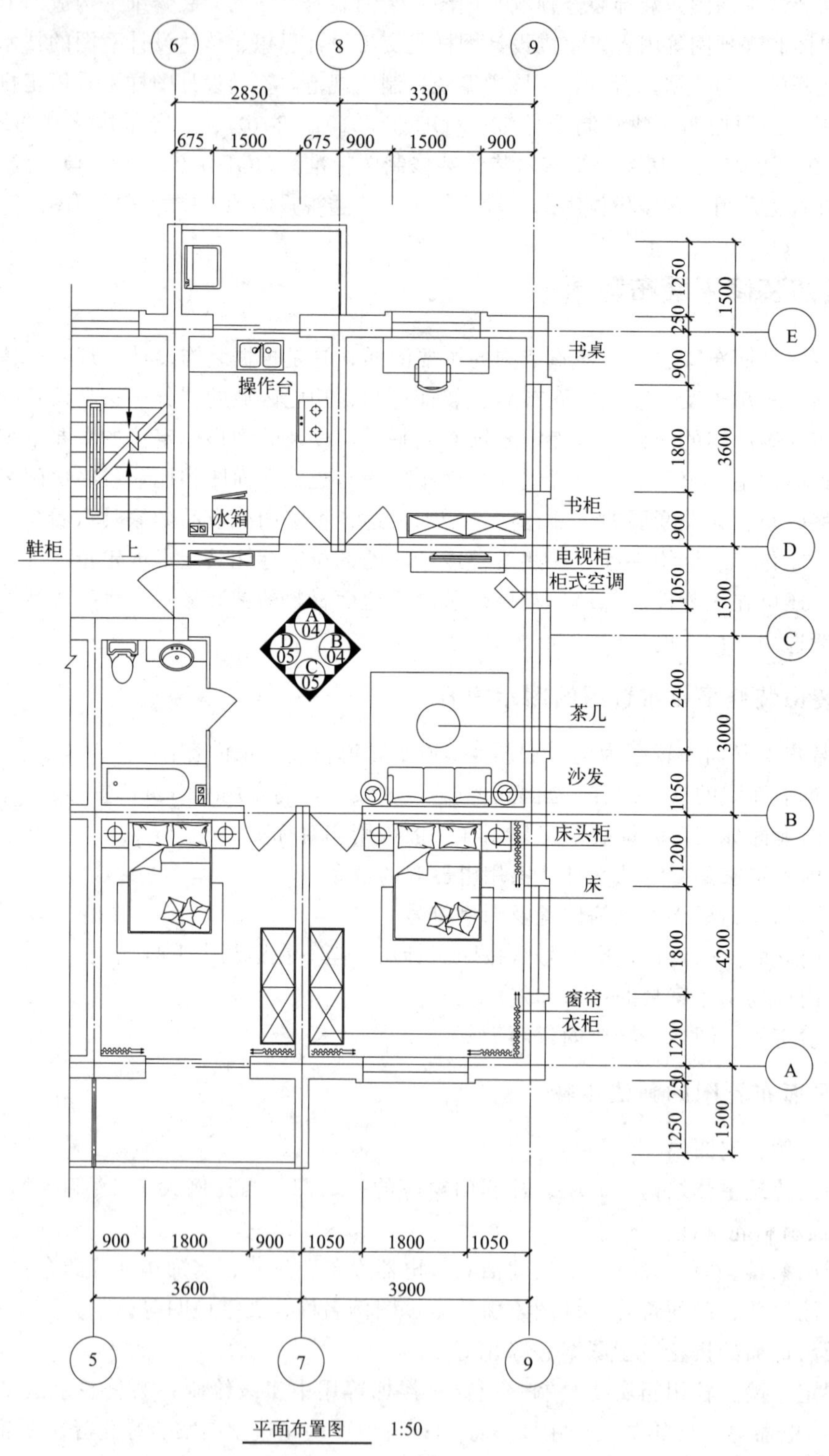

图9-1 室内平面布置图

① 先浏览平面布置图中各空间的功能与平面尺寸、图名比例等。从图中看到，这是一个三室一厅一厨一卫的户型，套内面积约为 $90m^2$，其主要的功能空间有：客厅带卫生间，厨房连着阳台，两个卧室，一个书房，客厅和卧室是整个装饰设计的重点。

② 注意各功能空间中家具和陈设等的布局。家装设计方案中家具摆放首要考虑的是房间的功能要求，设计风格的表现手段主要是在软装饰和配景上。从入户门进入客厅，客厅面积较大，设置鞋柜、电视柜、柜式空调、组合沙发和茶几；卧室设有床、床头柜和衣柜；书房布置了办公桌、椅子、书柜等家具；厨房布置了炉灶、洗菜盆和操作台；卫生间布置了浴盆、坐便器和洗面池。

③ 理解平面布置图的内视投影符号（亦称立面图索引符号）。为表示室内立面在平面图中的位置名称，图中标出客厅的背景墙的内视符号 A、B、C、D，同时注明了内视符号所示的图纸页数以便于查阅相应的立面图，本例给出了客厅 A、B 立面图，如图 9-4 所示。

④ 识读尺寸标注。建筑的长度和宽度尺寸；轴线间尺寸；门窗洞口尺寸等。平面布置图决定室内空间的功能划分和流线布局，是楼地面铺装、顶棚天花设计、墙立面设计的基本依据和条件，平面布置图确定后再设计绘制顶棚平面、墙面、楼地面铺装图。

9.3 装饰装修楼地面铺装图

楼地面铺装图主要是表达地面造型、材料名称和地面做法的图样。在地面做法比较简单时，地面的设计做法表示在平面布置图中即可，当地面设计做法比较复杂，涉及多种材料，又有较多图案和色彩时，就需要绘制楼地面铺装图。

9.3.1 楼地面铺装图的图示内容

楼地面铺装图主要反映地面装饰图案、材料选用，如图 9-2 所示，图示内容有：

① 建筑平面的基本内容。

② 楼地面材料选用、色彩、分格及地面标高。

③ 楼地面拼花造型图案。

④ 剖切符号、详图索引符号、必要的文字设计说明。

9.3.2 楼地面铺装图的画法步骤

① 选比例、定图幅。

② 画出建筑主体结构（如墙、柱、门窗等）平面图和隔断装饰构件等。

③ 画出室内各功能分区的图案样式、分格等。

④ 标注尺寸、材料、色彩、剖切符号、详图索引符号、文字说明等。

9.3.3 楼地面铺装图的识读

现以某住宅户型楼地面铺装图为例，如图 9-2 所示，说明其识读方法。

① 楼地面铺装图与平面布置图的功能区划是一致的，在明确平面布置图的基本功能和交通流线以后，再识读楼地面铺装图就有了依据。

② 卧室和书房均采用拼花地板铺装；客厅采用 600×600 杏色磨光地砖饰面；厨房、卫生间及北侧阳台均选用 300×300 的白色防滑地砖铺面。

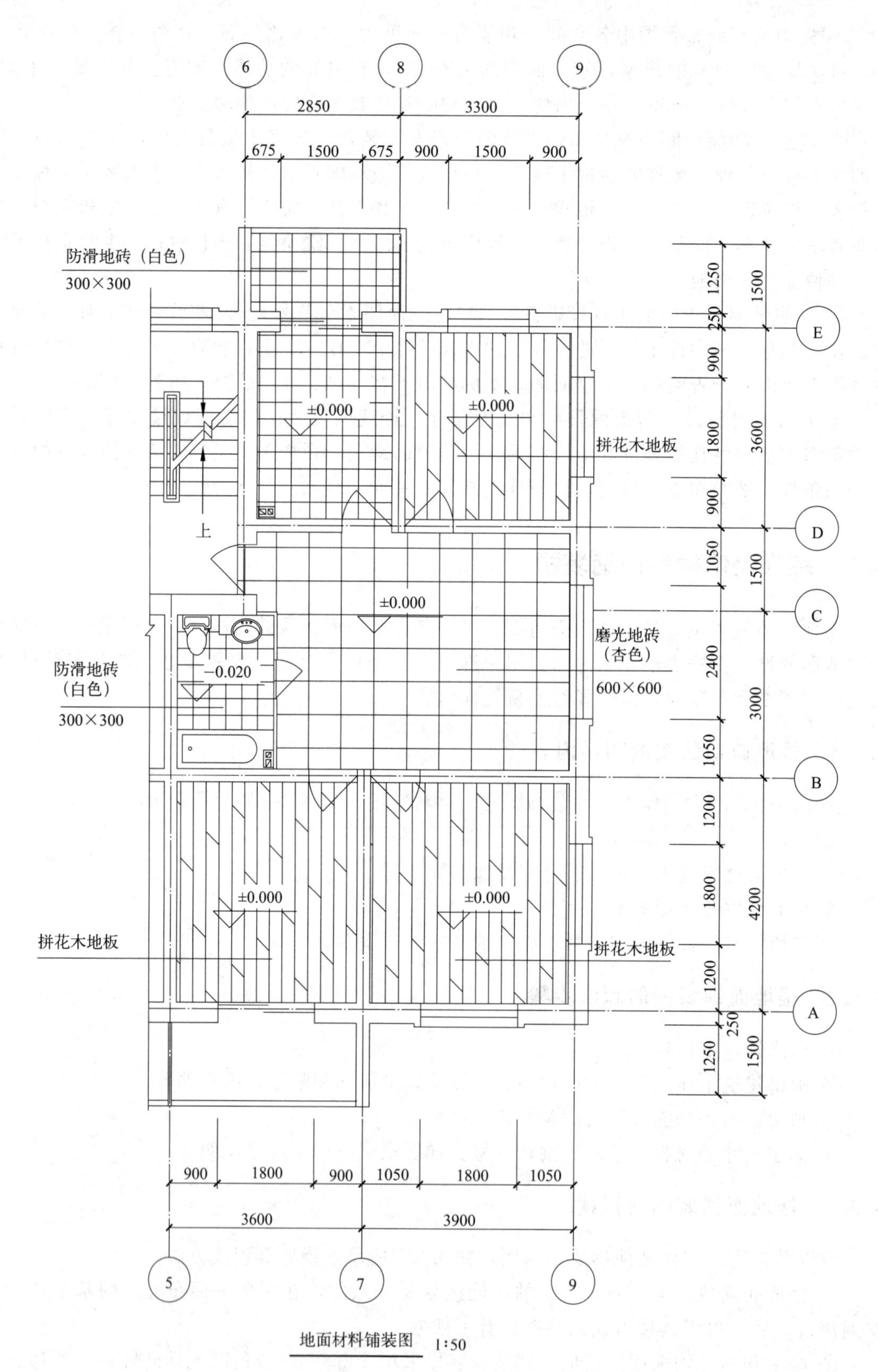
6
8
9
2850
3300
675
1500
675
900
1500
900
防滑地砖（白色）
300×300
±0.000
±0.000
拼花木地板
上
±0.000
磨光地砖
（杏色）
600×600
防滑地砖
（白色）
300×300
−0.020
±0.000
±0.000
拼花木地板
拼花木地板
1250
250
900
1800
900
1050
2400
1050
1200
1800
1200
250
1250
1500
3600
1500
3000
4200
1500
E
D
C
B
A
900
1800
900
1050
1800
1050
3600
3900
5
7
9
地面材料铺装图 1:50

图 9-2 楼地面铺装图

③ 识读地面铺装图的标高。本户型没有跃层、错层情况，所有地面除卫生间地面（卫生间地面低于其他房间地面 20mm）外均为同一标高。

9.4 装饰装修顶棚平面图

顶棚平面图又称天花平面图，天花的功能综合性较强，其作用除装饰功能外，还具有照明、音响、空调、防火、通风等功能。天花是室内设计的重要部位，其设计合理性对人们的心理感受具有显著影响。顶棚装修通常分为悬吊式顶棚和直接式顶棚。悬吊式顶棚造型复杂，所需材料、工艺要求较多；直接式顶棚是在原有主体结构上进行饰面处理，造价较低。

为了便于与平面布置图对应，顶棚平面图是以镜像投影法画出的反映顶棚平面形状、灯具位置、材料选用、尺寸标高和构造做法等内容的水平镜像投影图。该投影图的纵横定位轴线的排列与水平投影图表示的轴线完全相同，只是所画的图形是顶棚。

9.4.1 顶棚平面图的图示内容

本例顶棚平面图采用镜像投影法绘制，如图 9-3 所示，其图示内容有：

① 建筑平面及门窗洞口。门窗画出洞口线即可，不画门窗扇和开启线。

② 顶棚装饰造型、尺寸、做法和说明，有时需要画出顶棚的重合断面，并标注标高。

③ 顶棚灯具的种类、规格及布置形式和安装位置，顶棚的净空高度。

④ 顶棚空调送风口的位置、消防自动报警系统及与吊顶有关的音响设施、视频设备的平面布置形式及安装位置。

⑤ 窗帘及窗帘盒、窗帘帷幕板等。

⑥ 剖切符号、详图索引符号、说明文字等。

9.4.2 顶棚平面图的画法步骤

① 选比例、定图幅。

② 画出建筑主体结构的平面图。

③ 画出顶棚的造型轮廓线、灯饰及各种设备设施。

④ 标注尺寸、剖面符号、详图索引符号、文字说明等。

9.4.3 顶棚平面图的识读

现以某住宅户型顶棚布置图为例，如图 9-3 所示，说明其识读方法。

① 由于顶棚平面图的设计和平面布置图有一定的逻辑联系，也就是各空间功能不同，相应的为配合空间功能的要求，顶棚的设计也就有了对应的设计特点，因此只有读懂平面布置图，充分了解功能分区和设计风格，才能读懂顶棚平面设计的意图。

② 识读顶棚设计造型、灯具位置及底面标高。吊顶设计是顶棚艺术表现的主要形式之一，结构上顶棚造型设计一般分为叠级吊顶和平吊顶，形态上有圆形、方形、椭圆形、八角形等，有时为了表现特有的艺术氛围，造型更是丰富多样。

③ 顶棚的底面标高是顶棚造型完成之后的表面高度，相当于该部位底面的建筑标高，并且所注写标高是指所在楼层地面的完成面为起点进行标注的标高。

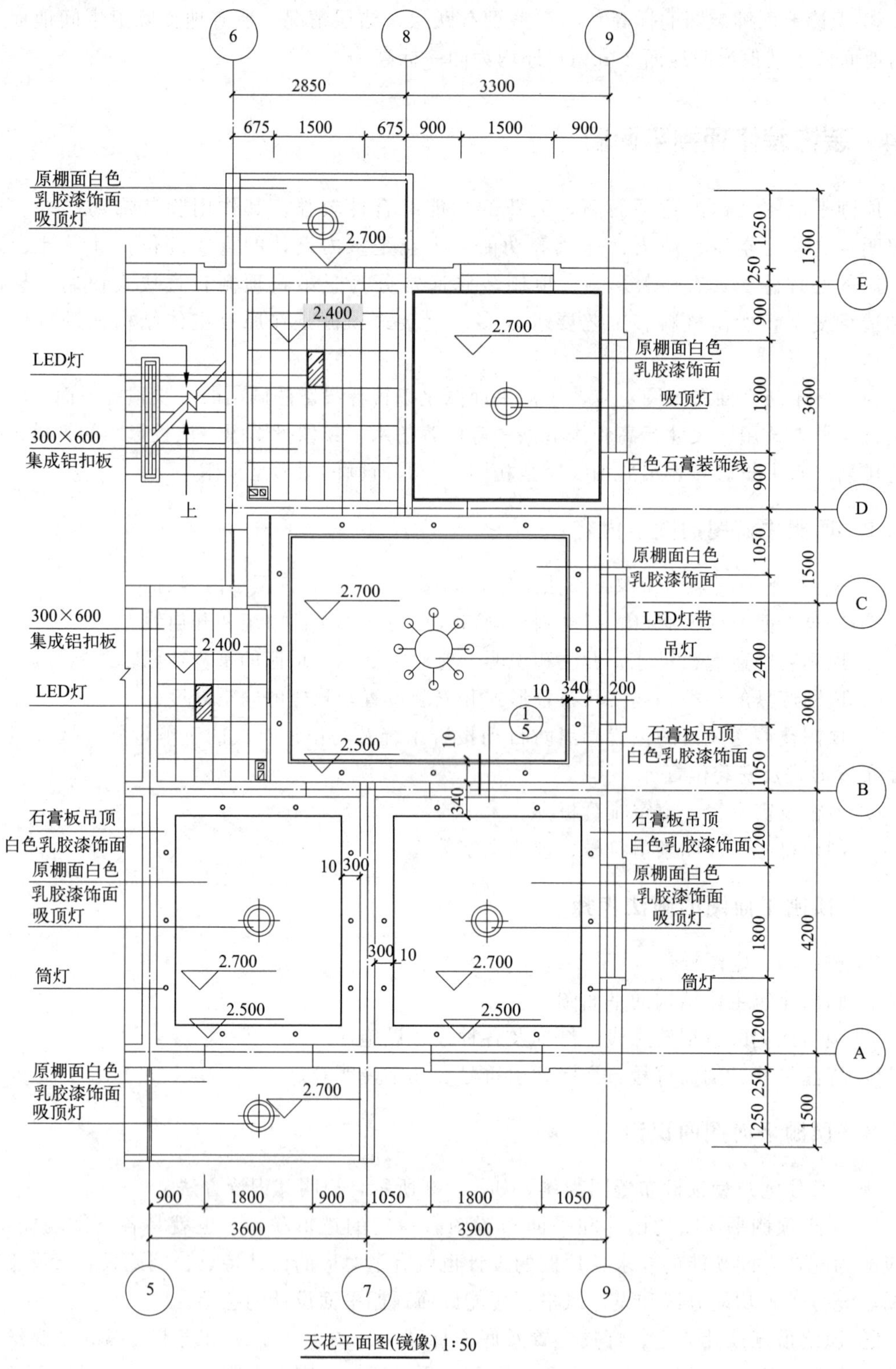

图 9-3　天花平面图

④ 图中还设置了客厅吊顶天花详图的索引符号，对应客厅吊顶天花节点详图，如图 9-5 所示。

9.4.4 装饰装修平面图的识读要点

装饰装修平面图包括平面布置图、楼地面铺装图、天棚平面图，它们在装饰装修施工图中既互相联系又各有特点，空间设计中互相关联，互为依据，协调进行，其他图样都是以装饰装修平面图为依据，进行装饰设计的其他方面工作。识读装饰装修施工图与识读建筑施工图一样，首先看装饰装修平面图。其要点如下：

① 先看标题栏，认定为何种平面图，进而了解整个装饰空间的各房间功能、面积及门窗、走道等主要位置尺寸。

② 明确为满足各房间功能要求所设置的家具与设施的种类、数量、大小及位置尺寸，应熟悉图例。

③ 通过对平面图的文字说明，明确各装饰面的结构材料及饰面材料的种类、品牌和色彩要求；了解装饰面材料间的衔接关系。

④ 通过平面图上的内视投影符号，明确投影图的编号和投影方向，进一步查阅各投影方向的墙面立面图。

⑤ 通过平面图上的索引符号（或剖切符号），明确剖切位置及剖切后的投影方向，进一步查阅装饰装修详图。

⑥ 识读顶棚平面图，需明确面积、功能、装饰造型尺寸，装饰面的特点及顶面的各种设施的位置等关系尺寸。此外要注意顶棚的构造方式，同时应结合对施工现场的勘察。

总之，在装饰装修平面图中所表现的内容主要有三大类：第一类是建筑结构及尺寸；第二类是装饰布局和装饰结构以及尺寸关系；第三类是设施、家具安放位置。

9.5 装饰装修立面图

装饰装修立面图是建筑外观墙面及内部墙面装饰装修的正立投影图。用以表明建筑内外墙面立面造型、材料与色彩、相关尺寸、相关位置和装饰做法等内容，是装饰装修施工图中主要图样之一。立面图虽然更多表现单一室内空间立面情况，但也更容易扩展到相邻的空间，在立面图中不仅要图示墙面布置和工程内容，还必须把空间中可见的家具、摆设、悬吊的装饰物都表现出来，投影图轴线编号、控制标高、必要的尺寸数据、详图索引符号等也都应标注详细，图名应与内视投影符号编号一致。一般立面图只表现一面墙的图样，有些工程常需要同时看到所围绕的各个墙面的整体图样，根据展开图的原理，在室内某一墙角处竖向剖开，对室内空间所环绕的墙面依次展开在一个立面上，所画出的图样，称为室内立面展开图。使用这种图样可以研究各墙面间的统一和对比效果，可以看出各墙面相互关系，可以了解各墙面的相关装饰装修做法，给读图者以总体印象，获得一目了然的效果。

9.5.1 装饰装修立面图的图示内容

如图9-4所示为客厅部分室内装饰立面图，图示内容如下：

① 使用相对标高，以室内地坪为标高零点，进而表明室内装饰立面有关部位的标高。

② 室内装饰吊顶天花的高度尺寸及其叠级造型的构造关系和尺寸。

③ 室内墙面装饰造型的构造方式，并用文字说明所需装饰材料及做法。

④ 室内墙面所用设备及其位置尺寸和规格尺寸。

⑤ 室内墙面与吊顶的衔接收口方式。

⑥ 室内门、窗、隔墙、装饰隔断物等设施的高度尺寸和安装尺寸。

⑦ 室内其他构造设施艺术造型的高低错落位置尺寸。

⑧ 建筑结构与装饰结构的连接方式、衔接方法及其相关尺寸。

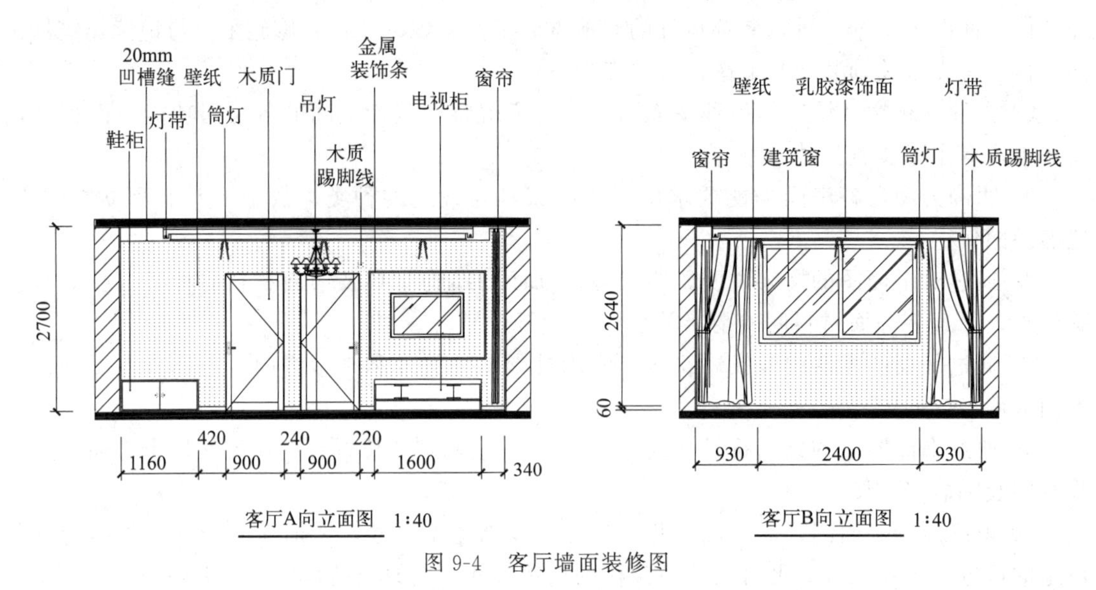

图 9-4 客厅墙面装修图

此外，还包括标注各种有用的尺寸数据和标高、剖切符号、详图索引符号、引出线上的文字说明、相关装饰施工的具体做法等内容。

9.5.2 装饰装修立面图的画法步骤

① 选比例、定图幅。

② 画出室内地面、楼板及墙面主要建筑构件的轮廓线及门窗造型。

③ 画出室内墙面装饰设计造型和墙面各种设备的图样。

④ 标注尺寸、剖面符号、详图索引符号、文字说明等。

9.5.3 装饰装修立面图的识读

室内墙立面如果设计造型、尺寸相同，则可以只画其中之一即可，否则需要将所有墙立面图全部画出，图样的命名、编号均应与平面布置图上的内视投影符号相一致，内视投影符号一方面表示出立面图的识读方向，同时也显示了立面图的数量。结合图 9-1 所示的平面布置图中的内视投影符号，绘制出如图 9-5 所示的某户型客厅 A 向和 B 向墙面立面图，现说明其识读方法。

① 读图时，首先要结合平面布置图中内视投影符号，弄清楚该立面图所在的空间位置，一般应按空间的顺序识读室内的立面图。从图 9-1（平面布置图）中看到内视投影符号在客厅位置，客厅的 A 向立面指向电视背景墙，B 向立面指向客厅的窗。

② 在立面图中要表达该墙面位置有哪些设计要素（如固定家具、墙面艺术造型、其他陈设等）及其相关尺寸。

③ 清楚了解每个立面有几种不同的装饰面，图中图示和注明了装饰面所选用的材料和施工要求及装饰结构与建筑结构的连接方式和固定方法。

根据装饰工程规模大小，一项工程往往需要多幅立面图才可适应施工要求，这些立面图的内视投影符号均在装饰平面布置图上标出。因此，装饰立面图识读时，须结合平面图查对，细心地进行相应的分析研究，再结合其他图纸逐项审核，掌握装饰立面的具体施工要求。

9.6 装饰装修详图

由于在装饰平面布置图、楼地面铺装图、顶棚平面图、室内立面图中绘制比例一般较小，很多装饰造型、构造做法、材料、细部尺寸及工艺要求难以表达清楚，满足不了装饰装修施工、制作的需要，故需放大比例画出详图图样，尤其是一些另行加工制作的设施，需要另画大比例的装饰装修详图。装饰装修详图是对装饰装修平面图、装饰装修立面图的深化和补充，是装饰装修施工及细部施工的依据。装修节点详图，一般比例不宜小于1∶30，可用1∶20、1∶10、1∶5等。

9.6.1 装饰装修详图的分类

一般装饰装修详图按照装饰部位分为以下几种。

（1）墙（柱）面剖面图

墙（柱）面剖面图主要用于室内立面构造，着重反映墙（柱）面造型在分层做法、选材、色彩上的要求。

（2）顶棚详图

顶棚详图常用剖面图或断面图表达，用于反映顶棚图案、吊顶构造的高低错落、构造做法的图样。

（3）装饰造型详图

装饰造型详图是独立的或依附于墙柱的装饰造型图，表现装饰艺术的风格、格调的构造体的设计造型，如影视背景墙、花台、屏风、壁龛、栏杆扶手等造型的平面图、立面图、剖面图及线角详图。

（4）家具详图

家具详图主要指需要现场制作、加工、油漆的固定式或移动式家具，如床、书桌、衣柜、书柜、储藏柜、展示柜等。

9.6.2 装饰装修详图的图示内容和识读

结合图9-3所示的天棚平面图中剖面详图索引符号，绘制出如图9-5所示的客厅吊顶天花剖面节点详图。装饰装修详图中建筑主体结构的梁、板、墙用粗实线绘制；主要的造型轮廓线如龙骨、夹板、玻璃等用中实线绘制；次要的轮廓线用细实线绘制。

装饰装修详图包括装饰剖面节点详图和构造节点详图。装饰剖面节点详图是将装饰装修部分整个剖切或者局部剖切，并按放大比例画出剖面图（断面图），以精确表达其内部详细构造做法及尺寸的节点大样图；而构造节点详图则是将装饰构造的重要连接部位直接按放大比例画出的图样，是精确表达其详细构造做法及尺寸的节点大样图。

装饰装修详图的图示内容如下：

① 表明装饰面或装饰造型的结构形式和构造形式，饰面材料与支承构件的相互关系。

② 表明重要部位的装饰构件、配件的详细尺寸、工艺做法和施工要求。

③ 表明装饰结构与建筑主体结构之间的连接方式及衔接尺寸。

④ 表明装饰面之间的拼接方式及封边、盖缝、收口和嵌条等处理的详细尺寸和做法要求。

⑤ 表明装饰面上的设施安装方式或固定方法，以及设施与装饰面的收口收边方式等。

装饰装修详图识读要点如下：

① 结合装饰装修平面图和装饰装修立面图，了解装饰装修详图源自何部位的剖切，找出与之相对应的剖切符号或索引符号。

② 对装饰装修详图所示内容进行熟悉和研究，进一步明确装饰工程各组成部位或其他图纸难以表明的关键性细部做法。

③ 由于装饰工程的工程特点和施工特点，表示其细部做法的图纸往往比较复杂，不能像土建和安装工程图纸那样广泛运用国家和行业等标准图册，所以读图时需反复查阅图纸，特别要注意剖面详图和节点详图中各种材料组合方式，以及施工工艺要求。

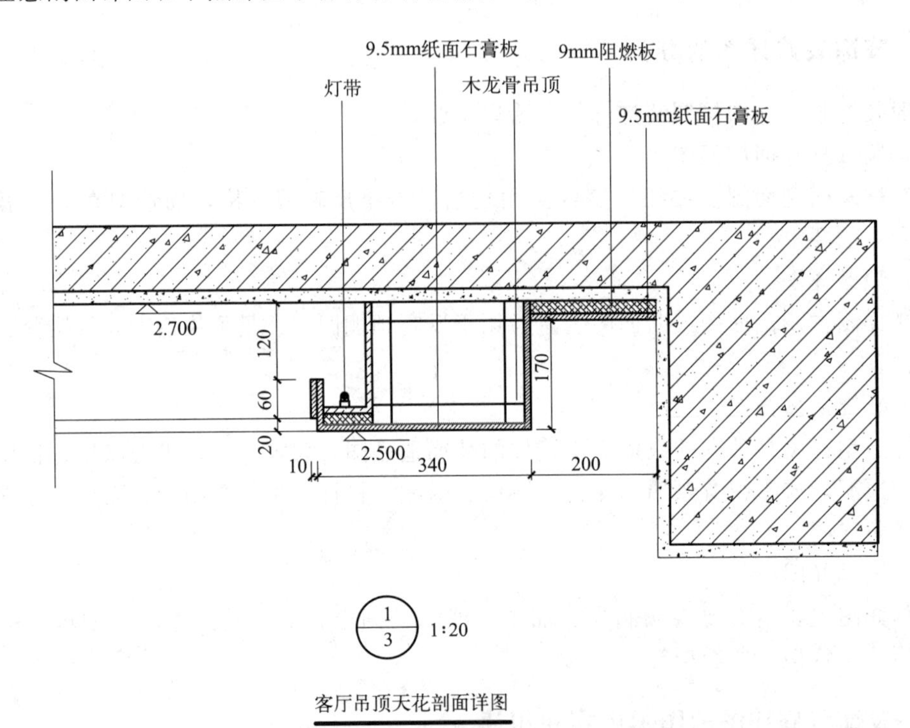

图 9-5　客厅吊顶天花剖面详图

第10章 给水排水工程图

10.1 概述

给水排水工程是现代化城市及工矿建设中必要的市政基础工程。给水工程是指水源取水、水质净化、净水输送、配水使用等工程；排水工程是指污水（生活、生产等污水）排放、污水处理、处理后的污水最终排入江河湖泊等工程。

给水排水工程图按其内容的不同，大致可以分为室内给水排水施工图、室外管道及附属设备图、水处理工艺设备图。本章主要介绍室内给水排水施工图和室外管网布置图。给水排水施工图除了要遵循《房屋建筑制图统一标准》（GB/T 50001—2017）中的规定外，还应符合《建筑给水排水制图标准》（GB/T 50106—2010）的有关规定。

10.1.1 室内给水排水系统的组成

（1）室内给水系统

室内给水系统主要是管道的布置和管道上配件的布置，其任务是将水自室外给水管网引入至室内，并在保证满足用户对水质、水量、水压等要求的情况下，把水输送到各个配水点（如配水龙头、生产用水设备、消防设备等），如图 10-1 所示。

① 引入管　自室外给水管网将水引入房屋内部的一段水平管，一般设有斜向室外给水管网不小于 0.003 的坡度。

② 水表节点　用以记录用水量。水表节点包括水表、水表前后阀门和泄水口等装置，水表前后的阀门用以水表检修和拆换时关闭管路，泄水装置主要用于检修管路时，将系统内的水放空和检验水表的灵敏度。

③ 室内配水管网　包括水平干管、立管和支管等。水平干管的作用是将水从引入管沿水平方向输送到房屋的各个立管；立管是将水从水平干管沿垂直方向输送到各楼层；支管是将水从立管输送到各用水设备。根据干管敷设位置不同，室内给水系统一般分为下行上给式和上行下给式及中分式等。下行上给式如图 10-2(a) 所示，干管敷设在首层地面下或地下

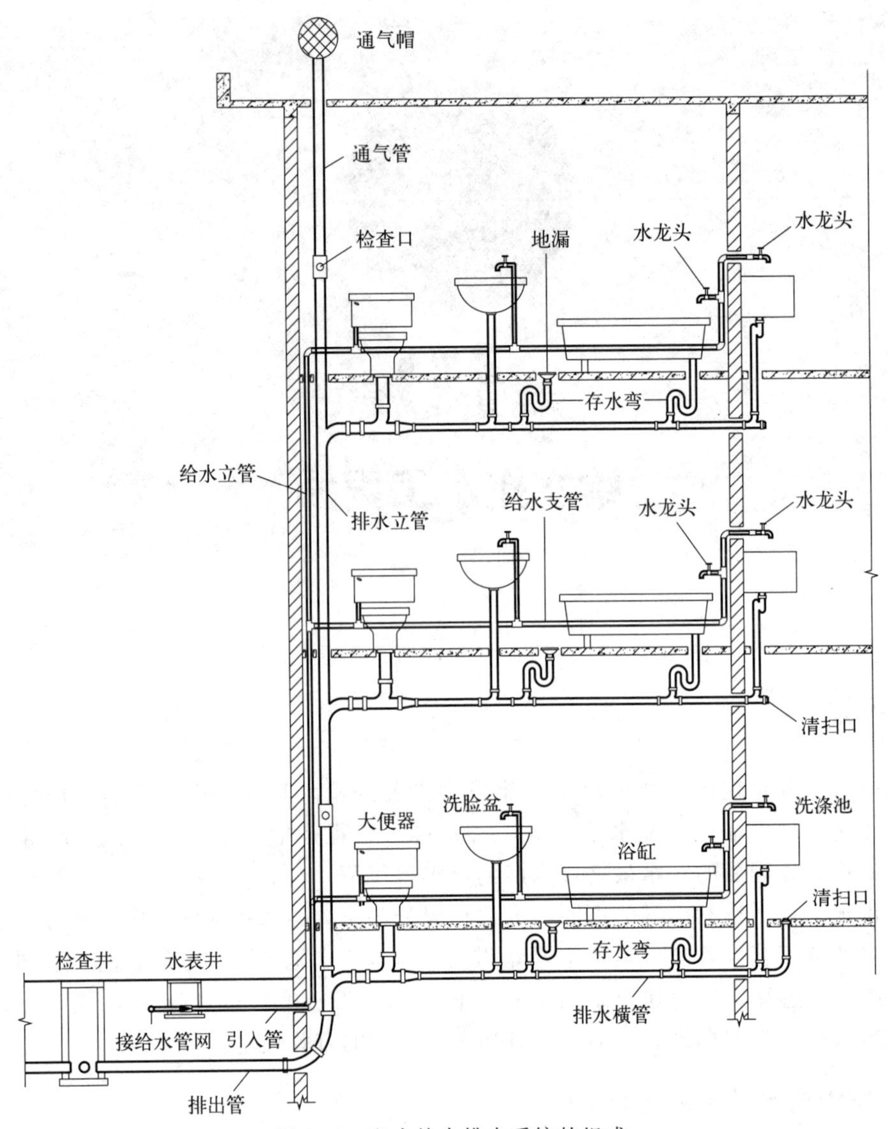

图 10-1　室内给水排水系统的组成

室，一般用于室外给水管网的水压、水量能满足要求的建筑物。上行下给式如图 10-2(b)所示，给水干管敷设在顶层的顶棚上或阁楼中，用于室外水压不足，建筑物需设屋顶水箱和水泵联合工作的场合。

④ 配水附件及设备　包括各种配水龙头、闸阀等。

⑤ 升压及贮水设备　当用水量大、水压不足时，需要设置水箱和水泵等设备。

⑥ 消防管网及附件　对于一些公共建筑，如商场、办公楼、教学楼等，根据《建筑设计防火规范》的要求，还需要设置消防水池、消防栓等消防设备。

(2) 室内排水系统

室内排水系统的任务是排出居住建筑、公共建筑和生产建筑内的污水，如图 10-1 所示。按所排出的污水性质不同，室内排水系统可分为生活污水管道、生产污（废）水管道、雨水管道。

① 排出管　自室内排水立管与室外检查井之间的水平连接管段，其管径应大于或等于 100mm，且向检查井方向应有 1%～2%的坡度。

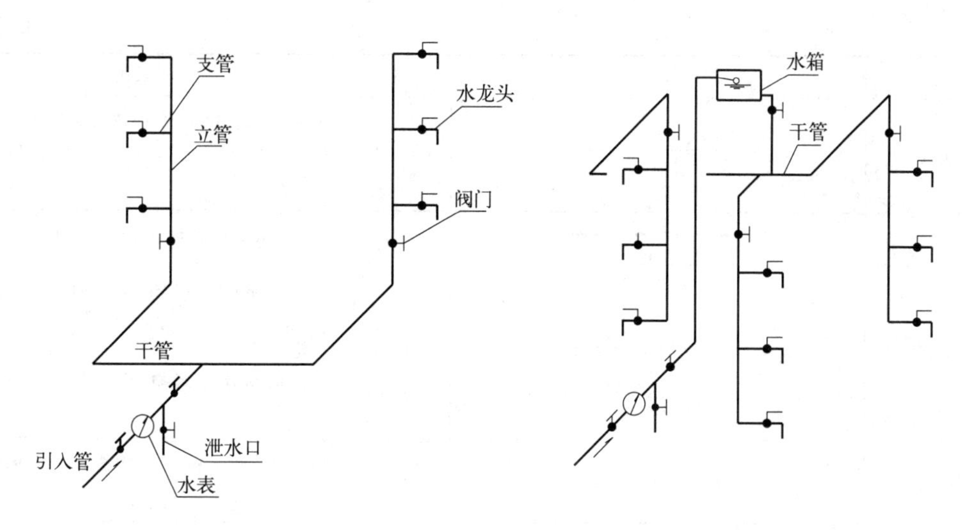

(a) 下行上给式给水系统　　(b) 上行下给式给水系统

图 10-2　室内给水系统的方式

② 排水立管　接纳各横支管排放的污水，将其排入排出管。在首层和顶层应设有检查口，检查口距地面高度为 1.000m。

③ 排水横管　用于接纳卫生器具和大便器的生活污水，经存水弯或设备将水排至排水立管的水平横管，横管上除具有一定的坡度外，还需设置清扫口。

④ 通气管　在顶层检查口以上的一段立管称为通气管，以排出管道系统中产生的臭气及有毒害的气体，稳定污水排放时管系内的压力变化。通气管应高出屋面 0.300m（平屋面）至 0.700m（坡屋面）。

⑤ 排水设备　与排水管网相关的有大便器、小便器、洗手盆、污水池、地漏等。

10.1.2　给水排水工程图的一般规定

（1）绘图比例

总平面图常用的比例为 1∶500、1∶1000、1∶2000。

管道平面图常用的比例为 1∶200、1∶150、1∶100。

管道系统图宜采用与相应平面图相同的比例。

详图常用的比例为 1∶1、1∶2、1∶5、1∶10、1∶20 等。

（2）图线及其应用

给水排水工程图中，采用的各种线型应符合《建筑给水排水制图标准》(GB/T 50106—2010) 中的规定，见表 10-1。

表 10-1　给水排水工程图中采用的线型及其含义

名称	线型	线宽	一般用途
粗实线	————	b	新设计的各种给水和其他重力流管线
中实线	————	$0.5b$	1. 原有的各种给水和其他重力流管线 2. 给水排水设备、零(附)件的可见轮廓线 3. 新建建筑物、构筑物的可见轮廓线

续表

名称	线型	线宽	一般用途
细实线	————————	0.25b	1. 原有建筑物、构筑物的可见轮廓线 2. 图例线、尺寸线、尺寸界线、引出线、标高符号
粗虚线	- - - - - - - -	b	新设计的各种排水和其他重力流管线
中虚线	- - - - - - - - -	0.5b	1. 原有的各种排水和其他重力流管线 2. 给水排水设备、零(附)件的不可见轮廓线 3. 新建建筑物、构筑物的不可见轮廓线
细虚线	- - - - - - - - - - -	0.25b	原有建筑物、构筑物的不可见轮廓线
粗点画线	—·—·—	b	新建各种雨水管道
细点画线	—·—·—	0.25b	中心线、对称线、定位轴线
折断线	——╲╱——	0.25b	断开界线

（3）标高

给水排水工程图中的室内工程图应标注相对标高，室外工程图应标注绝对标高。压力管道应标注管中心标高；沟渠和重力流管道宜标注沟（管）内底标高。标高的标注方法如图 10-3 所示。在给水排水工程图中，管道也可以标注本层建筑地面的标高，标注方法为 $h+\times$，其中 h 表示本层建筑的地面标高，如 $h+0.125$。

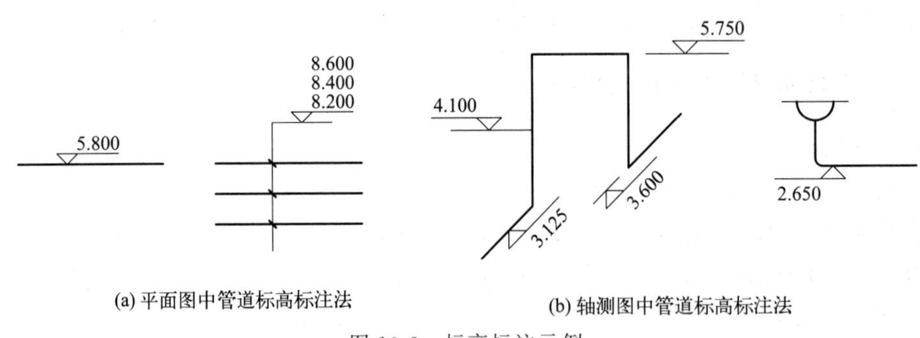

图 10-3　标高标注示例

（4）管径

管道的管径应以 mm 为单位进行标注，管径表示法如图 10-4 所示。不同的管材管径的表示方式不同，水煤气输送管道（镀锌或不镀锌相同）、铸铁管等管材宜用公称直径 DN 表示（如 DN100）；无缝钢管、焊接钢管、铜管、不锈钢管等管材宜用外径 $D\times$壁厚表示（如 $D108\times4$）；钢筋混凝土（或混凝土）管、陶土管、耐酸陶瓷管等管材宜用内径 d 表示（如 $d450$）；塑料管材的管径按产品标准规定的方法表示，如 De50 表示管径为 50mm 的 UPVC 管材。

（5）给水排水工程图常用图例

给水排水施工图中常用的图例见表 10-2。

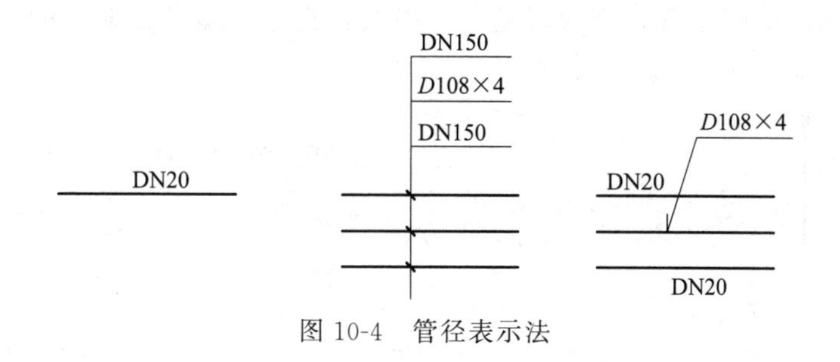

图 10-4 管径表示法

表 10-2 给水排水工程图中常用的图例

名称	图例	备注	名称	图例	备注
生活给水管	—— J ——		存水弯		左图为 S 形 右图为 P 形
污水管	—— W ——		多孔管		
通气管	—— T ——		截止阀		左图为平面 右图为系统
止回阀			水嘴		左图为平面 右图为系统
管道立管	XL-1　XL-1 X：管道类别　L：立管 1：编号	左图为平面 右图为系统	淋浴喷头		左图为平面 右图为系统
立管检查口			自动冲洗水箱		左图为平面 右图为系统
清扫口		左图为平面 右图为系统	室外消火栓		
通气帽	成品　蘑菇形		室内消火栓（单口）	平面　系统	白色为开启面
圆形地漏		左图为平面 右图为系统	室内消火栓（双口）	平面　系统	
水表井			雨水口		
阀门井 检查井			矩形化粪池	HC	

（6）编号

当建筑物的给水引入管或排水排出管的数量超过一根时，宜进行编号，编号方式如图 10-5(a) 所示。图中"J"为管道类别代号，规定给水管道为"J"、排出废水的排水管道为"P"、污水排出管道为"W"等；"1"为同类管道的管道编号，用阿拉伯数字顺序编号。

建筑物内穿越楼层的立管，其数量超过一根时，宜进行编号，编号的形式如图 10-5(b)所示。

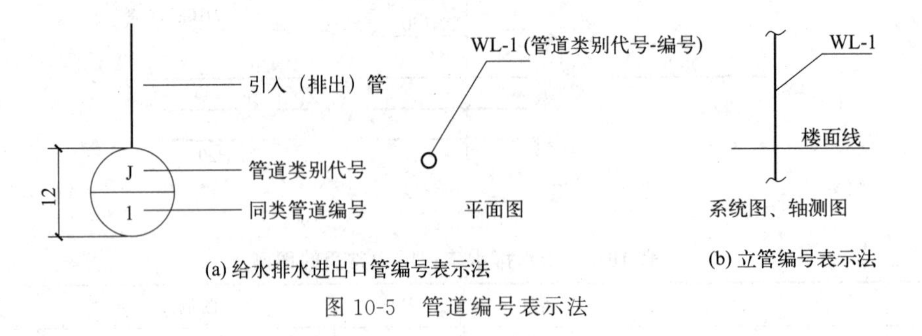

图 10-5　管道编号表示法

10.2　室内给水排水工程图

室内给水排水工程图通常由室内给水排水平面图、给水排水系统图、安装详图和施工说明等内容组成。

10.2.1　室内给水排水平面图

室内给水排水平面图主要反映一幢建筑物内卫生器具、管道及其附件的类型、大小，及其在房屋中的位置等情况，如图 10-6、图 10-7 所示。一般把室内给水排水管道用不同的线型合画在一张图上，但当给水管道较复杂时，也可分别画出给水、排水平面图。

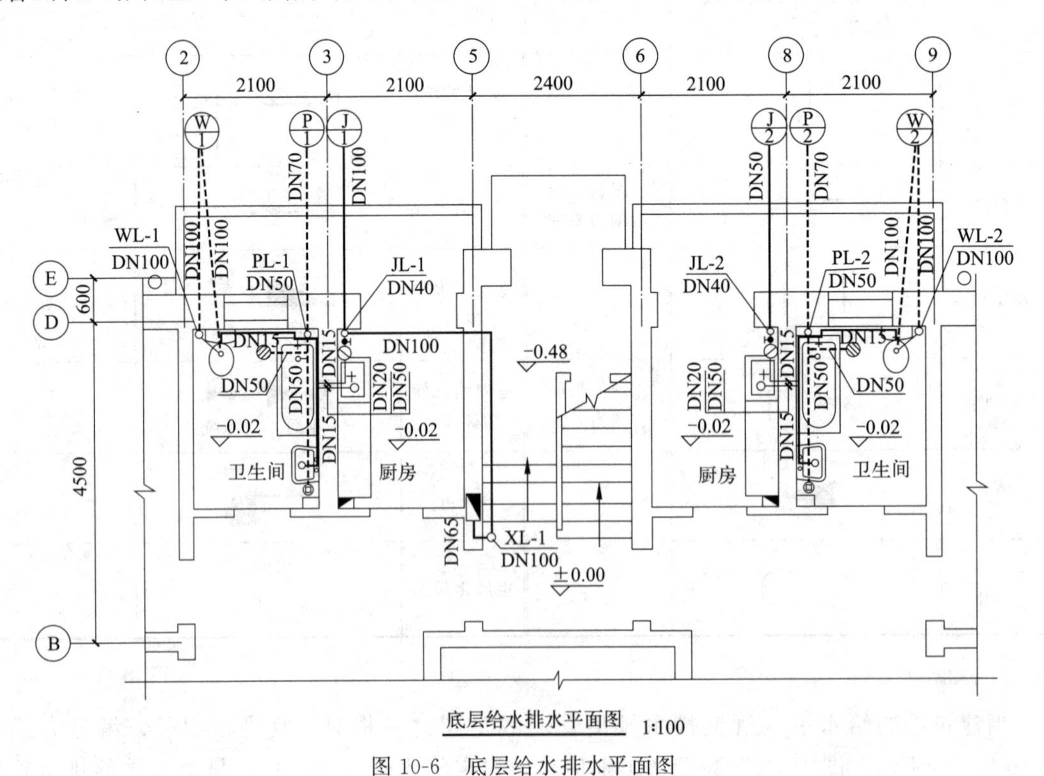

图 10-6　底层给水排水平面图

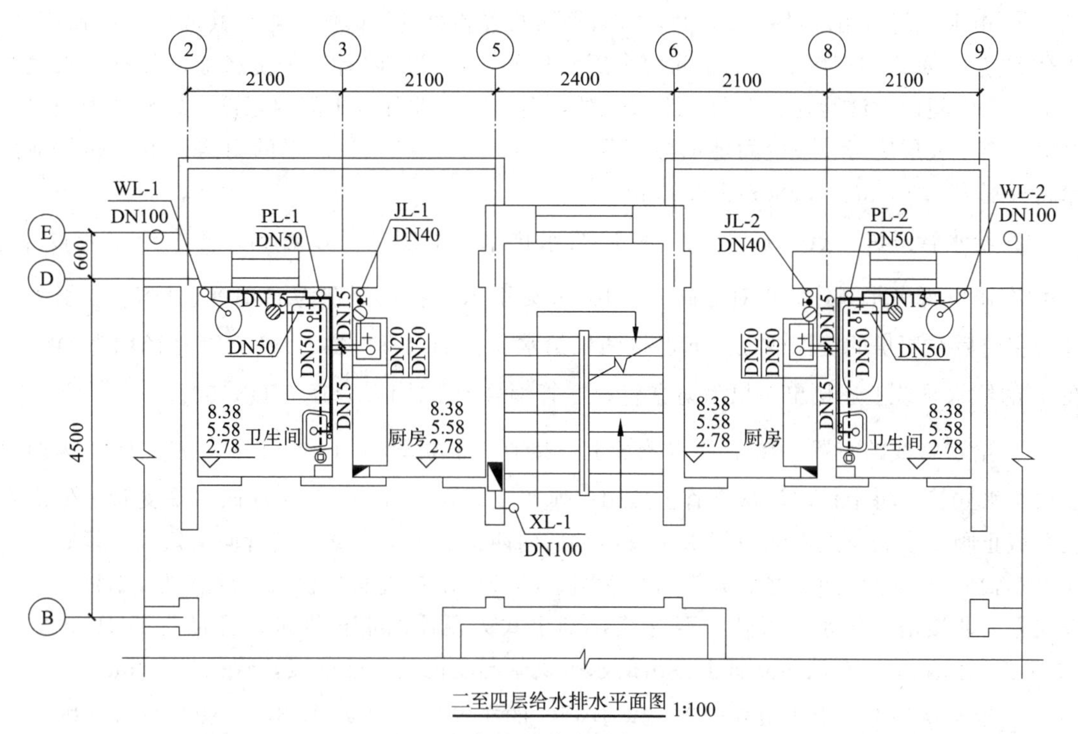

图 10-7　标准层给水排水平面图

（1）给水排水平面图的图示特点

① 分层绘制　底层平面图以整幢房屋为对象，按规定该图应在建筑平面图的基础上绘制。其图示范围和比例也与建筑平面图相同，而其余各层的图示范围则允许简化，仅绘出管道经过的部分即可。管道布置相同的楼层还可用标准层示出。设有屋顶水箱的楼层可单独画出屋顶给水排水平面图，但当管道布置不太复杂时，也可在最高层给水排水平面图中用虚线画出水箱的平面位置。

② 抄绘建筑平面图　用细实线局部或全部抄绘房屋的墙身、柱、门窗洞、楼梯等主要构配件，至于房屋的细部、门窗代号等均可略，窗在平面图中通常只在墙身内画一条线。为使土建施工与管道设备的安装一致，在各层管道平面图上，均需标明定位轴线，并在底层平面图的定位轴线间标注尺寸；同时，还应标注出各层平面图上的有关标高。

③ 简化示出卫生设备　由于洗脸盆、大便器、小便器、地漏等是定型产品或另有详图，只需用中实线按比例用规定图例符号画出其平面图形的外轮廓，表达出它们的类型和位置。

④ 重点表达管道布置　不同管径的管道均采用单条中粗线（0.75b）表示，一般给水、排水管道分别采用粗实线、粗虚线表示。管道与墙的距离示意性绘出，安装时按有关施工规范确定。管道坡度无须按比例画出（画成水平），管径及坡度均用数字注明。其绘制顺序为：给水引入管→给水干管→立管→支管→管道附件→排水支管→排水立管→干管→排出管。

⑤ 标注内容需强调　标注轴线编号及轴间尺寸；标注室内外、地坪、楼面以及盥洗用房的标高；标注管道索引符号、立管编号及文字说明等内容。

（2）给水排水平面图的识读

图 10-6、图 10-7 所示为某住宅楼的底层给水排水平面图和二至六层给水排水平面图。由图可知：

① 用水房间、用水设备、卫生设施的平面布置和数量　该住宅楼一共四层，一梯两户，共有 12 户。每户均有厨房和卫生间两个用水房间，在厨房内有一个洗涤池，装有配水龙头一个；卫生间内有洗脸盆、浴盆、坐式大便器各一个，此外卫生间内还设有地漏和清扫口等卫生设施。底层厨房、卫生间地面标高为－0.020m；二、三、四层的厨房、卫生间的地面标高分别为 2.780m、5.580m、8.38m。

② 给水管道进户点　从图 10-6 底层给水排水平面图中可以看到，两个给水入口(J/1)、(J/2)均在住户厨房北侧外墙相对标高－1.100m 处引入，管径分别为 DN100、DN50。引入管进入室内后在厨房的洗涤池处立起，接两根给水立管 JL-1 和 JL-2，两立管管径均为 DN50。在(J/1)的给水系统上还接出一根消防立管，立管编号为 XL-1，管径为 DN100。

③ 给水管线的布置　在(J/1)给水系统上，接有 2 根立管 JL-1 和 XL-1。立管 JL-1 为西边住户给水立管，每个住户均从立管上接出一水平支管，管径为 DN20，该水平支管上依次安装有截止阀、水表及洗涤池用配水龙头，然后向西接一水平支管，支管向南敷设一段距离后穿过③轴墙进入卫生间，之后分为两个支路，其一向南接洗脸盆供水，管径为 DN15；另一根支管向北接浴盆供水，再转向西继续接到坐式大便器的水箱供水，管径为 DN15。立管 XL-1 为消防立管，在消防立管上接出的水平支管与室内消火栓连接，管径为 DN65。

(J/2)给水系统上只有 1 根立管 JL-2，其管线的布置与 JL-1 基本相同，读者自行分析。

10.2.2 室内给水排水系统图

室内给水排水系统图主要用于表明给水管道、排水管道在室内空间的走向、上下层的布置状况，以及管道配件或附件的位置，如图 10-8、图 10-9 所示。

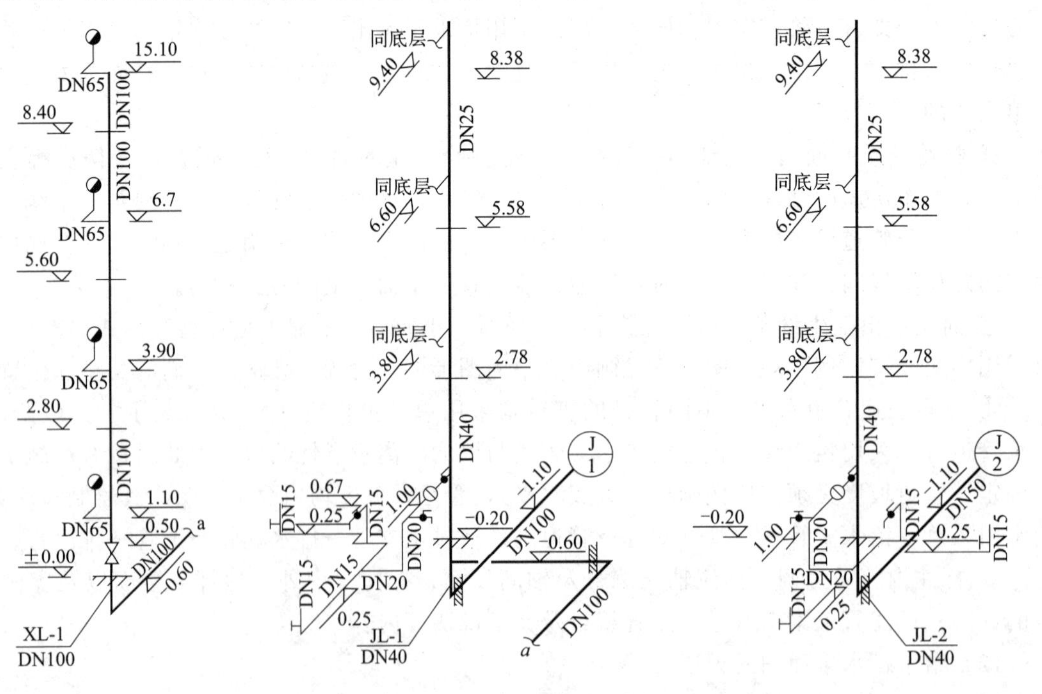

图 10-8　给水管道系统图

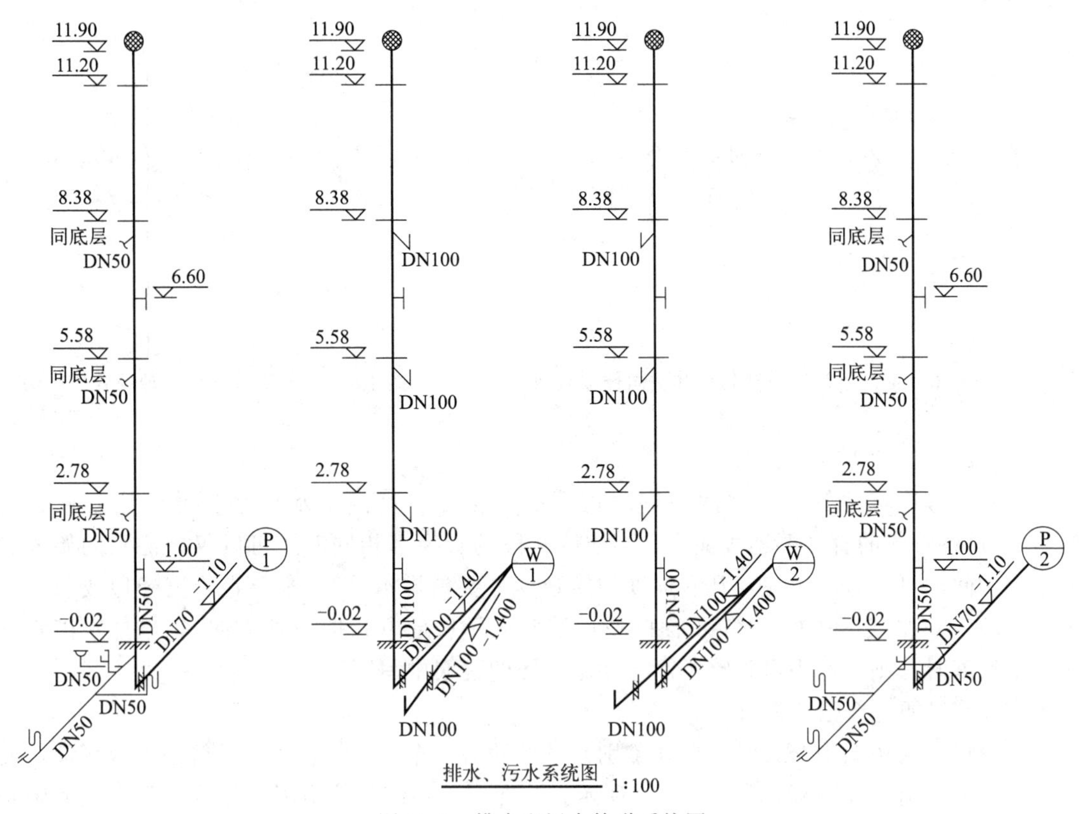

图 10-9 排水和污水管道系统图

10.2.2.1 给水排水系统图的图示特点

（1）分别绘制

为避免管道的重叠或交叉，给水和排水系统图应分别绘制。室内给水系统的流程为：引入管→水表→干管→支管→用水设备；室内排水系统的流程为：排水设备→横支管→立管→户外排出管→排水井。

（2）采用正面斜等轴测图

如图 10-10 所示，给水排水系统图宜按 45°正面斜轴测投影法绘制，只画管网，绘图比例管道应与平面图保持一致。通常以横向作为 OX 轴，纵向作为 OY 轴，都可直接从平面图上量取，OZ 向尺寸据房屋的层高（本例为 3.2m）和配水龙头的习惯安装高度尺寸决定。例如盥洗槽、洗涤池等的水龙头高度，一般采用该层楼面之上 1.2m 左右，淋浴喷头的高度采用 2.4m，大便器、小便槽的高位水箱高度采用 2.4m，其上的球形阀门高度采用 2.2m。凡不平行坐标轴方向的管道，则可通过作平行于坐标轴的辅助线，从而确定管道的两端点而连成。如图 10-11 表示了从立管画向左 0.3m、向前 0.42m 的水平管的绘制方法。对于水箱等大型设备，为了便于与各种管道连接，可用细实线画出其主要外形轮廓的轴测图。

（3）穿墙过地（楼）要表明

为了反映管道和房屋的联系，系统图中还要画出被管道穿越的墙、地面、楼面、屋面的位置，一般用细实线画出地面和墙面，并画上轴测图中的材料图例线，用两条靠近的水平细实线画出楼面和屋面，如图 10-12 所示。

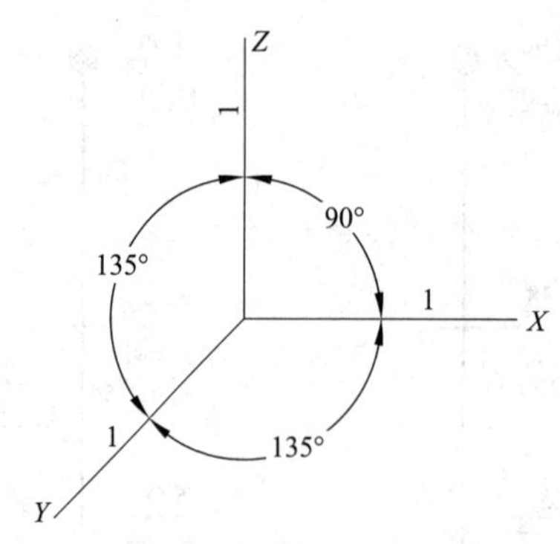

图 10-10　系统图常用的轴间角和轴向伸缩系数

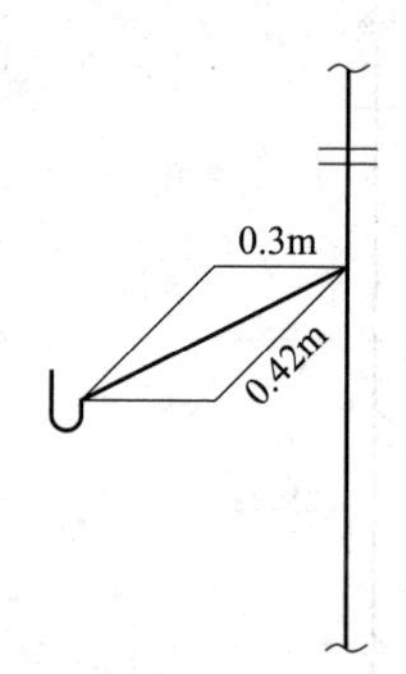

图 10-11　不平行于坐标轴的管道画法

（4）就近标注管径和标高

在管线旁边标注管径，空间不够时可用引出标注，室内给水排水管道标注公称直径DN。管道各管段的直径要逐段注出，当连续几段的管径都相同时，可以仅标注它的始段和末段，中间段可以省略不注。凡有坡度的横管（主要是排水管），都要在管道旁边或引出线上标注坡度，如 i=0.020，数字下面的单面箭头表示坡向（指向下坡方向）。当排水横管采用标准坡度时，则在图中可省略不注，在施工图的说明中写明。

（5）交叉重叠管道应断开

当管道在系统图中交叉时，应在鉴别其可见性后，在交叉处将可见的管道画成延续，而将不可见的管道画成断开，如图 10-12 所示。当在同一系统中管道因互相重叠和交叉而影响该系统清晰时，可将一部分管道平移至空白位置画出，称为移出画法，如图 10-12 在“*a*”点处将管道断开，在断开处画上断裂符号，并注明连接处的相应连接编号“*a*”。

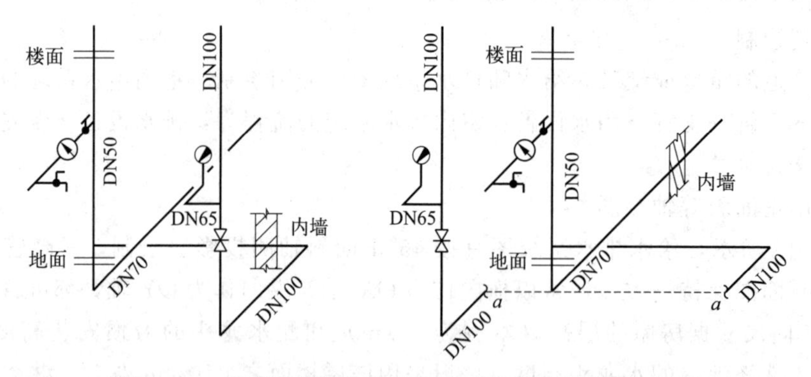

图 10-12　管道与房屋构件位置关系及管道重叠处的画法

10.2.2.2　给水排水系统图的识读

在识读房屋的给水排水系统图时，通常是先看房屋的给水排水进出口的编号，由它们确定划分出哪几个管道系统，再分别按给水排水系统图的各个系统，对照给水排水平面图，逐个看懂各个管道系统图。

（1）给水系统

识读给水系统图，一般从各系统的引入管开始，依次看水平干管、立管、支管、放水龙头和卫生器具。

图 10-8 是住宅室内给水系统图，从图中可以看出，本住宅楼有两个给水系统$\frac{J}{1}$、$\frac{J}{2}$。

① $\frac{J}{1}$给水系统　给水引入管（DN100）从户外相对标高－1.100m 处穿墙入户后，向上转折成第 1 号给水立管 JL-1(DN40)，穿出标高为－0.020m 的地面，进入西边底层住户的厨房。在标高 1.000m 处接有 DN20 水平支管，支管向南，接阀门、水表、洗涤池的配水龙头后，再向南，然后向下，在标高 0.250m 处折向西，穿墙进入卫生间。再分别向南和向北接直径为 DN15 的分支管两根。向南的分支管接洗脸盆的给水口后，即以阀门堵住；向北的分支管向北后，折向西，再用 DN15 分支管折向上，在标高 0.670m 处，接浴盆的放水龙头，而在这根 DN15 分支管折向上处，它还继续向西延伸，最后向上接大便器水箱的 DN15 给水口。第 1 号给水立管 JL-1 在标高 1.000m 处接支管后，继续上行，管径为 DN40，穿过二层楼板，在标高为 2.780m 的二层厨房楼面上穿出，再继续上行至标高 3.800m 处，向南转接水平支管。在图 10-7 二至四层给水排水平面图中，显示了立管 JL-1 穿过二楼楼板达到二层西边住户的厨房后，接有支管（DN20），为二层西边住户的厨房和卫生间配水，支管所经的管道、水表、阀门和用水设备的供水情况，与底层相同，为了图面清晰、简洁，绘图时，采用省略画法，在水平支管处画折断线，用文字说明省略部分与底层相同。立管 JL-1 继续上行，管径由 DN40 减为 DN32，分别在标高 6.600m、9.400m 处接水平支管(DN20)，为三至四层西边住户的厨房和卫生间配水，具体分布也同底层一样，所以画法也同二层一样。

入口$\frac{J}{1}$的给水引入管由室外引入室内立起后，在－0.600m 标高处向东接出水平消防干管（DN100），穿过⑤轴墙后向南与消防立管连接。在消防立管 0.500m 处设一蝶阀，供检修时使用。每层室内消火栓栓口到楼面的距离为 1.100m。由于消防立管及消火栓与给水立管 JL-1 及上面布置的配水设备在图面上重叠，使这部分内容不易表达清楚，因而在“a”点处将管道断开，把消防立管及消火栓移至图面左侧空白处。

② $\frac{J}{2}$给水系统　给水引入管（DN50）从户外相对标高－1.100m 处穿墙入户后，向上转折成第 2 号给水立管 JL-2(DN40)，给水立管 JL-2 上管道的布置和用水设备的配置与 JL-1 基本相同，请读者自行识读。

（2）排水系统和污水系统

识读排水系统和污水系统，一般先在底层给水排水平面图中找出排出管以及与它相对应的系统，然后按各个系统看出与该系统相连的立管或竖管的位置，再找出各楼层给水排水平面图中该立管的位置，以此作为联系，依次按水池、地漏、卫生器具、连接管、横支管、立管、排出管这样的顺序进行识读。图 10-9 的排水系统图表明，污水分 4 路通过排出管$\frac{W}{1}$、$\frac{W}{2}$和$\frac{P}{1}$、$\frac{P}{2}$排出室外。

① $\frac{W}{1}$污水系统　对照底层给水排水平面图可知，第 1 号污水排出管共有两根 DN100 的管道，户外终点标高均为－1.400m。其中的一根排出管穿墙入西边底层住户卫生间的地下后，便折向上，成为与该户大便器相接的排污竖管，画到管口为止，这根排出管只单独排出西边底层住户大便器的污水。另一根排出管则在穿墙入西边底层住户卫生间的地下后，在卫生间大便器旁的墙角处，向上接管径为 DN100 的第 1 号污水立管 WL-1。在二至四层给水排水平面图的同一位置上都可找到该立管，结合各楼层给水排水平面图识读图 10-9 可知，西边二、三、四层住户的大便器的污水，都经过各层楼板下面的 DN100

污水支管，排入立管 WL-1，污水支管在系统图中只需画到接大便器的管口为止。通常都将污水立管在接了顶层大便器的支管后，作为通气管，再向上延伸，穿出六层楼板和屋面板，顶端开口，称为通气孔，上加通气帽。如图 10-9 所示，在标高为 17.500m 的立管顶端处，装有镀锌铁丝球通气帽，将污水管中的臭气排到大气中去。为了疏通管道，一般在管道系统中设检查口，如图 10-9 的立管在标高 1.000m、3.800m 和 12.200m 处各装一个检查口。由此可见，第 1 号排污系统有两根排出管：一根直接排出西边底层住户中大便器所排出的污水；另一根排出由第 1 号污水立管汇总的西边二、三、四、五六层五户中大便器所排出的污水。

② $\frac{W}{2}$污水系统　污水系统$\frac{W}{2}$与污水系统$\frac{W}{1}$基本相同，请读者自行识读系统图。

③ $\frac{P}{1}$排水系统　对照底层给水排水平面图可知，第 1 号排出生活废水的排出管，在西边底层住户的卫生间东北角穿墙出户，排出管的户外终点标高也是 −1.100m，管径为 DN70，在西边底层住户厨房内西北角的地面下标高为 −1.100m 处，与管径 DN50 的第 1 号排水立管 PL-1 相接。由于在各楼层给水排水平面图的同一位置上都可找到该立管，所以西边六户的生活废水，都汇总到立管 PL-1，然后由第 1 号生活废水排出管排出。对照图 10-6、图 10-7 给水排水平面图，识读图 10-9 的排水系统$\frac{P}{1}$的系统图，可以清楚地看出，排出厨房中洗涤池的废水的支管，在各层楼地面的下方，穿墙后接排水横支管。卫生间中洗脸盆、地漏和浴盆的废水的支管，也在各层楼地板的下方，通过排水横支管接于立管 PL-1。由于各层的布置都相同，所以只要详细画出底层的管道系统，其他各层都可在画出支管后，就用折断线表示断开，后面的相同部分都省略不画。为了使排水管道中的臭气排到大气中去，也将立管在六层楼面之上作为通气管，再向上延伸穿出屋面，至标高 11.900m 处，加镀锌铁丝网通气帽。为了便于检查和疏通管道，在立管 PL-l 与立管 WL-I 的相同标高处设置 3 个检查口。

由于污水系统$\frac{W}{1}$中只有连接排出坐式大便器的污水排污支管，而在坐式大便器的构造中，本身就有水封，因此在排泄口处不一定设置存水弯，而在排水系统$\frac{P}{1}$中各卫生器具的泄水口处都要设置存水弯，以便利用存水弯内的存水形成水封，阻止排水管内的臭气向卫生间或厨房外逸，也可防止虫类通过排水管侵入室内，因此在$\frac{P}{1}$排水系统的系统图中都画出了存水弯的图例。排水系统的系统图中的管道，都应画到水池和卫生器具的泄口为止。

④ $\frac{P}{2}$排水系统　第 2 号生活废水排水系统$\frac{P}{2}$的情况，基本上与第 1 号排水系统$\frac{P}{1}$相同，请读者自行识读。

10.3 室外给水排水工程图

室外给水排水工程图主要是表明房屋建筑的室外给水排水管道、工程设施及其与区域性的给水排水管网、设施的连接和构造情况。室外给水排水工程图一般包括室外给水排水平面图、流程图、纵断面图、工艺图及详图。对于规模不大的一般工程，则只需平面图即可表达清楚。

10.3.1　室外给水排水平面图的内容

图 10-13 是某科研所办公楼附近局部的室外给水排水平面图，表示了办公楼附近的给水、污水、雨水等管道的布置，及其与新建办公楼室内给水排水管道的连接。

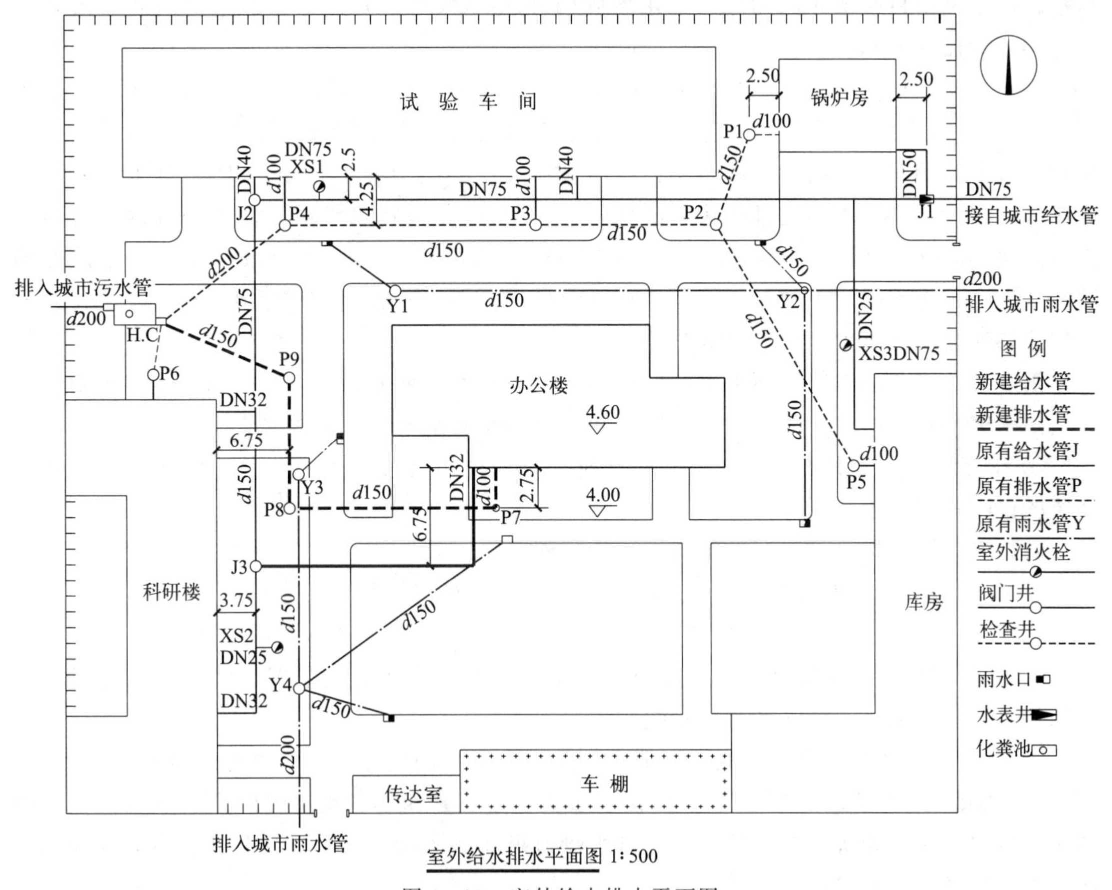

图 10-13　室外给水排水平面图

(1) 室外给水排水平面图的图示特点和内容

① 比例　室外给水排水平面图的比例，一般采用与建筑总平面图相同的比例，常用 1∶500、1∶1000、1∶2000 等。图 10-13 所示的室外给水排水平面图是采用 1∶500 的比例绘制的。

② 建筑物及其附属设施　在室外给水排水平面图中，主要反映室外管道的布置，所在平面图中原有的房屋、道路、围墙等附属设施，均按建筑总平面图的图例，用细实线绘制其轮廓，新建建筑物则用中实线画出它的轮廓线。

③ 管道及设备　在室外给水排水平面图中，新建的管道用粗单线表示，以不同的线型予以区分，如图 10-13 所示，给水管用粗实线表示，污水管用粗虚线表示，雨水管用粗点画线表示。各种附属设备，如检查井、雨水口、化粪池等用图例符号表示。管径都标注在相应管道的旁边，给水管一般采用铸铁管，以公称直径 DN 表示；雨水管、污水管一般采用混凝土管，以内径 d 表示。室外给水排水平面图上的室外管道标高应标注绝对标高。

从图 10-13 中可以看出新旧给水系统、排水系统和雨水排放系统的布置和连接情况。

给水系统：原有给水管道是从东面市政给水管网引入的，管径为DN75。其上设一水表井J1，内装水表及控制阀门。给水管一直向西再折向南，沿途分设支管分别接入锅炉房（DN50）、库房（DN25）、试验车间（DN40-2）科研楼（DN32-2），并分别在试验车间（XS1DN75）、科研楼（XS2DN75）和库房（XS3DN75）附近设置了三个室外消火栓。新建给水管道则是由科研楼东侧的原有给水管阀门井J3（预留口）接出，向东再向北引入新建办公楼，管径为DN32，管中心标高3.10m。

排水系统：根据市政排水管网提供的条件采用分流制，分为污水和雨水两个系统分别排放。其中，污水系统原有污水管道是分两路汇集至化粪池的进水井。北路，连接锅炉房、库房和试验车间的污水排出管，由东向西接入化粪池（P5—P1—P2—P3—P4—H.C）。南路，连接科研楼污水排出管向北排入化粪池（P6—H.C）。新建污水管道是由办公楼污水排出管由南向西再向北排入化粪池（P7—P8—P9—H.C）。汇集到化粪池的污水经化粪池预处理后，从出水井排入附近市政污水管。各管段管径、检查井井底标高及管道、检查井、化粪池的位置和连接情况见图10-13和图10-14。

雨水系统：各建筑物屋面雨水经房屋雨水管流至室外地面，汇合庭院雨水经路边雨水口进入雨水道，然后经由两路Y1—Y2向东和Y3—Y4向南排入城市雨水管。

④ 指北针、图例和说明　在室外给水排水平面图中，应画出指北针，标明图例，书写必要的说明，以便于读图和施工。

（2）室外给水排水平面图的绘图方法和步骤

① 选定比例尺，画出建筑总平面图的主要内容（建筑物及道路等）。

② 根据底层管道平面图，画出各房屋建筑给水系统引入管和污水系统排出管。

③ 根据市政（新建筑物室外）或原有给水系统和排水系统的情况，确定与各房屋引入管和排出管相连的给水管线和排水管线。

④ 画出给水系统的水表、阀门、消火栓及排水系统的检查井、化粪池、雨水口等。

⑤ 注明管道类别、控制尺寸（坐标）、节点编号、建筑物各类管道的进出口位置、自用图例及有关文字说明等。当不绘制给水排水管道纵断面图时，图上应将各种管道的管径、坡度、管道长度、标高等标注清楚。

10.3.2　室外给水排水管道纵断面图

若给水排水管道种类繁多，地形比较复杂，则应绘制管道纵断面图，以显示路面的起伏、管道敷设的埋深和管道交接等情况。

（1）管道纵断面图的图示特点及内容

① 比例　由于管道的长度比直径方向大得多，为了表明地面起伏情况，在纵断面图中，通常采用横竖两种不同的比例，竖向比例常用1∶200、1∶100，横向比例常用1∶1000、1∶500等。

② 断面轮廓线的线型　管道纵断面图是沿干管轴线铅垂剖切后画出的断面图，一般压力管宜用粗实线单线绘制，重力管宜用粗实线双线绘制（见图10-14所示的污水管）；地面、检查井、其他管道的横断面（不按比例，用小圆圈表示）等，用中实线绘制。

③ 所表达干管的有关情况和设计数据，以及在该干管附近的管道、设施和建筑物　如图10-14所示，所需表达的污水干管纵断面、剖切到的检查井、地面，以及其他管道的横断面，都用断面图的形式表示。图中还在其管道的横断面处，标注了管道类型的代号、定位尺

寸和标高。在断面图的下方，用表格分项列出该干管的各项设计数据，例如设计地面标高、干管内底标高、管径、坡度、水平距离、检查井编号、管道基础等内容。

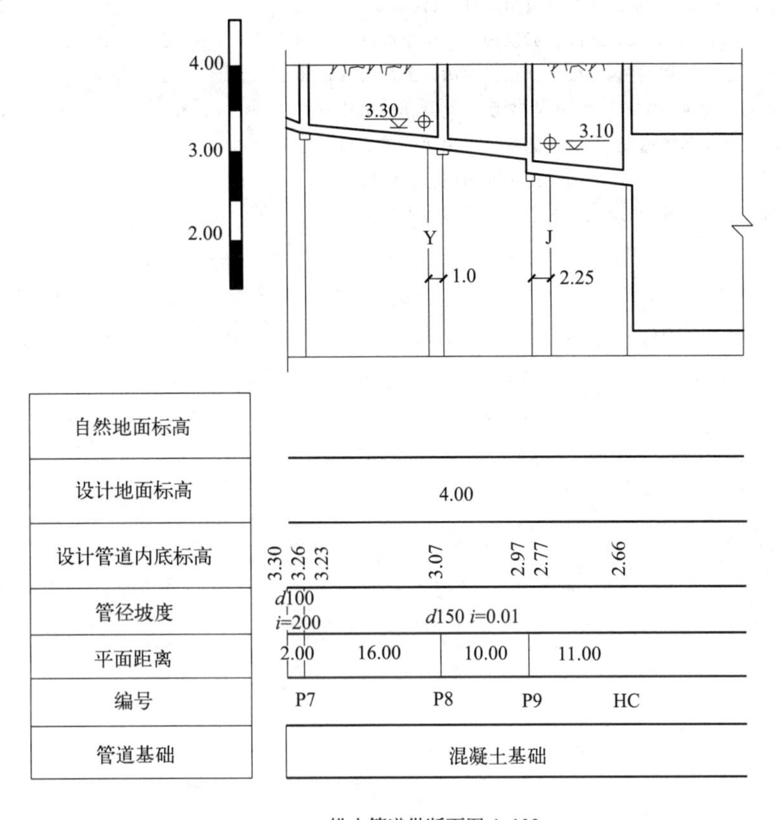

图 10-14　排水管道纵断面图

（2）管道纵剖面图的绘图方法和步骤

① 确定纵向、横向比例。

② 布置图面。

③ 根据节点间距，按横向比例绘制垂直分格线，再按纵向比例，根据地面标高、管道标高等绘出其纵断面图。

④ 绘制数据表格，标注数字。

参考文献

[1] 何斌．建筑制图．8版．北京：高等教育出版社，2020.

[2] 何铭新．土木工程制图．5版．武汉：武汉理工大学出版社，2023.

[3] 纪花，邵文明．土木工程制图．3版．北京：中国电力出版社，2020.

[4] 张小平，张志明．建筑制图与阴影透视．2版．北京：中国建筑工业出版社，2015.

[5] 许松照．画法几何与阴影透视．3版．北京：中国建筑工业出版社，2006.

[6] 金方．建筑制图．3版．北京：中国建筑工业出版社，2018.

[7] 谭建荣，张树有．图学基础教程．3版．北京：高等教育出版社，2019.